U0485528

国家科技支撑计划项目（2012BAD29B01）

中国市售水果蔬菜农药残留报告（2012～2015）
（东北卷）

庞国芳 等 著

科学出版社

内 容 简 介

《中国市售水果蔬菜农药残留报告》共分8卷：华北卷（北京市、天津市、石家庄市、太原市、呼和浩特市），东北卷（沈阳市、长春市、哈尔滨市），华东卷一（上海市、南京市、杭州市、合肥市），华东卷二（福州市、南昌市、山东10市、济南市），华中卷（郑州市、武汉市、长沙市），华南卷（广州市、深圳市、南宁市、海口市），西南卷（重庆市、成都市、贵阳市、昆明市、拉萨市）和西北卷（西安市、兰州市、西宁市、银川市、乌鲁木齐市）。

每卷包括2012~2015年市售20类131种水果蔬菜农药残留侦测报告和膳食暴露风险与预警风险评估报告。分别介绍了市售水果蔬菜样品采集情况，液相色谱-四极杆飞行时间质谱（LC-Q-TOF/MS）和气相色谱-四极杆飞行时间质谱（GC-Q-TOF/MS）农药残留检测结果，农药残留分布情况，农药残留检出水平与最大残留限量（MRL）标准对比分析，以及农药残留膳食暴露风险评估与预警风险评估结果。

本书对从事农产品安全生产、农药科学管理与施用，食品安全研究与管理的相关人员具有重要参考价值，同时可供高等院校食品安全与质量检测等相关专业的师生参考，对于广大消费者也可从中获取健康饮食的裨益。

图书在版编目（CIP）数据

中国市售水果蔬菜农药残留报告. 2012～2015. 东北卷 / 庞国芳等著. —北京：科学出版社，2018.1

国家科技支撑计划项目

ISBN 978-7-03-056382-8

Ⅰ. ①中… Ⅱ. ①庞… Ⅲ. ①水果-农药残留物-研究报告-东北地区-2012-2015 ②蔬菜-农药残留物-研究报告-东北地区-2012-2015 Ⅳ. ①X592

中国版本图书馆CIP数据核字（2018）第008223号

责任编辑：杨 震 刘 冉/责任校对：韩 杨

责任印制：肖 兴/封面设计：北京图阅盛世

科学出版社 出版

北京东黄城根北街16号

邮政编码：100717

http：//www.sciencep.com

北京画中画印刷有限公司 印刷

科学出版社发行 各地新华书店经销

*

2018年1月第 一 版 开本：787×1092 1/16

2018年1月第一次印刷 印张：24 1/2

字数：580 000

定价：180.00 元

（如有印装质量问题，我社负责调换）

中国市售水果蔬菜农药残留报告（2012~2015）
（东北卷）

编　委　会

主　编：庞国芳

副主编：曹彦忠　申世刚　梁淑轩　徐建中
　　　　刘海燕　陈　谊

编　委：（按姓名汉语拼音排序）
　　　　白若镔　曹彦忠　常巧英　陈　曦
　　　　陈　谊　范春林　葛　娜　李　慧
　　　　梁淑轩　刘海燕　刘永明　庞国芳
　　　　申世刚　王志斌　吴兴强　徐建中

序

据世界卫生组织统计，全世界每年至少发生 50 万例农药中毒事件，死亡 11.5 万人，85%以上的癌症、80 余种疾病与农药残留有关。为此，世界各国均制定了严格的食品标准，对不同农产品设置了农药最大残留限量（MRL）标准。我国于 2017 年 6 月实施的《食品安全国家标准　食品中农药最大残留限量》（GB 2763—2016）规定了食品中 433 种农药的 4140 项最大残留限量标准；欧盟、美国和日本等发达国家和地区分别制定了 162248 项、39147 项和 51600 项的农药最大残留限量标准。作为农业大国，我国是世界上农药生产和使用最多的国家。据《中国统计年鉴》数据统计，2000~2015 年我国化学农药原药产量从 60 万吨/年增加到 374 万吨/年，农药化学污染物已经是当前食品安全源头污染的主要来源之一。

因此，深受广大消费者及政府相关部门关注的各种问题也随之而来：我国“菜篮子”的农药残留污染状况和风险水平到底如何？我国农产品农药残留水平是否影响我国农产品走向国际市场？这些看似简单实则是难度相当大的问题，涉及农药的科学管理与施用，食品农产品的安全监管，农药残留检测技术标准以及资源保障等多方面因素。

可喜的是，此次由庞国芳院士科研团队承担完成的“国家科技支撑计划项目（2012BAD29B01）”研究成果之一《中国市售水果蔬菜农药残留报告》（以下简称《报告》），对上述问题给出了全面、深入、直观的答案，为形成我国农药残留监控体系提供了海量的科学数据支撑。

该《报告》包括水果蔬菜农药残留侦测报告和水果蔬菜农药残留膳食暴露风险与预警风险评估报告两大重点内容。其中，“水果蔬菜农药残留侦测报告”是庞国芳院士科研团队利用他们所取得的具有国际领先水平的多元融合技术，包括高通量非靶向农药残留侦测技术、农药残留侦测数据智能分析及残留侦测结果可视化等研究成果，对采自我国 42 个城市 851 个采样点的 22374 例 131 种市售水果蔬菜进行非靶向目标物农药残留侦测的结果汇总；同时，解决了数据维度多、数据关系复杂、数据分析要求高等技术难题，运用自主研发的海量数据智能分析软件，深入比较分析了农药残留侦测数据结果，初步普查了我国主要城市水果蔬菜农药残留的“家底”。而“水果蔬菜农药残留膳食暴露风险与预警风险评估报告”则在上述农药残留侦测数据的基础上，利用食品安全指数模型和风险系数模型，结合农药残留水平、特性、致害效应，进行系统的农药残留风险评价，最终给出了我国主要城市市售水果蔬菜农药残留的膳食暴露风险和预警风险结论。

该《报告》包含了海量的农药残留侦测结果和相关信息，数据准确、真实可靠，具有以下几个特点：

第一，样品采集具有代表性。侦测地域范围覆盖全国除港澳台以外省级行政区的 42 个城市（包括 4 个直辖市、27 个省会城市、11 个水果蔬菜主产区城市的 284 个区县）的 851 个采样点。随机从超市或农贸市场采集样品 22000 多批。样品采样地覆盖全国 25% 人口的生活区域，具有代表性。

第二，紧扣国家标准反映市场真实情况。侦测所涉及的水果蔬菜样品种类覆盖范围达到 20 类 131 种，其中 85%属于国家农药最大残留限量标准列明品种，彰显了方法的普遍适用性，反映了市场的真实情况。

第三，检测过程遵循统一性和科学性原则。所有侦测数据来源于 10 个网络联盟实验室按“五统一”规范操作（统一采样标准、统一制样技术、统一检测方法、统一格式数据上传、统一模式统计分析报告）全封闭运行，保障数据的准确性、统一性、完整性、安全性和可靠性。

第四，农残数据分析与评价的自动化。充分运用互联网的智能化技术，实现从农产品、农药残留、地域、农药残留最高限量标准等多维度的自动统计和综合评价与预警。

第五，呈现方式的直观可视化。通过高分辨质谱-互联网技术-数据科学/地理信息系统（GIS）三元融合技术，将农药残留数据与地理数据相关联，可以像气象预报一样，实现农药残留的在线可视化预警。

总之，该《报告》数据庞大，信息丰富，内容翔实，图文并茂，直观易懂。它的出版，将有助于广大读者全面了解我国主要城市市售水果蔬菜农药残留的现状、动态变化及风险水平。这对于全面认识我国水果蔬菜食用安全水平、掌握各种农药残留对人体健康的影响，具有十分重要的理论价值和实用意义。

该书适合政府监管部门、食品安全专家、农产品生产和经营者以及广大消费者等各类人员阅读参考，其受众之广、影响之大是该领域内前所未有的，值得大家高度关注。

魏复盛

2017 年 12 月 28 日

前　言

食品是人类生存和发展的基本物质基础,食品安全是全球的重大民生问题，也是世界各国目前所面临的共同难题，而食品中农药残留问题是引发食品安全事件的重要因素，也一直是备受关注的焦点问题。目前，世界上常用的农药种类超过 1000 种，而且不断地有新的农药被研发和应用，农药残留在对人类身体健康和生存环境造成新的潜在危害的同时，也给农药残留的检测技术、监控手段和风险评估能力提出了更高的要求和全新的挑战。

为解决上述难题，作者团队此前一直围绕世界常用的 1200 多种农药和化学污染物展开多学科合作研究，例如，采用高分辨质谱技术开展无需实物标准品的高通量非靶向农药残留筛查技术研究；运用互联网技术与数据科学理论对海量农药残留监测数据的自动采集和智能分析研究；引入网络地理信息系统（Web-GIS）技术用于农药残留监测结果的空间可视化研究；等等。与此同时，对这些前沿及主流技术进行多元融合研究，在农药残留检测技术、农药残留数据智能分析及结果可视化等多个方面取得了原创性突破，实现了农药残留监测技术信息化、监测大数据处理智能化、风险溯源可视化。这些创新研究成果已整理成专著另行出版。

《中国市售水果蔬菜农药残留报告》(以下简称《报告》)，是上述多项研究成果综合应用于我国农产品农药残留监测与风险评估的科学报告。为了真实反映我国百姓餐桌上水果蔬菜中农药残留污染状况以及残留农药的相关风险，在 2012~2015 年期间，作者团队采用液相色谱-四极杆飞行时间质谱（LC-Q-TOF/MS）及气相色谱-四极杆飞行时间质谱（GC-Q-TOF/MS）两种高分辨质谱技术，从全国 42 个城市（包括 27 个省会、4 个直辖市及 11 个水果蔬菜主产区城市）851 个采样点（包括超市及农贸市场等）随机采集了 20 类 131 种市售水果蔬菜（其中 85%属于国家农药最大残留限量标准列明品种）22374 例进行了非靶向农药残留筛查，初步摸清了这些城市市售水果蔬菜农药残留的“家底”，形成了 2012~2015 年全国重点城市市售水果蔬菜农药残留监测报告。在此基础上，运用食品安全指数模型和风险系数模型，开发了风险评价应用程序，对上述水果蔬菜农药残留分别开展膳食暴露风险评估和预警风险评估，形成了 2012~2015 年全国重点城市市售水果蔬菜农药残留膳食暴露风险与预警风险评估报告。现将这两大报告整理成书，以飨读者。

为了便于查阅，本次出版的《报告》按我国自然地理区域共分为八卷：华北卷（北京市、天津市、石家庄市、太原市、呼和浩特市），东北卷（沈阳市、长春市、哈尔滨市），华东卷一（上海市、南京市、杭州市、合肥市），华东卷二（福州市、南昌市、山东 10 市、济南市），华中卷（郑州市、武汉市、长沙市），华南卷（广州市、深圳市、南宁市、海口市），西南卷（重庆市、成都市、贵阳市、昆明市、拉萨市）和西北卷（西安市、兰州市、西宁市、银川市、乌鲁木齐市）。

《报告》的每一卷内容均采用统一的结构和方式进行叙述，对每个城市的市售水果蔬菜农药残留状况和风险评估结果均按照 LC-Q-TOF/MS 及 GC-Q-TOF/MS 两种技术分别阐述。主要包括以下几方面内容：①每个城市的样品采集情况与农药残留监测结果；②每个城市的农药残留检出水平与最大残留限量（MRL）标准对比分析；③每个城市的水果蔬菜中农药残留分布情况；④每个城市水果蔬菜农药残留报告的初步结论；⑤农药残留风险评估方法及风险评价应用程序的开发；⑥每个城市的水果蔬菜农药残留膳食暴露风险评估；⑦每个城市的水果蔬菜农药残留预警风险评估；⑧每个城市水果蔬菜农药残留风险评估结论与建议。

本《报告》是我国“十二五”国家科技支撑计划项目（2012BAD29B01）的研究成果之一。它紧扣国家“十三五”规划纲要“第十八章 增强农产品安全保障能力”和“第六十章 推进健康中国建设”的主题，该项研究成果可在这些领域的发展中发挥重要的技术支撑作用。

本《报告》对从事农产品安全生产、农药科学管理与施用、食品安全研究与管理的相关人员具有重要参考价值，同时可供高等院校食品安全与质量检测等相关专业的师生参考，广大消费者也可从中获取健康饮食的裨益。

由于作者水平有限，书中不妥之处在所难免，恳请广大读者批评指正。

2017 年 12 月 28 日

缩 略 语 表

ADI	allowable daily intake	每日允许最大摄入量
CAC	Codex Alimentarius Commission	国际食品法典委员会
CCPR	Codex Committee on Pesticide Residues	农药残留法典委员会
FAO	Food and Agriculture Organization	联合国粮食及农业组织
GAP	Good Agricultural Practices	农业良好管理规范
GC-Q-TOF/MS	gas chromatograph/quadrupole time-of-flight mass spectrometry	气相色谱-四极杆飞行时间质谱
GEMS	Global Environmental Monitoring System	全球环境监测系统
IFS	index of food safety	食品安全指数
JECFA	Joint FAO/WHO Expert Committee on Food and Additives	FAO、WHO 食品添加剂联合专家委员会
JMPR	Joint FAO/WHO Meeting on Pesticide Residues	FAO、WHO 农药残留联合会议
LC-Q-TOF/MS	liquid chromatograph/quadrupole time-of-flight mass spectrometry	液相色谱-四极杆飞行时间质谱
MRL	maximum residue limit	最大残留限量
R	risk index	风险系数
WHO	World Health Organization	世界卫生组织

凡　　例

- 采样城市包括 31 个直辖市及省会城市（未含台北市、香港特别行政区和澳门特别行政区）及山东 10 市和深圳市，分成华北卷（北京市、天津市、石家庄市、太原市、呼和浩特市）、东北卷（沈阳市、长春市、哈尔滨市）、华东卷一（上海市、南京市、杭州市、合肥市）、华东卷二（福州市、南昌市、山东 10 市、济南市）、华中卷（郑州市、武汉市、长沙市）、华南卷（广州市、深圳市、南宁市、海口市）、西南卷（重庆市、成都市、贵阳市、昆明市、拉萨市）、西北卷（西安市、兰州市、西宁市、银川市、乌鲁木齐市）共 8 卷。
- 表中标注*表示剧毒农药；标注◊表示高毒农药；标注▲表示禁用农药；标注 a 表示超标。
- 书中提及的附表（侦测原始数据），请扫描封底二维码，按对应城市获取。

目　　录

沈　阳　市

长　春　市

哈 尔 滨 市

沈　阳　市

第 1 章　LC-Q-TOF/MS 侦测沈阳市 447 例市售水果蔬菜样品农药残留报告

从沈阳市所属7个区县，随机采集了447例水果蔬菜样品，使用液相色谱-四极杆飞行时间质谱（LC-Q-TOF/MS）对537种农药化学污染物进行示范侦测（7种负离子模式ESI⁻未涉及）。

1.1　样品种类、数量与来源

1.1.1　样品采集与检测

为了真实反映百姓餐桌上水果蔬菜中农药残留污染状况，本次所有检测样品均由检验人员于 2013 年 8 月期间，从沈阳市所属 19 个采样点，包括 19 个超市，以随机购买方式采集，总计 19 批 447 例样品，从中检出农药 63 种，972 频次。采样及监测概况见图 1-1 及表 1-1，样品及采样点明细见表 1-2 及表 1-3（侦测原始数据见附表 1）。

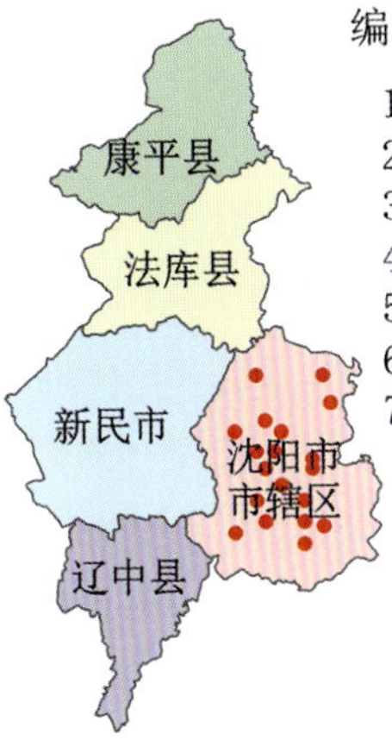

编号	地区	水果采样量	蔬菜采样量	调味料采样量
1	大东区	9	26	0
2	和平区	27	47	2
3	皇姑区	25	44	1
4	浑南区	30	49	2
5	沈河区	28	51	2
6	铁西区	26	46	2
7	于洪区	24	46	1

图 1-1　沈阳市所属 19 个采样点 447 例样品分布图

表 1-1　农药残留监测总体概况

采样地区	沈阳市所属 7 个区县
采样点（超市+农贸市场）	19
样本总数	447
检出农药品种/频次	63/972
各采样点样本农药残留检出率范围	62.5%~90.9%

表 1-2　样品分类及数量

样品分类	样品名称（数量）	数量小计
1. 蔬菜		317
1）鳞茎类蔬菜	韭菜（12），蒜薹（18）	30
2）芸薹属类蔬菜	结球甘蓝（19），青花菜（15）	34
3）叶菜类蔬菜	菠菜（11），苦苣（16），芹菜（15），生菜（12），茼蒿（13），小白菜（13）	80
4）茄果类蔬菜	番茄（19），茄子（18），甜椒（19），樱桃番茄（11）	67
5）瓜类蔬菜	冬瓜（16），黄瓜（19），西葫芦（16）	51
6）豆类蔬菜	菜豆（19）	19
7）根茎类和薯芋类蔬菜	胡萝卜（18），马铃薯（18）	36
2. 水果		113
1）仁果类水果	梨（18），苹果（17）	35
2）核果类水果	李子（15），桃（17）	32
3）浆果和其他小型水果	葡萄（19）	19
4）瓜果类水果	西瓜（9），香瓜（18）	27
3. 食用菌		17
1）蘑菇类	蘑菇（17）	17
合计	1. 蔬菜 20 种 2. 水果 7 种 3. 食用菌 1 种	447

表 1-3　沈阳市采样点信息

采样点序号	行政区域	采样点
超市（19）		
1	大东区	***超市（大东店）
2	大东区	***超市（鹏利店）
3	和平区	***超市（和平店）
4	和平区	***超市（和平店）
5	皇姑区	***超市（皇姑店）
6	皇姑区	***超市（皇姑店）
7	浑南区	***超市（浑南店）
8	浑南区	***超市（长青店）
9	浑南区	***超市（浑南西路店）
10	浑南区	***超市（东陵店）
11	沈北新区	***超市（沈北店）
12	沈北新区	***超市（沈北店）

续表

采样点序号	行政区域	采样点
超市（19）		
13	沈河区	***超市（沈河店）
14	沈河区	***超市（沈河店）
15	苏家屯区	***超市（苏家屯店）
16	铁西区	***超市（铁西店）
17	铁西区	***超市（铁西店）
18	于洪区	***超市（于洪店）
19	于洪区	***超市（于洪店）

1.1.2　检测结果

这次使用的检测方法是庞国芳院士团队最新研发的不需使用标准品对照，而以高分辨精确质量数（0.0001 *m/z*）为基准的 LC-Q-TOF/MS 检测技术，对于 447 例样品，每个样品均侦测了 537 种农药化学污染物的残留现状。通过本次侦测，在 447 例样品中共计检出农药化学污染物 63 种，检出 972 频次。

1.1.2.1　各采样点样品检出情况

统计分析发现 19 个采样点中，被测样品的农药检出率范围为 62.5%~90.9%。其中，***超市（于洪店）的检出率最高，为 90.9%。***超市（浑南西路店）和***超市（沈河店）的检出率最低，均为 62.5%，见图 1-2。

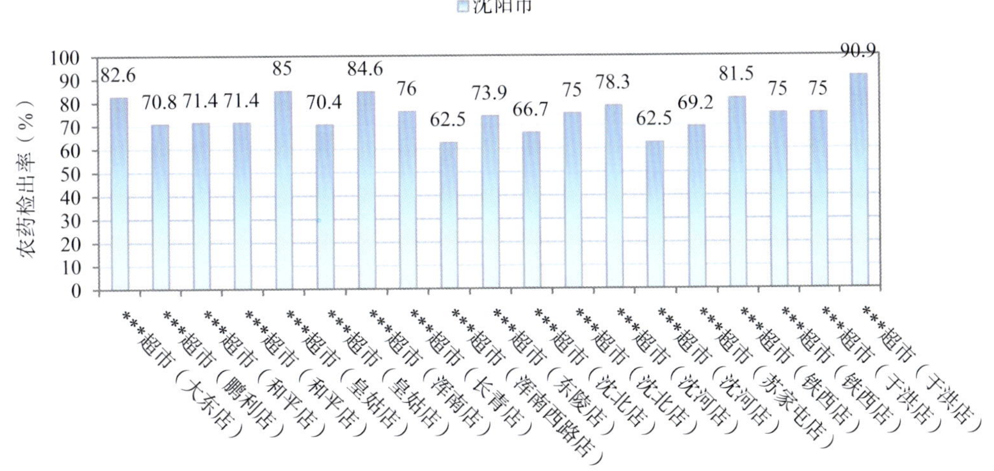

图 1-2　各采样点样品中的农药检出率

1.1.2.2　检出农药的品种总数与频次

统计分析发现，对于447例样品中537种农药化学污染物的侦测，共检出农药972频次，涉及农药63种，结果如图1-3所示。其中多菌灵检出频次最高，共检出106次。检出频次排名前10的农药如下：①多菌灵（106）；②双苯基脲（94）；③烯酰吗啉（89）；④苯醚甲环唑（66）；⑤吡虫啉（60）；⑥啶虫脒（59）；⑦甲霜灵（40）；⑧霜霉威（39）；⑨嘧霉胺（36）；⑩噁霜灵（29）。

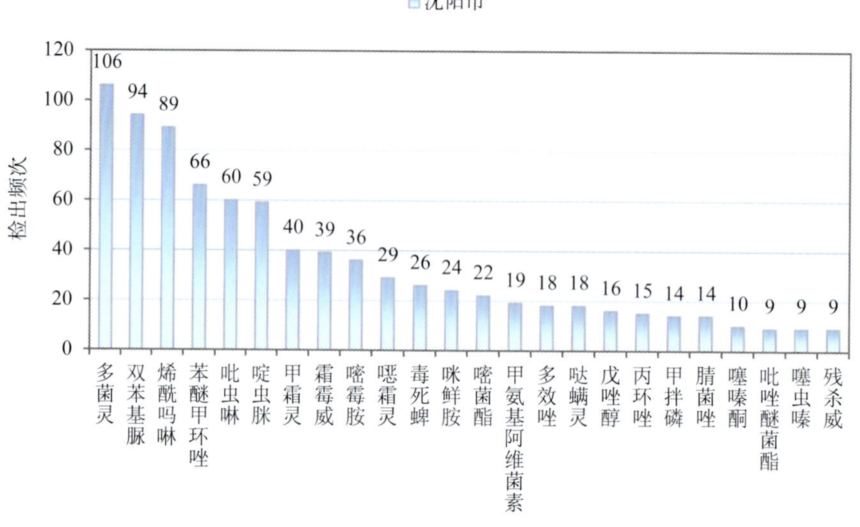

图 1-3　检出农药品种及频次（仅列出 9 频次及以上的数据）

由图 1-4 可见，葡萄、桃和芹菜这 3 种果蔬样品中检出的农药品种数较高，均超过 20 种，其中，葡萄检出农药品种最多，为 27 种。由图 1-5 可见，葡萄、桃和芹菜这 3 种果蔬样品中的农药检出频次较高，均超过 80 次，其中，葡萄检出农药频次最高，为 100 次。

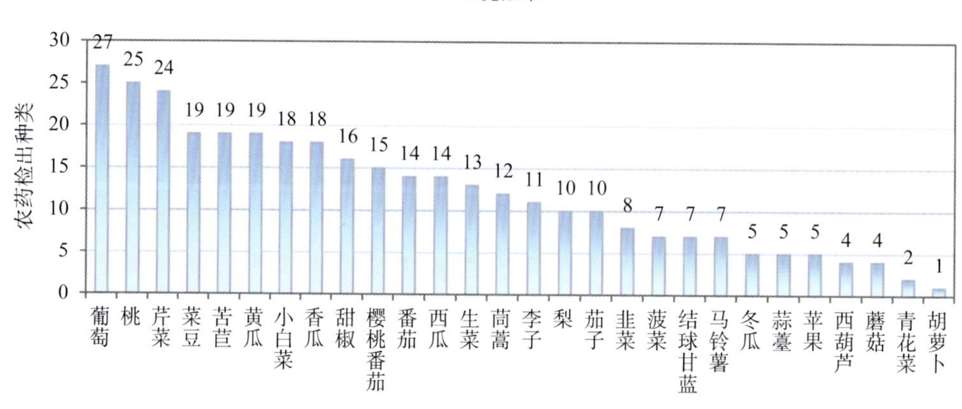

图 1-4　单种水果蔬菜检出农药的种类数（仅列出检出农药 1 种及以上的数据）

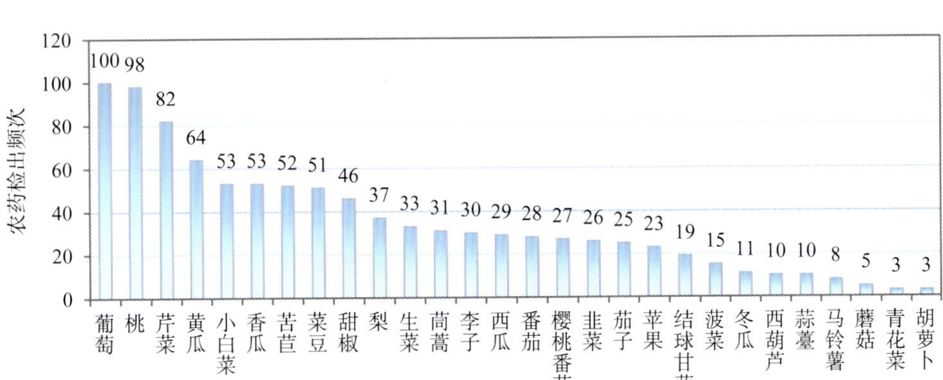

图 1-5　单种水果蔬菜检出农药频次（仅列出检出农药 3 频次及以上的数据）

1.1.2.3　单例样品农药检出种类与占比

对单例样品检出农药种类和频次进行统计发现，未检出农药的样品占总样品数的 25.3%，检出 1 种农药的样品占总样品数的 24.4%，检出 2~5 种农药的样品占总样品数的 40.7%，检出 6~10 种农药的样品占总样品数的 8.9%，检出大于 10 种农药的样品占总样品数的 0.7%。每例样品中平均检出农药为 2.2 种，数据见表 1-4 及图 1-6。

表 1-4　单例样品检出农药品种占比

检出农药品种数	样品数量/占比（%）
未检出	113/25.3
1 种	109/24.4
2~5 种	182/40.7
6~10 种	40/8.9
大于 10 种	3/0.7
单例样品平均检出农药品种	2.2 种

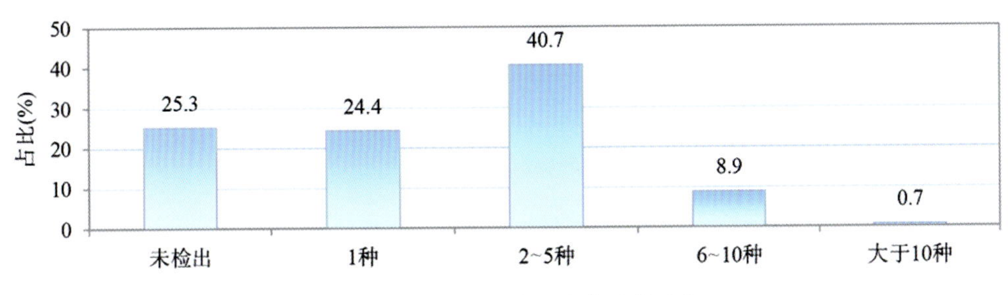

图 1-6　单例样品平均检出农药品种及占比

1.1.2.4　检出农药类别与占比

所有检出农药按功能分类，包括杀菌剂、杀虫剂、植物生长调节剂、除草剂、增效剂共 5 类。其中杀菌剂与杀虫剂为主要检出的农药类别，分别占总数的 49.2%和 39.7%，见表 1-5 及图 1-7。

表 1-5　检出农药所属类别及占比

农药类别	数量/占比（%）
杀菌剂	31/49.2
杀虫剂	25/39.7
植物生长调节剂	4/6.3
除草剂	2/3.2
增效剂	1/1.6

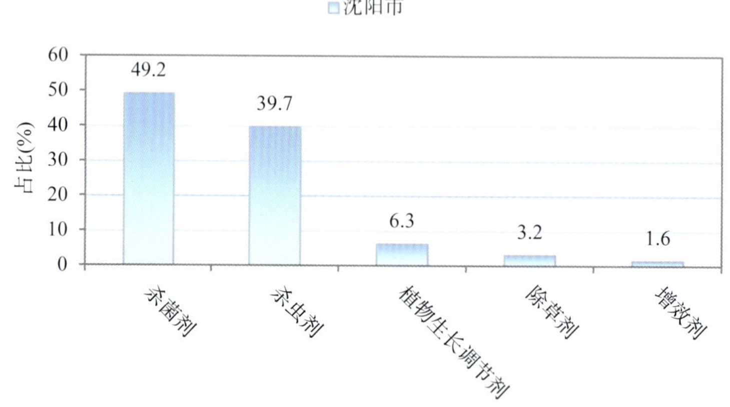

图 1-7　检出农药所属类别和占比

1.1.2.5　检出农药的残留水平

按检出农药残留水平进行统计，残留水平在 1~5 μg/kg（含）的农药占总数的 49.1%，在 5~10 μg/kg（含）的农药占总数的 16.4%，在 10~100 μg/kg（含）的农药占总数的 28.6%，在 100~1000 μg/kg（含）的农药占总数的 5.9%，＞1000 μg/kg 的农药占总数的 0.1%。

由此可见，这次检测的 19 批 447 例水果蔬菜样品中农药多数处于较低残留水平。结果见表 1-6 及图 1-8，数据见附表 2。

表 1-6　农药残留水平及占比

残留水平（μg/kg）	检出频次/占比（%）
1~5（含）	477/49.1
5~10（含）	159/16.4
10~100（含）	278/28.6
100~1000（含）	57/5.9
＞1000	1/0.1

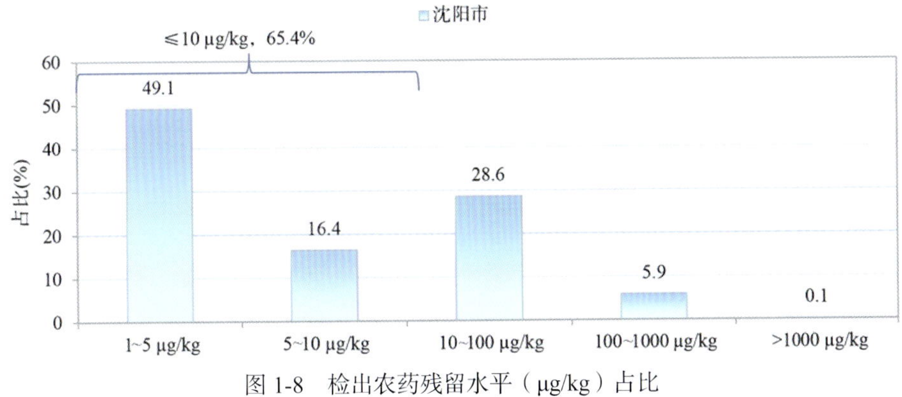

图 1-8 检出农药残留水平（μg/kg）占比

1.1.2.6 检出农药的毒性类别、检出频次和超标频次及占比

对这次检出的 63 种 972 频次的农药，按剧毒、高毒、中毒、低毒和微毒这五个毒性类别进行分类，从中可以看出，沈阳市目前普遍使用的农药为中低微毒农药，品种占 90.5%，频次占 96.1%。结果见表 1-7 及图 1-9。

表 1-7 检出农药毒性类别及占比

毒性分类	农药品种/占比（%）	检出频次/占比（%）	超标频次/超标率（%）
剧毒农药	1/1.6	14/1.4	6/42.9
高毒农药	5/7.9	24/2.5	3/12.5
中毒农药	29/46.0	461/47.4	1/0.2
低毒农药	18/28.6	277/28.5	0/0.0
微毒农药	10/15.9	196/20.2	0/0.0

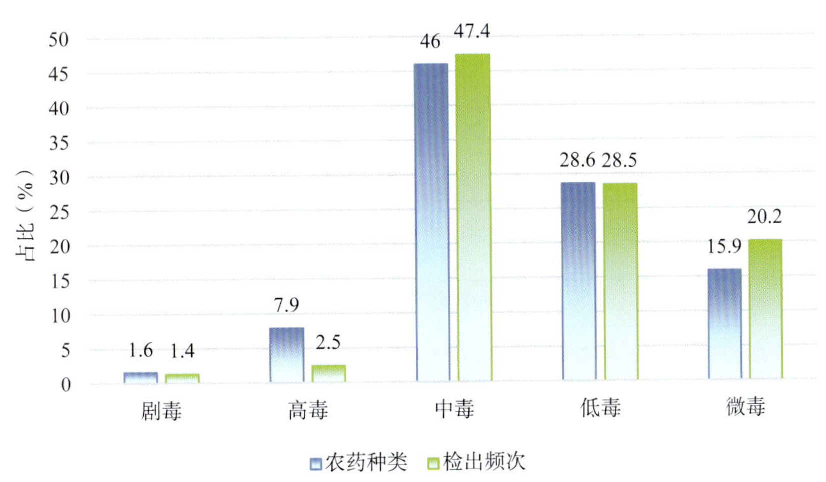

图 1-9 检出农药的毒性分类和占比

1.1.2.7　检出剧毒/高毒类农药的品种和频次

值得特别关注的是，在此次侦测的447例样品中有9种蔬菜3种水果的36例样品检出了6种38频次的剧毒和高毒农药，占样品总量的8.1%，详见图1-10、表1-8及表1-9。

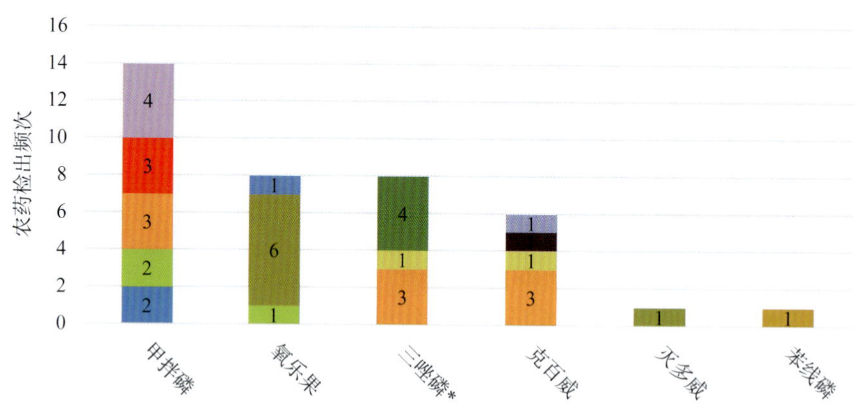

图1-10　检出剧毒/高毒农药的样品情况

*表示允许在水果和蔬菜上使用的农药

表1-8　剧毒农药检出情况

序号	农药名称	检出频次	超标频次	超标率
		从1种水果中检出1种剧毒农药，共计检出3次		
1	甲拌磷*	3	2	66.7%
	小计	3	2	超标率：66.7%
		从4种蔬菜中检出1种剧毒农药，共计检出11次		
1	甲拌磷*	11	4	36.4%
	小计	11	4	超标率：36.4%
	合计	14	6	超标率：42.9%

表1-9　高毒农药检出情况

序号	农药名称	检出频次	超标频次	超标率
		从3种水果中检出4种高毒农药，共计检出17次		
1	三唑磷	7	0	0.0%
2	氧乐果	6	2	33.3%
3	克百威	3	0	0.0%
4	灭多威	1	0	0.0%
	小计	17	2	超标率：11.8%

续表

序号	农药名称	检出频次	超标频次	超标率
从 6 种蔬菜中检出 4 种高毒农药，共计检出 7 次				
1	克百威	3	1	33.3%
2	氧乐果	2	0	0.0%
3	三唑磷	1	0	0.0%
4	苯线磷	1	0	0.0%
小计		7	1	超标率：14.3%
合计		24	3	超标率：12.5%

在检出的剧毒和高毒农药中，有 5 种是我国早已禁止在果树和蔬菜上使用的，分别是：灭多威、克百威、氧乐果、苯线磷和甲拌磷。禁用农药的检出情况见表 1-10。

表 1-10　禁用农药检出情况

序号	农药名称	检出频次	超标频次	超标率
从 2 种水果中检出 4 种禁用农药，共计检出 13 次				
1	氧乐果	6	2	33.3%
2	甲拌磷*	3	2	66.7%
3	克百威	3	0	0.0%
4	灭多威	1	0	0.0%
小计		13	4	超标率：30.8%
从 9 种蔬菜中检出 4 种禁用农药，共计检出 17 次				
1	甲拌磷*	11	4	36.4%
2	克百威	3	1	33.3%
3	氧乐果	2	0	0.0%
4	苯线磷	1	0	0.0%
小计		17	5	超标率：29.4%
合计		30	9	超标率：30.0%

注：超标结果参考 MRL 中国国家标准计算

此次抽检的果蔬样品中，有 1 种水果 4 种蔬菜检出了剧毒农药，分别是：苦苣中检出甲拌磷 2 次；马铃薯中检出甲拌磷 2 次；小白菜中检出甲拌磷 4 次；茼蒿中检出甲拌磷 3 次；桃中检出甲拌磷 3 次。

样品中检出剧毒和高毒农药残留水平超过 MRL 中国国家标准的频次为 9 次，其中，葡萄检出氧乐果超标 2 次；桃检出甲拌磷超标 2 次；苦苣检出甲拌磷超标 1 次；西葫芦检出克百威超标 1 次；小白菜检出甲拌磷超标 1 次；茼蒿检出甲拌磷超标 2 次。本次检出结果表明，高毒、剧毒农药的使用现象依旧存在，详见表 1-11。

表 1-11 各样本中检出剧毒/高毒农药情况

样品名称	农药名称	检出频次	超标频次	检出浓度（μg/kg）
水果 3 种				
李子	三唑磷	4	0	23.9，1.2，2.2，4.5
葡萄	氧乐果▲	6	2	1.0，1.7，71.1[a]，21.0[a]，2.6，1.8
葡萄	灭多威▲	1	0	6.5
桃	甲拌磷*▲	3	2	280.3[a]，35.3[a]，2.8
桃	克百威▲	3	0	18.0，2.7，5.5
桃	三唑磷	3	0	9.2，1.0，22.4
小计		20	4	超标率：20.0%
蔬菜 9 种				
菜豆	克百威▲	1	0	3.1
菜豆	三唑磷	1	0	28.9
黄瓜	苯线磷▲	1	0	1.8
苦苣	甲拌磷*▲	2	1	22.3[a]，2.3
马铃薯	甲拌磷*▲	2	0	1.4，1.3
马铃薯	氧乐果▲	1	0	7.0
生菜	氧乐果▲	1	0	2.4
甜椒	克百威▲	1	0	7.5
西葫芦	克百威▲	1	1	29.9[a]
小白菜	甲拌磷*▲	4	1	1.1，2.3，7.9，69.6[a]
茼蒿	甲拌磷*▲	3	2	13.3[a]，22.8[a]，3.8
小计		18	5	超标率：27.8%
合计		38	9	超标率：23.7%

1.2 农药残留检出水平与最大残留限量标准对比分析

我国于 2014 年 3 月 20 日正式颁布并于 2014 年 8 月 1 日正式实施食品农药残留限量国家标准《食品中农药最大残留限量》(GB 2763—2014)。该标准包括 371 个农药条目，涉及最大残留限量（MRL）标准 3653 项。将 972 频次检出农药的浓度水平与 3653 项 MRL 国家标准进行核对，其中只有 342 频次的农药找到了对应的 MRL 标准，占 35.2%，还有 630 频次的侦测数据则无相关 MRL 标准供参考，占 64.8%。

将此次侦测结果与国际上现行 MRL 标准对比发现，在 972 频次的检出结果中有 972 频次的结果找到了对应的 MRL 欧盟标准，占 100.0%；其中，857 频次的结果有明确对应的 MRL 标准，占 88.2%，其余 115 频次按照欧盟一律标准判定，占 11.8%；有 972 频次的结果找到了对应的 MRL 日本标准，占 100.0%；其中，682 频次的结果有明确对应的 MRL 标准，占 70.2%，其余 290 频次按照日本一律标准判定，占 29.8%；有 486 频次的结果找到了对应的 MRL 中国香港标准，占 50.0%；有 482 频次的结果找到了对应的 MRL 美国标准，占 49.6%；有 390 频次的结果找到了对应的 MRL CAC 标准，占 40.1%（见图 1-11 和图 1-12，数据见附表 3 至附表 8）。

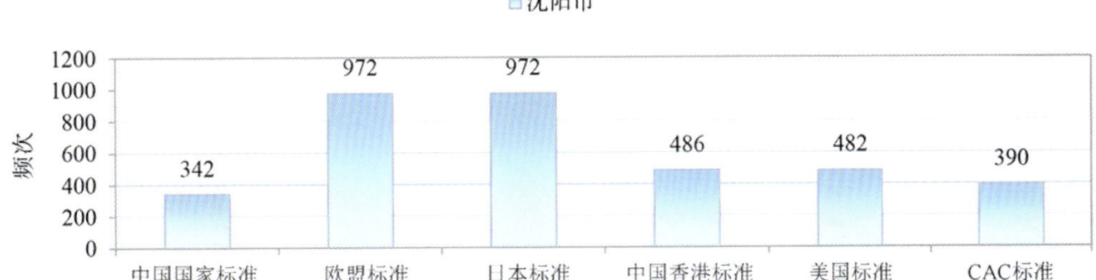

图 1-11　972 频次检出农药可用 MRL 中国国家标准、欧盟标准、日本标准、中国香港标准、美国标准、CAC 标准判定衡量的数量

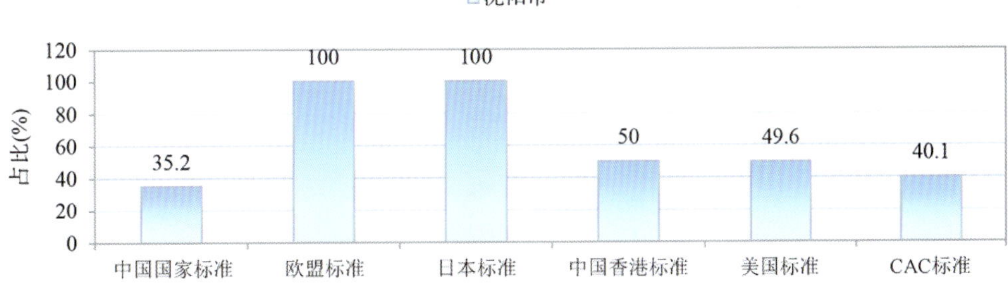

图 1-12　972 频次检出农药可用 MRL 中国国家标准、欧盟标准、日本标准、中国香港标准、美国标准、CAC 标准判定衡量的占比

1.2.1　超标农药样品分析

本次侦测的 447 例样品中，113 例样品未检出任何残留农药，占样品总量的 25.3%，334 例样品检出不同水平、不同种类的残留农药，占样品总量的 74.7%。在此，我们将本次侦测的农残检出情况与 MRL 中国国家标准、欧盟标准、日本标准、中国香港标准、美国标准和 CAC 标准这 6 大国际主流标准进行对比分析，样品农残检出与超标情况见表 1-12、图 1-13 和图 1-14，详细数据见附表 9 至附表 14。

表 1-12　各 MRL 标准下样本农残检出与超标数量及占比

	中国国家标准 数量/占比（%）	欧盟标准 数量/占比（%）	日本标准 数量/占比（%）	中国香港标准 数量/占比（%）	美国标准 数量/占比（%）	CAC 标准 数量/占比（%）
未检出	113/25.3	113/25.3	113/25.3	113/25.3	113/25.3	113/25.3
检出未超标	325/72.7	275/61.5	279/62.4	333/74.5	332/74.3	334/74.7
检出超标	9/2.0	59/13.2	55/12.3	1/0.2	2/0.4	0/0.0

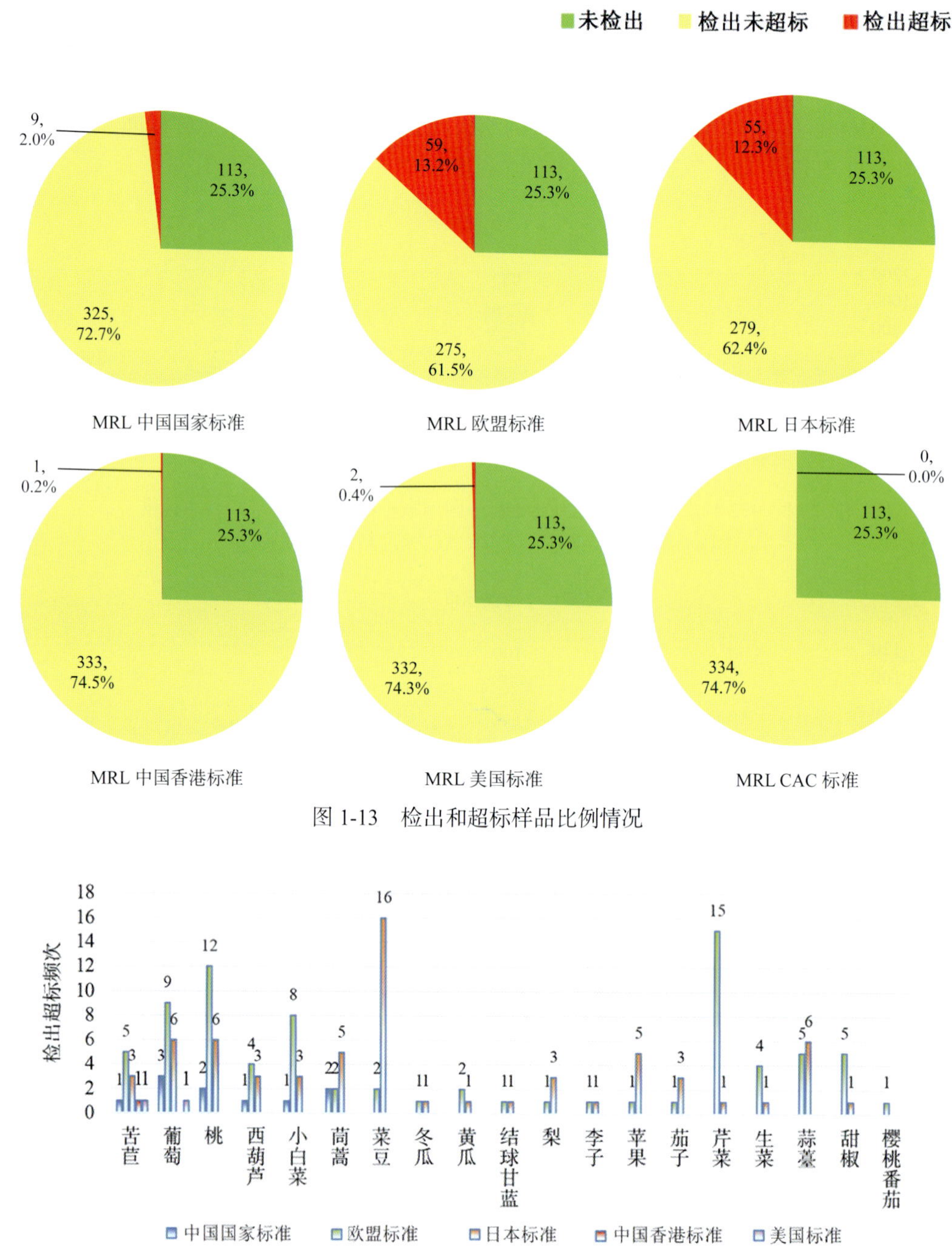

图 1-13　检出和超标样品比例情况

图 1-14　超过 MRL 中国国家标准、欧盟标准、日本标准、中国香港标准、美国标准和 CAC 标准判定结果在水果蔬菜中的分布

1.2.2　超标农药种类分析

按照 MRL 中国国家标准、欧盟标准、日本标准、中国香港标准、美国标准和 CAC 标准这 6 大国际主流标准衡量，本次侦测检出的农药超标品种及频次情况见表 1-13。

表 1-13 各 MRL 标准下超标农药品种及频次

	中国国家标准	欧盟标准	日本标准	中国香港标准	美国标准	CAC 标准
超标农药品种	4	26	25	1	2	0
超标农药频次	10	80	66	1	2	0

1.2.2.1 按 MRL 中国国家标准衡量

按 MRL 中国国家标准衡量，共有 4 种农药超标，检出 10 频次，分别为剧毒农药甲拌磷，高毒农药氧乐果和克百威，中毒农药辛硫磷。

按超标程度比较，桃中甲拌磷超标 27.0 倍，小白菜中甲拌磷超标 6.0 倍，葡萄中氧乐果超标 2.6 倍，茼蒿中甲拌磷超标 1.3 倍，苦苣中甲拌磷超标 1.2 倍。检测结果见图 1-15 和附表 15。

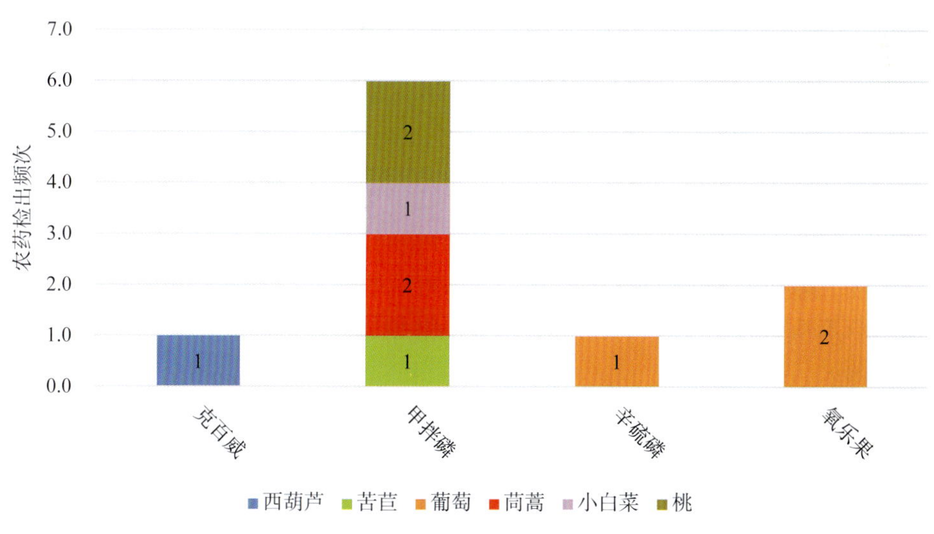

图 1-15 超过 MRL 中国国家标准农药品种及频次

1.2.2.2 按 MRL 欧盟标准衡量

按 MRL 欧盟标准衡量，共有 26 种农药超标，检出 80 频次，分别为剧毒农药甲拌磷，高毒农药三唑磷、氧乐果和克百威，中毒农药氟硅唑、稻瘟灵、噁霜灵、烯唑醇、啶虫脒、咪鲜胺、丙环唑、多效唑、甲氨基阿维菌素、丙溴磷、敌百虫和辛硫磷，低毒农药双苯基脲、灭蝇胺、噻嗪酮、噻菌灵、烯啶虫胺、嘧霉胺和己唑醇，微毒农药霜霉威、多菌灵和增效醚。

按超标程度比较，桃中甲拌磷超标 27.0 倍，葡萄中霜霉威超标 19.5 倍，蒜薹中噻菌灵超标 14.4 倍，芹菜中多效唑超标 14.2 倍，西葫芦中克百威超标 13.9 倍。检测结果见图 1-16 和附表 16。

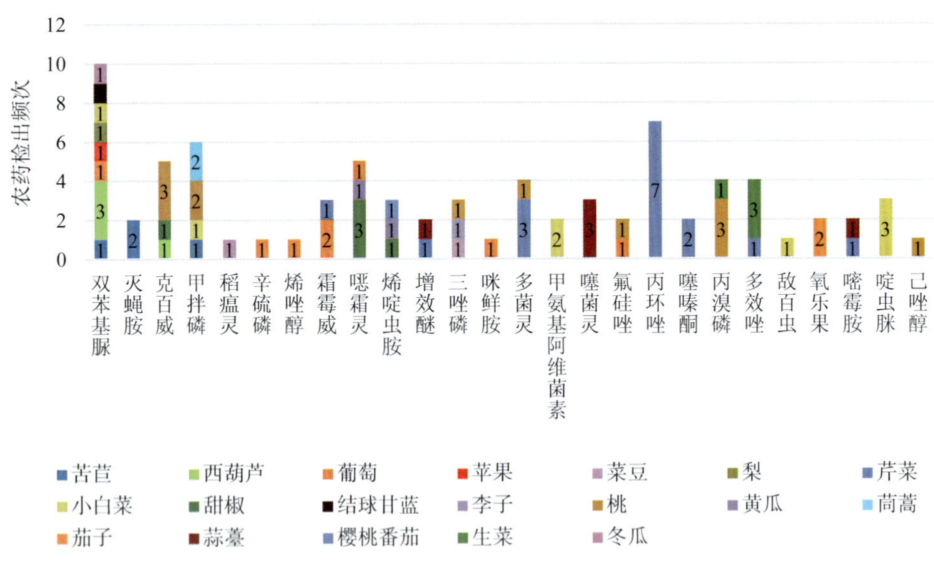

图 1-16 超过 MRL 欧盟标准农药品种及频次

1.2.2.3 按 MRL 日本标准衡量

按 MRL 日本标准衡量，共有 25 种农药超标，检出 66 频次，分别为剧毒农药甲拌磷，高毒农药三唑磷，中毒农药甲霜灵、腈菌唑、残杀威、吡虫啉、稻瘟灵、氟硅唑、苯醚甲环唑、烯唑醇、咪鲜胺、毒死蜱、多效唑、哒螨灵、丙溴磷、戊唑醇和辛硫磷，低毒农药双苯基脲、噻嗪酮、嘧霉胺、烯酰吗啉和马拉硫磷，微毒农药多菌灵、霜霉威和甲基硫菌灵。

按超标程度比较，韭菜中嘧霉胺超标 33.8 倍，芹菜中多效唑超标 29.4 倍，茼蒿中烯酰吗啉超标 21.2 倍，葡萄中霜霉威超标 19.5 倍，菜豆中多菌灵超标 13.3 倍。检测结果见图 1-17 和附表 17。

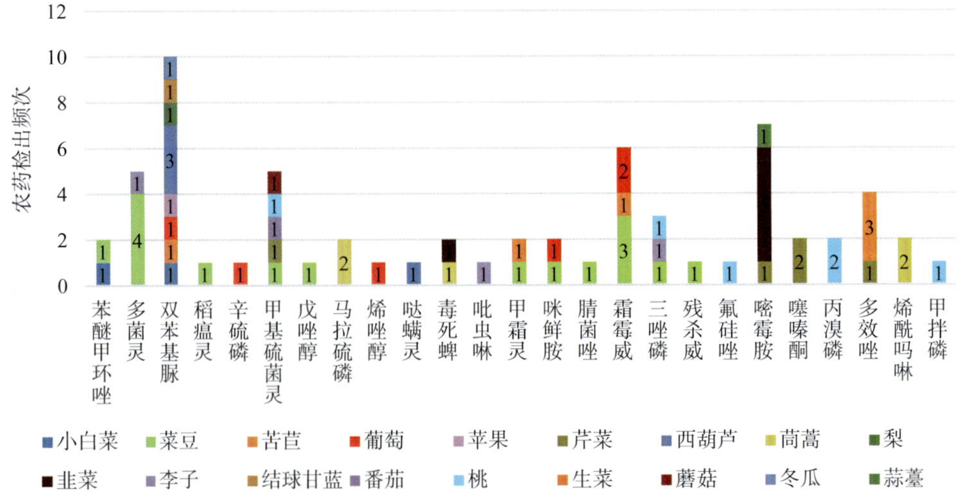

图 1-17 超过 MRL 日本标准农药品种及频次

1.2.2.4　按 MRL 中国香港标准衡量

按 MRL 中国香港标准衡量，有 1 种农药超标，检出 1 频次，为中毒农药辛硫磷。按超标程度比较，葡萄中辛硫磷超标 80%。检测结果见图 1-18 和附表 18。

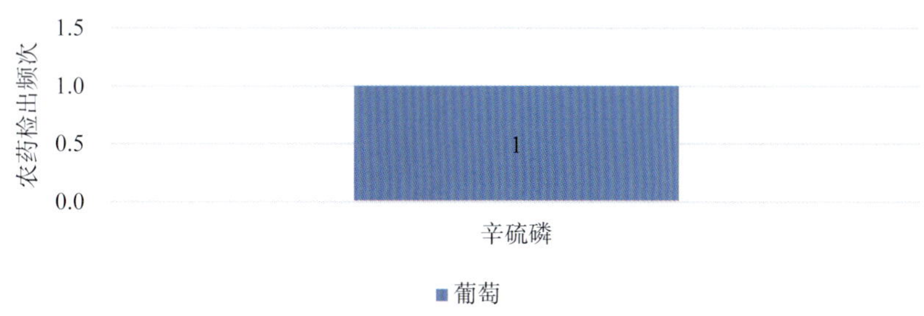

图 1-18　超过 MRL 中国香港标准农药品种及频次

1.2.2.5　按 MRL 美国标准衡量

按 MRL 美国标准衡量，共有 2 种农药超标，检出 2 频次，分别为中毒农药毒死蜱和噻虫嗪。

按超标程度比较，黄瓜中噻虫嗪超标 10%。检测结果见图 1-19 和附表 19。

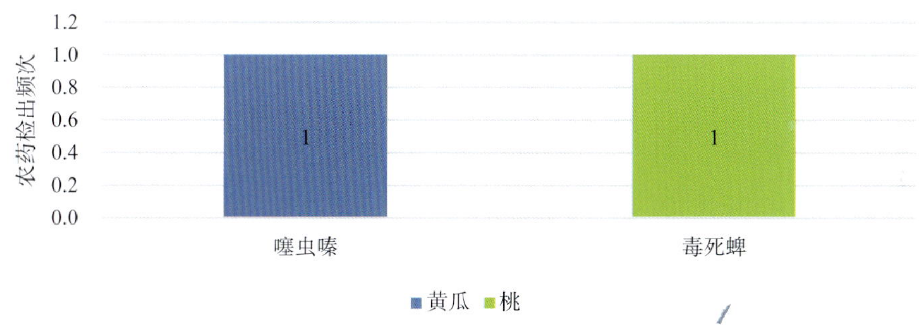

图 1-19　超过 MRL 美国标准农药品种及频次

1.2.2.6　按 MRL CAC 标准衡量

按 MRL CAC 标准衡量，无样品检出超标农药残留。

1.2.3　19 个采样点超标情况分析

1.2.3.1　按 MRL 中国国家标准衡量

按 MRL 中国国家标准衡量，有 6 个采样点的样品存在不同程度的超标农药检出，其中***超市（于洪店）的超标率最高，为 10.0%，如表 1-14 和图 1-20 所示。

表 1-14　超过 MRL 中国国家标准水果蔬菜在不同采样点分布

	采样点	样品总数	超标数量	超标率（%）	行政区域
1	***超市（铁西店）	27	2	7.4	铁西区
2	***超市（皇姑店）	27	2	7.4	皇姑区
3	***超市（浑南店）	26	1	3.8	浑南区
4	***超市（铁西店）	24	1	4.2	铁西区
5	***超市（沈河店）	24	1	4.2	沈河区
6	***超市（于洪店）	20	2	10.0	于洪区

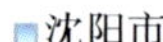

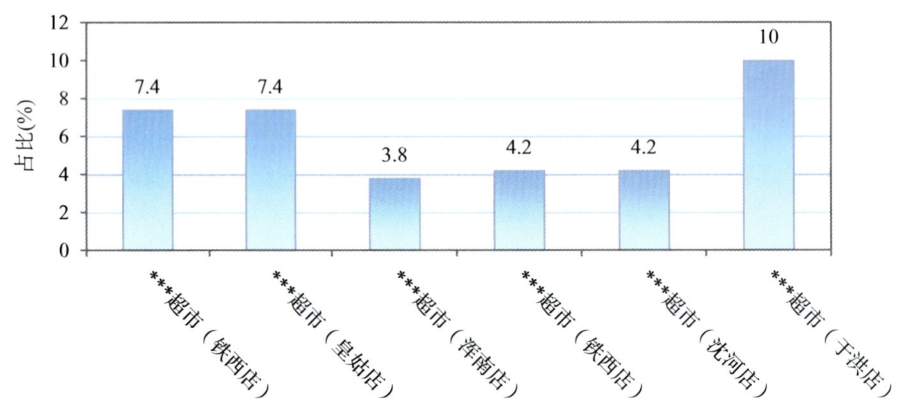

图 1-20　超过 MRL 中国国家标准水果蔬菜在不同采样点分布

1.2.3.2　按 MRL 欧盟标准衡量

按 MRL 欧盟标准衡量，有 18 个采样点的样品存在不同程度的超标农药检出，其中***超市（沈河店）的超标率最高，为 25.0%，如表 1-15 和图 1-21 所示。

表 1-15　超过 MRL 欧盟标准水果蔬菜在不同采样点分布

	采样点	样品总数	超标数量	超标率（%）	行政区域
1	***超市（铁西店）	27	4	14.8	铁西区
2	***超市（沈北店）	27	2	7.4	沈北新区
3	***超市（皇姑店）	27	3	11.1	皇姑区
4	***超市（苏家屯店）	26	3	11.5	苏家屯区
5	***超市（浑南店）	26	4	15.4	浑南区
6	***超市（长青店）	25	1	4.0	浑南区
7	***超市（铁西店）	24	3	12.5	铁西区
8	***超市（沈河店）	24	6	25.0	沈河区
9	***超市（浑南西路店）	24	4	16.7	浑南区

续表

	采样点	样品总数	超标数量	超标率（%）	行政区域
10	***超市（东陵店）	23	1	4.3	浑南区
11	***超市（大东店）	23	2	8.7	大东区
12	***超市（沈河店）	23	4	17.4	沈河区
13	***超市（于洪店）	22	4	18.2	于洪区
14	***超市（和平店）	21	3	14.3	和平区
15	***超市（和平店）	21	4	19.0	和平区
16	***超市（皇姑店）	20	4	20.0	皇姑区
17	***超市（沈北店）	20	3	15.0	沈北新区
18	***超市（于洪店）	20	4	20.0	于洪区

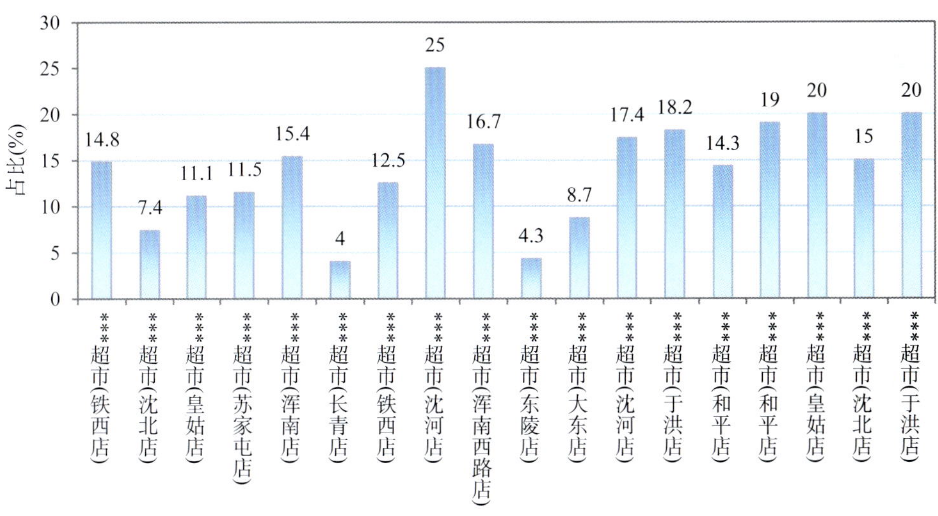

图 1-21 超过 MRL 欧盟标准水果蔬菜在不同采样点分布

1.2.3.3 按 MRL 日本标准衡量

按 MRL 日本标准衡量，有 18 个采样点的样品存在不同程度的超标农药检出，其中***超市（和平店）的超标率最高，为 23.8%，如表 1-16 和图 1-22 所示。

表 1-16 超过 MRL 日本标准水果蔬菜在不同采样点分布

	采样点	样品总数	超标数量	超标率（%）	行政区域
1	***超市（铁西店）	27	3	11.1	铁西区
2	***超市（沈北店）	27	4	14.8	沈北新区
3	***超市（皇姑店）	27	4	14.8	皇姑区
4	***超市（苏家屯店）	26	2	7.7	苏家屯区

续表

	采样点	样品总数	超标数量	超标率（%）	行政区域
5	***超市（浑南店）	26	2	7.7	浑南区
6	***超市（长青店）	25	3	12.0	浑南区
7	***超市（鹏利店）	24	2	8.3	大东区
8	***超市（铁西店）	24	3	12.5	铁西区
9	***超市（沈河店）	24	2	8.3	沈河区
10	***超市（浑南西路店）	24	4	16.7	浑南区
11	***超市（东陵店）	23	4	17.4	浑南区
12	***超市（大东店）	23	3	13.0	大东区
13	***超市（沈河店）	23	3	13.0	沈河区
14	***超市（于洪店）	22	4	18.2	于洪区
15	***超市（和平店）	21	2	9.5	和平区
16	***超市（和平店）	21	5	23.8	和平区
17	***超市（皇姑店）	20	2	10.0	皇姑区
18	***超市（于洪店）	20	3	15.0	于洪区

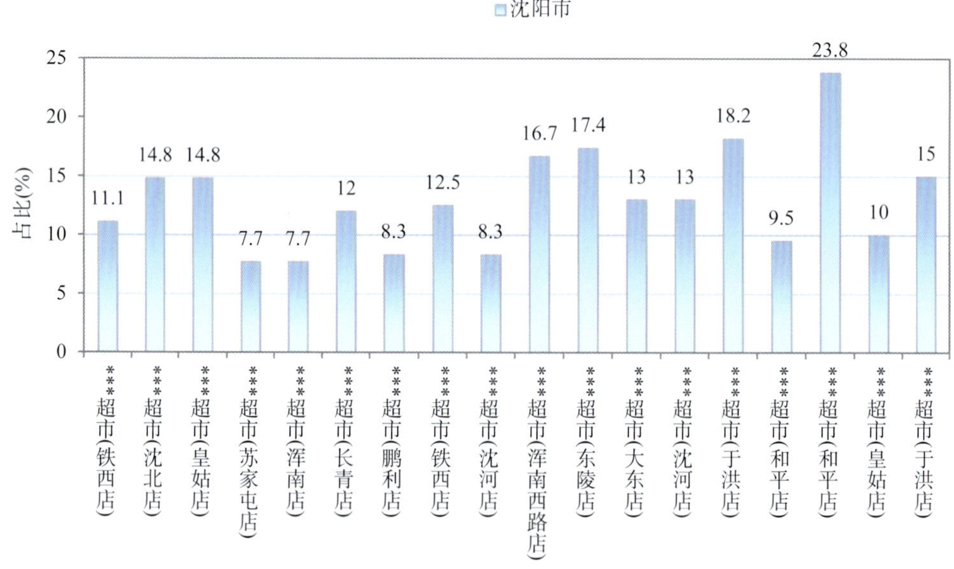

图 1-22　超过 MRL 日本标准水果蔬菜在不同采样点分布

1.2.3.4　按 MRL 中国香港标准衡量

按 MRL 中国香港标准衡量，有 1 个采样点的样品存在不同程度的超标农药检出，超标率为 5.0%，如表 1-17 和图 1-23 所示。

表 1-17　超过 MRL 中国香港标准水果蔬菜在不同采样点分布

	采样点	样品总数	超标数量	超标率（%）	行政区域
1	***超市（于洪店）	20	1	5.0	于洪区

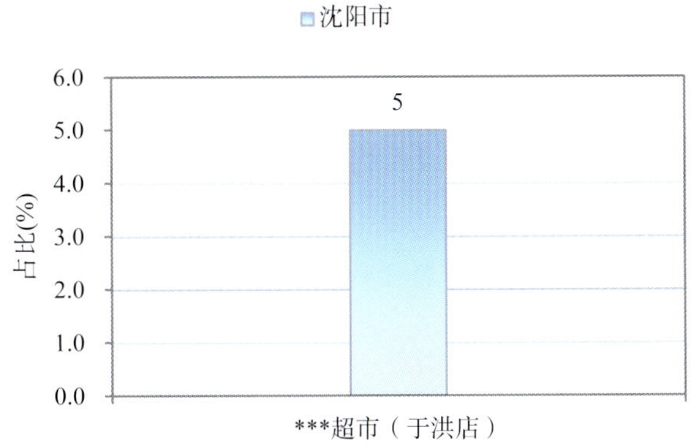

图 1-23　超过 MRL 中国香港标准水果蔬菜在不同采样点分布

1.2.3.5　按 MRL 美国标准衡量

按 MRL 美国标准衡量，有 2 个采样点的样品存在不同程度的超标农药检出，其中***超市（于洪店）的超标率最高，为 4.5%，如表 1-18 和图 1-24 所示。

表 1-18　超过 MRL 美国标准水果蔬菜在不同采样点分布

	采样点	样品总数	超标数量	超标率（%）	行政区域
1	***超市（鹏利店）	24	1	4.2	大东区
2	***超市（于洪店）	22	1	4.5	于洪区

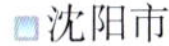

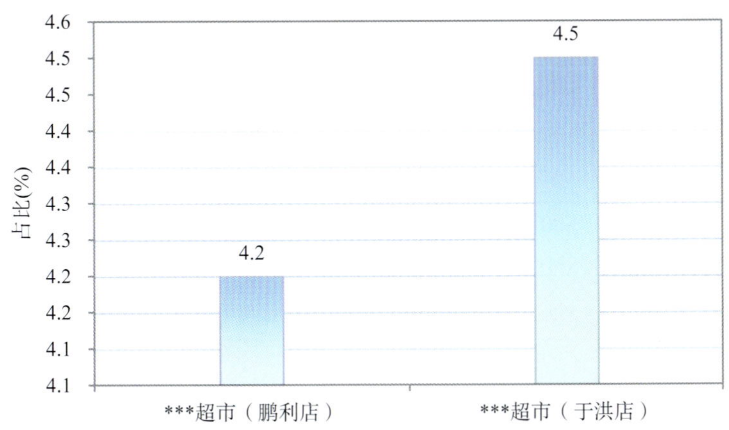

图 1-24　超过 MRL 美国标准水果蔬菜在不同采样点分布

1.2.3.6　按 MRL CAC 标准衡量

按 MRL CAC 标准衡量，所有采样点的样品均未检出超标农药残留。

1.3　水果中农药残留分布

1.3.1　检出农药品种和频次排前 10 的水果

本次残留侦测的水果共 7 种，包括梨、李子、苹果、葡萄、桃、西瓜和香瓜。

根据检出农药品种及频次进行排名，将各项排名前 10 位的水果样品检出情况列表说明，详见表 1-19。

表 1-19　检出农药品种和频次排名前 10 的水果

检出农药品种排名前 10（品种）	①葡萄（27），②桃（25），③香瓜（18），④西瓜（14），⑤李子（11），⑥梨（10），⑦苹果（5）
检出农药频次排名前 10（频次）	①葡萄（100），②桃（98），③香瓜（53），④梨（37），⑤李子（30），⑥西瓜（29），⑦苹果（23）
检出禁用、高毒及剧毒农药品种排名前 10（品种）	①桃（3），②葡萄（2），③李子（1）
检出禁用、高毒及剧毒农药频次排名前 10（频次）	①桃（9），②葡萄（7），③李子（4）

1.3.2　超标农药品种和频次排前 10 的水果

鉴于 MRL 欧盟标准和日本标准的制定比较全面且覆盖率较高，我们参照 MRL 中国国家标准、欧盟标准和日本标准衡量水果样品中农残检出情况，将超标农药品种及频次排名前 10 的水果列表说明，详见表 1-20。

表 1-20　超标农药品种和频次排名前 10 的水果

超标农药品种排名前 10（农药品种数）	MRL 中国国家标准	①葡萄（2），②桃（1）
	MRL 欧盟标准	①葡萄（7），②桃（7），③苹果（1），④李子（1），⑤梨（1）
	MRL 日本标准	①葡萄（5），②桃（5），③李子（3），④苹果（1），⑤梨（1）
超标农药频次排名前 10（农药频次数）	MRL 中国国家标准	①葡萄（3），②桃（2）
	MRL 欧盟标准	①桃（12），②葡萄（9），③苹果（1），④梨（1），⑤李子（1）
	MRL 日本标准	①葡萄（6），②桃（6），③李子（3），④苹果（1），⑤梨（1）

通过对各品种水果样本总数及检出率进行综合分析发现，葡萄、桃和香瓜的残留污染最为严重，在此，我们参照 MRL 中国国家标准、欧盟标准和日本标准对这 3 种水果

的农残检出情况进行进一步分析。

1.3.3　农药残留检出率较高的水果样品分析

1.3.3.1　葡萄

这次共检测 19 例葡萄样品，17 例样品中检出了农药残留，检出率为 89.5%，检出农药共计 27 种。其中烯酰吗啉、嘧霉胺、多菌灵、苯醚甲环唑和嘧菌酯检出频次较高，分别检出了 15、10、9、8 和 7 次。葡萄中农药检出品种和频次见图 1-25，超标农药见图 1-26 和表 1-21。

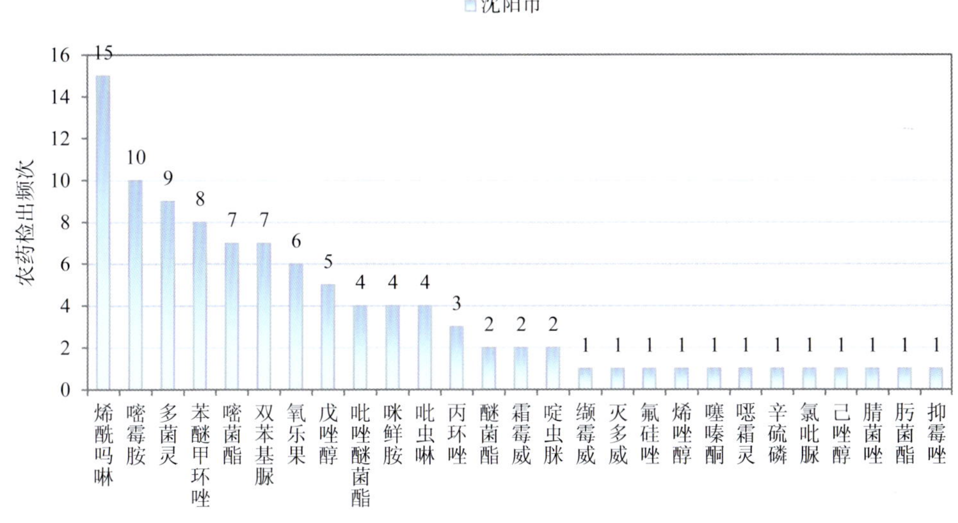

图 1-25　葡萄样品检出农药品种和频次分析

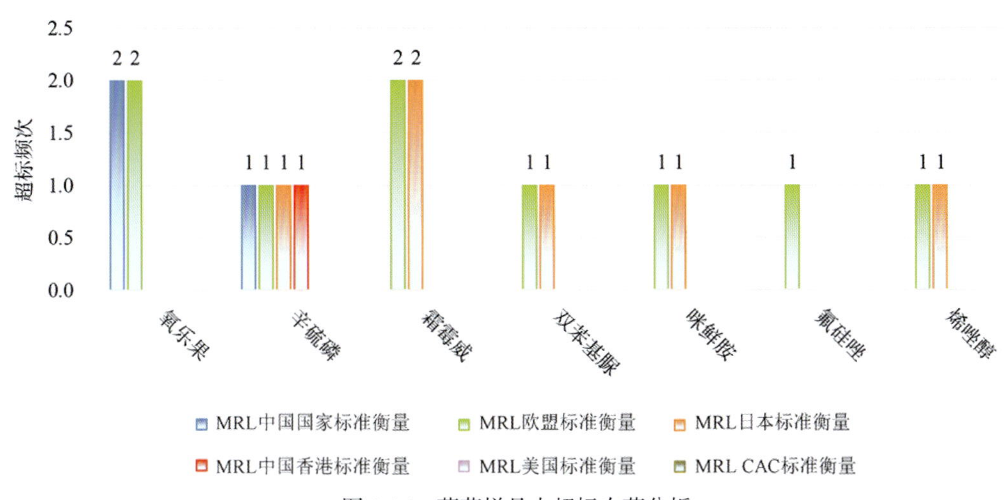

图 1-26　葡萄样品中超标农药分析

表 1-21　葡萄中农药残留超标情况明细表

样品总数			检出农药样品数	样品检出率（%）	检出农药品种总数
19			17	89.5	27
	超标农药品种	超标农药频次	按照 MRL 中国国家标准、欧盟标准和日本标准衡量超标农药名称及频次		
中国国家标准	2	3	氧乐果（2），辛硫磷（1）		
欧盟标准	7	9	霜霉威（2），氧乐果（2），辛硫磷（1），双苯基脲（1），咪鲜胺（1），氟硅唑（1），烯唑醇（1）		
日本标准	5	6	霜霉威（2），烯唑醇（1），辛硫磷（1），咪鲜胺（1），双苯基脲（1）		

1.3.3.2　桃

这次共检测 17 例桃样品，全部检出了农药残留，检出率为 100.0%，检出农药共计 25 种。其中多菌灵、苯醚甲环唑、毒死蜱、哒螨灵和多效唑检出频次较高，分别检出了 14、13、11、9 和 7 次。桃中农药检出品种和频次见图 1-27，超标农药见图 1-28 和表 1-22。

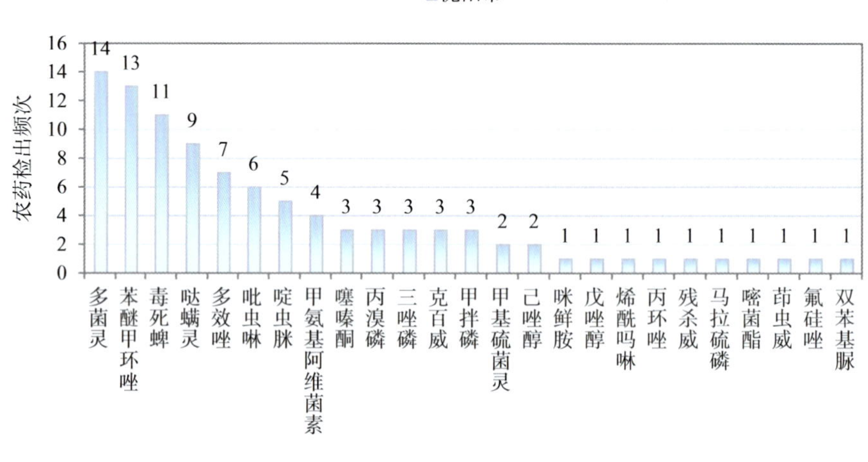

图 1-27　桃样品检出农药品种和频次分析

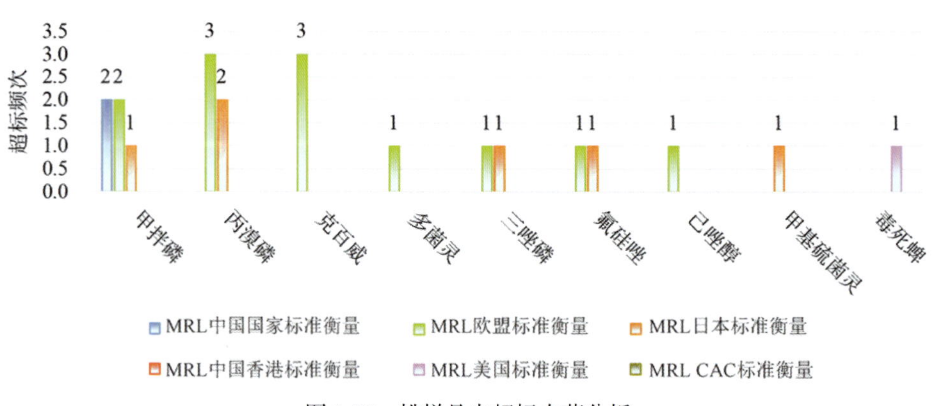

图 1-28　桃样品中超标农药分析

表 1-22　桃中农药残留超标情况明细表

样品总数			检出农药样品数	样品检出率（%）	检出农药品种总数
17			17	100	25
	超标农药品种	超标农药频次	按照 MRL 中国国家标准、欧盟标准和日本标准衡量超标农药名称及频次		
中国国家标准	1	2	甲拌磷（2）		
欧盟标准	7	12	丙溴磷（3），克百威（3），甲拌磷（2），多菌灵（1），三唑磷（1），氟硅唑（1），己唑醇（1）		
日本标准	5	6	丙溴磷（2），三唑磷（1），氟硅唑（1），甲拌磷（1），甲基硫菌灵（1）		

1.3.3.3　香瓜

这次共检测 18 例香瓜样品，15 例样品中检出了农药残留，检出率为 83.3%，检出农药共计 18 种。其中霜霉威、烯酰吗啉、咪鲜胺、双苯基脲和戊唑醇检出频次较高，分别检出了 7、7、7、4 和 4 次。香瓜中农药检出品种和频次见图 1-29，超标农药见表 1-23。

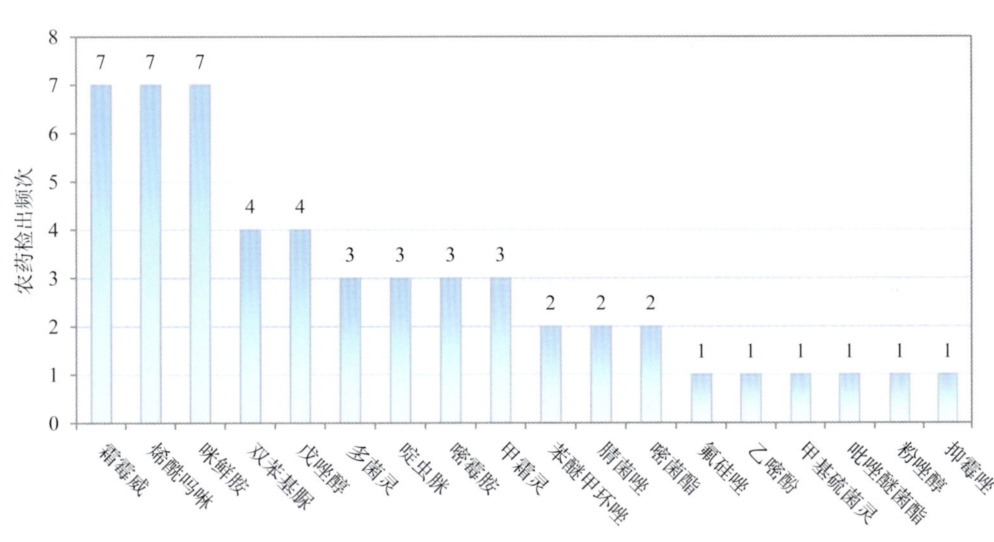

图 1-29　香瓜样品检出农药品种和频次分析

表 1-23　香瓜中农药残留超标情况明细表

样品总数			检出农药样品数	样品检出率（%）	检出农药品种总数
18			15	83.3	18
	超标农药品种	超标农药频次	按照 MRL 中国国家标准、欧盟标准和日本标准衡量超标农药名称及频次		
中国国家标准	0	0			
欧盟标准	0	0			
日本标准	0	0			

1.4　蔬菜中农药残留分布

1.4.1　检出农药品种和频次排前 10 的蔬菜

本次残留侦测的蔬菜共 20 种，包括菠菜、菜豆、冬瓜、番茄、胡萝卜、黄瓜、结球甘蓝、韭菜、苦苣、马铃薯、茄子、芹菜、青花菜、生菜、蒜薹、甜椒、茼蒿、西葫芦、小白菜和樱桃番茄。

根据检出农药品种及频次进行排名，将各项排名前 10 位的蔬菜样品检出情况列表说明，详见表 1-24。

表 1-24　检出农药品种和频次排名前 10 的蔬菜

检出农药品种排名前 10（品种）	①芹菜（24），②菜豆（19），③苦苣（19），④黄瓜（19），⑤小白菜（18），⑥甜椒（16），⑦樱桃番茄（15），⑧番茄（14），⑨生菜（13），⑩茼蒿（12）
检出农药频次排名前 10（频次）	①芹菜（82），②黄瓜（64），③小白菜（53），④苦苣（52），⑤菜豆（51），⑥甜椒（46），⑦生菜（33），⑧茼蒿（31），⑨番茄（28），⑩樱桃番茄（27）
检出禁用、高毒及剧毒农药品种排名前 10（品种）	①菜豆（2），②马铃薯（2），③黄瓜（1），④甜椒（1），⑤西葫芦（1），⑥小白菜（1），⑦茼蒿（1），⑧生菜（1），⑨苦苣（1）
检出禁用、高毒及剧毒农药频次排名前 10（频次）	①小白菜（4），②茼蒿（3），③马铃薯（3），④苦苣（2），⑤菜豆（2），⑥西葫芦（1），⑦生菜（1），⑧黄瓜（1），⑨甜椒（1）

1.4.2　超标农药品种和频次排前 10 的蔬菜

鉴于 MRL 欧盟标准和日本标准的制定比较全面且覆盖率较高，我们参照 MRL 中国国家标准、欧盟标准和日本标准衡量蔬菜样品中农残检出情况，将超标农药品种及频次排名前 10 的蔬菜列表说明，详见表 1-25。

表 1-25　超标农药品种和频次排名前 10 的蔬菜

超标农药品种排名前 10（农药品种数）	MRL 中国国家标准	①小白菜（1），②西葫芦（1），③茼蒿（1），④苦苣（1）
	MRL 欧盟标准	①芹菜（6），②小白菜（5），③苦苣（4），④甜椒（3），⑤蒜薹（3），⑥黄瓜（2），⑦菜豆（2），⑧西葫芦（2），⑨生菜（2），⑩冬瓜（1）
	MRL 日本标准	①菜豆（11），②芹菜（4），③小白菜（3），④茼蒿（3），⑤苦苣（3），⑥韭菜（2），⑦冬瓜（1），⑧结球甘蓝（1），⑨番茄（1），⑩蒜薹（1）
超标农药频次排名前 10（农药频次数）	MRL 中国国家标准	①茼蒿（2），②小白菜（1），③苦苣（1），④西葫芦（1）
	MRL 欧盟标准	①芹菜（15），②小白菜（8），③蒜薹（5），④甜椒（5），⑤苦苣（5），⑥西葫芦（4），⑦生菜（4），⑧黄瓜（2），⑨菜豆（2），⑩茼蒿（2）
	MRL 日本标准	①菜豆（16），②韭菜（6），③茼蒿（5），④芹菜（5），⑤小白菜（3），⑥苦苣（3），⑦生菜（3），⑧西葫芦（3），⑨冬瓜（1），⑩蒜薹（1）

通过对各品种蔬菜样本总数及检出率进行综合分析发现，芹菜、黄瓜和苦苣的残留

污染最为严重，在此，我们参照 MRL 中国国家标准、欧盟标准和日本标准对这 3 种蔬菜的农残检出情况进行进一步分析。

1.4.3　农药残留检出率较高的蔬菜样品分析

1.4.3.1　芹菜

这次共检测 15 例芹菜样品，全部检出了农药残留，检出率为 100.0%，检出农药共计 24 种。其中苯醚甲环唑、丙环唑、吡虫啉、烯酰吗啉和多菌灵检出频次较高，分别检出了 11、10、8、7 和 7 次。芹菜中农药检出品种和频次见图 1-30，超标农药见图 1-31 和表 1-26。

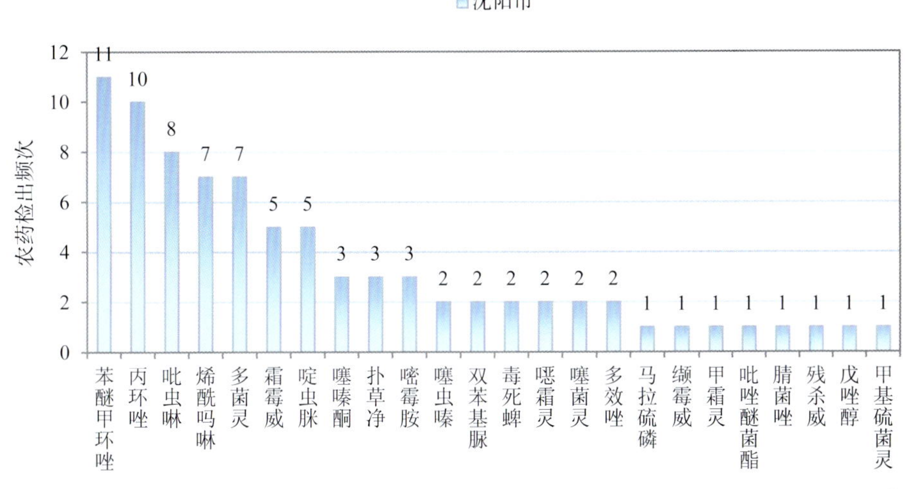

图 1-30　芹菜样品检出农药品种和频次分析

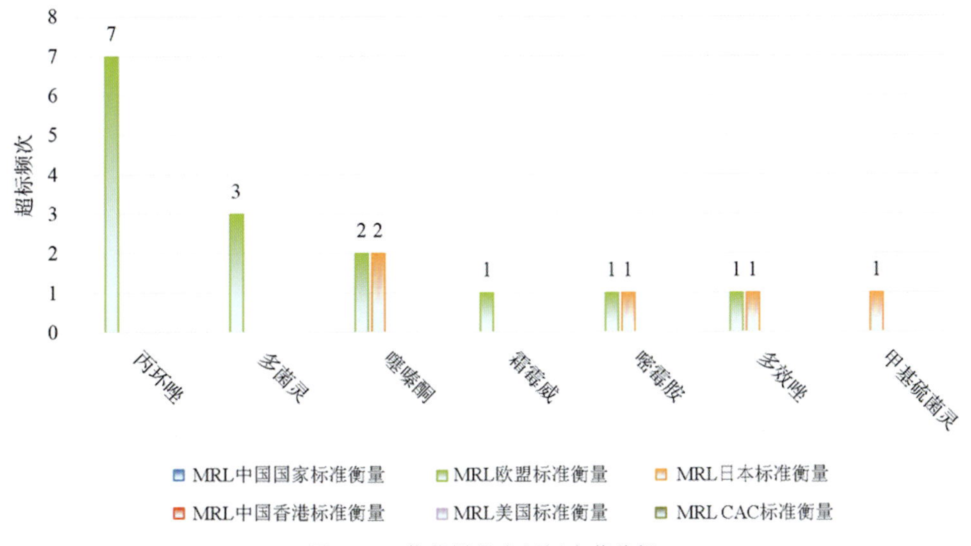

图 1-31　芹菜样品中超标农药分析

表 1-26　芹菜中农药残留超标情况明细表

样品总数			检出农药样品数	样品检出率（%）	检出农药品种总数
15			15	100	24
	超标农药品种	超标农药频次	按照 MRL 中国国家标准、欧盟标准和日本标准衡量超标农药名称及频次		
中国国家标准	0	0			
欧盟标准	6	15	丙环唑（7），多菌灵（3），噻嗪酮（2），霜霉威（1），嘧霉胺（1），多效唑（1）		
日本标准	4	5	噻嗪酮（2），嘧霉胺（1），甲基硫菌灵（1），多效唑（1）		

1.4.3.2　黄瓜

这次共检测 19 例黄瓜样品，17 例样品中检出了农药残留，检出率为 89.5%，检出农药共计 19 种。其中甲霜灵、霜霉威、多菌灵、噁霜灵和啶虫脒检出频次较高，分别检出了 12、9、9、7 和 6 次。黄瓜中农药检出品种和频次见图 1-32，超标农药见图 1-33 和表 1-27。

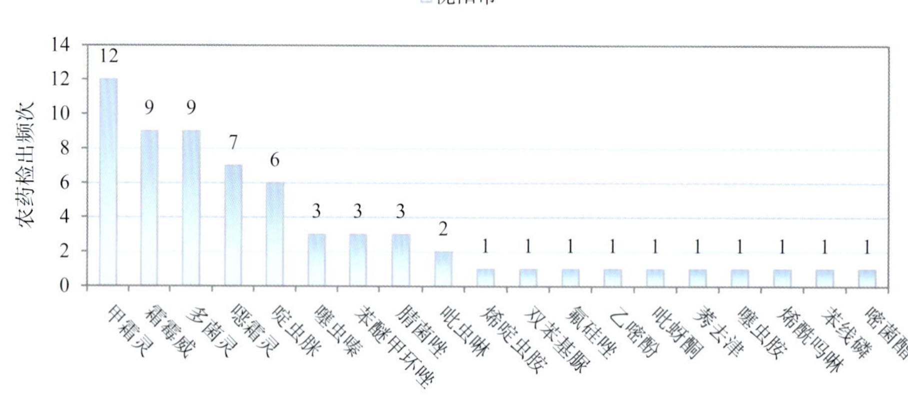

图 1-32　黄瓜样品检出农药品种和频次分析

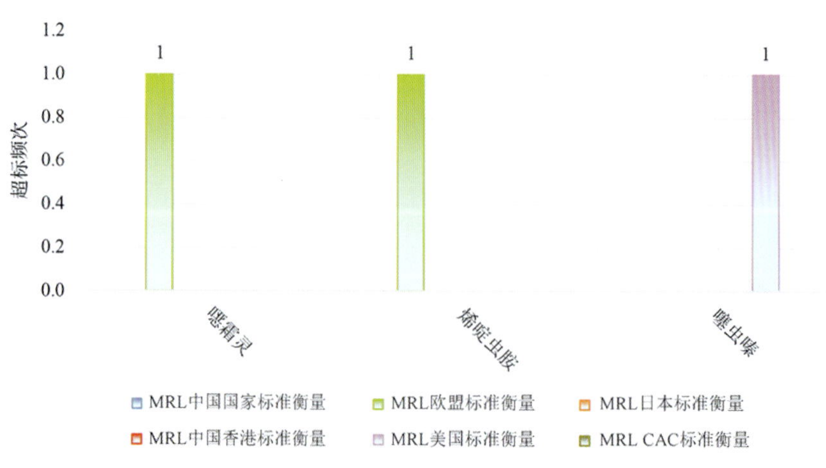

图 1-33　黄瓜样品中超标农药分析

表 1-27　黄瓜中农药残留超标情况明细表

样品总数			检出农药样品数	样品检出率（%）	检出农药品种总数
19			17	89.5	19
	超标农药品种	超标农药频次	按照 MRL 中国国家标准、欧盟标准和日本标准衡量超标农药名称及频次		
中国国家标准	0	0			
欧盟标准	2	2	噁霜灵（1），烯啶虫胺（1）		
日本标准	0	0			

1.4.3.3　苦苣

这次共检测 16 例苦苣样品，13 例样品中检出了农药残留，检出率为 81.3%，检出农药共计 19 种。其中多菌灵、烯酰吗啉、吡虫啉、双苯基脲和甲霜灵检出频次较高，分别检出了 7、7、6、6 和 4 次。苦苣中农药检出品种和频次见图 1-34，超标农药见图 1-35 和表 1-28。

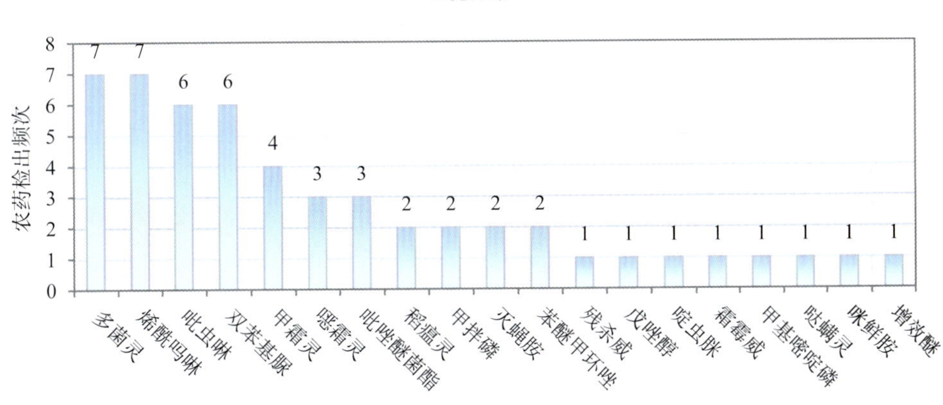

图 1-34　苦苣样品检出农药品种和频次分析

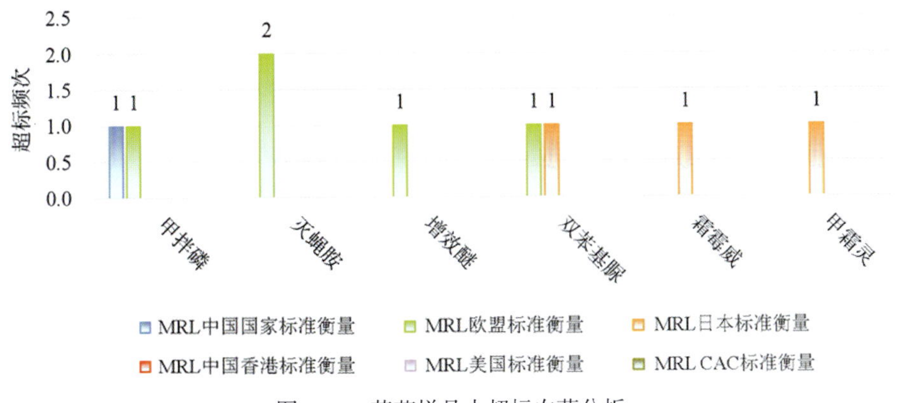

图 1-35　苦苣样品中超标农药分析

表 1-28 苦苣中农药残留超标情况明细表

样品总数			检出农药样品数	样品检出率（%）	检出农药品种总数
16			13	81.3	19
	超标农药品种	超标农药频次	按照 MRL 中国国家标准、欧盟标准和日本标准衡量超标农药名称及频次		
中国国家标准	1	1	甲拌磷（1）		
欧盟标准	4	5	灭蝇胺（2），甲拌磷（1），增效醚（1），双苯基脲（1）		
日本标准	3	3	霜霉威（1），甲霜灵（1），双苯基脲（1）		

1.5 初步结论

1.5.1 沈阳市市售水果蔬菜按 MRL 中国国家标准和国际主要 MRL 标准衡量的合格率

本次侦测的 447 例样品中，113 例样品未检出任何残留农药，占样品总量的 25.3%，334 例样品检出不同水平、不同种类的残留农药，占样品总量的 74.7%。在这 334 例检出农药残留的样品中：

按照 MRL 中国国家标准衡量，有 325 例样品检出残留农药但含量没有超标，占样品总数的 72.7%，有 9 例样品检出了超标农药，占样品总数的 2.0%。

按照 MRL 欧盟标准衡量，有 275 例样品检出残留农药但含量没有超标，占样品总数的 61.5%，有 59 例样品检出了超标农药，占样品总数的 13.2%。

按照 MRL 日本标准衡量，有 279 例样品检出残留农药但含量没有超标，占样品总数的 62.4%，有 55 例样品检出了超标农药，占样品总数的 12.3%。

按照 MRL 中国香港标准衡量，有 333 例样品检出残留农药但含量没有超标，占样品总数的 74.5%，有 1 例样品检出了超标农药，占样品总数的 0.2%。

按照 MRL 美国标准衡量，有 332 例样品检出残留农药但含量没有超标，占样品总数的 74.3%，有 2 例样品检出了超标农药，占样品总数的 0.4%。

按照 MRL CAC 标准衡量，有 334 例样品检出残留农药但含量没有超标，占样品总数的 74.7%，有 0 例样品检出了超标农药，占样品总数的 0.0%。

1.5.2 沈阳市市售水果蔬菜中检出农药以中低微毒农药为主，占市场主体的 90.5%

这次侦测的 447 例样品包括蔬菜 20 种 317 例，水果 7 种 113 例，食用菌 1 种 17 例，共检出了 63 种农药，检出农药的毒性以中低微毒为主，详见表 1-29。

表 1-29 市场主体农药毒性分布

毒性	检出品种	占比（%）	检出频次	占比（%）
剧毒农药	1	1.6	14	1.4
高毒农药	5	7.9	24	2.5
中毒农药	29	46.0	461	47.4
低毒农药	18	28.6	277	28.5
微毒农药	10	15.9	196	20.2
中低微毒农药，品种占比 90.5%，频次占比 96.1%				

1.5.3 检出剧毒、高毒和禁用农药现象应该警醒

在此次侦测的447例样品中有9种蔬菜和3种水果的36例样品检出了6种38频次的剧毒和高毒或禁用农药，占样品总量的8.1%。其中剧毒农药甲拌磷以及高毒农药三唑磷、氧乐果和克百威检出频次较高。

按MRL中国国家标准衡量，剧毒农药甲拌磷，检出14次，超标6次；高毒农药氧乐果，检出8次，超标2次；克百威，检出6次，超标1次；按超标程度比较，桃中甲拌磷超标27.0倍，小白菜中甲拌磷超标6.0倍，葡萄中氧乐果超标2.6倍，茼蒿中甲拌磷超标1.3倍，苦苣中甲拌磷超标1.2倍。

剧毒、高毒或禁用农药的检出情况及按照MRL中国国家标准衡量的超标情况见表1-30。

表 1-30 剧毒、高毒或禁用农药的检出及超标明细

序号	农药名称	样品名称	检出频次	超标频次	最大超标倍数	超标率（%）
1.1	甲拌磷*▲	小白菜	4	1	5.96	25.0
1.2	甲拌磷*▲	桃	3	2	27.03	66.7
1.3	甲拌磷*▲	茼蒿	3	2	1.28	66.7
1.4	甲拌磷*▲	苦苣	2	1	1.23	50.0
1.5	甲拌磷*▲	马铃薯	2	0		0.0
2.1	苯线磷◊▲	黄瓜	1	0		0.0
3.1	克百威◊▲	桃	3	0		0.0
3.2	克百威◊▲	西葫芦	1	1	0.495	100.0
3.3	克百威◊▲	菜豆	1	0		0.0
3.4	克百威◊▲	甜椒	1	0		0.0
4.1	灭多威◊▲	葡萄	1	0		0.0
5.1	三唑磷◊	李子	4	0		0.0
5.2	三唑磷◊	桃	3	0		0.0
5.3	三唑磷◊	菜豆	1	0		0.0

续表

序号	农药名称	样品名称	检出频次	超标频次	最大超标倍数	超标率（%）
6.1	氧乐果◊▲	葡萄	6	2	2.555	33.3
6.2	氧乐果◊▲	马铃薯	1	0		0.0
6.3	氧乐果◊▲	生菜	1	0		0.0
合计			38	9		23.7

注：超标倍数参照 MRL 中国国家标准衡量

这些超标的剧毒和高毒农药都是中国政府早有规定禁止在水果蔬菜中使用的，为什么还屡次被检出，应该引起警惕。

1.5.4 残留限量标准与先进国家或地区差距较大

972 频次的检出结果与我国公布的《食品中农药最大残留限量》（GB 2763—2014）对比，有 342 频次能找到对应的 MRL 中国国家标准，占 35.2%；还有 630 频次的侦测数据无相关 MRL 标准供参考，占 64.8%。

与国际上现行 MRL 对比发现：

有 972 频次能找到对应的 MRL 欧盟标准，占 100.0%；

有 972 频次能找到对应的 MRL 日本标准，占 100.0%；

有 486 频次能找到对应的 MRL 中国香港标准，占 50.0%；

有 482 频次能找到对应的 MRL 美国标准，占 49.6%；

有 390 频次能找到对应的 MRL CAC 标准，占 40.1%。

由上可见，MRL 中国国家标准与先进国家或地区标准还有很大差距，我们无标准，境外有标准，这就会导致我们在国际贸易中，处于受制于人的被动地位。

1.5.5 水果蔬菜单种样品检出 18~27 种农药残留，拷问农药使用的科学性

通过此次监测发现，葡萄、桃和香瓜是检出农药品种最多的 3 种水果，芹菜、菜豆和苦苣是检出农药品种最多的 3 种蔬菜，从中检出农药品种及频次详见表 1-31。

表 1-31 单种样品检出农药品种及频次

样品名称	样品总数	检出农药样品数	检出率	检出农药品种数	检出农药（频次）
芹菜	15	15	100.0%	24	苯醚甲环唑（11），丙环唑（10），吡虫啉（8），烯酰吗啉（7），多菌灵（7），霜霉威（5），啶虫脒（5），噻嗪酮（3），扑草净（3），嘧霉胺（3），噻虫嗪（2），双苯基脲（2），毒死蜱（2），噁霜灵（2），噻菌灵（2），多效唑（2），马拉硫磷（1），缬霉威（1），甲霜灵（1），吡唑醚菌酯（1），腈菌唑（1），残杀威（1），戊唑醇（1），甲基硫菌灵（1）
菜豆	19	15	78.9%	19	苯醚甲环唑（7），咪鲜胺（6），霜霉威（5），多菌灵（5），腈菌唑（5），烯酰吗啉（5），噁霜灵（2），甲霜灵（2），己唑醇（2），三唑醇（2），戊唑醇（2），克百威（1），甲基硫菌灵（1），啶虫脒（1），残杀威（1），稻瘟灵（1），双苯基脲（1），灭蝇胺（1），三唑磷（1）

续表

样品名称	样品总数	检出农药样品数	检出率	检出农药品种数	检出农药（频次）
苦苣	16	13	81.2%	19	多菌灵（7），烯酰吗啉（7），吡虫啉（6），双苯基脲（6），甲霜灵（4），噁霜灵（3），吡唑醚菌酯（3），稻瘟灵（2），甲拌磷（2），灭蝇胺（2），苯醚甲环唑（2），残杀威（1），戊唑醇（1），啶虫脒（1），霜霉威（1），甲基嘧啶磷（1），哒螨灵（1），咪鲜胺（1），增效醚（1）
葡萄	19	17	89.5%	27	烯酰吗啉（15），嘧霉胺（10），多菌灵（9），苯醚甲环唑（8），嘧菌酯（7），双苯基脲（7），氧乐果（6），戊唑醇（5），吡唑醚菌酯（4），咪鲜胺（4），吡虫啉（4），丙环唑（3），醚菌酯（2），霜霉威（2），啶虫脒（2），缬霉威（1），灭多威（1），氟硅唑（1），烯唑醇（1），噻嗪酮（1），噁霜灵（1），辛硫磷（1），氯吡脲（1），己唑醇（1），腈菌唑（1），肟菌酯（1），抑霉唑（1）
桃	17	17	100.0%	25	多菌灵（14），苯醚甲环唑（13），毒死蜱（11），哒螨灵（9），多效唑（7），吡虫啉（6），啶虫脒（5），甲氨基阿维菌素（4），噻嗪酮（3），丙溴磷（3），三唑磷（3），克百威（3），甲拌磷（3），甲基硫菌灵（2），己唑醇（2），咪鲜胺（1），戊唑醇（1），烯酰吗啉（1），丙环唑（1），残杀威（1），马拉硫磷（1），嘧菌酯（1），茚虫威（1），氟硅唑（1），双苯基脲（1）
香瓜	18	15	83.3%	18	霜霉威（7），烯酰吗啉（7），咪鲜胺（7），双苯基脲（4），戊唑醇（4），多菌灵（3），啶虫脒（3），嘧霉胺（3），甲霜灵（3），苯醚甲环唑（2），腈菌唑（2），嘧菌酯（2），氟硅唑（1），乙嘧酚（1），甲基硫菌灵（1），吡唑醚菌酯（1），粉唑醇（1），抑霉唑（1）

上述 6 种水果蔬菜，检出农药 18~27 种，是多种农药综合防治，还是未严格实施农业良好管理规范（GAP），抑或根本就是乱施药，值得我们思考。

第 2 章　LC-Q-TOF/MS 侦测沈阳市市售水果蔬菜农药残留膳食暴露风险及预警风险评估

2.1　农药残留风险评估方法

2.1.1　沈阳市农药残留检测数据分析与统计

庞国芳院士科研团队建立的农药残留高通量侦测技术以高分辨精确质量数（0.0001 *m/z* 为基准）为识别标准，采用 LC-Q-TOF/MS 技术对 537 种农药化学污染物进行检测。

科研团队于 2013 年 8 月在沈阳市所属 7 个区县的 19 个采样点，随机采集了 447 例水果蔬菜样品，采样点具体位置分布如图 2-1 所示。

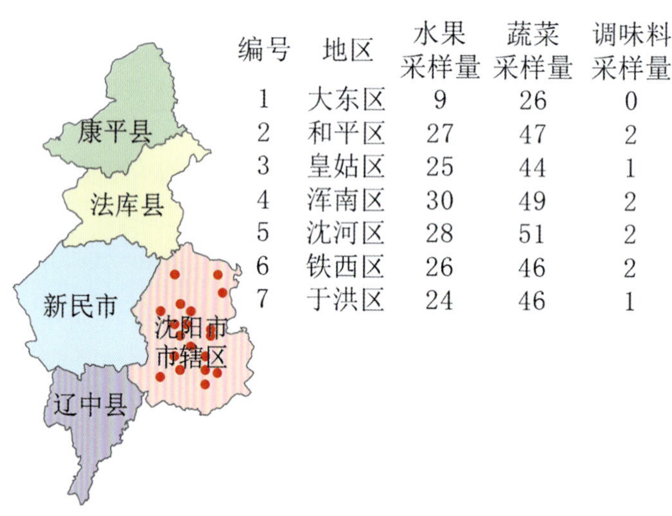

编号	地区	水果采样量	蔬菜采样量	调味料采样量
1	大东区	9	26	0
2	和平区	27	47	2
3	皇姑区	25	44	1
4	浑南区	30	49	2
5	沈河区	28	51	2
6	铁西区	26	46	2
7	于洪区	24	46	1

图 2-1　沈阳市所属 19 个采样点 447 例样品分布图

利用 LC-Q-TOF/MS 技术对 447 例样品中的农药残留进行侦测，检出残留农药 63 种，972 频次。检出农药残留水平如表 2-1 和图 2-2 所示。检出频次最高的前十种农药如表 2-2 所示。从检测结果中可以看出，在果蔬中农药残留普遍存在，且有些果蔬存在高浓度的农药残留，这些可能存在膳食暴露风险，对人体健康产生危害，因此，为了定量地评价果蔬中农药残留的风险程度，有必要对其进行风险评价。

表 2-1　检出农药的不同残留水平及其所占比例

残留水平（μg/kg）	检出频次	占比（%）
1~5（含）	477	49.1
5~10（含）	159	16.4
10~100（含）	278	28.6
100~1000（含）	57	5.9
＞1000	1	0.1
合计	972	100

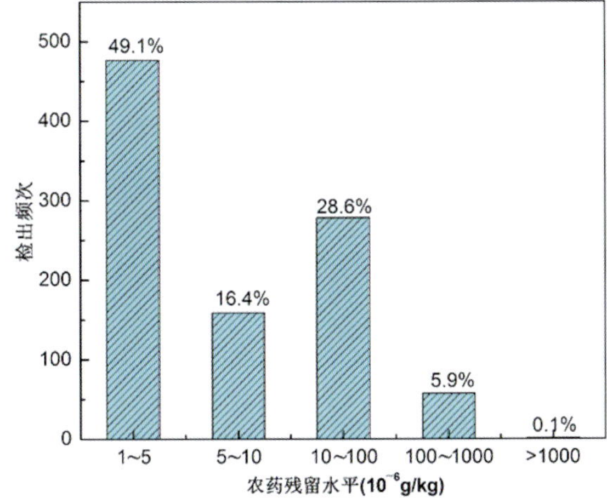

图 2-2　残留农药检出浓度频数分布

表 2-2　检出频次最高的前十种农药

序号	农药	检出频次（次）
1	多菌灵	106
2	双苯基脲	94
3	烯酰吗啉	89
4	苯醚甲环唑	66
5	吡虫啉	60
6	啶虫脒	59
7	甲霜灵	40
8	霜霉威	39
9	嘧霉胺	36
10	噁霜灵	29

2.1.2　农药残留风险评价模型

对沈阳市水果蔬菜中农药残留分别开展暴露风险评估和预警风险评估。膳食暴露风险评价利用食品安全指数模型对水果蔬菜中的残留农药对人体可能产生的危害程度进行评价，该模型结合残留监测和膳食暴露评估评价化学污染物的危害；预警风险评价模型运用风险系数（risk index，*R*），风险系数综合考虑了危害物的超标率、施检频率及其本身敏感性的影响，能直观而全面地反映出危害物在一段时间内的风险程度。

2.1.2.1 食品安全指数模型

为了加强食品安全管理，《中华人民共和国食品安全法》第二章第十七条规定“国家建立食品安全风险评估制度，运用科学方法，根据食品安全风险监测信息、科学数据以及有关信息，对食品、食品添加剂、食品相关产品中生物性、化学性和物理性危害因素进行风险评估”[1]，膳食暴露评估是食品危险度评估的重要组成部分，也是膳食安全性的衡量标准[2]。国际上最早研究膳食暴露风险评估的机构主要是 JMPR（FAO、WHO 农药残留联合会议），该组织自 1995 年就已制定了急性毒性物质的风险评估急性毒性农药残留摄入量的预测。1960 年美国规定食品中不得加入致癌物质进而提出零阈值理论，渐渐零阈值理论发展成在一定概率条件下可接受风险的概念[3]，后衍变为食品中每日允许最大摄入量（ADI），而农药残留法典委员会（CCPR）认为 ADI 不是独立风险评估的唯一标准[4]，1995 年 JMPR 开始研究农药急性膳食暴露风险评估，并对食品国际短期摄入量的计算方法进行了修正，亦对膳食暴露评估准则及评估方法进行了修正[5]，2002 年，在对世界上现行的食品安全评价方法，尤其是国际公认的 CAC 的评价方法、WHO GEMS/Food（全球环境监测系统/食品污染监测和评估规划）及 JECFA（FAO、WHO 食品添加剂联合专家委员会）和 JMPR 对食品安全风险评估工作研究的基础之上，检验检疫食品安全管理的研究人员提出了结合残留监控和膳食暴露评估，以食品安全指数（IFS）计算食品中各种化学污染物对消费者的健康危害程度[6]。IFS 是表示食品安全状态的新方法，可有效地评价某种农药的安全性，进而评价食品中各种农药化学污染物对消费者健康的整体危害程度[7, 8]。从理论上分析，IFS_c 可指出食品中的污染物 c 对消费者健康是否存在危害及危害的程度[9]。其优点在于操作简单且结果容易被接受和理解，不需要大量的数据来对结果进行验证，使用默认的标准假设或者模型即可[10, 11]。

1）IFS_c 的计算

IFS_c 计算公式如下：

$$\mathrm{IFS_c} = \frac{\mathrm{EDI_c} \times f}{\mathrm{SI_c} \times \mathrm{bw}} \tag{2-1}$$

式中，c 为所研究的农药；EDI_c 为农药 c 的实际日摄入量估算值，等于 $\sum(R_i \times F_i \times E_i \times P_i)$（*i* 为食品种类；$R_i$ 为食品 *i* 中农药 c 的残留水平，mg/kg；F_i 为食品 *i* 的估计日消费量，g/（人·天）；E_i 为食品 *i* 的可食用部分因子；P_i 为食品 *i* 的加工处理因子）；SI_c 为安全摄入量，可采用每日允许摄入量 ADI；bw 为人平均体重，kg；*f* 为校正因子，如果安全摄入量采用 ADI，则 *f* 取 1。

$IFS_c \ll 1$，农药 c 对食品安全没有影响；$IFS_c \leqslant 1$，农药 c 对食品安全的影响可以接受；

$IFS_c>1$，农药 c 对食品安全的影响不可接受。

本次评价中：

$IFS_c \leqslant 0.1$，农药 c 对果蔬安全没有影响；

$0.1<IFS_c \leqslant 1$，农药 c 对果蔬安全的影响可以接受；

$IFS_c>1$，农药 c 对果蔬安全的影响不可接受。

本次评价中残留水平 R_i 取值为中国检验检疫科学研究院庞国芳院士课题组对沈阳市果蔬中的农药残留检测结果，估计日消费量 F_i 取值 0.38 kg/(人·天)，E_i=1，P_i=1，f=1，SI_c 采用《食品安全国家标准　食品中农药最大残留限量》(GB 2763—2016) 中 ADI 值 (具体数值见表 2-3)，人平均体重 (bw) 取值 60 kg。

表 2-3　沈阳市果蔬中残留农药 ADI 值

序号	农药	ADI	序号	农药	ADI	序号	农药	ADI
1	苯醚甲环唑	0.01	22	甲氨基阿维菌素	0.0005	43	三唑醇	0.03
2	苯线磷	0.0008	23	甲拌磷	0.0007	44	三唑磷	0.001
3	吡虫啉	0.06	24	甲基硫菌灵	0.08	45	霜霉威	0.4
4	吡蚜酮	0.03	25	甲基嘧啶磷	0.03	46	肟菌酯	0.04
5	吡唑醚菌酯	0.03	26	甲霜灵	0.08	47	戊唑醇	0.03
6	丙环唑	0.07	27	腈菌唑	0.03	48	烯啶虫胺	0.53
7	丙溴磷	0.03	28	克百威	0.001	49	烯酰吗啉	0.2
8	虫酰肼	0.02	29	氯吡脲	0.07	50	烯唑醇	0.005
9	哒螨灵	0.01	30	马拉硫磷	0.3	51	辛硫磷	0.004
10	稻瘟灵	0.016	31	咪鲜胺	0.01	52	氧乐果	0.0003
11	敌百虫	0.002	32	醚菌酯	0.4	53	乙嘧酚	0.035
12	啶虫脒	0.07	33	嘧菌酯	0.2	54	抑霉唑	0.03
13	毒死蜱	0.01	34	嘧霉胺	0.2	55	茚虫威	0.01
14	多菌灵	0.03	35	灭多威	0.02	56	莠去津	0.02
15	多效唑	0.1	36	灭蝇胺	0.06	57	增效醚	0.2
16	噁霜灵	0.01	37	扑草净	0.04	58	双苯基脲	—
17	粉唑醇	0.01	38	噻虫胺	0.1	59	甲哌	—
18	氟硅唑	0.007	39	噻虫嗪	0.08	60	残杀威	—
19	氟环唑	0.02	40	噻菌灵	0.1	61	缬霉威	—
20	福美双	0.01	41	噻嗪酮	0.009	62	四氟醚唑	—
21	己唑醇	0.005	42	三环唑	0.04	63	乙嘧酚磺酸酯	—

注："—"表示国家标准中无 ADI 值规定；ADI 值单位为 mg/kg bw

2）计算 IFS_c 的平均值 $\overline{IFS}$，判断农药对食品安全影响程度

以 $\overline{IFS}$ 评价各种农药对人体健康危害的总程度，评价模型见公式（2-2）。

$$\overline{IFS}=\frac{\sum_{i=1}^{n}IFS_c}{n} \tag{2-2}$$

$\overline{IFS} \ll 1$，所研究消费者人群的食品安全状态很好；$\overline{IFS} \leqslant 1$，所研究消费者人群的食品安全状态可以接受；$\overline{IFS} > 1$，所研究消费者人群的食品安全状态不可接受。

本次评价中：

$\overline{IFS} \leqslant 0.1$，所研究消费者人群的果蔬安全状态很好；

$0.1 < \overline{IFS} \leqslant 1$，所研究消费者人群的果蔬安全状态可以接受；

$\overline{IFS} > 1$，所研究消费者人群的果蔬安全状态不可接受。

2.1.2.2　预警风险评价模型

2003 年，我国检验检疫食品安全管理的研究人员根据 WTO 的有关原则和我国的具体规定，结合危害物本身的敏感性、风险程度及其相应的施检频率，首次提出了食品中危害物风险系数 R 的概念[12]。R 是衡量一个危害物的风险程度大小最直观的参数，即在一定时期内其超标率或阳性检出率的高低，但受其施检测率的高低及其本身的敏感性（受关注程度）影响。该模型综合考察了农药在蔬菜中的超标率、施检频率及其本身敏感性，能直观而全面地反映出农药在一段时间内的风险程度[13]。

1）R 计算方法

危害物的风险系数综合考虑了危害物的超标率或阳性检出率、施检频率和其本身的敏感性影响，并能直观而全面地反映出危害物在一段时间内的风险程度。风险系数 R 的计算公式如式（2-3）：

$$R = aP + \frac{b}{F} + S \tag{2-3}$$

式中，P 为该种危害物的超标率；F 为危害物的施检频率；S 为危害物的敏感因子；a，b 分别为相应的权重系数。

本次评价中 F=1；S=1；a=100；b=0.1，对参数 P 进行计算，计算时首先判断是否为禁药，如果为非禁药，P=超标的样品数（检测出的含量高于食品最大残留限量标准值，即 MRL）除以总样品数（包括超标、不超标、未检出）；如果为禁药，则检出即为超标，P=能检出的样品数除以总样品数。判断沈阳市果蔬农药残留是否超标的标准限值 MRL 分别以 MRL 中国国家标准[14]和 MRL 欧盟标准作为对照，具体值列于本报告附表一中。

2）判断风险程度

$R \leqslant 1.5$，受检农药处于低度风险；

$1.5 < R \leqslant 2.5$，受检农药处于中度风险；

$R > 2.5$，受检农药处于高度风险。

2.1.2.3　食品膳食暴露风险和预警风险评价应用程序的开发

1）应用程序开发的步骤

为成功开发膳食暴露风险和预警风险评价应用程序，与软件工程师多次沟通讨论，逐步提出并描述清楚计算需求，开发了初步应用程序。在软件应用过程中，根据风险评价拟得到结果的变化，计算需求发生变更，这些变化给软件工程师进行需求分析带来一定的困难，经过各种细节的沟通，需求分析得到明确后，开始进行解决方案的设计，在保证需求的完整性、一致性的前提下，编写代码，最后设计出风险评价专用计算软件。软件开发基本步骤见图 2-3。

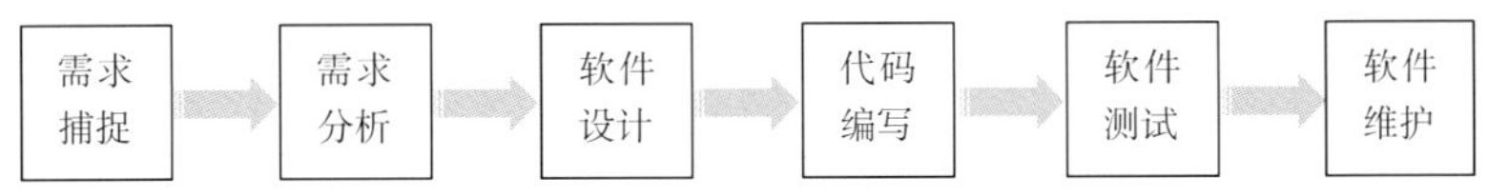

图 2-3　专用程序开发总体步骤

2）膳食暴露风险评价专业程序开发的基本要求

首先直接利用公式（2-1），分别计算 LC-Q-TOF/MS 和 GC-Q-TOF/MS 仪器检出的各果蔬样品中每种农药 IFS_c，将结果列出。为考察超标农药和禁用农药的使用安全性，分别以我国《食品安全国家标准　食品中农药最大残留限量》（GB 2763—2016）和欧盟食品中农药最大残留限量（以下简称 MRL 中国国家标准和 MRL 欧盟标准）为标准，对检出的禁药和超标的非禁药 IFS_c 单独进行评价；按 IFS_c 大小列表，并找出 IFS_c 值排名前 20 的样本重点关注。

对不同果蔬 i 中每一种检出的农药 c 的安全指数进行计算，多个样品时求平均值。若监测数据为该市多个月的数据，则逐月、逐季度分别列出每个月、每个季度内每一种果蔬 i 对应的每一种农药 c 的 IFS_c。

按农药种类，计算整个监测时间段内每种农药的 IFS_c，不区分果蔬。若检测数据为该市多个月的数据，则需分别计算每个月、每个季度内每种农药的 IFS_c。

3）预警风险评价专业程序开发的基本要求

分别以 MRL 中国国家标准和 MRL 欧盟标准，按公式（2-3）逐个计算不同果蔬、不同农药的风险系数，禁药和非禁药分别列表。

为清楚了解各种农药的预警风险，不分时间，不分果蔬，按禁用农药和非禁药分类，分别计算各种检出农药全部检测时段内风险系数。由于有 MRL 中国国家标准的农药种类太少，无法计算超标数，非禁药的风险系数只以 MRL 欧盟标准为标准进行计算。若检测数据为多个月的，则按月计算每个月、每个季度内每种禁用农药残留的风险系数和以 MRL 欧盟标准为标准的非禁药残留的风险系数。

4）风险程度评价专业应用程序的开发方法

采用 Python 计算机程序设计语言，Python 是一个高层次地结合了解释性、编译性、互动性和面向对象的脚本语言。风险评价专用程序主要功能包括：分别读入每例样品 LC-Q-TOF/MS 和 GC-Q-TOF/MS 农药残留检测数据，根据风险评价工作要求，依次对不同农药、不同食品、不同时间、不同采样点的 IFS_c 值和 R 值分别进行数据计算，筛选出禁用农药、超标农药（分别与 MRL 中国国家标准、MRL 欧盟标准限值进行对比）单独重点分析，再分别对各农药、各果蔬种类分类处理，设计出计算和排序程序，编写计算机代码，最后将生成的膳食暴露风险评价和超标风险评价定量计算结果列入设计好的各个表格中，并定性判断风险对目标的影响程度，直接用文字描述风险发生的高低，如“不可接受”“可以接受”“没有影响”“高度风险”“中度风险”“低度风险”。

2.2 沈阳市果蔬农药残留膳食暴露风险评估

2.2.1 果蔬样品中农药残留安全指数分析

基于 2013 年 8 月农药残留检测数据，发现在 447 例样品中检出农药 972 频次，计算样品中每种残留农药的安全指数 IFS_c，并分析农药对样品安全的影响程度，结果详见附表二，农药残留对果蔬样品安全的影响程度频次分布情况如图 2-4 所示。

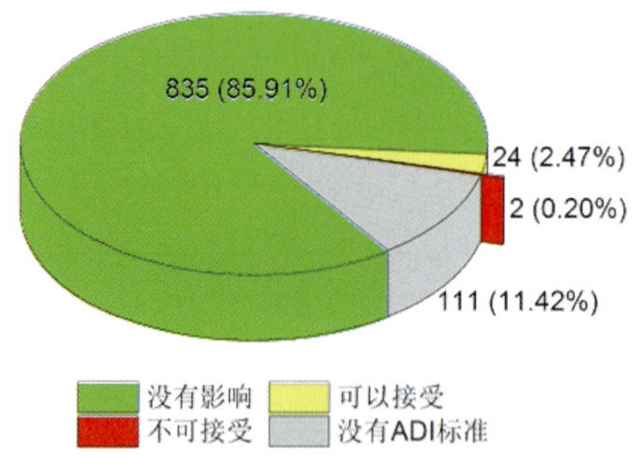

图 2-4 农药残留对果蔬样品安全的影响程度频次分布图

由图 2-4 可以看出，农药残留对样品安全的影响不可接受的频次为 2，占 0.20%；农药残留对样品安全的影响可以接受的频次为 24，占 2.47%；农药残留对样品安全的没有影响的频次为 835，占 85.91%。对果蔬样品安全影响不可接受的残留农药安全指数如表 2-4 所示。

表 2-4 对果蔬样品安全影响不可接受的残留农药安全指数表

序号	样品编号	采样点	基质	农药	含量（mg/kg）	IFSc
1	20130807-210100-QHDCIQ-GP-18A	***超市（于洪店）	葡萄	氧乐果	0.0711	1.501
2	20130807-210100-QHDCIQ-PH-16A	***超市（铁西店）	桃	甲拌磷	0.2803	2.536

此次检测，发现部分样品检出禁用农药，为了明确残留的禁用农药对样品安全的影响，分析检出禁药残留的样品安全指数，结果如图 2-5 所示，检出禁用农药 5 种 30 频次，其中农药残留对样品安全的影响不可接受的频次为 2，占 6.67%；农药残留对样品安全的影响可以接受的频次为 9，占 30%；农药残留对样品安全没有影响的频次为 19，占

63.33%。对果蔬样品安全影响不可接受的残留禁用农药安全指数如表 2-5 所示。

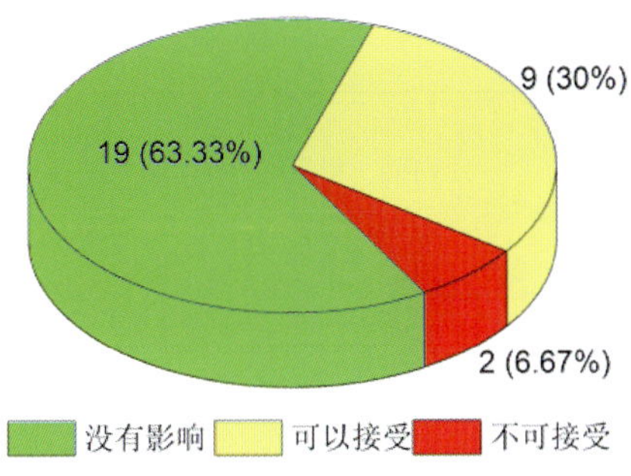

图 2-5　禁用农药残留对样品安全影响程度频次分布图

表 2-5　对果蔬样品安全影响不可接受的残留禁用农药安全指数表

序号	样品编号	采样点	基质	禁用农药	含量（mg/kg）	IFS_c
1	20130807-210100-QHDCIQ-PH-16A	***超市（铁西店）	桃	甲拌磷	0.2803	2.536
2	20130807-210100-QHDCIQ-GP-18A	***超市（于洪店）	葡萄	氧乐果	0.0711	1.501

此外，本次检测发现部分样品中非禁用农药残留量超过 MRL 中国国家标准和欧盟标准，为了明确超标的非禁药对样品安全的影响，分析非禁药残留超标的样品安全指数，超标的非禁用农药对样品安全的影响程度频次分布情况如表 2-6，可以看出检出超过 MRL 中国国家标准的非禁用农药共 1 频次，其中农药残留对样品安全的影响可以接受。

表 2-6　果蔬样品中残留超标的非禁用农药安全指数表（MRL 中国国家标准）

序号	样品编号	采样点	基质	农药	含量（mg/kg）	中国国家标准	超标倍数	IFS_c	影响程度
1	20130807-210100-QHDCIQ-GP-18A	***超市（于洪店）	葡萄	辛硫磷	0.0888	0.05	0.776	0.1406	可以接受

由图 2-6 可以看出检出超过 MRL 欧盟标准的非禁用农药共 67 频次，农药残留对样品安全的影响可以接受的频次为 8，占 11.94%；农药残留对样品安全没有影响的频次为 49，占 73.13%。果蔬样品中安全指数排名前十的残留超标非禁用农药列表如表 2-7 所示。

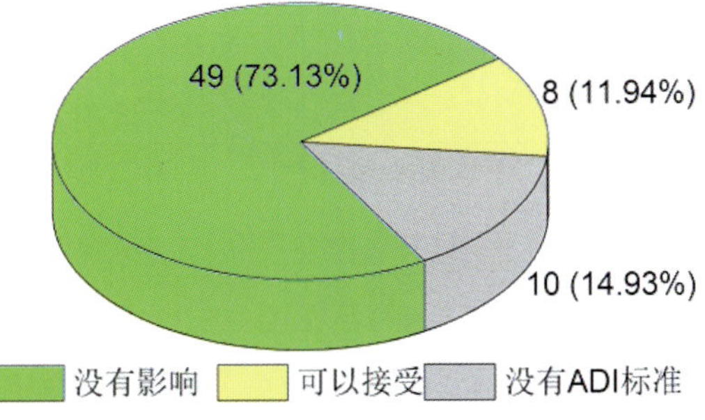

图 2-6　残留超标的非禁用农药对果蔬样品安全的影响程度频次分布图（MRL 欧盟标准）

表 2-7　果蔬样品中安全指数排名前十的残留超标非禁用农药列表（MRL 欧盟标准）

序号	样品编号	采样点	基质	农药	含量（mg/kg）	欧盟标准	超标倍数	IFS_c	影响程度
1	20130806-210100-QHDCIQ-PB-09A	***超市（浑南店）	小白菜	甲氨基阿维菌素	0.0487	0.01	3.87	0.6169	可以接受
2	20130806-210100-QHDCIQ-PB-08A	***超市（皇姑店）	小白菜	甲氨基阿维菌素	0.0244	0.01	1.44	0.3091	可以接受
3	20130807-210100-QHDCIQ-GP-15A	***超市（苏家屯店）	葡萄	咪鲜胺	0.3867	0.05	6.734	0.2449	可以接受
4	20130807-210100-QHDCIQ-DJ-18A	***超市（于洪店）	菜豆	三唑磷	0.0289	0.01	1.89	0.1830	可以接受
5	20130807-210100-QHDCIQ-LZ-18A	***超市（于洪店）	李子	三唑磷	0.0239	0.01	1.39	0.1514	可以接受
6	20130806-210100-QHDCIQ-PH-10A	***超市（浑南西路店）	桃	三唑磷	0.0224	0.01	1.24	0.1419	可以接受
7	20130807-210100-QHDCIQ-GP-18A	***超市（于洪店）	葡萄	辛硫磷	0.0888	0.01	7.88	0.1406	可以接受
8	20130807-210100-QHDCIQ-CE-11A	***超市（沈北店）	芹菜	多菌灵	0.4873	0.1	3.873	0.1029	可以接受
9	20130806-210100-QHDCIQ-PB-09A	***超市（浑南店）	小白菜	敌百虫	0.0299	0.01	1.99	0.0947	没有影响
10	20130806-210100-QHDCIQ-PH-04A	***超市（东陵店）	桃	多菌灵	0.3005	0.2	0.5025	0.0634	没有影响

在 447 例样品中，113 例样品未检测出农药残留，334 例样品中检测出农药残留，计算每例有农药检出的样品的$\overline{IFS}$值，进而分析样品的安全状态结果如图 2-7 所示（未检出农药的样品安全状态视为很好）。可以看出，无不可接受样品，1.57%的样品安全状态可以接受，92.17%的样品安全状态很好。$\overline{IFS}$值排名前十的果蔬样品列表如表 2-8 所示。

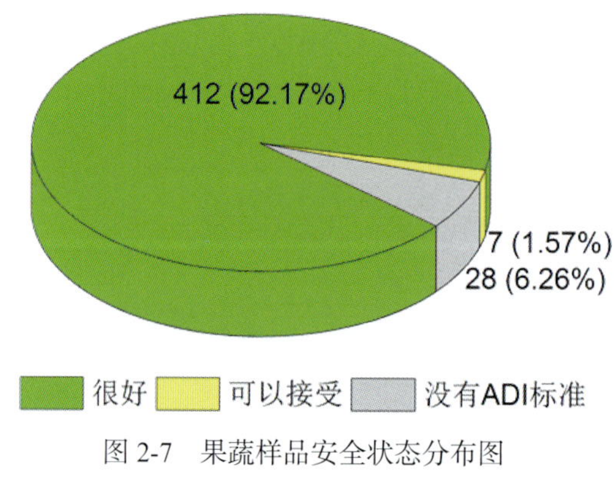

图 2-7　果蔬样品安全状态分布图

表 2-8　$\overline{IFS}$值排名前十的果蔬样品列表

序号	样品编号	采样点	基质	$\overline{IFS}$	安全状态
1	20130807-210100-QHDCIQ-PH-16A	***超市（铁西店）	桃	0.4273	可以接受
2	20130806-210100-QHDCIQ-XH-08A	***超市（皇姑店）	西葫芦	0.1894	可以接受
3	20130806-210100-QHDCIQ-PB-08A	***超市（皇姑店）	小白菜	0.1696	可以接受
4	20130807-210100-QHDCIQ-GP-18A	***超市（于洪店）	葡萄	0.1682	可以接受
5	20130806-210100-QHDCIQ-PO-09A	***超市（浑南店）	马铃薯	0.1478	可以接受
6	20130806-210100-QHDCIQ-PB-09A	***超市（浑南店）	小白菜	0.1451	可以接受
7	20130807-210100-QHDCIQ-LE-15A	***超市（苏家屯店）	生菜	0.1377	可以接受
8	20130807-210100-QHDCIQ-GP-17A	***超市（铁西店）	葡萄	0.0890	很好
9	20130807-210100-QHDCIQ-TH-18A	***超市（于洪店）	茼蒿	0.0602	很好
10	20130807-210100-QHDCIQ-PH-14A	***超市（沈河店）	桃	0.0563	很好

2.2.2　单种果蔬中农药残留安全指数分析

本次检测的果蔬共计 28 种，28 种果蔬中均检测出农药残留，共检测出 63 种残留农药，检出频次为 972，其中 57 种农药存在 ADI 标准（胡萝卜检出的农药无 ADI 标准）。计算每种果蔬中农药的 IFS_c 值，结果如图 2-8 所示。

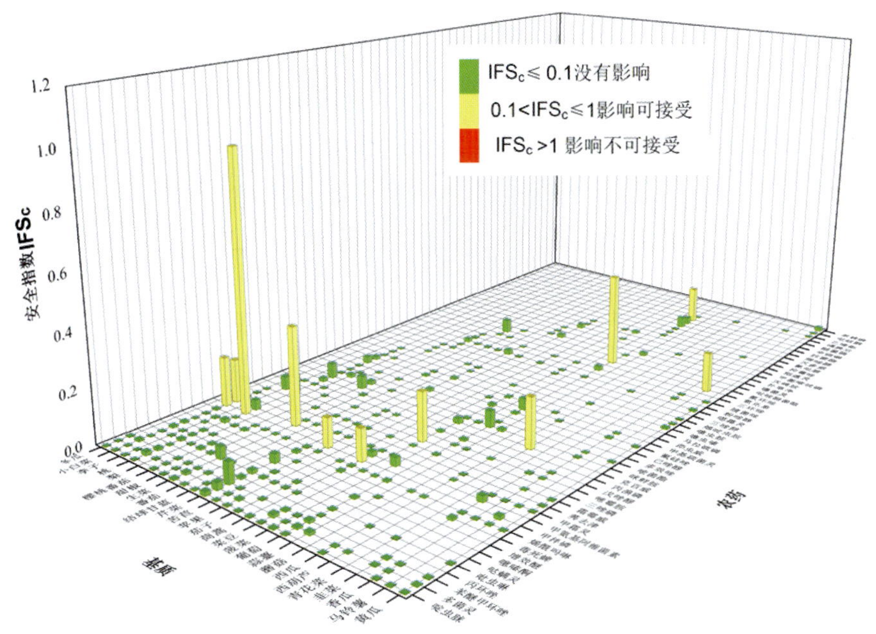

图 2-8　27 种果蔬中 57 种农药残留的安全指数

分析发现农药的残留对食品安全影响无不可接受样品。单种果蔬中安全指数表排名前十的残留农药列表如表 2-9 所示。

表 2-9　单种果蔬中安全指数表排名前十的残留农药列表

序号	基质	农药	检出频次	检出率	IFS_c>1 的频次	IFS_c>1 的比例	IFS_c	影响程度
1	桃	甲拌磷	3	17.65%	1	5.88%	0.9603	可以接受
2	生菜	甲氨基阿维菌素	2	16.67%	0	0.00%	0.3623	可以接受
3	葡萄	氧乐果	6	31.58%	1	5.26%	0.349	可以接受
4	西葫芦	克百威	1	6.25%	0	0	0.1894	可以接受
5	小白菜	甲拌磷	4	30.77%	0	0	0.183	可以接受
6	菜豆	三唑磷	1	5.26%	0	0	0.183	可以接受
7	小白菜	甲氨基阿维菌素	8	61.54%	0	0	0.1599	可以接受
8	马铃薯	氧乐果	1	5.56%	0	0	0.1478	可以接受
9	葡萄	辛硫磷	1	5.26%	0	0	0.1406	可以接受
10	茼蒿	甲拌磷	3	23.08%	0	0	0.1203	可以接受

本次检测中，28 种果蔬和 63 种残留农药（包括没有 ADI）共涉及 339 个分析样本，农药对果蔬安全的影响程度分布情况如图 2-9 所示。

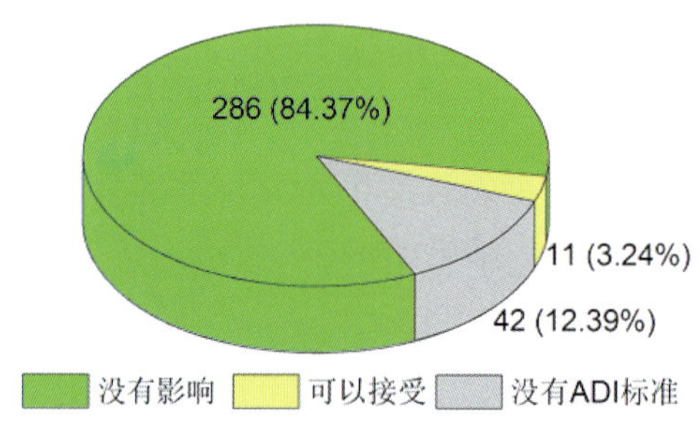

图 2-9　339 个分析样本的影响程度分布图

此外，分别计算 27 种果蔬中所有检出农药 IFS_c 的平均值$\overline{IFS}$，分析每种果蔬的安全状态，结果如图 2-10 所示，分析发现，所有果蔬的安全状态都很好。

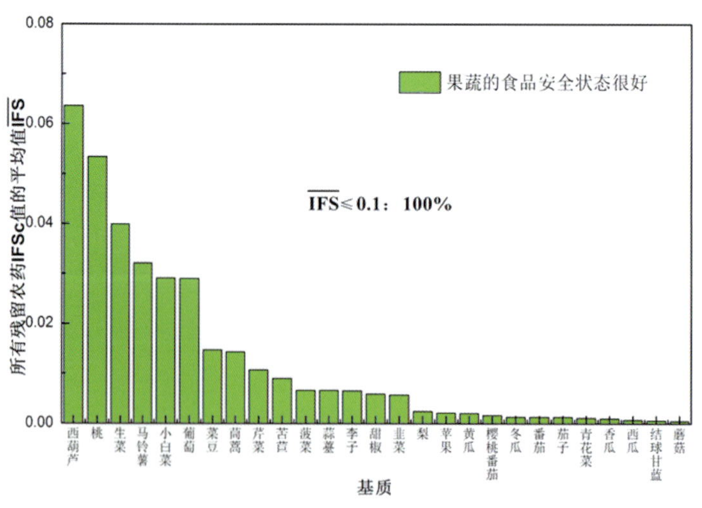

图 2-10　27 种果蔬的$\overline{IFS}$值和安全状态

2.2.3 所有果蔬中农药残留安全指数分析

计算所有果蔬中 57 种残留农药的 IFS_c 值，结果如图 2-11 及表 2-10 所示。

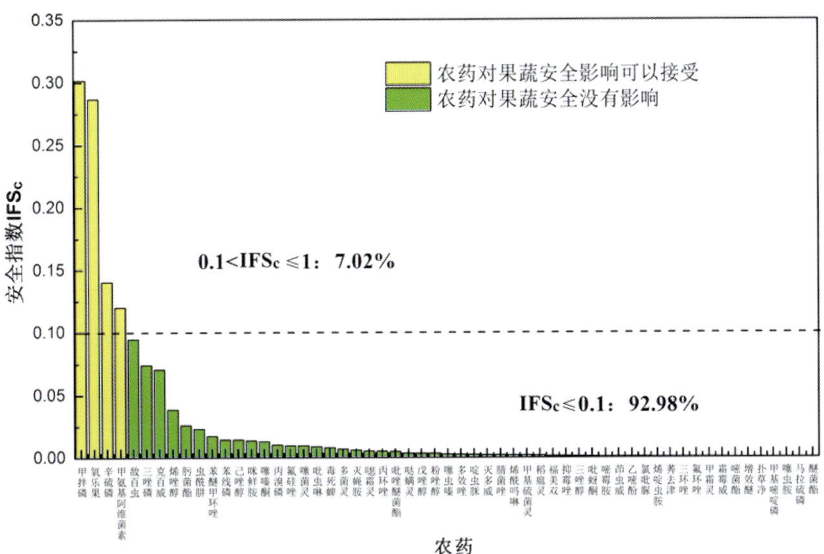

图 2-11　果蔬中 57 种残留农药的安全指数

分析发现，农药对果蔬安全的影响均在没有影响和可接受的范围内，其中 7.02%的农药对果蔬安全的影响可以接受，92.98%的农药对果蔬安全没有影响。

表 2-10　果蔬中 57 种残留农药的安全指数表

序号	农药	检出频次	检出率	IFS_c	影响程度	序号	农药	检出频次	检出率	IFS_c	影响程度
1	甲拌磷	14	3.13%	0.3015	可以接受	14	咪鲜胺	24	5.37%	0.0135	没有影响
2	氧乐果	8	1.79%	0.2866	可以接受	15	噻嗪酮	10	2.24%	0.0128	没有影响
3	辛硫磷	1	0.22%	0.1406	可以接受	16	丙溴磷	4	0.89%	0.0101	没有影响
4	甲氨基阿维菌素	19	4.25%	0.12	可以接受	17	氟硅唑	7	1.57%	0.0096	没有影响
5	敌百虫	1	0.22%	0.0947	没有影响	18	噻菌灵	8	1.79%	0.0095	没有影响
6	三唑磷	8	1.79%	0.0739	没有影响	19	吡虫啉	60	13.42%	0.0088	没有影响
7	克百威	6	1.34%	0.0704	没有影响	20	毒死蜱	26	5.82%	0.008	没有影响
8	烯唑醇	1	0.22%	0.0385	没有影响	21	多菌灵	106	23.71%	0.0068	没有影响
9	肟菌酯	1	0.22%	0.0261	没有影响	22	灭蝇胺	6	1.34%	0.006	没有影响
10	虫酰肼	3	0.67%	0.0231	没有影响	23	嘧霜灵	29	6.49%	0.0051	没有影响
11	苯醚甲环唑	66	14.77%	0.0171	没有影响	24	丙环唑	15	3.36%	0.005	没有影响
12	苯线磷	1	0.22%	0.0143	没有影响	25	吡唑醚菌酯	9	2.01%	0.0048	没有影响
13	己唑醇	5	1.12%	0.0142	没有影响	26	哒螨灵	18	4.03%	0.0034	没有影响

续表

序号	农药	检出频次	检出率	IFS_c	影响程度	序号	农药	检出频次	检出率	IFS_c	影响程度
27	戊唑醇	16	3.58%	0.0033	没有影响	43	乙嘧酚	2	0.45%	0.0006	没有影响
28	粉唑醇	3	0.67%	0.0033	没有影响	44	氯吡脲	1	0.22%	0.0006	没有影响
29	噻虫嗪	9	2.01%	0.0027	没有影响	45	烯啶虫胺	3	0.67%	0.0005	没有影响
30	多效唑	18	4.03%	0.0024	没有影响	46	莠去津	7	1.57%	0.0005	没有影响
31	啶虫脒	59	13.2%	0.0022	没有影响	47	三环唑	2	0.45%	0.0004	没有影响
32	灭多威	1	0.22%	0.0021	没有影响	48	氟环唑	1	0.22%	0.0004	没有影响
33	腈菌唑	14	3.13%	0.002	没有影响	49	甲霜灵	40	8.95%	0.0004	没有影响
34	烯酰吗啉	89	19.91%	0.0018	没有影响	50	霜霉威	39	8.72%	0.0004	没有影响
35	甲基硫菌灵	8	1.79%	0.0018	没有影响	51	嘧菌酯	22	4.92%	0.0003	没有影响
36	稻瘟灵	8	1.79%	0.0016	没有影响	52	增效醚	4	0.89%	0.0003	没有影响
37	福美双	1	0.22%	0.0013	没有影响	53	扑草净	3	0.67%	0.0003	没有影响
38	抑霉唑	2	0.45%	0.0012	没有影响	54	甲基嘧啶磷	1	0.22%	0.0003	没有影响
39	三唑醇	3	0.67%	0.0011	没有影响	55	噻虫胺	2	0.45%	0.0002	没有影响
40	吡蚜酮	1	0.22%	0.0009	没有影响	56	马拉硫磷	7	1.57%	0.0001	没有影响
41	嘧霉胺	36	8.05%	0.0007	没有影响	57	醚菌酯	2	0.45%	0	没有影响
42	茚虫威	1	0.22%	0.0007	没有影响						

2.3 沈阳市果蔬农药残留预警风险评估

基于沈阳市果蔬中农药残留 LC-Q-TOF/MS 侦测数据，参照中华人民共和国国家标准 GB 2763—2016 和欧盟农药最大残留限量（MRL）标准分析农药残留的超标情况，并计算农药残留风险系数。分析每种果蔬中农药残留的风险程度。

2.3.1 单种果蔬中农药残留风险系数分析

2.3.1.1 单种果蔬中禁用农药残留风险系数分析

检出的 63 种残留农药中有 5 种为禁用农药，在 11 种果蔬中检测出禁药残留，计算单种果蔬中禁药的检出率，根据检出率计算风险系数 R，进而分析单种果蔬中每种禁药残留的风险程度，结果如图 2-12 和表 2-11 所示。本次分析涉及样本 14 个，可以看出 14 个样本中禁药残留均处于高度风险。

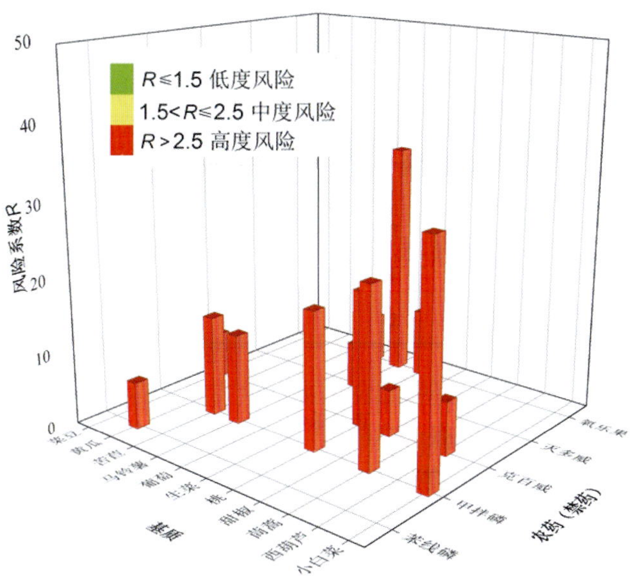

图 2-12　11 种果蔬中 5 种禁用农药残留的风险系数

表 2-11　11 种果蔬中 5 种禁用农药残留的风险系数表

序号	基质	农药	检出频次	检出率	风险系数 *R*	风险程度
1	葡萄	氧乐果	6	31.58%	32.7	高度风险
2	小白菜	甲拌磷	4	30.77%	31.9	高度风险
3	茼蒿	甲拌磷	3	23.08%	24.2	高度风险
4	桃	甲拌磷	2	17.65%	18.7	高度风险
5	桃	克百威	2	17.65%	18.7	高度风险
6	苦苣	甲拌磷	2	12.50%	13.6	高度风险
7	马铃薯	甲拌磷	2	11.11%	12.2	高度风险
8	生菜	氧乐果	1	8.33%	9.4	高度风险
9	西葫芦	克百威	1	6.25%	7.4	高度风险
10	马铃薯	氧乐果	1	5.56%	6.7	高度风险
11	黄瓜	苯线磷	1	5.26%	6.4	高度风险
12	菜豆	克百威	1	5.26%	6.4	高度风险
13	甜椒	克百威	1	5.26%	6.4	高度风险
14	葡萄	灭多威	1	5.26%	6.4	高度风险

2.3.1.2　基于MRL中国国家标准的单种果蔬中非禁用农药残留风险系数分析

参照中华人民共和国国家标准 GB 2763—2016 中农药残留限量计算每种果蔬中每种

非禁用农药的超标率，进而计算其风险系数，根据风险系数大小判断残留农药的预警风险程度，果蔬中非禁用农药残留风险程度分布情况如图 2-13 所示。

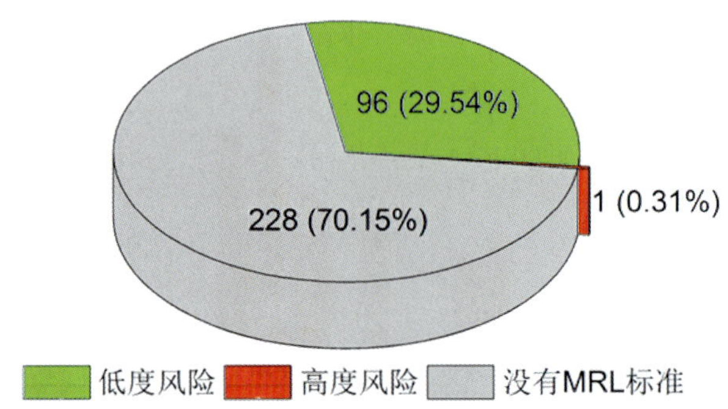

图 2-13　果蔬中非禁用农药残留风险程度分布图（MRL 中国国家标准）

本次分析中，发现在 28 种果蔬中检出 58 种残留非禁用农药，涉及样本 325 个，在 325 个样本中，0.31%处于高度风险，29.54%处于低度风险，此外发现有 228 个样本没有 MRL 中国国家标准值，无法判断其风险程度，有 MRL 中国国家标准值的 97 个样本涉及 20 种果蔬中的 30 种非禁用农药，其风险系数 *R* 值如图 2-14 所示。表 2-12 为非禁用农药残留处于高度风险的果蔬列表。

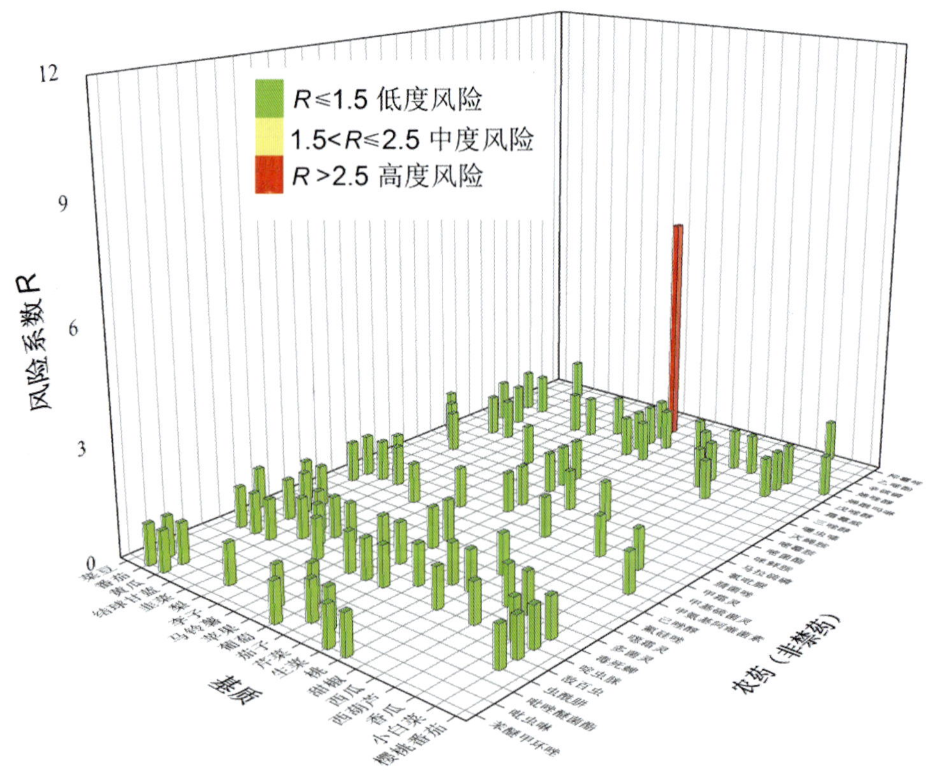

图 2-14　20 种果蔬中 30 种非禁用农药的风险系数（MRL 中国国家标准）

表 2-12　单种果蔬中处于高度风险的非禁用农药残留的风险系数表（MRL 中国国家标准）

序号	基质	农药	超标频次	超标率 *P*	风险系数 *R*
1	葡萄	辛硫磷	1	5.26%	6.36

2.3.1.3　基于 MRL 欧盟标准的单种果蔬中非禁用农药残留风险系数分析

参照 MRL 欧盟标准计算每种果蔬中每种非禁用农药的超标率，进而计算其风险系数，根据风险系数大小判断残留农药的预警风险程度，果蔬中非禁用农药残留风险程度分布情况如图 2-15 所示。

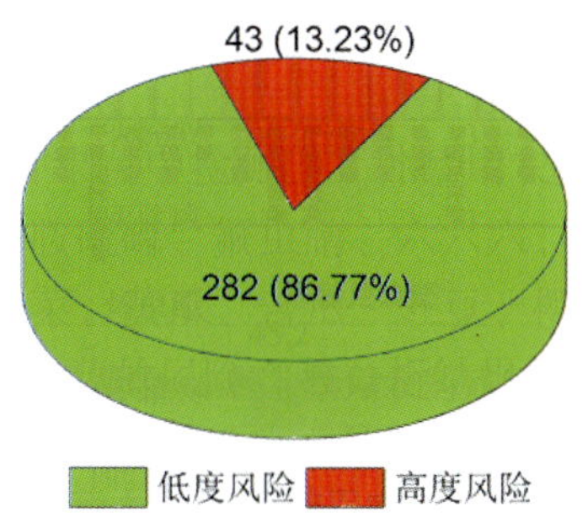

图 2-15　果蔬中非禁用农药残留风险程度分布图（MRL 欧盟标准）

本次分析中，发现在 28 种果蔬中检出 58 种残留非禁用农药，涉及样本 325 个，在 325 个样本中，13.23%处于高度风险，涉及 18 种果蔬中的 23 种农药，86.77%处于低度风险，涉及 28 种果蔬中的 52 种农药。所有果蔬中的每种非禁用农药的风险系数 *R* 值如图 2-16 所示。农药残留处于高度风险的果蔬风险系数如图 2-17 和表 2-13 所示。

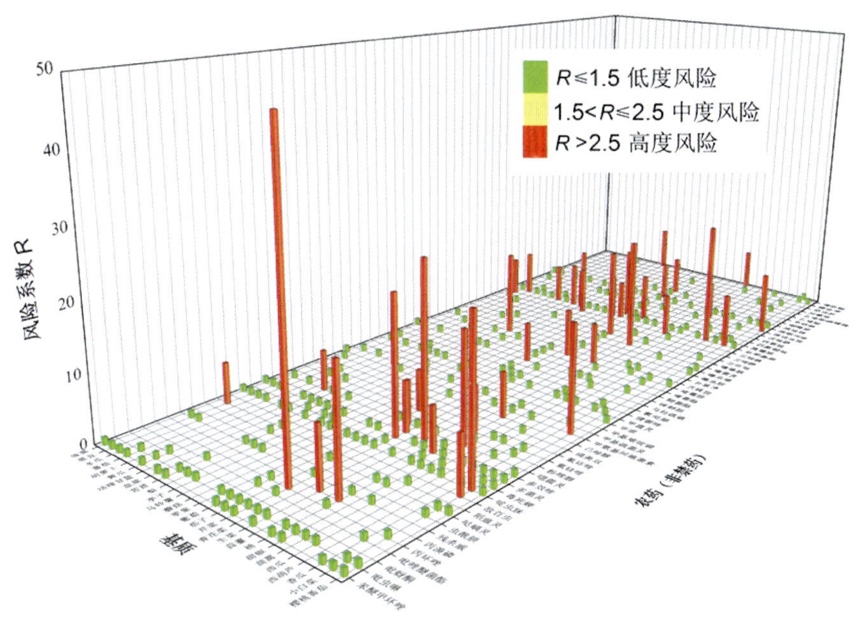

图 2-16　28 种果蔬中 58 种非禁用农药残留的风险系数（MRL 欧盟标准）

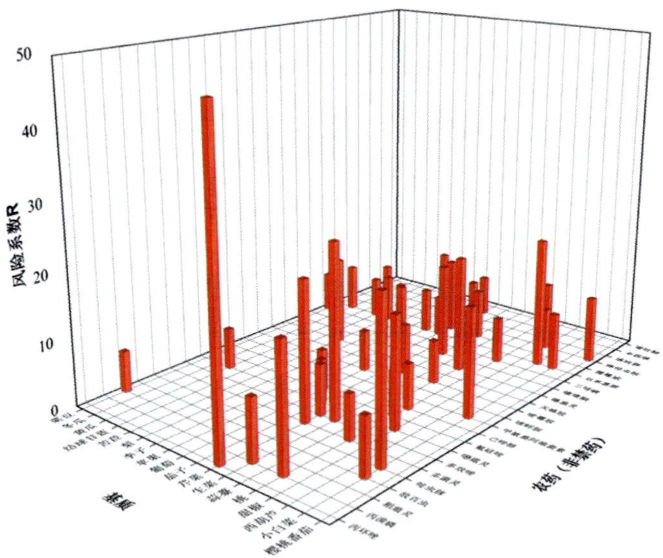

图 2-17　非禁用农药残留处于高度风险的果蔬（MRL 欧盟标准）

表 2-13　单种果蔬中处于高度风险的非禁用农药残留的风险系数表（MRL 欧盟标准）

序号	基质	农药	超标频次	超标率 *P*	风险系数 *R*
1	芹菜	丙环唑	7	46.67%	47.8
2	生菜	多效唑	3	25.00%	26.1
3	小白菜	啶虫脒	3	23.08%	24.2
4	芹菜	多菌灵	3	20.00%	21.1
5	西葫芦	双苯基脲	3	18.75%	19.9
6	桃	丙溴磷	3	17.65%	18.7
7	蒜薹	噻菌灵	3	16.67%	17.8
8	甜椒	噁霜灵	3	15.79%	16.9
9	小白菜	甲氨基阿维菌素	2	15.38%	16.5
10	芹菜	噻嗪酮	2	13.33%	14.4
11	苦苣	灭蝇胺	2	12.50%	13.6
12	葡萄	霜霉威	2	10.53%	11.6
13	樱桃番茄	烯啶虫胺	1	9.09%	10.2
14	生菜	丙溴磷	1	8.33%	9.4
15	小白菜	敌百虫	1	7.69%	8.8
16	小白菜	双苯基脲	1	7.69%	8.8
17	芹菜	多效唑	1	6.67%	7.8
18	芹菜	嘧霉胺	1	6.67%	7.8
19	李子	三唑磷	1	6.67%	7.8

续表

序号	基质	农药	超标频次	超标率 P	风险系数 R
20	芹菜	霜霉威	1	6.67%	7.8
21	冬瓜	双苯基脲	1	6.25%	7.4
22	苦苣	双苯基脲	1	6.25%	7.4
23	苦苣	增效醚	1	6.25%	7.4
24	桃	多菌灵	1	5.88%	7.0
25	桃	氟硅唑	1	5.88%	7.0
26	桃	己唑醇	1	5.88%	7.0
27	桃	三唑磷	1	5.88%	7.0
28	苹果	双苯基脲	1	5.88%	7.0
29	茄子	噁霜灵	1	5.56%	6.7
30	蒜薹	嘧霉胺	1	5.56%	6.7
31	梨	双苯基脲	1	5.56%	6.7
32	蒜薹	增效醚	1	5.56%	6.7
33	菜豆	稻瘟灵	1	5.26%	6.4
34	黄瓜	噁霜灵	1	5.26%	6.4
35	葡萄	氟硅唑	1	5.26%	6.4
36	葡萄	咪鲜胺	1	5.26%	6.4
37	菜豆	三唑磷	1	5.26%	6.4
38	结球甘蓝	双苯基脲	1	5.26%	6.4
39	葡萄	双苯基脲	1	5.26%	6.4
40	黄瓜	烯啶虫胺	1	5.26%	6.4
41	甜椒	烯啶虫胺	1	5.26%	6.4
42	葡萄	烯唑醇	1	5.26%	6.4
43	葡萄	辛硫磷	1	5.26%	6.4

2.3.2　所有果蔬中农药残留的风险系数分析

2.3.2.1　所有果蔬中禁用农药残留风险系数分析

在检出的 63 种农药中有 5 种禁用农药，计算每种禁用农药残留的风险系数，结果如表 2-14 所示，在 5 种禁用农药中，2 种农药残留处于高度风险，1 种农药残留处于中度风险，2 种农药残留处于低度风险。

表 2-14　果蔬中 5 种禁用农药残留的风险系数表

序号	农药	检出频次	检出率	风险系数 R	风险程度
1	甲拌磷	14	3.13%	4.2	高度风险
2	氧乐果	8	1.79%	2.9	高度风险
3	克百威	6	1.34%	2.4	中度风险
4	苯线磷	1	0.22%	1.3	低度风险
5	灭多威	1	0.22%	1.3	低度风险

2.3.2.2　所有果蔬中非禁用农药残留的风险系数分析

参照 MRL 欧盟标准计算所有果蔬中每种农药残留的风险系数，结果如图 2-18 和表 2-15 所示。在检出的 58 种非禁用农药中，2 种农药（3.45%）残留处于高度风险，16 种农药（27.59%）残留处于中度风险，40 种农药（68.96%）残留处于低度风险。

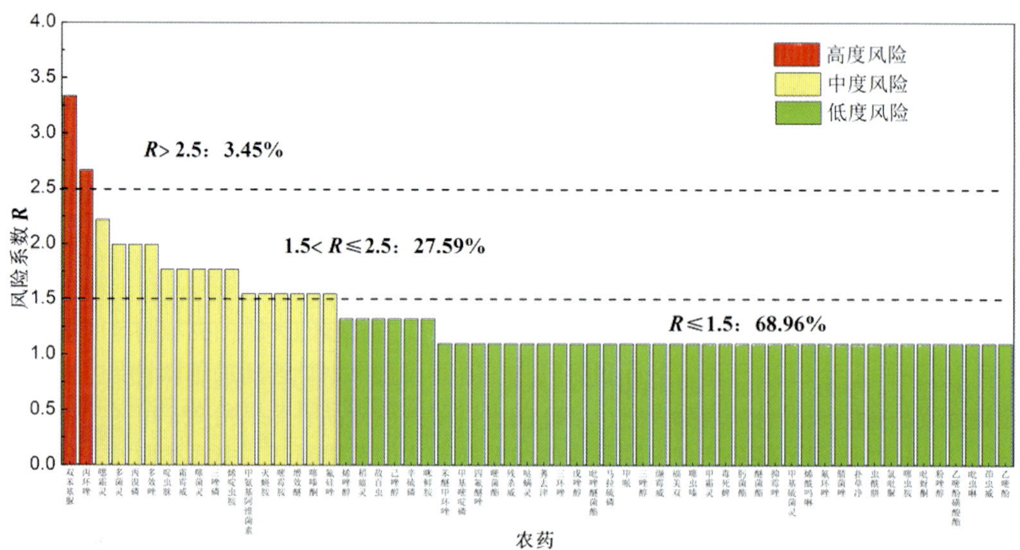

图 2-18　果蔬中 58 种非禁用农药残留的风险系数

表 2-15　果蔬中 58 种非禁用农药残留的风险系数表

序号	农药	超标频次	超标率 P	风险系数 R	风险程度
1	双苯基脲	10	2.24%	3.3	高度风险
2	丙环唑	7	1.57%	2.7	高度风险
3	噁霜灵	5	1.12%	2.2	中度风险
4	多菌灵	4	0.89%	2.0	中度风险
5	丙溴磷	4	0.89%	2.0	中度风险
6	多效唑	4	0.89%	2.0	中度风险
7	啶虫脒	3	0.67%	1.8	中度风险

续表

序号	农药	超标频次	超标率 P	风险系数 R	风险程度
8	霜霉威	3	0.67%	1.8	中度风险
9	噻菌灵	3	0.67%	1.8	中度风险
10	三唑磷	3	0.67%	1.8	中度风险
11	烯啶虫胺	3	0.67%	1.8	中度风险
12	甲氨基阿维菌素	2	0.45%	1.5	中度风险
13	灭蝇胺	2	0.45%	1.5	中度风险
14	嘧霉胺	2	0.45%	1.5	中度风险
15	增效醚	2	0.45%	1.5	中度风险
16	噻嗪酮	2	0.45%	1.5	中度风险
17	氟硅唑	2	0.45%	1.5	中度风险
18	烯唑醇	1	0.22%	1.3	低度风险
19	稻瘟灵	1	0.22%	1.3	低度风险
20	敌百虫	1	0.22%	1.3	低度风险
21	己唑醇	1	0.22%	1.3	低度风险
22	辛硫磷	1	0.22%	1.3	低度风险
23	咪鲜胺	1	0.22%	1.3	低度风险
24	苯醚甲环唑	0	0	1.1	低度风险
25	甲基嘧啶磷	0	0	1.1	低度风险
26	四氟醚唑	0	0	1.1	低度风险
27	嘧菌酯	0	0	1.1	低度风险
28	残杀威	0	0	1.1	低度风险
29	哒螨灵	0	0	1.1	低度风险
30	莠去津	0	0	1.1	低度风险
31	三环唑	0	0	1.1	低度风险
32	戊唑醇	0	0	1.1	低度风险
33	吡唑醚菌酯	0	0	1.1	低度风险
34	马拉硫磷	0	0	1.1	低度风险
35	甲哌	0	0	1.1	低度风险
36	三唑醇	0	0	1.1	低度风险
37	缬霉威	0	0	1.1	低度风险
38	福美双	0	0	1.1	低度风险
39	噻虫嗪	0	0	1.1	低度风险
40	甲霜灵	0	0	1.1	低度风险
41	毒死蜱	0	0	1.1	低度风险

续表

序号	农药	超标频次	超标率 P	风险系数 R	风险程度
42	肟菌酯	0	0	1.1	低度风险
43	醚菌酯	0	0	1.1	低度风险
44	抑霉唑	0	0	1.1	低度风险
45	甲基硫菌灵	0	0	1.1	低度风险
46	烯酰吗啉	0	0	1.1	低度风险
47	氟环唑	0	0	1.1	低度风险
48	腈菌唑	0	0	1.1	低度风险
49	扑草净	0	0	1.1	低度风险
50	虫酰肼	0	0	1.1	低度风险
51	氯吡脲	0	0	1.1	低度风险
52	噻虫胺	0	0	1.1	低度风险
53	吡蚜酮	0	0	1.1	低度风险
54	粉唑醇	0	0	1.1	低度风险
55	乙嘧酚磺酸酯	0	0	1.1	低度风险
56	吡虫啉	0	0	1.1	低度风险
57	茚虫威	0	0	1.1	低度风险
58	乙嘧酚	0	0	1.1	低度风险

2.4 沈阳市果蔬农药残留风险评估结论与建议

农药残留是影响果蔬安全和质量的主要因素，也是我国食品安全领域备受关注的敏感话题和亟待解决的重大问题之一[15, 16]。各种水果蔬菜均存在不同程度的农药残留现象，本报告主要针对沈阳市各类水果蔬菜存在的农药残留问题，基于 2013 年 8 月对沈阳市 447 例果蔬样品农药残留得出的 972 个检测结果，分别采用食品安全指数和风险系数两类方法，开展果蔬中农药残留的膳食暴露风险和预警风险评估。

本报告力求通用简单地反映食品安全中的主要问题且为管理部门和大众容易接受，为政府及相关管理机构建立科学的食品安全信息发布和预警体系提供科学的规律与方法，加强对农药残留的预警和食品安全重大事件的预防，控制食品风险。水果蔬菜样品取自超市和农贸市场，符合大众的膳食来源，风险评价时更具有代表性和可信度。

2.4.1 沈阳市果蔬中农药残留膳食暴露风险评价结论

1）果蔬中农药残留安全状态评价结论

采用食品安全指数模型，对 2013 年 8 月期间沈阳市果蔬食品农药残留膳食暴露风险进行评价，根据 IFS_c 的计算结果发现，果蔬中农药的$\overline{IFS}$为 0.0238，说明沈阳市果蔬总体处于很好的安全状态，但部分禁用农药、高残留农药在蔬菜、水果中仍有检出，导致膳食暴露风险的存在，成为不安全因素。

2）单种果蔬中农药残留膳食暴露风险不可接受情况评价结论

单种果蔬中农药残留安全指数分析结果显示，在单种果蔬中未发现膳食暴露风险不可接受的残留农药，检测出的残留农药对单种果蔬安全的影响均在可以接受和没有影响的范围内，说明沈阳市果蔬中虽检出农药残留，但残留农药不会造成膳食暴露风险或造成的膳食暴露风险可以接受。

3）禁用农药残留膳食暴露风险评价

本次检测发现部分果蔬样品中有禁用农药检出，检出禁用农药 5 种，检出频次为 30，果蔬样品中的禁用农药 IFS_c 计算结果表明，禁用农药残留膳食暴露风险不可接受的频次为 2，占 6.67%，可以接受的频次为 9，占 30%，没有影响的频次为 19，占 63.33%。对于果蔬样品中所有农药残留而言，膳食暴露风险不可接受的频次为 2，仅占总体频次的 0.20%，可以看出，禁用农药残留膳食暴露风险不可接受的比例远高于总体水平，这在一定程度上说明禁用农药残留更容易导致严重的膳食暴露风险。为何在国家明令禁止禁用农药喷洒的情况下，还能在多种果蔬中多次检出禁用农药残留并造成不可接受的膳食暴露风险，这应该引起相关部门的高度警惕，应该在禁止禁用农药喷洒的同时，严格管控禁用农药的生产和售卖，从根本上杜绝安全隐患。

2.4.2　沈阳市果蔬中农药残留预警风险评价结论

1）单种果蔬中禁用农药残留的预警风险评价结论

本次检测过程中，在 11 种果蔬中检测出 5 种禁用农药，禁用农药种类为：克百威、甲拌磷、氧乐果、苯线磷和灭多威，果蔬种类为：葡萄、小白菜、茼蒿、桃、苦苣、马铃薯、生菜、西葫芦、菜豆、黄瓜、甜椒，果蔬中禁用农药的风险系数分析结果显示，5 种禁用农药在 11 种果蔬中的残留均处于高度风险，说明在单种果蔬中禁用农药的残留，会导致较高的预警风险。

2）单种果蔬中非禁用农药残留的预警风险评价结论

以 MRL 中国国家标准为标准，计算果蔬中非禁用农药风险系数情况下，325 个样本中，1 个处于高度风险（0.31%），96 个处于低度风险（29.54%），228 个样本没有 MRL 中国国家标准（70.15%）。以 MRL 欧盟标准为标准，计算果蔬中非禁用农药风险系数情况下，发现有 43 个处于高度风险（13.23%），282 个处于低度风险（86.77%）。利用两种农药 MRL 标准评价的结果差异显著，可以看出 MRL 欧盟标准比中国国家标准更加严格和完善，过于宽松的 MRL 中国国家标准值能否有效保障人体的健康有待研究。

2.4.3　加强沈阳市果蔬食品安全建议

我国食品安全风险评价体系仍不够健全，相关制度不够完善，多年来，由于农药用药次数多、用药量大或用药间隔时间短，产品残留量大，农药残留所带来的食品安全问题突出，给人体健康带来了直接或间接的危害，据估计，美国与农药有关的癌症患者数约占全国癌症患者总数的 50%，中国更高。同样，农药对其他生物也会形成直接杀伤和慢性危害，植物中的农药可经过食物链逐级传递并不断蓄积，对人和动物构成潜在威胁，并影响生态系统。

基于本次农药残留检测与风险评价结果，提出以下几点建议：

1）加快完善食品安全标准

我国食品标准中对部分农药每日允许摄入量 ADI 的规定仍缺乏，本次评价基础检测数据中涉及的 63 个品种中，90.5%有规定，仍有 9.5%尚无规定值。

我国食品中农药最大残留限量规定严重缺乏，欧盟 MRL 标准值齐全，与欧盟相比，我国对不同果蔬中不同农药 MRL 已有规定值的数量仅占欧盟的 35.7%（表 2-16），缺少 67.3%，急需进行完善。

表 2-16　中国与欧盟的 ADI 和 MRL 标准限值的对比分析

分类		中国 ADI	MRL 中国国家标准	MRL 欧盟标准
标准限值（个）	有	57	111	339
	无	6	228	0
总数（个）		63	339	339
无标准限值比例		9.5%	67.3%	0

此外，MRL 中国国家标准限值普遍高于欧盟标准限值，根据对涉及的 339 个品种中我国已有的 111 个限量标准进行统计来看，64 个农药的中国 MRL 高于欧盟 MRL，占 57.7%。过高的 MRL 值难以保障人体健康，建议继续加强对限值基准和标准进行科学的定量研究，将农产品中的危险性减少到尽可能低的水平。

2）加强农药的源头控制和分类监管

在沈阳市某些果蔬中仍有禁用农药检出，利用 LC-Q-TOF/MS 检测出 5 种禁用农药，检出频次为 30 次，残留禁用农药均存在较大的膳食暴露风险和预警风险。早已列入黑名单的禁用农药并未真正退出，有些药物由于价格便宜、工艺简单，此类高毒农药一直生产和使用。建议在我国采取严格有效的控制措施，进行禁用农药的源头控制。

对于非禁用农药，在我国作为“田间地头”最典型单位的县级蔬果产地中，农药残留的检测几乎缺失。建议根据农药的毒性，对高毒、剧毒、中毒农药实现分类管理，减少使用高毒和剧毒高残留农药，进行分类监管。

3）加强残留农药的生物修复及降解新技术

市售果蔬中残留农药品种多、频次高、禁用农药多次检出这一现状，说明了我国的田间土壤和水体因农药长期、频繁、不合理的使用而遭到严重污染。为此，建议有关部门出台相关政策，鼓励高校及科研院所积极开展分子生物学、酶学等研究，加强土壤、水体中残留农药的生物修复及降解新技术研究，并加大农药使用监管力度，以控制农药的面源污染问题。

4）加强对禁药和高风险农药的管控并建立风险预警系统分析平台

本评价结果提示，在果蔬尤其是蔬菜用药中，应结合农药的使用周期、生物毒性和降解特性，加强对禁用农药和高风险农药的管控。

在本工作基础上，根据蔬菜残留危害，可进一步针对其成因提出和采取严格管理、大力推广无公害蔬菜种植与生产、健全食品安全控制技术体系、加强蔬菜食品质量检测体系建设和积极推行蔬菜食品质量追溯制度等相应对策。建立和完善食品安全综合评价指数与风险监测预警系统，建议依托科研院所、高校科研实力，建立风险预警系统分析平台，对食品安全进行实时、全面的监控与分析，为沈阳市食品安全科学监管与决策提供新的技术支持，可实现各类检验数据的信息化系统管理，并减少食品安全事故的发生。

第3章　GC-Q-TOF/MS侦测沈阳市488例市售水果蔬菜样品农药残留报告

从沈阳市所属7个区县，随机采集了488例水果蔬菜样品，使用气相色谱-四极杆飞行时间质谱（GC-Q-TOF/MS）对499种农药化学污染物进行示范侦测。

3.1　样品种类、数量与来源

3.1.1　样品采集与检测

为了真实反映百姓餐桌上水果蔬菜中农药残留污染状况，本次所有检测样品均由检验人员于2015年9月期间，从沈阳市所属13个采样点，包括13个超市，以随机购买方式采集，总计13批488例样品，从中检出农药98种，987频次。采样及监测概况见图3-1及表3-1，样品及采样点明细见表3-2及表3-3（侦测原始数据见附表1）。

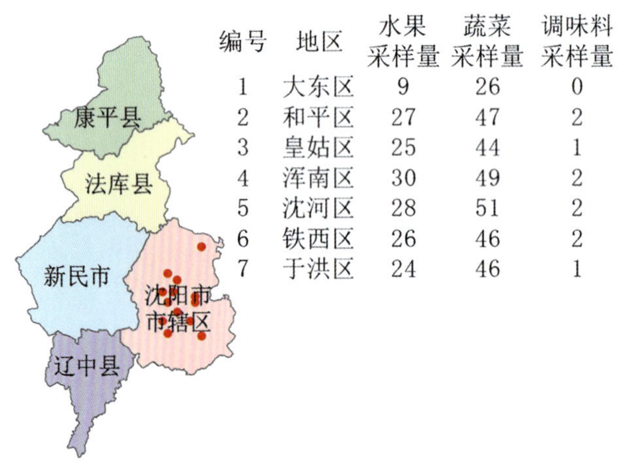

图3-1　沈阳市所属13个采样点488例样品分布图

表3-1　农药残留监测总体概况

采样地区	沈阳市所属7个区县
采样点（超市+农贸市场）	13
样本总数	488
检出农药品种/频次	98/987
各采样点样本农药残留检出率范围	54.3%~78.9%

表 3-2　样品分类及数量

样品分类	样品名称（数量）	数量小计
1. 蔬菜		282
1）鳞茎类蔬菜	韭菜（10）	10
2）芸薹属类蔬菜	花椰菜（10），结球甘蓝（11），青花菜（11），紫甘蓝（11）	43
3）叶菜类蔬菜	菠菜（10），大白菜（5），苦苣（9），芹菜（12），生菜（11），茼蒿（8），小白菜（11），油麦菜（11），小油菜（12）	89
4）茄果类蔬菜	番茄（12），茄子（13），甜椒（13），樱桃番茄（10）	48
5）瓜类蔬菜	冬瓜（10），黄瓜（13），苦瓜（8），西葫芦（11）	42
6）豆类蔬菜	菜豆（11），豇豆（9）	20
7）根茎类和薯芋类蔬菜	胡萝卜（10），萝卜（11），马铃薯（9）	30
2. 水果		169
1）柑橘类水果	橙（11），橘（13），柠檬（13），柚（11）	48
2）仁果类水果	梨（13），苹果（13），山楂（4）	30
3）核果类水果	李子（10），桃（9），枣（10）	29
4）浆果和其他小型水果	猕猴桃（13），葡萄（13）	26
5）热带和亚热带水果	火龙果（11），龙眼（7），芒果（6），香蕉（12）	36
3. 食用菌		27
1）蘑菇类	金针菇（6），香菇（10），杏鲍菇（11）	27
4. 调味料		10
1）叶类调味料	芫荽（10）	10
合计	1.蔬菜 27 种 2.水果 16 种 3.食用菌 3 种 4.调味料 1 种	488

表 3-3　沈阳市采样点信息

采样点序号	行政区域	采样点
超市（13）		
1	大东区	***超市（鹏利店）
2	和平区	***超市（和平店）
3	皇姑区	***超市（陵西店）
4	皇姑区	***超市（于洪店）
5	浑南区	***超市（浑南中店）
6	浑南区	***超市（浑南西路店）
7	浑南区	***超市（东陵店）
8	沈河区	***超市（沈河店）

续表

采样点序号	行政区域	采样点
超市（13）		
9	沈河区	***超市（文化店）
10	铁西区	***超市（沈阳重工店）
11	铁西区	***超市（重工街店）
12	于洪区	***超市（于洪广场店）
13	于洪区	***超市（于洪店）

3.1.2　检测结果

这次使用的检测方法是庞国芳院士团队最新研发的不需使用标准品对照，而以高分辨精确质量数（0.0001 *m/z*）为基准的 GC-Q-TOF/MS 检测技术，对于 488 例样品，每个样品均侦测了 499 种农药化学污染物的残留现状。通过本次侦测，在 488 例样品中共计检出农药化学污染物 98 种，检出 987 频次。

3.1.2.1　各采样点样品检出情况

统计分析发现 13 个采样点中，被测样品的农药检出率范围为 54.3%~78.9%。其中，***超市（浑南西路店）的检出率最高，为 78.9%。***超市（于洪店）的检出率最低，为 54.3%，见图 3-2。

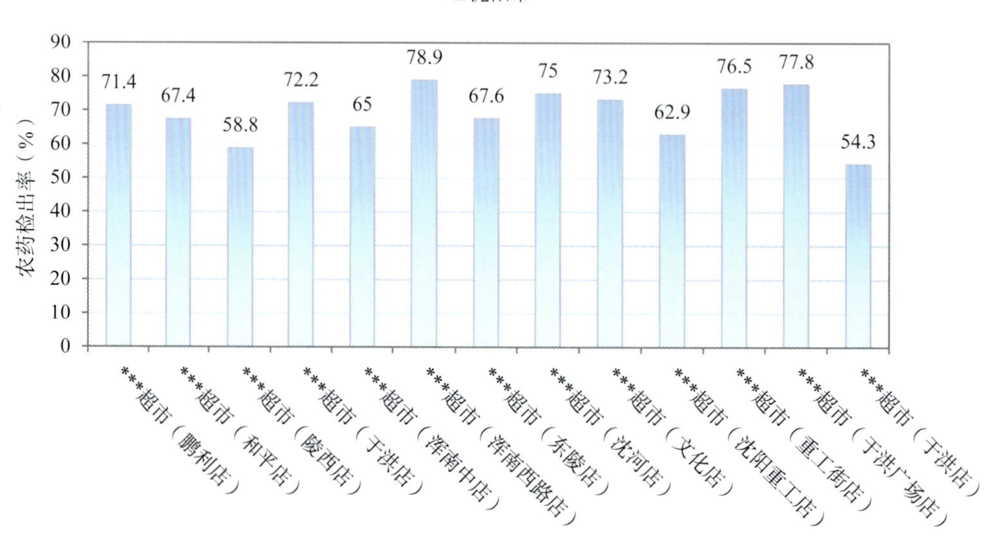

图 3-2　各采样点样品中的农药检出率

3.1.2.2 检出农药的品种总数与频次

统计分析发现，对于488例样品中499种农药化学污染物的侦测，共检出农药987频次，涉及农药98种，结果如图3-3所示。其中二苯胺检出频次最高，共检出95次。检出频次排名前10的农药如下：①二苯胺（95）；②威杀灵（74）；③毒死蜱（53）；④烯虫酯（51）；⑤氟丙菊酯（48）；⑥生物苄呋菊酯（45）；⑦腐霉利（44）；⑧戊唑醇（38）；⑨哒螨灵（24）；⑩联苯菊酯（19）。

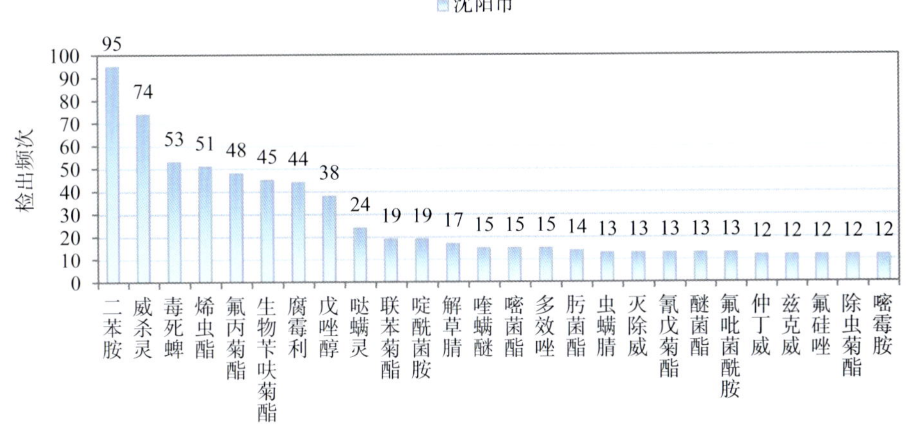

图3-3 检出农药品种及频次（仅列出12频次及以上的数据）

由图3-4可见，芹菜、枣和芫荽这3种果蔬样品中检出的农药品种数较高，均超过20种，其中，芹菜检出农药品种最多，为26种。由图3-5可见，芹菜、葡萄、韭菜、芫荽、枣和小油菜这6种果蔬样品中的农药检出频次较高，均超过50次，其中，芹菜检出农药频次最高，为68次。

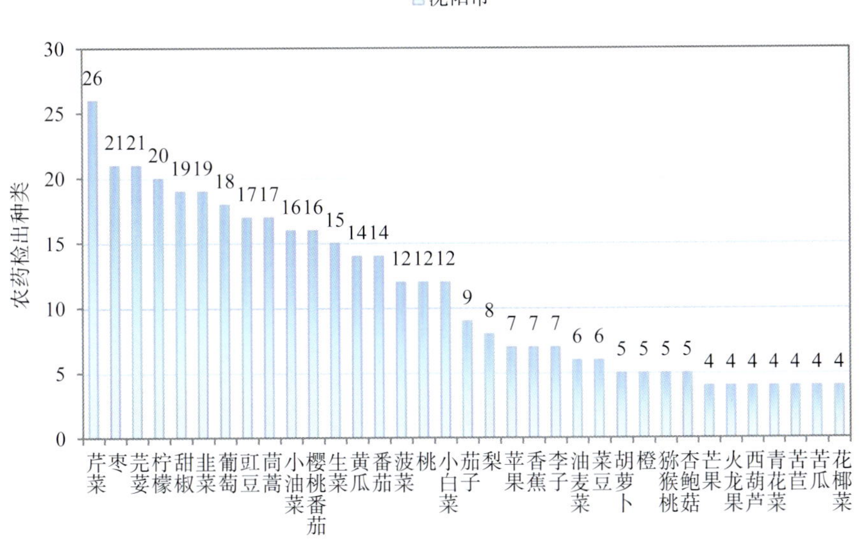

图3-4 单种水果蔬菜检出农药的种类数

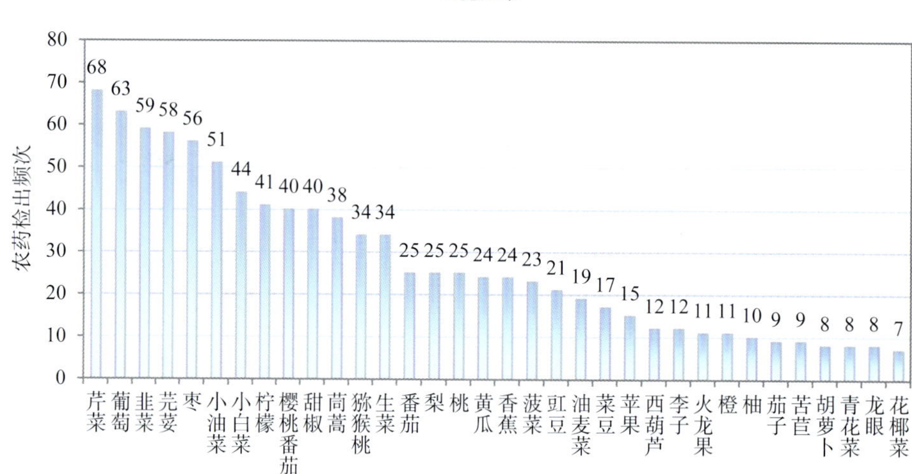

图 3-5 单种水果蔬菜检出农药频次

3.1.2.3 单例样品农药检出种类与占比

对单例样品检出农药种类和频次进行统计发现，未检出农药的样品占总样品数的30.5%，检出 1 种农药的样品占总样品数的 21.7%，检出 2~5 种农药的样品占总样品数的38.7%，检出 6~10 种农药的样品占总样品数的 8.8%，检出大于 10 种农药的样品占总样品数的 0.2%。每例样品中平均检出农药为 2.0 种，数据见表 3-4 及图 3-6。

表 3-4 单例样品检出农药品种占比

检出农药品种数	样品数量/占比（%）
未检出	149/30.5
1 种	106/21.7
2~5 种	189/38.7
6~10 种	43/8.8
大于 10 种	1/0.2
单例样品平均检出农药品种	2.0 种

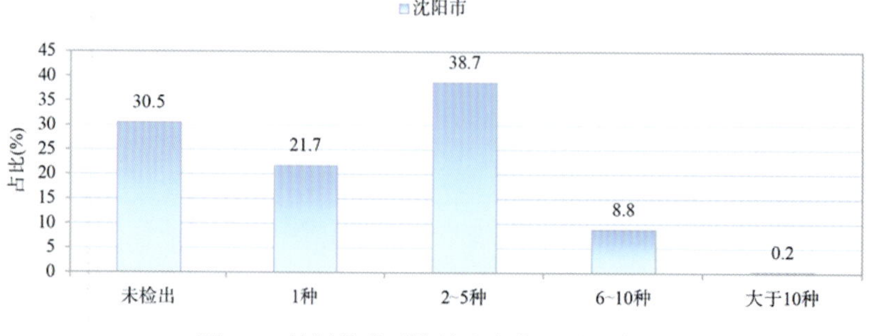

图 3-6 单例样品平均检出农药品种及占比

3.1.2.4　检出农药类别与占比

所有检出农药按功能分类，包括杀虫剂、杀菌剂、除草剂、植物生长调节剂、驱避剂和其他共6类。其中杀虫剂与杀菌剂为主要检出的农药类别，分别占总数的43.9%和31.6%，见表3-5及图3-7。

表3-5　检出农药所属类别及占比

农药类别	数量/占比（%）
杀虫剂	43/43.9
杀菌剂	31/31.6
除草剂	19/19.4
植物生长调节剂	2/2.0
驱避剂	1/1.0
其他	2/2.0

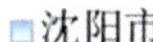

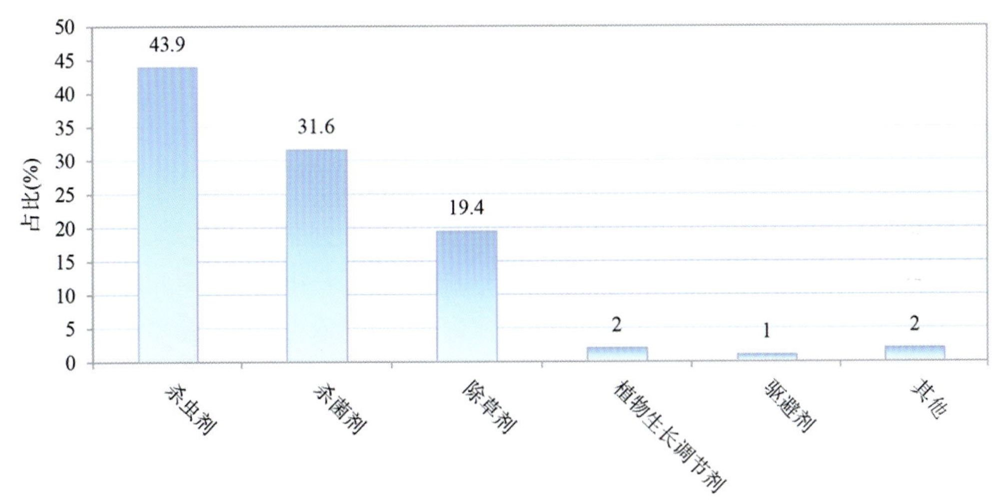

图3-7　检出农药所属类别和占比

3.1.2.5　检出农药的残留水平

按检出农药残留水平进行统计，残留水平在1~5 μg/kg（含）的农药占总数的40.7%，在5~10 μg/kg（含）的农药占总数的15.4%，在10~100 μg/kg（含）的农药占总数的36.3%，在100~1000 μg/kg（含）的农药占总数的6.7%，>1000 μg/kg的农药占总数的0.9%。

由此可见，这次检测的13批488例水果蔬菜样品中农药多数处于较低残留水平。结果见表3-6及图3-8，数据见附表2。

表 3-6 农药残留水平及占比

残留水平（μg/kg）	检出频次/占比（%）
1~5（含）	402/40.7
5~10（含）	152/15.4
10~100（含）	358/36.3
100~1000（含）	66/6.7
>1000	9/0.9

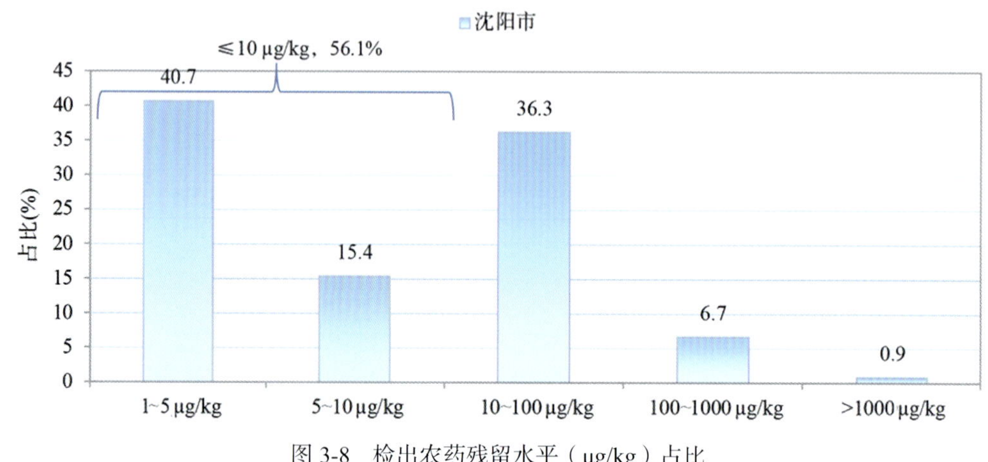

图 3-8 检出农药残留水平（μg/kg）占比

3.1.2.6 检出农药的毒性类别、检出频次和超标频次及占比

对这次检出的 98 种 987 频次的农药，按剧毒、高毒、中毒、低毒和微毒这五个毒性类别进行分类，从中可以看出，沈阳市目前普遍使用的农药为中低微毒农药，品种占 94.9%，频次占 96.7%。结果见表 3-7 及图 3-9。

表 3-7 检出农药毒性类别及占比

毒性分类	农药品种/占比（%）	检出频次/占比（%）	超标频次/超标率（%）
剧毒农药	1/1.0	6/0.6	1/16.7
高毒农药	4/4.1	27/2.7	2/7.4
中毒农药	41/41.8	336/34.0	3/0.9
低毒农药	36/36.7	322/32.6	1/0.3
微毒农药	16/16.3	296/30.0	1/0.3

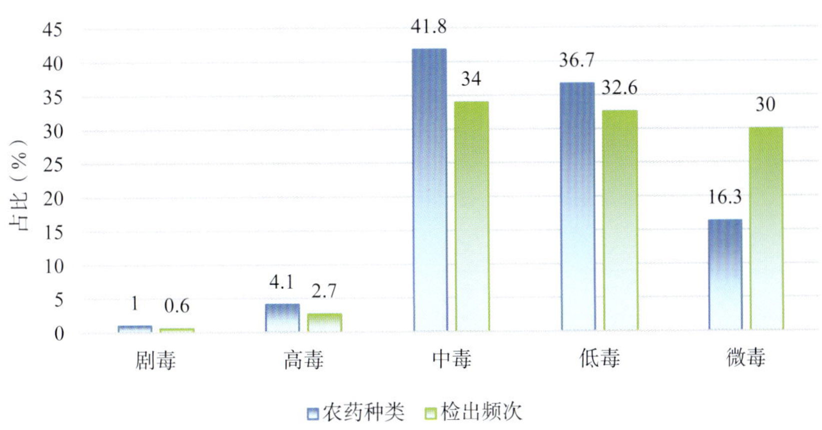

图 3-9　检出农药的毒性分类和占比

3.1.2.7　检出剧毒/高毒类农药的品种和频次

值得特别关注的是，在此次侦测的 488 例样品中有 1 种调味料 10 种蔬菜 3 种水果的 31 例样品检出了 5 种 33 频次的剧毒和高毒农药，占样品总量的 6.4%，详见图 3-10、表 3-8 及表 3-9。

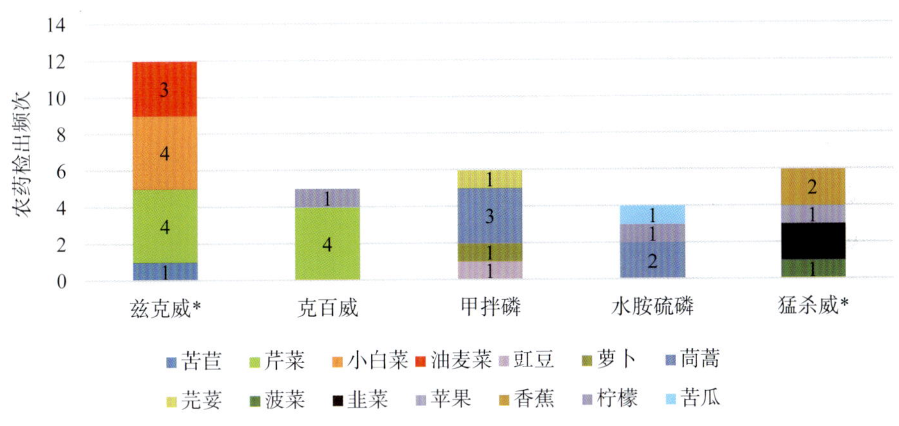

图 3-10　检出剧毒/高毒农药的样品情况

*表示允许在水果和蔬菜上使用的农药

表 3-8　剧毒农药检出情况

序号	农药名称	检出频次	超标频次	超标率
水果中未检出剧毒农药				
	小计	0	0	超标率：0.0%
从 3 种蔬菜中检出 1 种剧毒农药，共计检出 5 次				
1	甲拌磷*	5	1	20.0%
	小计	5	1	超标率：20.0%
	合计	5	1	超标率：20.0%

表 3-9　高毒农药检出情况

序号	农药名称	检出频次	超标频次	超标率
		从 3 种水果中检出 3 种高毒农药，共计检出 5 次		
1	猛杀威	3	0	0.0%
2	克百威	1	0	0.0%
3	水胺硫磷	1	0	0.0%
	小计	5	0	超标率：0.0%
		从 8 种蔬菜中检出 4 种高毒农药，共计检出 22 次		
1	兹克威	12	0	0.0%
2	克百威	4	2	50.0%
3	猛杀威	3	0	0.0%
4	水胺硫磷	3	0	0.0%
	小计	22	2	超标率：9.1%
	合计	27	2	超标率：7.4%

在检出的剧毒和高毒农药中，有 3 种是我国早已禁止在果树和蔬菜上使用的，分别是：克百威、水胺硫磷和甲拌磷。禁用农药的检出情况见表 3-10。

表 3-10　禁用农药检出情况

序号	农药名称	检出频次	超标频次	超标率
		从 6 种水果中检出 4 种禁用农药，共计检出 11 次		
1	氰戊菊酯	6	2	33.3%
2	硫丹	3	0	0.0%
3	克百威	1	0	0.0%
4	水胺硫磷	1	0	0.0%
	小计	11	2	超标率：18.2%
		从 11 种蔬菜中检出 7 种禁用农药，共计检出 27 次		
1	硫丹	8	0	0.0%
2	甲拌磷*	5	1	20.0%
3	氰戊菊酯	5	0	0.0%
4	克百威	4	2	50.0%
5	水胺硫磷	3	0	0.0%
6	六六六	1	0	0.0%
7	氟虫腈	1	0	0.0%
	小计	27	3	超标率：11.1%
	合计	38	5	超标率：13.2%

注：超标结果参考 MRL 中国国家标准计算

此次抽检的果蔬样品中，有3种蔬菜检出了剧毒农药，分别是：萝卜中检出甲拌磷1次；茼蒿中检出甲拌磷3次；豇豆中检出甲拌磷1次。

样品中检出剧毒和高毒农药残留水平超过MRL中国国家标准的频次为3次，其中，芹菜检出克百威超标2次；豇豆检出甲拌磷超标1次。本次检出结果表明，高毒、剧毒农药的使用现象依旧存在，详见表3-11。

表3-11 各样本中检出剧毒/高毒农药情况

样品名称	农药名称	检出频次	超标频次	检出浓度（μg/kg）
		水果3种		
柠檬	克百威▲	1	0	3.1
柠檬	水胺硫磷▲	1	0	519.7
苹果	猛杀威	1	0	1.6
香蕉	猛杀威	2	0	4.9，3.1
小计		5	0	超标率：0.0%
		蔬菜10种		
菠菜	猛杀威	1	0	1.3
韭菜	猛杀威	2	0	2.8，1.2
苦瓜	水胺硫磷▲	1	0	31.6
苦苣	兹克威	1	0	155.2
萝卜	甲拌磷*▲	1	0	3.7
芹菜	克百威▲	4	2	20.1[a]，22.2[a]，13.5，16.5
芹菜	兹克威	4	0	21.6，8.4，5.9，16.6
小白菜	兹克威	4	0	24.0，9.0，38.2，4.8
油麦菜	兹克威	3	0	37.9，9.4，7.5
茼蒿	甲拌磷*▲	3	0	1.8，2.5，2.5
茼蒿	水胺硫磷▲	2	0	256.6，144.3
豇豆	甲拌磷*▲	1	1	26.6[a]
小计		27	3	超标率：11.1%
合计		32	3	超标率：9.4%

3.2 农药残留检出水平与最大残留限量标准对比分析

我国于2014年3月20日正式颁布并于2014年8月1日正式实施食品农药残留限量国家标准《食品中农药最大残留限量》（GB 2763—2014）。该标准包括371个农药条目，涉及最大残留限量（MRL）标准3653项。将987频次检出农药的浓度水平与3653项MRL国家标准进行核对，其中只有168频次的农药找到了对应的MRL标准，占17.0%，还有 819 频次的侦测数据则无相关 MRL 标准供参考，占 83.0%。

将此次侦测结果与国际上现行 MRL 标准对比发现，在 987 频次的检出结果中有 987 频次的结果找到了对应的 MRL 欧盟标准，占 100.0%；其中，701 频次的结果有明确对应的 MRL 标准，占 71.0%，其余 286 频次按照欧盟一律标准判定，占 29.0%；有 987 频次的结果找到了对应的 MRL 日本标准，占 100.0%；其中，521 频次的结果有明确对应的 MRL 标准，占 52.8%，其余 466 频次按照日本一律标准判定，占 47.2%；有 276 频次的结果找到了对应的 MRL 中国香港标准，占 28.0%；有 226 频次的结果找到了对应的 MRL 美国标准，占 22.9%；有 148 频次的结果找到了对应的 MRL CAC 标准，占 15.0%（见图 3-11 和图 3-12，数据见附表 3 至附表 8）。

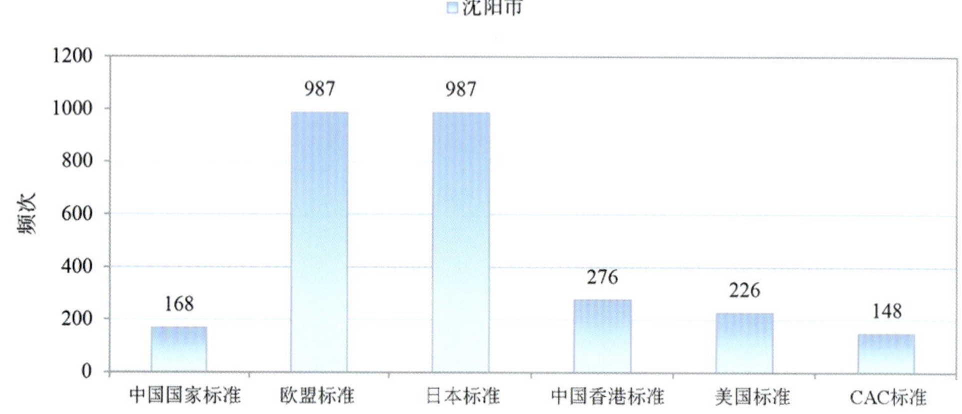

图 3-11　987 频次检出农药可用 MRL 中国国家标准、欧盟标准、日本标准、中国香港标准、美国标准、CAC 标准判定衡量的数量

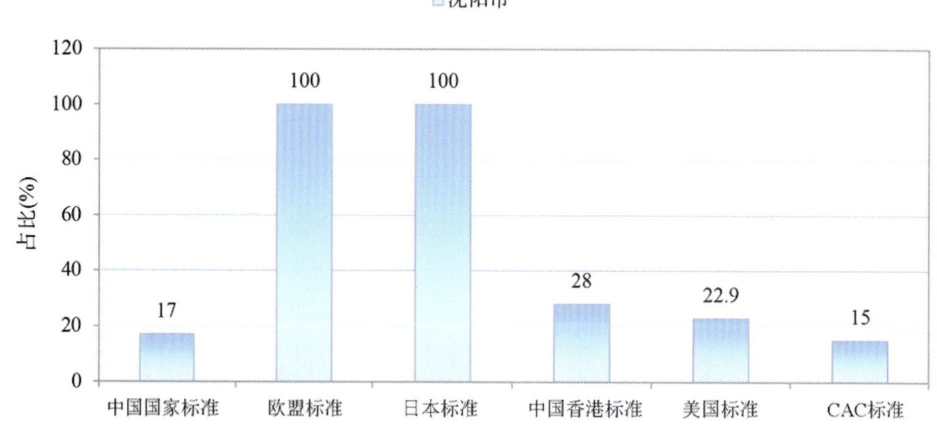

图 3-12　987 频次检出农药可用 MRL 中国国家标准、欧盟标准、日本标准、中国香港标准、美国标准、CAC 标准衡量的占比

3.2.1　超标农药样品分析

本次侦测的 488 例样品中，149 例样品未检出任何残留农药，占样品总量的 30.5%，339 例样品检出不同水平、不同种类的残留农药，占样品总量的 69.5%。在此，我们将本次侦测的农残检出情况与 MRL 中国国家标准、欧盟标准、日本标准、中国香港标准、美国标准和 CAC 标准这 6 大国际主流标准进行对比分析，样品农残检出与超标情况见表 3-12、图 3-13 和图 3-14，详细数据见附表 9 至附表 14。

表 3-12　各 MRL 标准下样本农残检出与超标数量及占比

	中国国家标准	欧盟标准	日本标准	中国香港标准	美国标准	CAC 标准
	数量/占比（%）	数量/占比（%）	数量/占比（%）	数量/占比（%）	数量/占比（%）	数量/占比（%）
未检出	149/30.5	149/30.5	149/30.5	149/30.5	149/30.5	149/30.5
检出未超标	331/67.8	153/31.4	172/35.2	331/67.8	338/69.3	339/69.5
检出超标	8/1.6	186/38.1	167/34.2	8/1.6	1/0.2	0/0.0

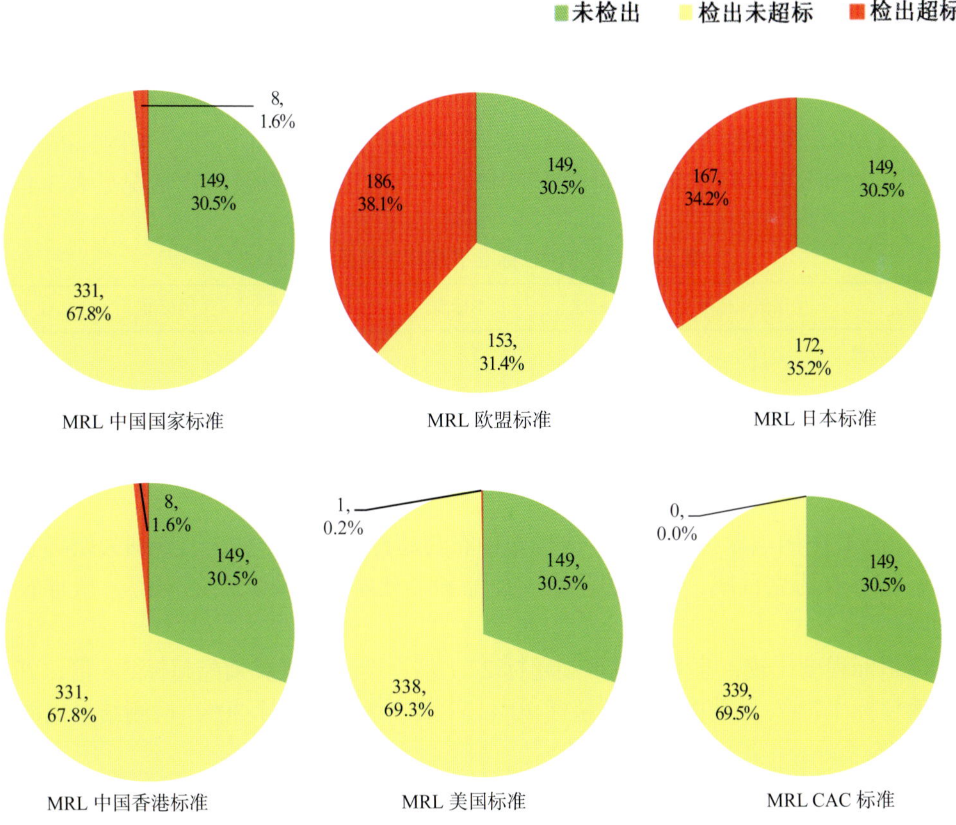

图 3-13　检出和超标样品比例情况

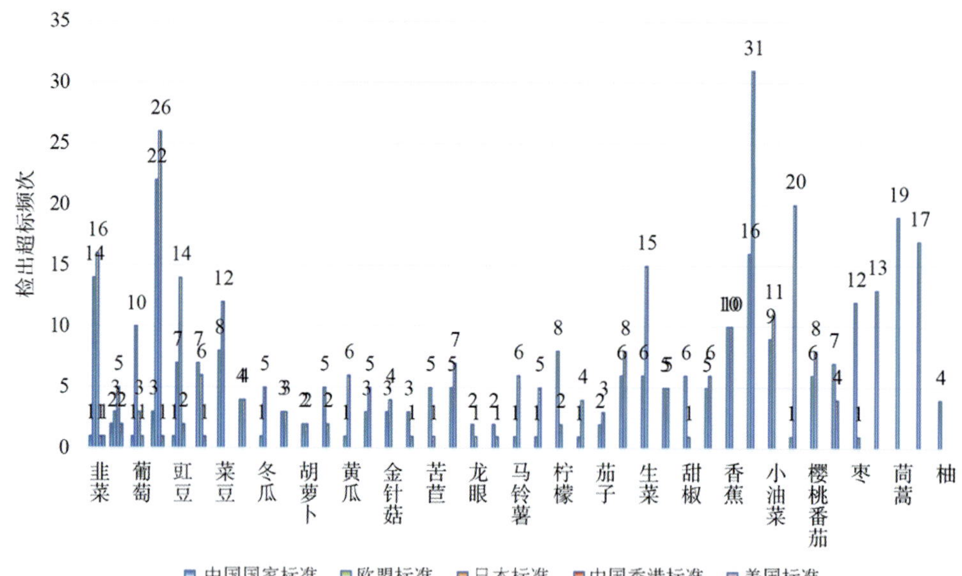

图 3-14　超过 MRL 中国国家标准、欧盟标准、日本标准、中国香港标准、美国标准和 CAC 标准结果在水果蔬菜中的分布

3.2.2　超标农药种类分析

按照 MRL 中国国家标准、欧盟标准、日本标准、中国香港标准、美国标准和 CAC 标准这 6 大国际主流标准衡量，本次侦测检出的农药超标品种及频次情况见表 3-13。

表 3-13　各 MRL 标准下超标农药品种及频次

	中国国家标准	欧盟标准	日本标准	中国香港标准	美国标准	CAC 标准
超标农药品种	6	51	57	4	1	0
超标农药频次	8	265	264	8	1	0

3.2.2.1　按 MRL 中国国家标准衡量

按 MRL 中国国家标准衡量，共有 6 种农药超标，检出 8 频次，分别为剧毒农药甲拌磷，高毒农药克百威，中毒农药氰戊菊酯和毒死蜱，低毒农药己唑醇，微毒农药腐霉利。

按超标程度比较，韭菜中腐霉利超标 27.1 倍，李子中氰戊菊酯超标 5.6 倍，豇豆中甲拌磷超标 1.7 倍，葡萄中己唑醇超标 10%，芹菜中毒死蜱超标 30%。检测结果见图 3-15 和附表 15。

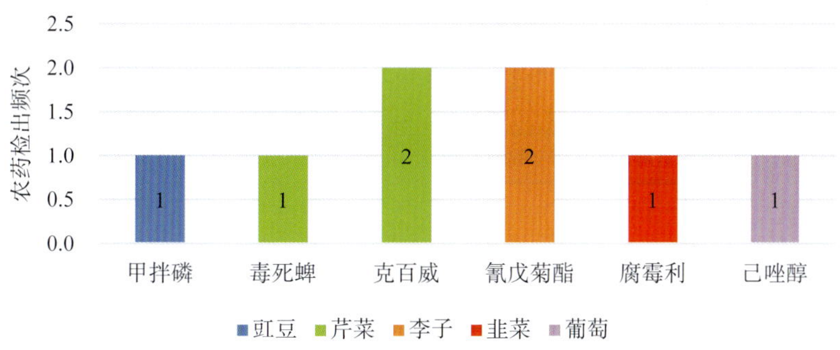

图 3-15　超过 MRL 中国国家标准农药品种及频次

3.2.2.2　按 MRL 欧盟标准衡量

按 MRL 欧盟标准衡量，共有 51 种农药超标，检出 265 频次，分别为高毒农药水胺硫磷、兹克威和克百威，中毒农药甲霜灵、炔丙菊酯、氟噻草胺、虫螨腈、四氟醚唑、稻瘟灵、氟硅唑、氟虫腈、杀虫环、喹螨醚、三唑醇、异丙威、噁霜灵、甲氰菊酯、棉铃威、氰戊菊酯、毒死蜱、仲丁威、多效唑、γ-氟氯氰菌酯、苯醚氰菊酯和唑虫酰胺，低毒农药啶斑肟、茚草酮、叠氮津、新燕灵、3, 5-二氯苯胺、四氢吩胺、避蚊胺、特丁净、甲醚菊酯、环酯草醚、灭除威、威杀灵、杀螨酯、间羟基联苯、呋草黄、二苯胺、马拉硫磷和己唑醇，微毒农药溴丁酰草胺、解草腈、腐霉利、氟乐灵、生物苄呋菊酯、五氯硝基苯、醚菌酯和烯虫酯。

按超标程度比较，香蕉中茚草酮超标 311.8 倍，韭菜中腐霉利超标 280.4 倍，杏鲍菇中解草腈超标 227.9 倍，韭菜中灭除威超标 172.7 倍，李子中氰戊菊酯超标 64.8 倍。检测结果见图 3-16 和附表 16。

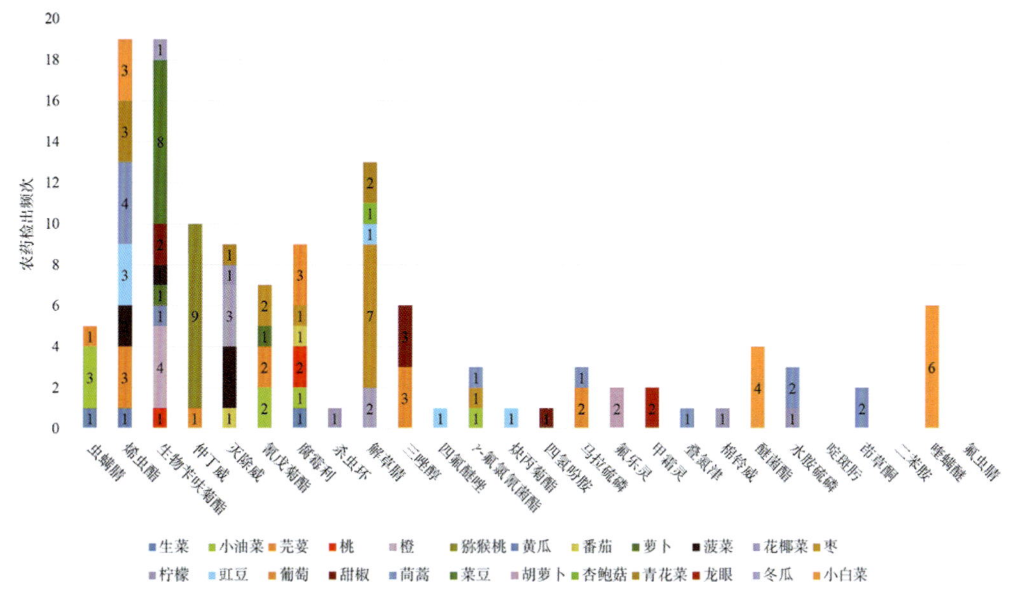

(a)

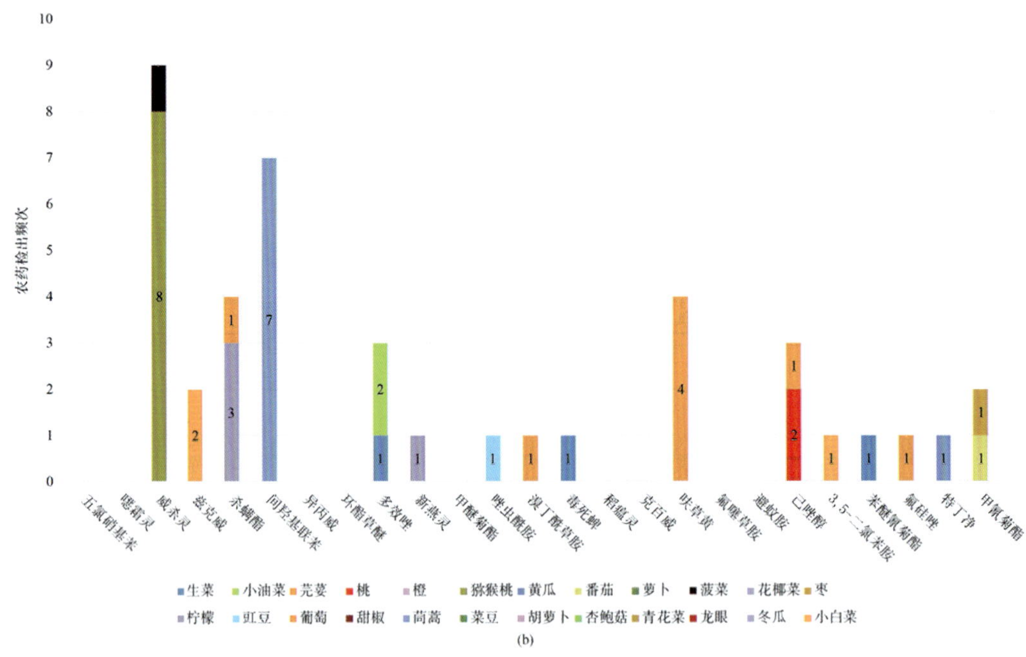

图 3-16　超过 MRL 欧盟标准农药品种及频次

3.2.2.3　按 MRL 日本标准衡量

按 MRL 日本标准衡量，共有 57 种农药超标，检出 264 频次，分别为剧毒农药甲拌磷，高毒农药水胺硫磷和兹克威，中毒农药甲霜灵、炔丙菊酯、腈菌唑、氟噻草胺、氯氰菊酯、四氟醚唑、稻瘟灵、杀虫环、除虫菊酯、喹螨醚、异丙威、甲氰菊酯、氰戊菊酯、毒死蜱、哒螨灵、多效唑、二甲戊灵、联苯菊酯、γ-氟氯氰菌酯、苯醚氰菊酯、戊唑醇和唑虫酰胺，低毒农药啶斑肟、莠去津、茚草酮、叠氮津、新燕灵、噻嗪酮、3,5-二氯苯胺、四氢吩胺、避蚊胺、特丁净、螺螨酯、甲醚菊酯、环酯草醚、嘧霉胺、灭除威、威杀灵、杀螨酯、间羟基联苯、乙嘧酚磺酸酯、呋草黄、氟吡菌酰胺、二苯胺、己唑醇和马拉硫磷，微毒农药溴丁酰草胺、解草腈、霜霉威、氟丙菊酯、腐霉利、生物苄呋菊酯、嘧菌酯和烯虫酯。

按超标程度比较，香蕉中茚草酮超标 311.8 倍，杏鲍菇中解草腈超标 227.9 倍，韭菜中灭除威超标 172.7 倍，龙眼中甲霜灵超标 170.8 倍，李子中氰戊菊酯超标 130.6 倍。检测结果见图 3-17 和附表 17。

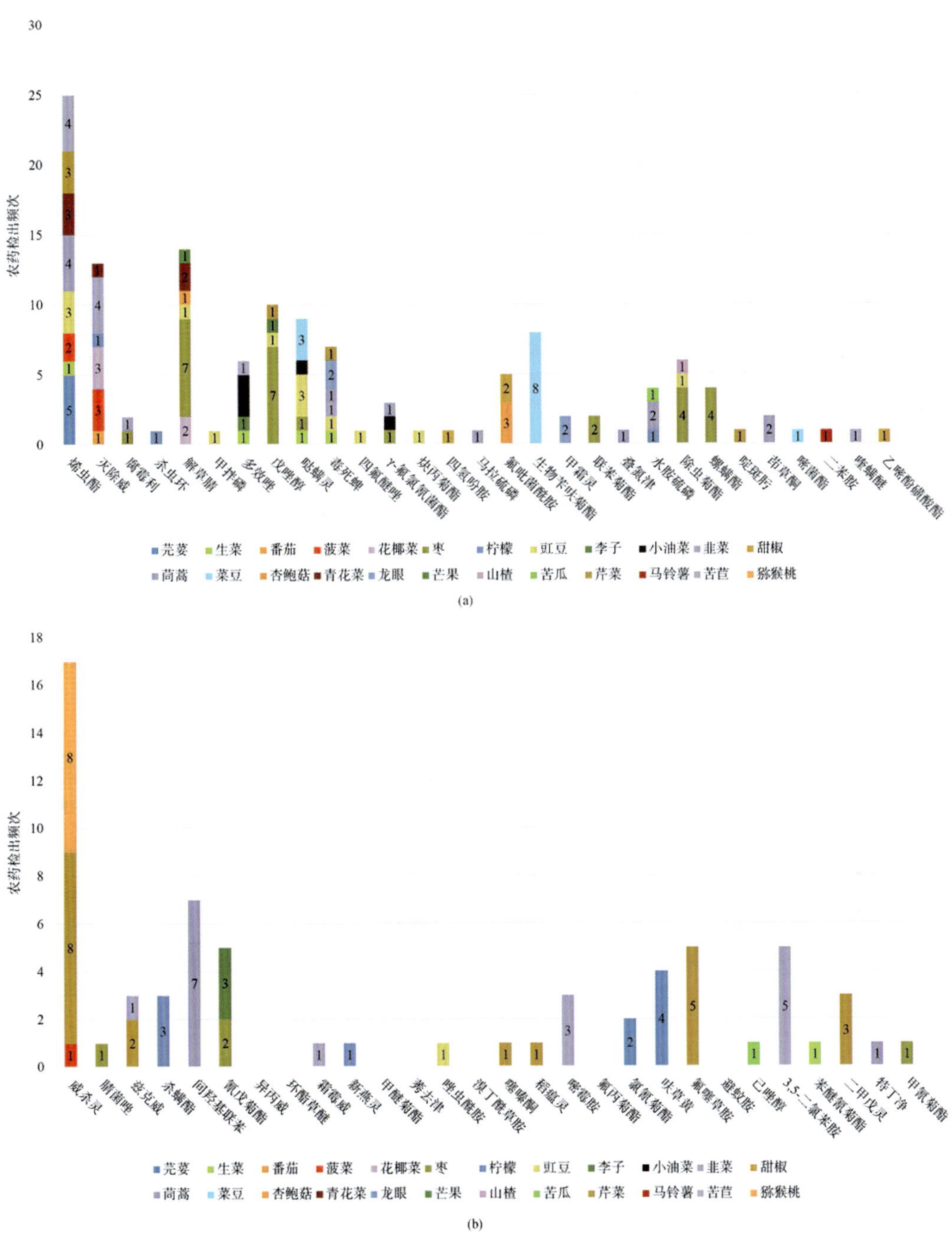

图 3-17　超过 MRL 日本标准农药品种及频次

3.2.2.4　按 MRL 中国香港标准衡量

按 MRL 中国香港标准衡量，共有 4 种农药超标，检出 8 频次，分别为中毒农药甲霜灵、氰戊菊酯和毒死蜱，微毒农药腐霉利。

按超标程度比较，龙眼中甲霜灵超标 33.4 倍，韭菜中腐霉利超标 27.1 倍，生菜中毒死蜱超标 8.7 倍，李子中氰戊菊酯超标 5.6 倍，豇豆中毒死蜱超标 1.1 倍。检测结果见图 3-18 和附表 18。

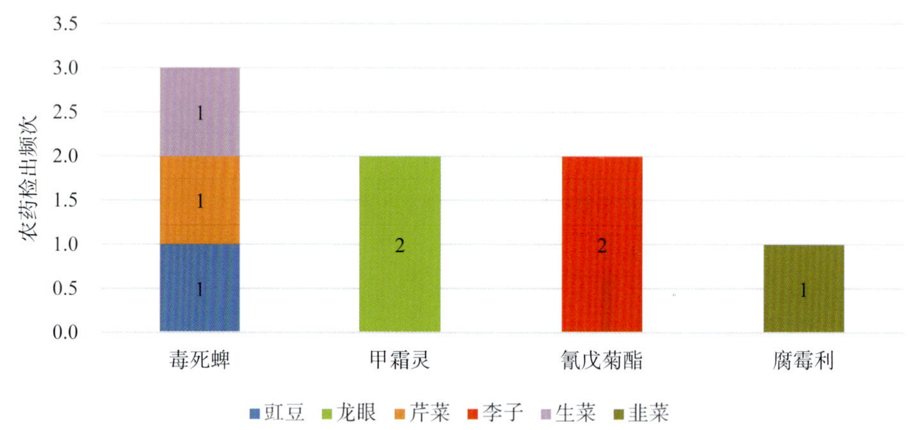

图 3-18　超过 MRL 中国香港标准农药品种及频次

3.2.2.5　按 MRL 美国标准衡量

按 MRL 美国标准衡量，有 1 种农药超标，检出 1 频次，为中毒农药毒死蜱。按超标程度比较，苹果中毒死蜱超标 1.3 倍。检测结果见图 3-19 和附表 19。

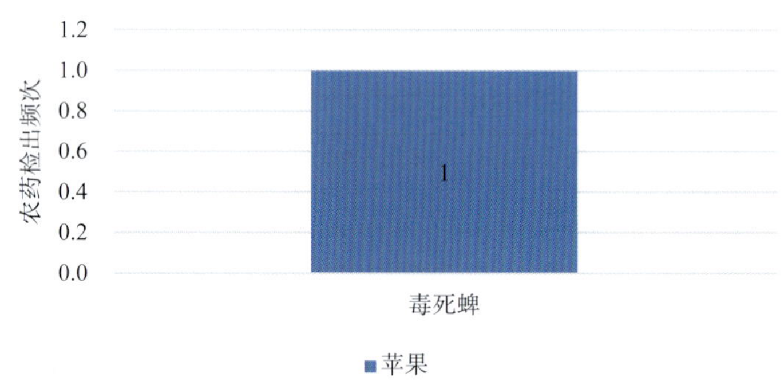

图 3-19　超过 MRL 美国标准农药品种及频次

3.2.2.6　按 MRL CAC 标准衡量

按 MRL CAC 标准衡量，无样品检出超标农药残留。

3.2.3　13 个采样点超标情况分析

3.2.3.1　按 MRL 中国国家标准衡量

按 MRL 中国国家标准衡量，有 6 个采样点的样品存在不同程度的超标农药检出，其中***超市（于洪广场店）的超标率最高，为8.3%，如表3-14和图3-20所示。

表 3-14 超过 MRL 中国国家标准水果蔬菜在不同采样点分布

	采样点	样品总数	超标数量	超标率（%）	行政区域
1	***超市（和平店）	43	1	2.3	和平区
2	***超市（沈河店）	40	1	2.5	沈河区
3	***超市（浑南中店）	40	1	2.5	浑南区
4	****超市（于洪广场店）	36	3	8.3	于洪区
5	***超市（陵西店）	34	1	2.9	皇姑区
6	***超市（东陵店）	34	1	2.9	浑南区

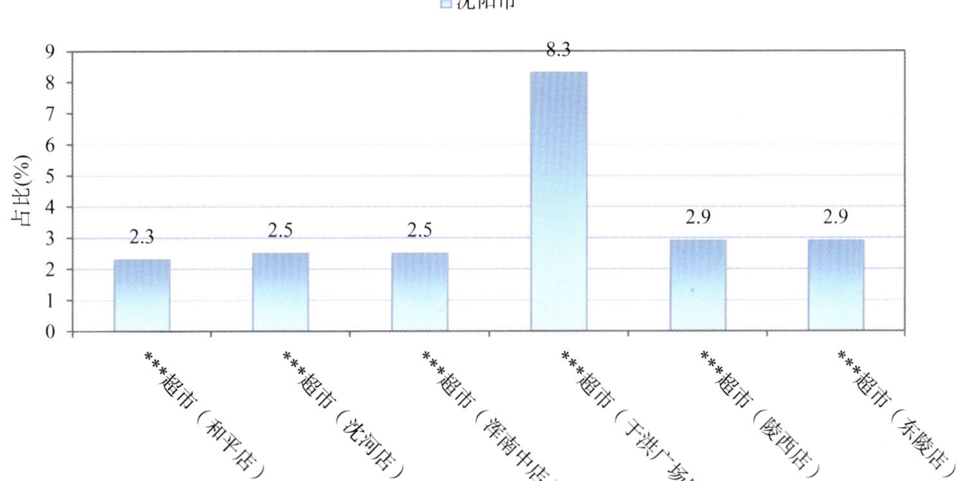

图 3-20 超过 MRL 中国国家标准水果蔬菜在不同采样点分布

3.2.3.2 按 MRL 欧盟标准衡量

按MRL欧盟标准衡量，所有采样点的样品存在不同程度的超标农药检出，其中***超市（浑南西路店）的超标率最高，为47.4%，如表3-15和图3-21所示。

表 3-15 超过 MRL 欧盟标准水果蔬菜在不同采样点分布

	采样点	样品总数	超标数量	超标率（%）	行政区域
1	***超市（和平店）	43	17	39.5	和平区
2	***超市（鹏利店）	42	16	38.1	大东区
3	***超市（文化店）	41	13	31.7	沈河区
4	***超市（沈河店）	40	15	37.5	沈河区

续表

	采样点	样品总数	超标数量	超标率（%）	行政区域
5	***超市（浑南中店）	40	15	37.5	浑南区
6	***超市（浑南西路店）	38	18	47.4	浑南区
7	***超市（于洪广场店）	36	17	47.2	于洪区
8	***超市（于洪店）	36	13	36.1	皇姑区
9	***超市（于洪店）	35	10	28.6	于洪区
10	***超市（沈阳重工店）	35	14	40.0	铁西区
11	***超市（陵西店）	34	10	29.4	皇姑区
12	***超市（东陵店）	34	15	44.1	浑南区
13	***超市（重工街店）	34	13	38.2	铁西区

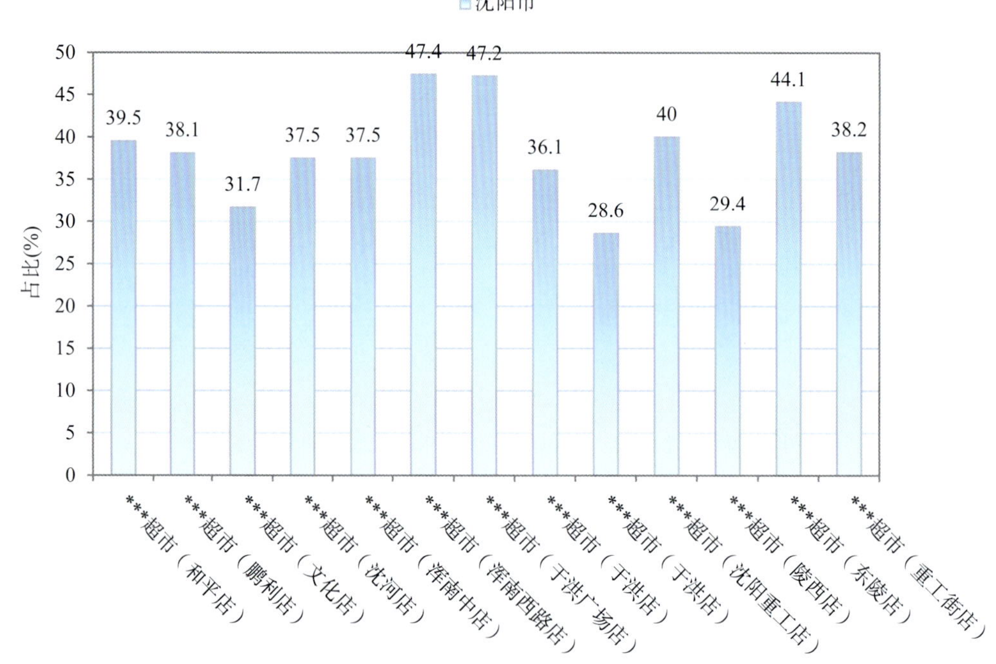

图 3-21 超过 MRL 欧盟标准水果蔬菜在不同采样点分布

3.2.3.3 按 MRL 日本标准衡量

按 MRL 日本标准衡量，所有采样点的样品存在不同程度的超标农药检出，其中***超市（重工街店）的超标率最高，为 44.1%，如表 3-16 和图 3-22 所示。

表 3-16　超过 MRL 日本标准水果蔬菜在不同采样点分布

	采样点	样品总数	超标数量	超标率（%）	行政区域
1	***超市（和平店）	43	15	34.9	和平区
2	***超市（鹏利店）	42	17	40.5	大东区
3	***超市（文化店）	41	12	29.3	沈河区
4	***超市（沈河店）	40	15	37.5	沈河区
5	***超市（浑南中店）	40	12	30.0	浑南区
6	***超市（浑南西路店）	38	14	36.8	浑南区
7	***超市（于洪广场店）	36	13	36.1	于洪区
8	***超市（于洪店）	36	11	30.6	皇姑区
9	***超市（于洪店）	35	10	28.6	于洪区
10	***超市（沈阳重工店）	35	11	31.4	铁西区
11	***超市（陵西店）	34	10	29.4	皇姑区
12	***超市（东陵店）	34	12	35.3	浑南区
13	***超市（重工街店）	34	15	44.1	铁西区

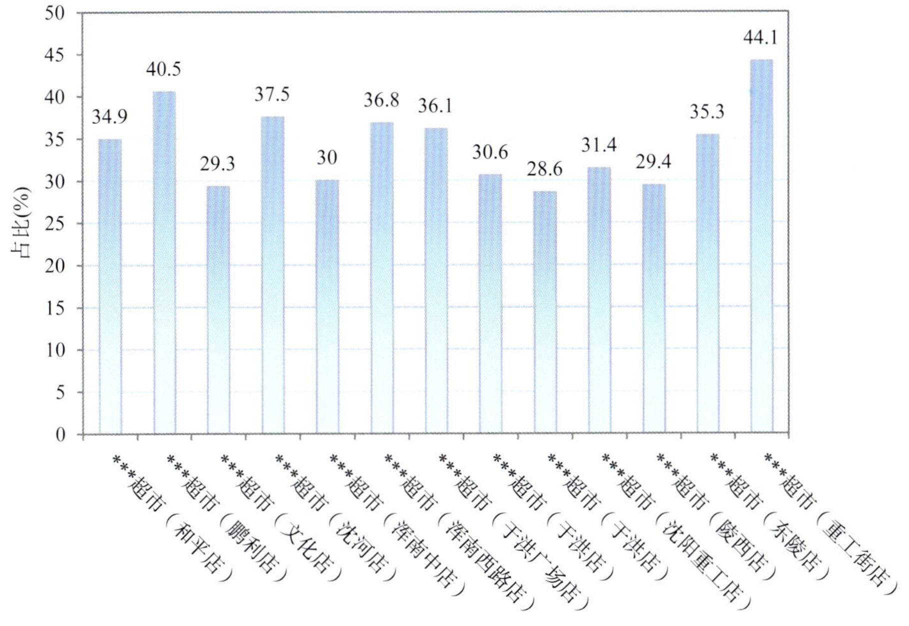

图 3-22　超过 MRL 日本标准水果蔬菜在不同采样点分布

3.2.3.4　按 MRL 中国香港标准衡量

按 MRL 中国香港标准衡量，有 6 个采样点的样品存在不同程度的超标农药检出，其中***超市（浑南中店）的超标率最高，为 5.0%，如表 3-17 和图 3-23 所示。

表 3-17 超过 MRL 中国香港标准水果蔬菜在不同采样点分布

	采样点	样品总数	超标数量	超标率（%）	行政区域
1	***超市（和平店）	43	2	4.7	和平区
2	***超市（沈河店）	40	1	2.5	沈河区
3	***超市（浑南中店）	40	2	5.0	浑南区
4	***超市（于洪广场店）	36	1	2.8	于洪区
5	***超市（陵西店）	34	1	2.9	皇姑区
6	***超市（东陵店）	34	1	2.9	浑南区

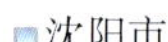

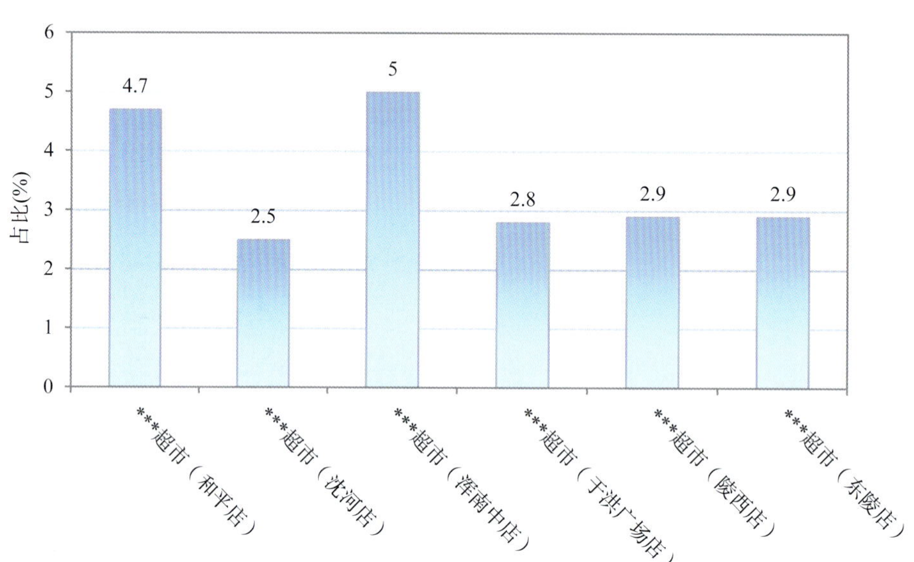

图 3-23 超过 MRL 中国香港标准水果蔬菜在不同采样点分布

3.2.3.5 按 MRL 美国标准衡量

按 MRL 美国标准衡量，有 1 个采样点的样品存在超标农药检出，超标率为 2.9%，如表 3-18 和图 3-24 所示。

表 3-18 超过 MRL 美国标准水果蔬菜在不同采样点分布

	采样点	样品总数	超标数量	超标率（%）	行政区域
1	***超市（陵西店）	34	1	2.9	皇姑区

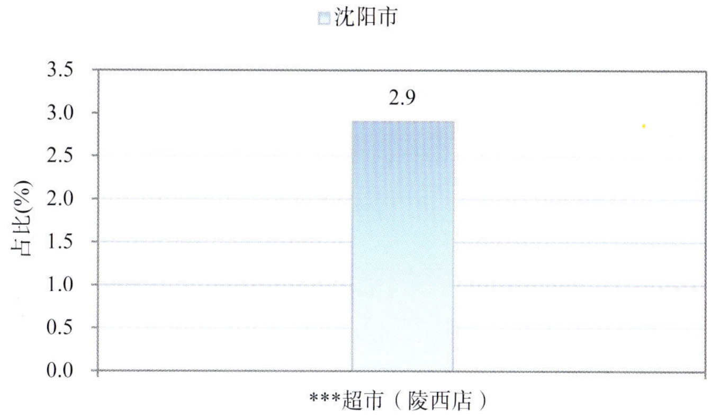

图 3-24　超过 MRL 美国标准水果蔬菜在不同采样点分布

3.2.3.6　按 MRL CAC 标准衡量

按 MRL CAC 标准衡量，所有采样点的样品均未检出超标农药残留。

3.3　水果中农药残留分布

3.3.1　检出农药品种和频次排前 10 的水果

本次残留侦测的水果共 16 种，包括橙、火龙果、橘、梨、李子、龙眼、芒果、猕猴桃、柠檬、苹果、葡萄、山楂、桃、香蕉、柚和枣。

根据检出农药品种及频次进行排名，将各项排名前 10 位的水果样品检出情况列表说明，详见表 3-19。

表 3-19　检出农药品种和频次排名前 10 的水果

检出农药品种排名前 10（品种）	①枣（21），②柠檬（20），③葡萄（18），④桃（12），⑤梨（8），⑥苹果（7），⑦香蕉（7），⑧李子（7），⑨橙（5），⑩猕猴桃（5）
检出农药频次排名前 10（频次）	①葡萄（63），②枣（56），③柠檬（41），④猕猴桃（34），⑤梨（25），⑥桃（25），⑦香蕉（24），⑧苹果（15），⑨李子（12），⑩橙（11）
检出禁用、高毒及剧毒农药品种排名前 10（品种）	①柠檬（2），②苹果（2），③枣（2），④梨（1），⑤香蕉（1），⑥桃（1），⑦李子（1）
检出禁用、高毒及剧毒农药频次排名前 10（频次）	①枣（3），②李子（3），③柠檬（2），④苹果（2），⑤香蕉（2），⑥梨（1），⑦桃（1）

3.3.2　超标农药品种和频次排前 10 的水果

鉴于 MRL 欧盟标准和日本标准的制定比较全面且覆盖率较高，我们参照 MRL 中国国家标准、欧盟标准和日本标准衡量水果样品中农残检出情况，将超标农药品种及频次排名前 10 的水果列表说明，详见表 3-20。

表 3-20　超标农药品种和频次排名前 10 的水果

超标农药品种排名前 10（农药品种数）	MRL 中国国家标准	①葡萄（1），②李子（1）
	MRL 欧盟标准	①葡萄（6），②柠檬（6），③枣（5），④桃（3），⑤香蕉（3），⑥猕猴桃（2），⑦梨（2），⑧苹果（1），⑨芒果（1），⑩龙眼（1）
	MRL 日本标准	①枣（11），②柠檬（5），③葡萄（3），④李子（3），⑤梨（2），⑥桃（2），⑦龙眼（2），⑧香蕉（2），⑨山楂（1），⑩苹果（1）
超标农药频次排名前 10（农药频次数）	MRL 中国国家标准	①李子（2），②葡萄（1）
	MRL 欧盟标准	①猕猴桃（17），②枣（12），③香蕉（10），④葡萄（10），⑤柠檬（8），⑥梨（5），⑦桃（5），⑧橙（4），⑨柚（4），⑩李子（3）
	MRL 日本标准	①枣（31），②香蕉（8），③猕猴桃（8），④柠檬（7），⑤李子（5），⑥梨（5），⑦柚（4），⑧龙眼（4），⑨葡萄（3），⑩火龙果（3）

通过对各品种水果样本总数及检出率进行综合分析发现，枣、柠檬和葡萄的残留污染最为严重，在此，我们参照 MRL 中国国家标准、欧盟标准和日本标准对这 3 种水果的农残检出情况进行进一步分析。

3.3.3　农药残留检出率较高的水果样品分析

3.3.3.1　枣

这次共检测 10 例枣样品，全部检出了农药残留，检出率为 100.0%，检出农药共计 21 种。其中戊唑醇、氟丙菊酯、解草腈、螺螨酯和除虫菊酯检出频次较高，分别检出了 10、7、7、4 和 4 次。枣中农药检出品种和频次见图 3-25，超标农药见图 3-26 和表 3-21。

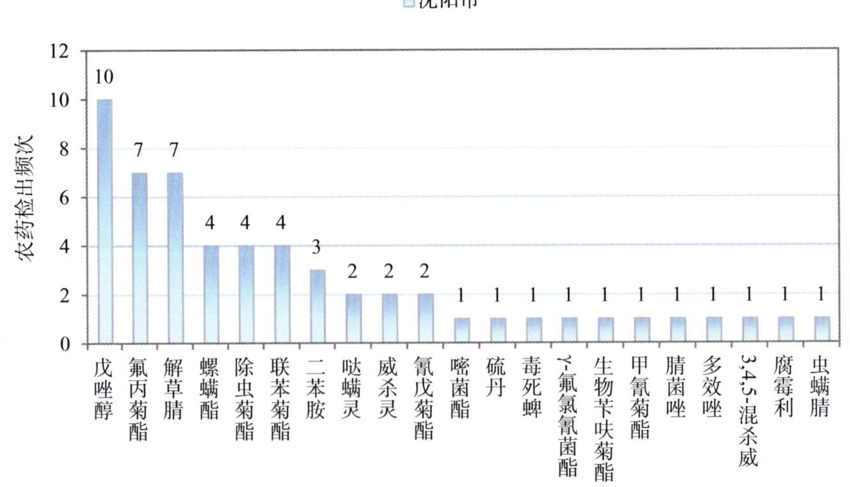

图 3-25　枣样品检出农药品种和频次分析

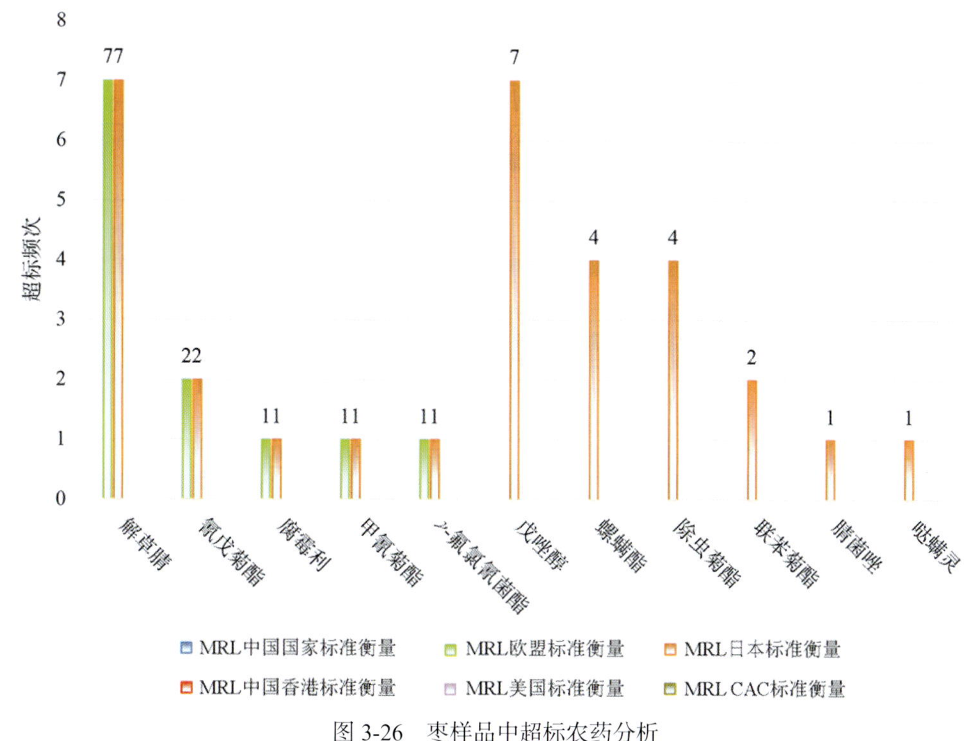

图 3-26　枣样品中超标农药分析

表 3-21　枣中农药残留超标情况明细表

样品总数			检出农药样品数	样品检出率（%）	检出农药品种总数
10			10	100	21
	超标农药品种	超标农药频次	按照 MRL 中国国家标准、欧盟标准和日本标准衡量超标农药名称及频次		
中国国家标准	0	0			
欧盟标准	5	12	解草腈（7），氰戊菊酯（2），腐霉利（1），甲氰菊酯（1），γ-氟氯氰菌酯（1）		
日本标准	11	31	戊唑醇（7），解草腈（7），螺螨酯（4），除虫菊酯（4），联苯菊酯（2），氰戊菊酯（2），腈菌唑（1），γ-氟氯氰菌酯（1），甲氰菊酯（1），腐霉利（1），哒螨灵（1）		

3.3.3.2　柠檬

这次共检测 13 例柠檬样品，全部检出了农药残留，检出率为 100.0%，检出农药共计 20 种。其中毒死蜱、二苯胺、哒螨灵、杀螨酯和吡丙醚检出频次较高，分别检出了 10、5、3、3 和 2 次。柠檬中农药检出品种和频次见图 3-27，超标农药见图 3-28 和表 3-22。

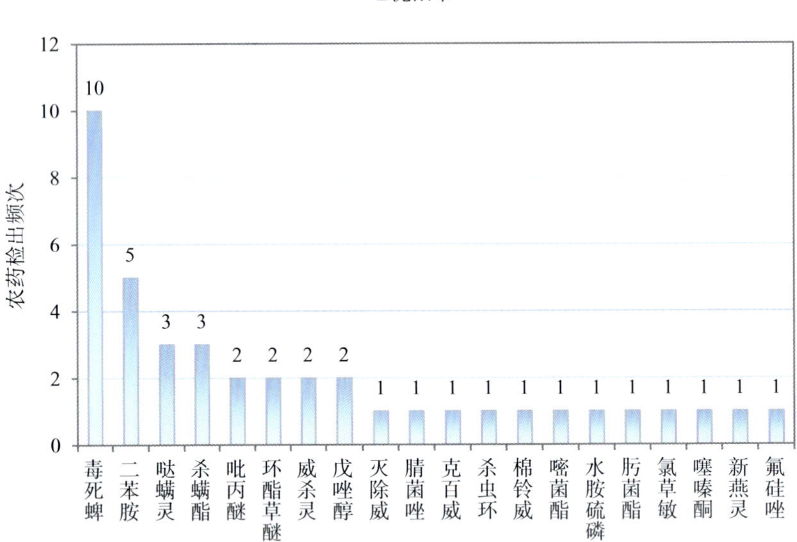

图 3-27 柠檬样品检出农药品种和频次分析

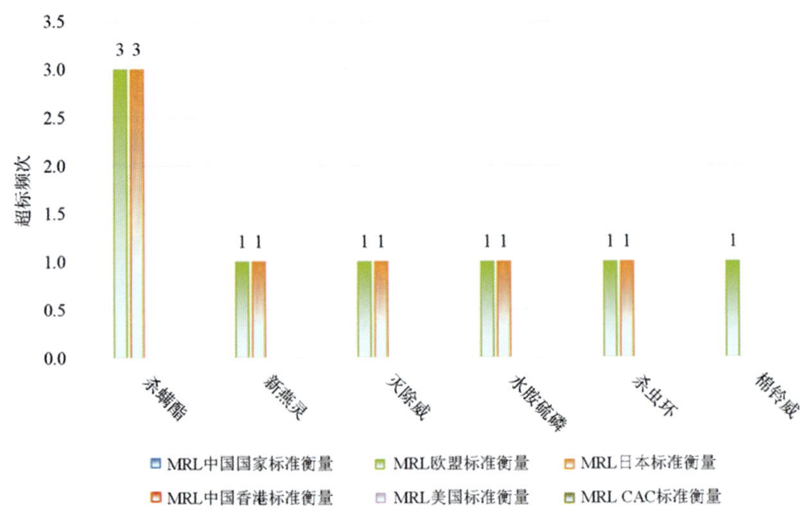

图 3-28 柠檬样品中超标农药分析

表 3-22 柠檬中农药残留超标情况明细表

样品总数			检出农药样品数	样品检出率（%）	检出农药品种总数
13			13	100	20
	超标农药品种	超标农药频次	按照 MRL 中国国家标准、欧盟标准和日本标准衡量超标农药名称及频次		
中国国家标准	0	0			
欧盟标准	6	8	杀螨酯（3），新燕灵（1），灭除威（1），水胺硫磷（1），杀虫环（1），棉铃威（1）		
日本标准	5	7	杀螨酯（3），水胺硫磷（1），灭除威（1），新燕灵（1），杀虫环（1）		

3.3.3.3　葡萄

这次共检测 13 例葡萄样品，全部检出了农药残留，检出率为 100.0%，检出农药共计 18 种。其中威杀灵、嘧菌酯、腐霉利、氟丙菊酯和二苯胺检出频次较高，分别检出了 12、8、7、6 和 5 次。葡萄中农药检出品种和频次见图 3-29，超标农药见图 3-30 和表 3-23。

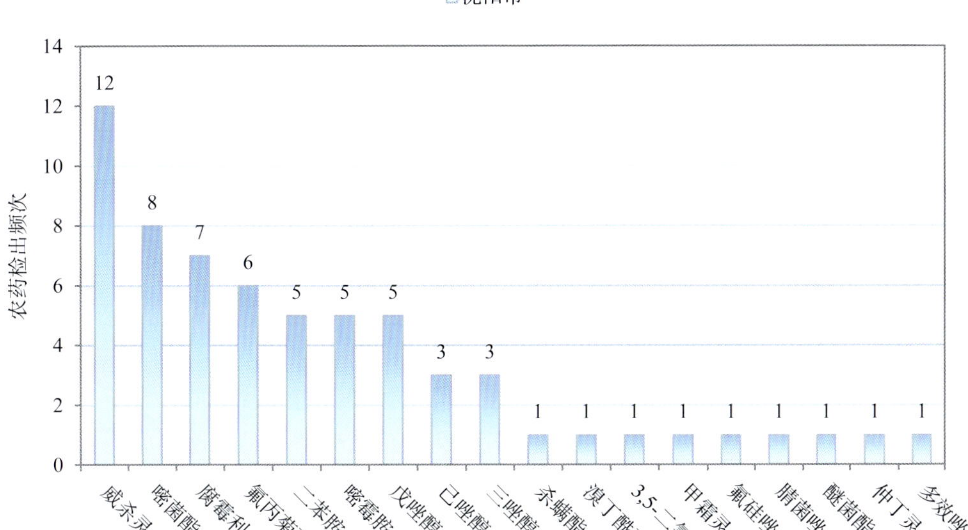

图 3-29　葡萄样品检出农药品种和频次分析

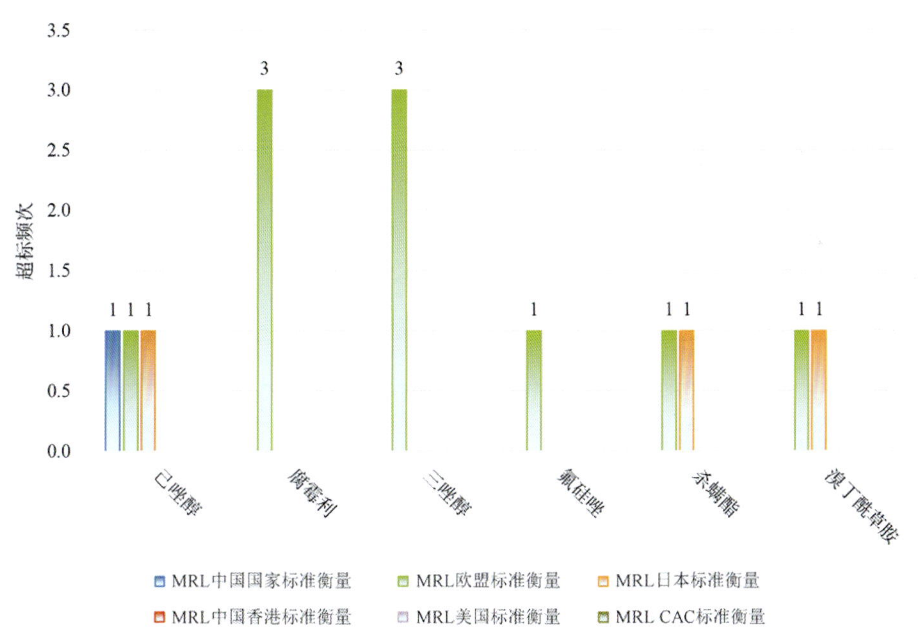

图 3-30　葡萄样品中超标农药分析

表 3-23　葡萄中农药残留超标情况明细表

样品总数			检出农药样品数	样品检出率（%）	检出农药品种总数
13			13	100	18
	超标农药品种	超标农药频次	按照 MRL 中国国家标准、欧盟标准和日本标准衡量超标农药名称及频次		
中国国家标准	1	1	己唑醇（1）		
欧盟标准	6	10	腐霉利（3），三唑醇（3），己唑醇（1），氟硅唑（1），杀螨酯（1），溴丁酰草胺（1）		
日本标准	3	3	己唑醇（1），溴丁酰草胺（1），杀螨酯（1）		

3.4　蔬菜中农药残留分布

3.4.1　检出农药品种和频次排前 10 的蔬菜

本次残留侦测的蔬菜共 27 种，包括菠菜、菜豆、大白菜、冬瓜、番茄、胡萝卜、花椰菜、黄瓜、豇豆、结球甘蓝、韭菜、苦瓜、苦苣、萝卜、马铃薯、茄子、芹菜、青花菜、生菜、甜椒、茼蒿、西葫芦、小白菜、樱桃番茄、油麦菜、紫甘蓝和小油菜。

根据检出农药品种及频次进行排名，将各项排名前 10 位的蔬菜样品检出情况列表说明，详见表 3-24。

表 3-24　检出农药品种和频次排名前 10 的蔬菜

检出农药品种排名前 10（品种）	①芹菜（26），②韭菜（19），③甜椒（19），④豇豆（17），⑤茼蒿（17），⑥樱桃番茄（16），⑦小油菜（16），⑧生菜（15），⑨番茄（14），⑩黄瓜（14）
检出农药频次排名前 10（频次）	①芹菜（68），②韭菜（59），③小油菜（51），④小白菜（44），⑤甜椒（40），⑥樱桃番茄（40），⑦茼蒿（38），⑧生菜（34），⑨番茄（25），⑩黄瓜（24）
检出禁用、高毒及剧毒农药品种排名前 10（品种）	①豇豆（2），②韭菜（2），③芹菜（2），④生菜（2），⑤萝卜（2），⑥茼蒿（2），⑦小油菜（2），⑧菠菜（1），⑨苦苣（1），⑩苦瓜（1）
检出禁用、高毒及剧毒农药频次排名前 10（频次）	①芹菜（8），②茼蒿（5），③西葫芦（4），④小白菜（4），⑤油麦菜（3），⑥韭菜（3），⑦小油菜（3），⑧豇豆（2），⑨生菜（2），⑩黄瓜（2）

3.4.2　超标农药品种和频次排前 10 的蔬菜

鉴于 MRL 欧盟标准和日本标准的制定比较全面且覆盖率较高，我们参照 MRL 中国国家标准、欧盟标准和日本标准衡量蔬菜样品中农残检出情况，将超标农药品种及频次排名前 10 的蔬菜列表说明，详见表 3-25。

表 3-25　超标农药品种和频次排名前 10 的蔬菜

超标农药品种排名前 10 （农药品种数）	MRL 中国国家标准	①芹菜（2），②豇豆（1），③韭菜（1）
	MRL 欧盟标准	①芹菜（9），②茼蒿（8），③生菜（6），④豇豆（5），⑤小白菜（5），⑥小油菜（5），⑦韭菜（4），⑧菠菜（4），⑨樱桃番茄（3），⑩番茄（3）
	MRL 日本标准	①芹菜（10），②豇豆（10），③茼蒿（9），④韭菜（7），⑤小白菜（6），⑥生菜（5），⑦菠菜（3），⑧青花菜（3），⑨甜椒（3），⑩苦苣（3）
超标农药频次排名前 10 （农药频次数）	MRL 中国国家标准	①芹菜（3），②韭菜（1），③豇豆（1）
	MRL 欧盟标准	①芹菜（22），②茼蒿（19），③小白菜（16），④韭菜（14），⑤小油菜（9），⑥菜豆（8），⑦菠菜（7），⑧油麦菜（7），⑨豇豆（7），⑩生菜（6）
	MRL 日本标准	①芹菜（26），②茼蒿（20），③韭菜（16），④小白菜（15），⑤豇豆（14），⑥菜豆（12），⑦油麦菜（10），⑧青花菜（6），⑨樱桃番茄（6），⑩苦苣（6）

通过对各品种蔬菜样本总数及检出率进行综合分析发现，芹菜、韭菜和甜椒的残留污染最为严重，在此，我们参照 MRL 中国国家标准、欧盟标准和日本标准对这 3 种蔬菜的农残检出情况进行进一步分析。

3.4.3　农药残留检出率较高的蔬菜样品分析

3.4.3.1　芹菜

这次共检测 12 例芹菜样品，全部检出了农药残留，检出率为 100.0%，检出农药共计 26 种。其中威杀灵、烯虫酯、氟噻草胺、二甲戊灵和喹螨醚检出频次较高，分别检出了 10、8、5、5 和 4 次。芹菜中农药检出品种和频次见图 3-31，超标农药见图 3-32 和表 3-26。

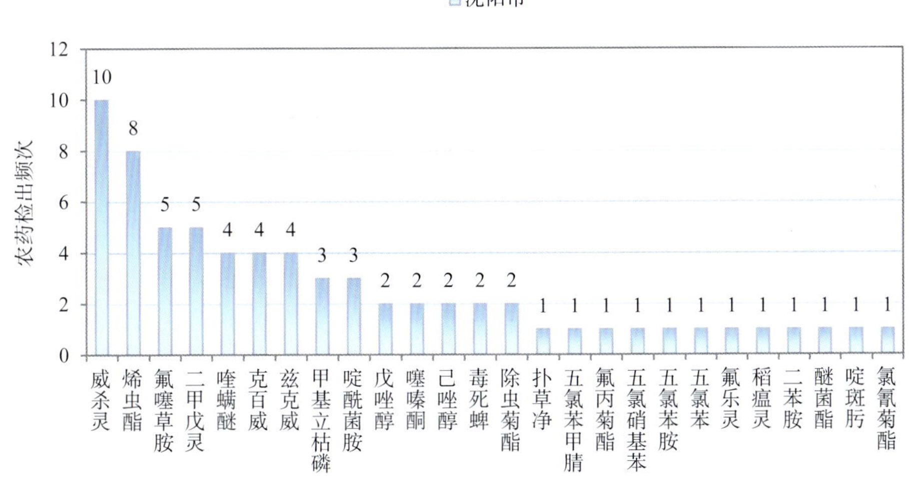

图 3-31　芹菜样品检出农药品种和频次分析

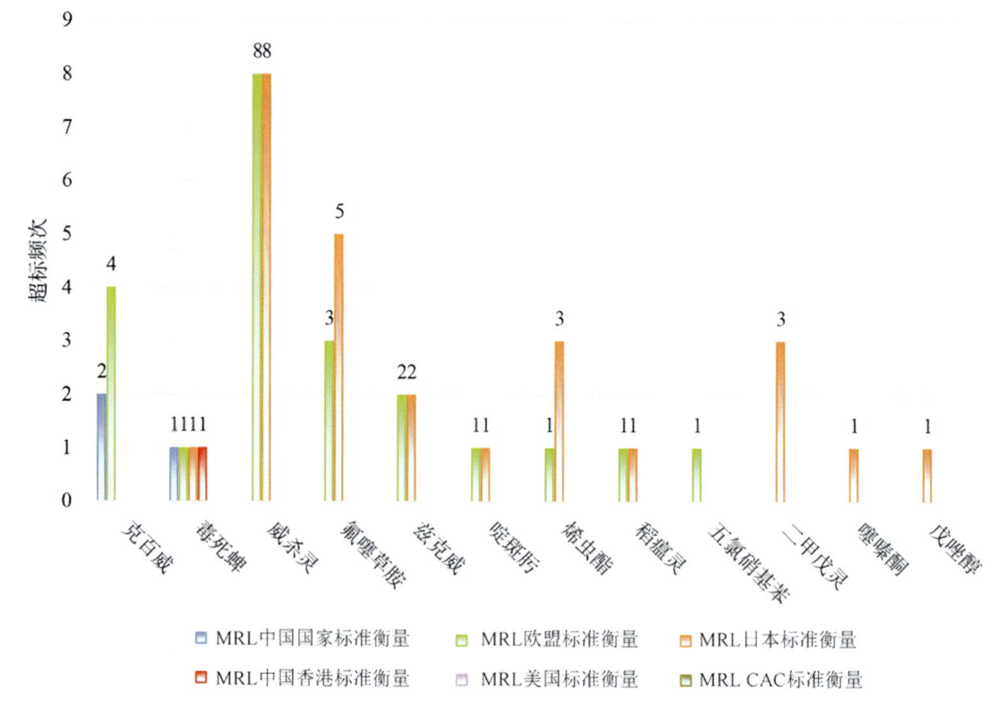

图 3-32 芹菜样品中超标农药分析

表 3-26 芹菜中农药残留超标情况明细表

样品总数			检出农药样品数	样品检出率（%）	检出农药品种总数
12			12	100	26
	超标农药品种	超标农药频次	按照 MRL 中国国家标准、欧盟标准和日本标准衡量超标农药名称及频次		
中国国家标准	2	3	克百威（2），毒死蜱（1）		
欧盟标准	9	22	威杀灵（8），克百威（4），氟噻草胺（3），兹克威（2），毒死蜱（1），啶斑肟（1），烯虫酯（1），稻瘟灵（1），五氯硝基苯（1）		
日本标准	10	26	威杀灵（8），氟噻草胺（5），二甲戊灵（3），烯虫酯（3），兹克威（2），噻嗪酮（1），戊唑醇（1），稻瘟灵（1），毒死蜱（1），啶斑肟（1）		

3.4.3.2 韭菜

这次共检测 10 例韭菜样品，全部检出了农药残留，检出率为 100.0%，检出农药共计 19 种。其中二苯胺、氟丙菊酯、腐霉利、3,5-二氯苯胺和毒死蜱检出频次较高，分别检出了 8、7、6、6 和 4 次。韭菜中农药检出品种和频次见图 3-33，超标农药见图 3-34 和表 3-27。

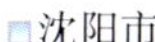

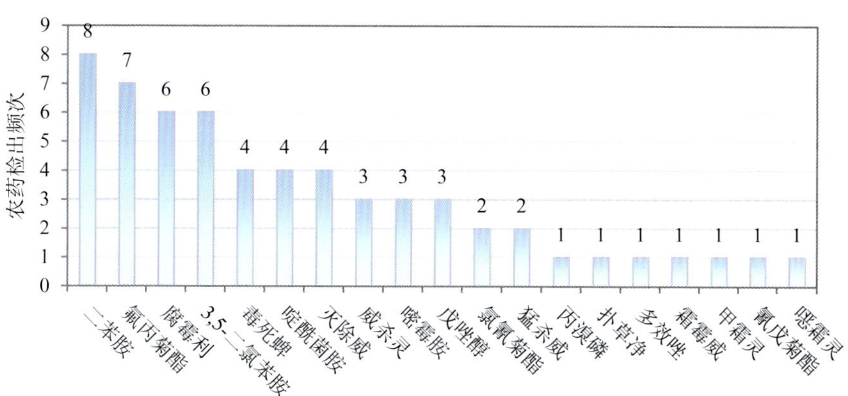

图 3-33　韭菜样品检出农药品种和频次分析

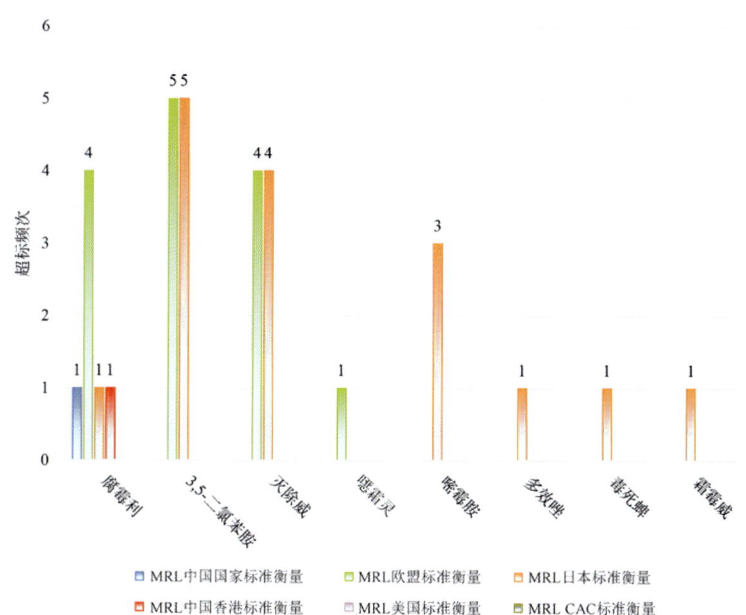

图 3-34　韭菜样品中超标农药分析

表 3-27　韭菜中农药残留超标情况明细表

样品总数 10			检出农药样品数 10	样品检出率（%） 100	检出农药品种总数 19
	超标农药品种	超标农药频次	按照 MRL 中国国家标准、欧盟标准和日本标准衡量超标农药名称及频次		
中国国家标准	1	1	腐霉利（1）		
欧盟标准	4	14	3,5-二氯苯胺（5），腐霉利（4），灭除威（4），噁霜灵（1）		
日本标准	7	16	3,5-二氯苯胺（5），灭除威（4），嘧霉胺（3），腐霉利（1），多效唑（1），毒死蜱（1），霜霉威（1）		

3.4.3.3　甜椒

这次共检测 13 例甜椒样品，12 例样品中检出了农药残留，检出率为 92.3%，检出农药共计 19 种。其中二苯胺、肟菌酯、氟吡菌酰胺、三唑醇和粉唑醇检出频次较高，分别检出了 8、4、4、3 和 3 次。甜椒中农药检出品种和频次见图 3-35，超标农药见图 3-36 和表 3-28。

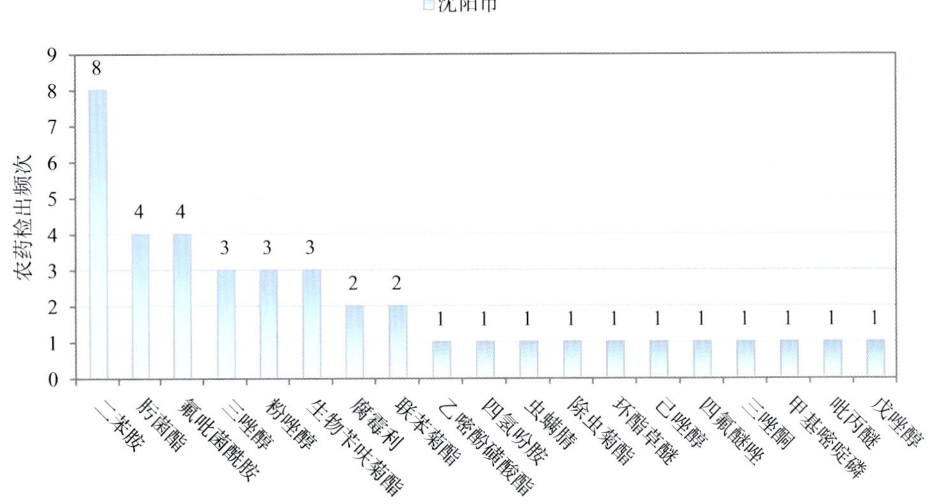

图 3-35　甜椒样品检出农药品种和频次分析

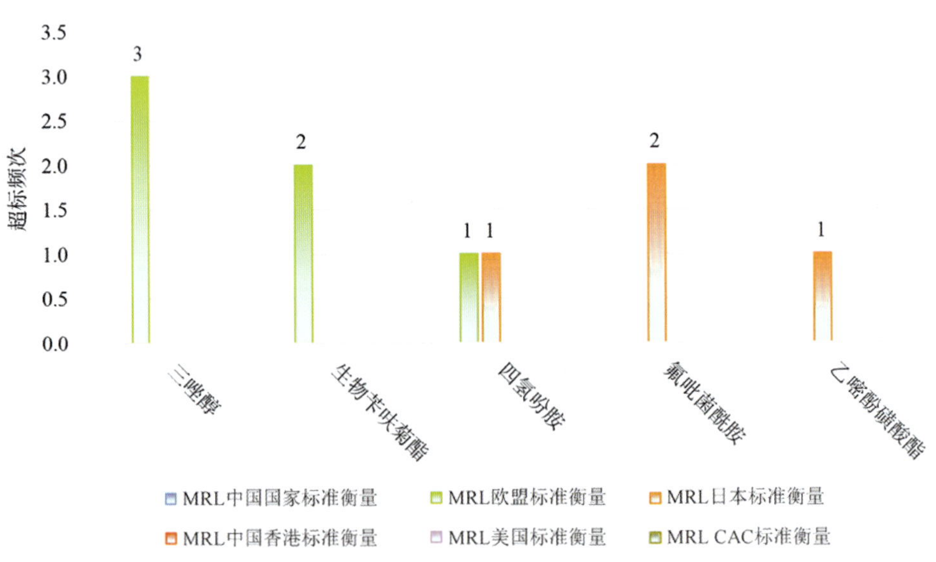

图 3-36　甜椒样品中超标农药分析

表 3-28　甜椒中农药残留超标情况明细表

样品总数			检出农药样品数	样品检出率（%）	检出农药品种总数
13			12	92.3	19
	超标农药品种	超标农药频次	按照 MRL 中国国家标准、欧盟标准和日本标准衡量超标农药名称及频次		
中国国家标准	0	0			
欧盟标准	3	6	三唑醇（3），生物苄呋菊酯（2），四氢吩胺（1）		
日本标准	3	4	氟吡菌酰胺（2），乙嘧酚磺酸酯（1），四氢吩胺（1）		

3.5　初 步 结 论

3.5.1　沈阳市市售水果蔬菜按 MRL 中国国家标准和国际主要 MRL 标准衡量的合格率

本次侦测的 488 例样品中，149 例样品未检出任何残留农药，占样品总量的 30.5%，339 例样品检出不同水平、不同种类的残留农药，占样品总量的 69.5%。在这 339 例检出农药残留的样品中：

按照 MRL 中国国家标准衡量，有 331 例样品检出残留农药但含量没有超标，占样品总数的 67.8%，有 8 例样品检出了超标农药，占样品总数的 1.6%。

按照 MRL 欧盟标准衡量，有 153 例样品检出残留农药但含量没有超标，占样品总数的 31.4%，有 186 例样品检出了超标农药，占样品总数的 38.1%。

按照 MRL 日本标准衡量，有 172 例样品检出残留农药但含量没有超标，占样品总数的 35.2%，有 167 例样品检出了超标农药，占样品总数的 34.2%。

按照 MRL 中国香港标准衡量，有 331 例样品检出残留农药但含量没有超标，占样品总数的 67.8%，有 8 例样品检出了超标农药，占样品总数的 1.6%。

按照 MRL 美国标准衡量，有 338 例样品检出残留农药但含量没有超标，占样品总数的 69.3%，有 1 例样品检出了超标农药，占样品总数的 0.2%。

按照 MRL CAC 标准衡量，有 339 例样品检出残留农药但含量没有超标，占样品总数的 69.5%，有 0 例样品检出了超标农药，占样品总数的 0.0%。

3.5.2　沈阳市市售水果蔬菜中检出农药以中低微毒农药为主，占市场主体的 94.9%

这次侦测的 488 例样品包括蔬菜 27 种 282 例，水果 16 种 169 例，食用菌 3 种 27 例，调味料 1 种 10 例，共检出了 98 种农药，检出农药的毒性以中低微毒为主，详见表 3-29。

表 3-29　市场主体农药毒性分布

毒性	检出品种	占比（%）	检出频次	占比（%）
剧毒农药	1	1.0	6	0.6
高毒农药	4	4.1	27	2.7
中毒农药	41	41.8	336	34.0
低毒农药	36	36.7	322	32.6
微毒农药	16	16.3	296	30.0
中低微毒农药，品种占比 94.9%，频次占比 96.7%				

3.5.3　检出剧毒、高毒和禁用农药现象应该警醒

在此次侦测的 488 例样品中有 15 种蔬菜和 7 种水果的 56 例样品检出了 9 种 59 频次的剧毒和高毒或禁用农药，占样品总量的 11.5%。其中剧毒农药甲拌磷以及高毒农药兹克威、猛杀威和克百威检出频次较高。

按 MRL 中国国家标准衡量，剧毒农药甲拌磷，检出 6 次，超标 1 次；高毒农药克百威，检出 5 次，超标 2 次；按超标程度比较，豇豆中甲拌磷超标 1.7 倍，芹菜中克百威超标 10%。

剧毒、高毒或禁用农药的检出情况及按照 MRL 中国国家标准衡量的超标情况见表 3-30。

表 3-30　剧毒、高毒或禁用农药的检出及超标明细

序号	农药名称	样品名称	检出频次	超标频次	最大超标倍数	超标率
1.1	甲拌磷*▲	茼蒿	3	0		0.0%
1.2	甲拌磷*▲	豇豆	1	1	1.66	100.0%
1.3	甲拌磷*▲	萝卜	1	0		0.0%
1.4	甲拌磷*▲	芫荽	1	0		0.0%
2.1	克百威◊▲	芹菜	4	2	0.11	50.0%
2.2	克百威◊▲	柠檬	1	0		0.0%
3.1	猛杀威◊	韭菜	2	0		0.0%
3.2	猛杀威◊	香蕉	2	0		0.0%
3.3	猛杀威◊	菠菜	1	0		0.0%
3.4	猛杀威◊	苹果	1	0		0.0%
4.1	水胺硫磷◊▲	茼蒿	2	0		0.0%
4.2	水胺硫磷◊▲	苦瓜	1	0		0.0%
4.3	水胺硫磷◊▲	柠檬	1	0		0.0%
5.1	兹克威◊	芹菜	4	0		0.0%
5.2	兹克威◊	小白菜	4	0		0.0%

续表

序号	农药名称	样品名称	检出频次	超标频次	最大超标倍数	超标率
5.3	兹克威◊	油麦菜	3	0		0.0%
5.4	兹克威◊	苦苣	1	0		0.0%
6.1	氟虫腈▲	樱桃番茄	1	0		0.0%
7.1	硫丹▲	西葫芦	4	0		0.0%
7.2	硫丹▲	黄瓜	2	0		0.0%
7.3	硫丹▲	梨	1	0		0.0%
7.4	硫丹▲	桃	1	0		0.0%
7.5	硫丹▲	小油菜	1	0		0.0%
7.6	硫丹▲	枣	1	0		0.0%
7.7	硫丹▲	豇豆	1	0		0.0%
8.1	六六六▲	生菜	1	0		0.0%
9.1	氰戊菊酯▲	李子	3	2	5.579	66.7%
9.2	氰戊菊酯▲	小油菜	2	0		0.0%
9.3	氰戊菊酯▲	枣	2	0		0.0%
9.4	氰戊菊酯▲	芫荽	2	0		0.0%
9.5	氰戊菊酯▲	韭菜	1	0		0.0%
9.6	氰戊菊酯▲	萝卜	1	0		0.0%
9.7	氰戊菊酯▲	苹果	1	0		0.0%
9.8	氰戊菊酯▲	生菜	1	0		0.0%
合计			59	5		8.5%

注：超标倍数参照 MRL 中国国家标准衡量

这些超标的剧毒和高毒农药都是中国政府早有规定禁止在水果蔬菜中使用的，为什么还屡次被检出，应该引起警惕。

3.5.4 残留限量标准与先进国家或地区差距较大

987 频次的检出结果与我国公布的《食品中农药最大残留限量》(GB 2763—2014) 对比，有 168 频次能找到对应的 MRL 中国国家标准，占 17.0%；还有 819 频次的侦测数据无相关 MRL 标准供参考，占 83.0%。

与国际上现行 MRL 标准对比发现：

有 987 频次能找到对应的 MRL 欧盟标准，占 100.0%；

有 987 频次能找到对应的 MRL 日本标准，占 100.0%；

有 276 频次能找到对应的 MRL 中国香港标准，占 28.0%；

有 226 频次能找到对应的 MRL 美国标准，占 22.9%；

有 148 频次能找到对应的 MRL CAC 标准，占 15.0%。

由上可见，MRL 中国国家标准与先进国家或地区标准还有很大差距，我们无标准，境外有标准，这就会导致我们在国际贸易中，处于受制于人的被动地位。

3.5.5 水果蔬菜单种样品检出 18~26 种农药残留，拷问农药使用的科学性

通过此次监测发现，枣、柠檬和葡萄是检出农药品种最多的 3 种水果，芹菜、韭菜和甜椒是检出农药品种最多的 3 种蔬菜，从中检出农药品种及频次详见表 3-31。

表 3-31 单种样品检出农药品种及频次

样品名称	样品总数	检出农药样品数	检出率	检出农药品种数	检出农药（频次）
芹菜	12	12	100.0%	26	威杀灵（10），烯虫酯（8），氟噻草胺（5），二甲戊灵（5），喹螨醚（4），克百威（4），兹克威（4），甲基立枯磷（3），啶酰菌胺（3），戊唑醇（2），噻嗪酮（2），己唑醇（2），毒死蜱（2），除虫菊酯（2），扑草净（1），五氯苯甲腈（1），氟丙菊酯（1），五氯硝基苯（1），五氯苯胺（1），五氯苯（1），氟乐灵（1），稻瘟灵（1），二苯胺（1），醚菌酯（1），啶斑肟（1），氯氰菊酯（1）
韭菜	10	10	100.0%	19	二苯胺（8），氟丙菊酯（7），腐霉利（6），3,5-二氯苯胺（6），毒死蜱（4），啶酰菌胺（4），灭除威（4），威杀灵（3），嘧霉胺（3），戊唑醇（3），氯氰菊酯（2），猛杀威（2），丙溴磷（1），扑草净（1），多效唑（1），霜霉威（1），甲霜灵（1），氰戊菊酯（1），噁霜灵（1）
甜椒	13	12	92.3%	19	二苯胺（8），肟菌酯（4），氟吡菌酰胺（4），三唑醇（3），粉唑醇（3），生物苄呋菊酯（3），腐霉利（2），联苯菊酯（2），乙嘧酚磺酸酯（1），四氢吩胺（1），虫螨腈（1），除虫菊酯（1），环酯草醚（1），己唑醇（1），四氟醚唑（1），三唑酮（1），甲基嘧啶磷（1），吡丙醚（1），戊唑醇（1）
枣	10	10	100.0%	21	戊唑醇（10），氟丙菊酯（7），解草腈（7），螺螨酯（4），除虫菊酯（4），联苯菊酯（4），二苯胺（3），哒螨灵（2），威杀灵（2），氰戊菊酯（2），嘧菌酯（1），硫丹（1），毒死蜱（1），γ-氟氯氰菌酯（1），生物苄呋菊酯（1），甲氰菊酯（1），腈菌唑（1），多效唑（1），3,4,5-混杀威（1），腐霉利（1），虫螨腈（1）
柠檬	13	13	100.0%	20	毒死蜱（10），二苯胺（5），哒螨灵（3），杀螨酯（3），吡丙醚（2），环酯草醚（2），威杀灵（2），戊唑醇（2），灭除威（1），腈菌唑（1），克百威（1），杀虫环（1），棉铃威（1），嘧菌酯（1），水胺硫磷（1），肟菌酯（1），氯草敏（1），噻嗪酮（1），新燕灵（1），氟硅唑（1）
葡萄	13	13	100.0%	18	威杀灵（12），嘧菌酯（8），腐霉利（7），氟丙菊酯（6），二苯胺（5），嘧霉胺（5），戊唑醇（5），己唑醇（3），三唑醇（3），杀螨酯（1），溴丁酰草胺（1），3,5-二氯苯胺（1），甲霜灵（1），氟硅唑（1），腈菌唑（1），醚菌酯（1），仲丁灵（1），多效唑（1）

上述 6 种水果蔬菜，检出农药 18~26 种，是多种农药综合防治，还是未严格实施农业良好管理规范（GAP），抑或根本就是乱施药，值得我们思考。

第 4 章　GC-Q-TOF/MS 侦测沈阳市市售水果蔬菜农药残留膳食暴露风险及预警风险评估

4.1　农药残留风险评估方法

4.1.1　沈阳市农药残留检测数据分析与统计

庞国芳院士科研团队建立的农药残留高通量侦测技术以高分辨精确质量数（0.0001 *m/z* 为基准）为识别标准，采用 GC-Q-TOF/MS 技术对 499 种农药化学污染物进行检测。

科研团队于 2015 年 9 月在沈阳市所属 7 个区县的 13 个采样点，随机采集了 488 例水果蔬菜样品，采样点具体位置分布如图 4-1 所示。

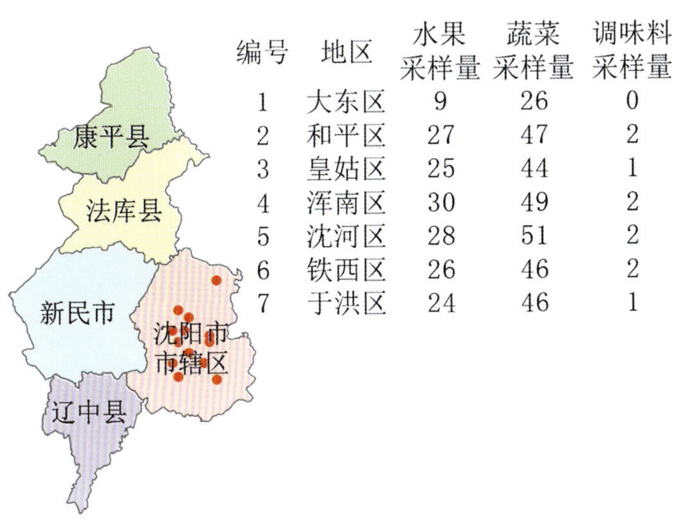

图 4-1　沈阳市所属 13 个采样点 488 例样品分布图

利用 GC-Q-TOF/MS 技术对 488 例样品中的农药残留进行侦测，检出残留农药 98 种，987 频次。检出农药残留水平如表 4-1 和图 4-2 所示。检出频次最高的前十种农药如表 4-2 所示。从检测结果中可以看出，在果蔬中农药残留普遍存在，且有些果蔬存在高浓度的农药残留，这些可能存在膳食暴露风险，对人体健康产生危害，因此，为了定量地评价果蔬中农药残留的风险程度，有必要对其进行风险评价。

表 4-1　检出农药的不同残留水平及其所占比例

残留水平（μg/kg）	检出频次	占比（%）
1~5（含）	402	40.7
5~10（含）	152	15.4
10~100（含）	358	36.3
100~1000（含）	66	6.7
＞1000	9	0.9
合计	987	100

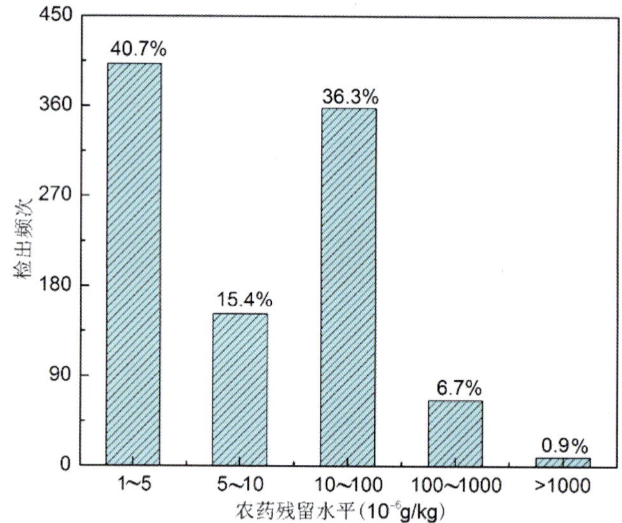

图 4-2　残留农药检出浓度频数分布

表 4-2　检出频次最高的前十种农药

序号	农药	检出频次（次）
1	二苯胺	95
2	威杀灵	74
3	毒死蜱	53
4	烯虫酯	51
5	氟丙菊酯	48
6	生物苄呋菊酯	45
7	腐霉利	44
8	戊唑醇	38
9	哒螨灵	24
10	联苯菊酯	19

4.1.2　农药残留风险评价模型

对沈阳市水果蔬菜中农药残留分别开展暴露风险评估和预警风险评估。膳食暴露风险评价利用食品安全指数模型对水果蔬菜中的残留农药对人体可能产生的危害程度进行评价，该模型结合残留监测和膳食暴露评估评价化学污染物的危害；预警风险评价模型运用风险系数（risk index，R），风险系数综合考虑了危害物的超标率、施检频率及其本身敏感性的影响，能直观而全面地反映出危害物在一段时间内的风险程度。

4.1.2.1　食品安全指数模型

为了加强食品安全管理，《中华人民共和国食品安全法》第二章第十七条规定“国家建立食品安全风险评估制度，运用科学方法，根据食品安全风险监测信息、科学数据以及有关信息，对食品、食品添加剂、食品相关产品中生物性、化学性和物理性危害因素进行风险评估”[1]，膳食暴露评估是食品危险度评估的重要组成部分，也是膳食安全性的衡量标准[2]。国际上最早研究膳食暴露风险评估的机构主要是 JMPR（FAO、WHO 农药残留联合会议），该组织自 1995 年就已制定了急性毒性物质的风险评估急性毒性农药残留摄入量的预测。1960 年美国规定食品中不得加入致癌物质进而提出零阈值理论，渐渐零阈值理论发展成在一定概率条件下可接受风险的概念[3]，后衍变为食品中每日允许最大摄入量（ADI），而农药残留法典委员会（CCPR）认为 ADI 不是独立风险评估的唯一标准[4]，1995 年 JMPR 开始研究农药急性膳食暴露风险评估，并对食品国际短期摄入量的计算方法进行了修正，亦对膳食暴露评估准则及评估方法进行了修正[5]，2002 年，在对世界上现行的食品安全评价方法，尤其是国际公认的 CAC 的评价方法、WHO GEMS/Food（全球环境监测系统/食品污染监测和评估规划）及 JECFA（FAO、WHO 食品添加剂联合专家委员会）和 JMPR 对食品安全风险评估工作研究的基础之上，检验检疫食品安全管理的研究人员提出了结合残留监控和膳食暴露评估，以食品安全指数（IFS）计算食品中各种化学污染物对消费者的健康危害程度[6]。IFS 是表示食品安全状态的新方法，可有效地评价某种农药的安全性，进而评价食品中各种农药化学污染物对消费者健康的整体危害程度[7, 8]。从理论上分析，IFS_c 可指出食品中的污染物 c 对消费者健康是否存在危害及危害的程度[9]。其优点在于操作简单且结果容易被接受和理解，不需要大量的数据来对结果进行验证，使用默认的标准假设或者模型即可[10, 11]。

1）IFSc 的计算

IFS_c 计算公式如下：

$$IFS_c = \frac{EDI_c \times f}{SI_c \times bw} \qquad (4\text{-}1)$$

式中，c 为所研究的农药；EDI_c 为农药 c 的实际日摄入量估算值，等于 $\sum(R_i \times F_i \times E_i \times P_i)$（$i$ 为食品种类；R_i 为食品 i 中农药 c 的残留水平，mg/kg；F_i 为食品 i 的估计日消费量，g/（人・天）；E_i 为食品 i 的可食用部分因子；P_i 为食品 i 的加工处理因子）；SI_c 为安全摄入量，可采用每日允许摄入量 ADI；bw 为人平均体重，kg；f 为校正因子，如果安全摄入量采用 ADI，则 f 取 1。

$IFS_c \ll 1$，农药 c 对食品安全没有影响；$IFS_c \leq 1$，农药 c 对食品安全的影响可以接受；$IFS_c > 1$，农药 c 对食品安全的影响不可接受。

本次评价中：

$IFS_c \leq 0.1$，农药 c 对果蔬安全没有影响；

$0.1 < IFS_c \leq 1$，农药 c 对果蔬安全的影响可以接受；

$IFS_c > 1$，农药 c 对果蔬安全的影响不可接受。

本次评价中残留水平 R_i 取值为中国检验检疫科学院庞国芳院士课题组对沈阳市果蔬中的农药残留检测结果。估计日消费量 F_i 取值 0.38 kg/（人・天），E_i=1，P_i=1，f=1，SI_c 采用《食品安全国家标准　食品中农药最大残留限量》（GB 2763—2016）中 ADI 值（具体数值见表 4-3），人平均体重（bw）取值 60 kg。

2）计算 IFS_c 的平均值 $\overline{IFS}$，判断农药对食品安全影响程度

以 $\overline{IFS}$ 评价各种农药对人体健康危害的总程度，评价模型见公式（4-2）。

$$\overline{IFS}=\frac{\sum_{i=1}^{n} IFS_c}{n} \tag{4-2}$$

$\overline{IFS} \ll 1$，所研究消费者人群的食品安全状态很好；$\overline{IFS} \leq 1$，所研究消费者人群的食品安全状态可以接受；$\overline{IFS} > 1$，所研究消费者人群的食品安全状态不可接受。

本次评价中：

$\overline{IFS} \leq 0.1$，所研究消费者人群的果蔬安全状态很好；

$0.1 < \overline{IFS} \leq 1$，所研究消费者人群的果蔬安全状态可以接受；

$\overline{IFS} > 1$，所研究消费者人群的果蔬安全状态不可接受。

表 4-3　沈阳市果蔬中残留农药 ADI 值

序号	农药	ADI	序号	农药	ADI	序号	农药	ADI
1	吡丙醚	0.1	12	二甲戊灵	0.03	23	甲基立枯磷	0.07
2	丙溴磷	0.03	13	粉唑醇	0.01	24	甲基嘧啶磷	0.03
3	虫螨腈	0.03	14	氟吡菌酰胺	0.01	25	甲氰菊酯	0.03
4	哒螨灵	0.01	15	氟虫腈	0.0002	26	甲霜灵	0.08
5	稻瘟灵	0.016	16	氟硅唑	0.007	27	腈菌唑	0.03
6	丁草胺	0.1	17	氟乐灵	0.025	28	克百威	0.001
7	啶酰菌胺	0.04	18	氟酰胺	0.09	29	喹螨醚	0.005
8	毒死蜱	0.01	19	腐霉利	0.1	30	联苯菊酯	0.01
9	多效唑	0.1	20	环酯草醚	0.0056	31	硫丹	0.006
10	噁霜灵	0.01	21	己唑醇	0.005	32	六六六	0.005
11	二苯胺	0.08	22	甲拌磷	0.0007	33	螺螨酯	0.01

续表

序号	农药	ADI	序号	农药	ADI	序号	农药	ADI
34	氯磺隆	0.2	56	辛酰溴苯腈	0.015	78	苯醚氰菊酯	—
35	氯菊酯	0.05	57	异丙威	0.002	79	猛杀威	—
36	氯氰菊酯	0.02	58	莠去津	0.02	80	去乙基阿特拉津	—
37	马拉硫磷	0.3	59	仲丁灵	0.2	81	啶斑肟	—
38	醚菌酯	0.4	60	仲丁威	0.06	82	γ-氟氯氰菌酯	—
39	嘧菌酯	0.2	61	唑虫酰胺	0.006	83	避蚊胺	—
40	嘧霉胺	0.2	62	3,5-二氯苯胺	—	84	五氯苯甲腈	—
41	扑草净	0.04	63	威杀灵	—	85	四氢吩胺	—
42	氰戊菊酯	0.02	64	氟丙菊酯	—	86	溴丁酰草胺	—
43	噻菌灵	0.1	65	烯虫酯	—	87	四氟醚唑	—
44	噻嗪酮	0.009	66	解草腈	—	88	新燕灵	—
45	三唑醇	0.03	67	杀螨酯	—	89	2,6-二硝基-3-甲氧基-4-叔丁基甲苯	—
46	三唑酮	0.03	68	甲醚菊酯	—	90	叠氮津	—
47	杀虫环	0.05	69	兹克威	—	91	特丁净	—
48	生物苄呋菊酯	0.03	70	氟噻草胺	—	92	乙嘧酚磺酸酯	—
49	霜霉威	0.4	71	棉铃威	—	93	2,6-二氯苯甲酰胺	—
50	水胺硫磷	0.003	72	茚草酮	—	94	炔丙菊酯	—
51	肟菌酯	0.04	73	除虫菊酯	—	95	氯草敏	—
52	五氯硝基苯	0.01	74	呋草黄	—	96	五氯苯胺	—
53	戊唑醇	0.03	75	间羟基联苯	—	97	五氯苯	—
54	西玛津	0.018	76	灭除威	—	98	3,4,5-混杀威	—
55	烯唑醇	0.005	77	双苯酰草胺	—			

注：“—”表示国家标准中无 ADI 值规定；ADI 值单位为 mg/kg bw

4.1.2.2　预警风险评价模型

2003 年，我国检验检疫食品安全管理的研究人员根据 WTO 的有关原则和我国的具体规定，结合危害物本身的敏感性、风险程度及其相应的施检频率，首次提出了食品中危害物风险系数 R 的概念[12]。R 是衡量一个危害物的风险程度大小最直观的参数，即在一定时期内其超标率或阳性检出率的高低，但受其施检测率的高低及其本身的敏感性（受关注程度）影响。该模型综合考察了农药在蔬菜中的超标率、施检频率及其本身敏感性，能直观而全面地反映出农药在一段时间内的风险程度[13]。

1）R 计算方法

危害物的风险系数综合考虑了危害物的超标率或阳性检出率、施检频率和其本身的敏感性影响，并能直观而全面地反映出危害物在一段时间内的风险程度。风险系数 R 的计算公式如式（4-3）：

$$R = aP + \frac{b}{F} + S \tag{4-3}$$

式中，P 为该种危害物的超标率；F 为危害物的施检频率；S 为危害物的敏感因子；a，b 分别为相应的权重系数。

本次评价中 F=1；S=1；a=100；b=0.1，对参数 P 进行计算，计算时首先判断是否为禁药，如果为非禁药，P=超标的样品数（检测出的含量高于食品最大残留限量标准值，即 MRL）除以总样品数（包括超标、不超标、未检出）；如果为禁药，则检出即为超标，P=能检出的样品数除以总样品数。判断沈阳市果蔬农药残留是否超标的标准限值 MRL 分别以 MRL 中国国家标准[14]和 MRL 欧盟标准作为对照，具体值列于本报告附表一中。

2）判断风险程度

R≤1.5，受检农药处于低度风险；

1.5＜R≤2.5，受检农药处于中度风险；

R＞2.5，受检农药处于高度风险。

4.1.2.3　食品膳食暴露风险和预警风险评价应用程序的开发

1）应用程序开发的步骤

为成功开发膳食暴露风险和预警风险评价应用程序，与软件工程师多次沟通讨论，逐步提出并描述清楚计算需求，开发了初步应用程序。在软件应用过程中，根据风险评价拟得到结果的变化，计算需求发生变更，这些变化给软件工程师进行需求分析带来一定的困难，经过各种细节的沟通，需求分析得到明确后，开始进行解决方案的设计，在保证需求的完整性、一致性的前提下，编写代码，最后设计出风险评价专用计算软件。软件开发基本步骤见图 4-3。

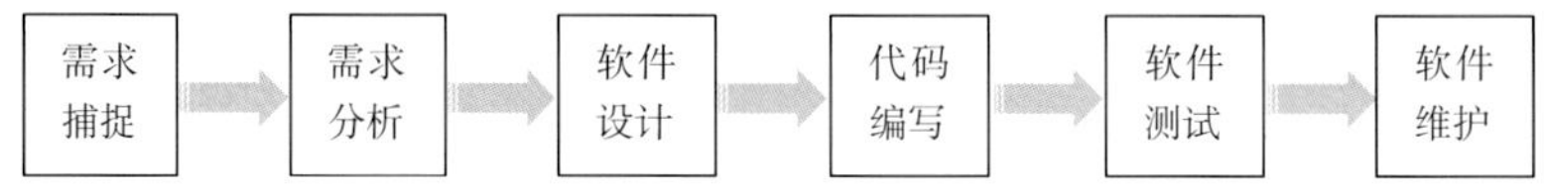

图 4-3　专用程序开发总体步骤

2）膳食暴露风险评价专业程序开发的基本要求

首先直接利用公式（4-1），分别计算 LC-Q-TOF/MS 和 GC-Q-TOF/MS 仪器检出的各果蔬样品中每种农药 IFS_c，将结果列出。为考察超标农药和禁用农药的使用安全性，分别以我国《食品安全国家标准　食品中农药最大残留限量》（GB 2763—2016）和欧盟食品中农药最大残留限量（以下简称 MRL 中国国家标准和 MRL 欧盟标准）为标准，对检出的禁药和超标的非禁药 IFS_c 单独进行评价；按 IFS_c 大小列表，并找出 IFS_c 值排名前 20 的样本重点关注。

对不同果蔬 i 中每一种检出的农药 c 的安全指数进行计算，多个样品时求平均值。若监测数据为该市多个月的数据，则逐月、逐季度分别列出每个月、每个季度内每一种果蔬 i 对应的每一种农药 c 的 IFS_c。

按农药种类，计算整个监测时间段内每种农药的 IFS_c，不区分果蔬。若检测数据为该市多个月的数据，则需分别计算每个月、每个季度内每种农药的 IFS_c。

3）预警风险评价专业程序开发的基本要求

分别以 MRL 中国国家标准和 MRL 欧盟标准，按公式（4-3）逐个计算不同果蔬、不同农药的风险系数，禁药和非禁药分别列表。

为清楚了解各种农药的预警风险，不分时间，不分果蔬，按禁用农药和非禁药分类，分别计算各种检出农药全部检测时段内风险系数。由于有 MRL 中国国家标准的农药种类太少，无法计算超标数，非禁药的风险系数只以 MRL 欧盟标准为标准进行计算。若检测数据为多个月的，则按月计算每个月、每个季度内每种禁用农药残留的风险系数和以 MRL 欧盟标准为标准的非禁药残留的风险系数。

4）风险程度评价专业应用程序的开发方法

采用 Python 计算机程序设计语言，Python 是一个高层次地结合了解释性、编译性、互动性和面向对象的脚本语言。风险评价专用程序主要功能包括：分别读入每例样品 LC-Q-TOF/MS 和 GC-Q-TOF/MS 农药残留检测数据，根据风险评价工作要求，依次对不同农药、不同食品、不同时间、不同采样点的 IFS_c 值和 R 值分别进行数据计算，筛选出禁用农药、超标农药（分别与 MRL 中国国家标准、MRL 欧盟标准限值进行对比）单独重点分析，再分别对各农药、各果蔬种类分类处理，设计出计算和排序程序，编写计算机代码，最后将生成的膳食暴露风险评价和超标风险评价定量计算结果列入设计好的各个表格中，并定性判断风险对目标的影响程度，直接用文字描述风险发生的高低，如“不可接受”“可以接受”“没有影响”“高度风险”“中度风险”“低度风险”。

4.2 沈阳市果蔬农药残留膳食暴露风险评估

4.2.1 果蔬样品中农药残留安全指数分析

基于 2015 年 9 月农药残留检测数据，发现在 488 例样品中检出农药 987 频次，计算样品中每种残留农药的安全指数 IFS_c，并分析农药对样品安全的影响程度，结果详见附表二，农药残留对果蔬样品安全的影响程度频次分布情况如图 4-4 所示。

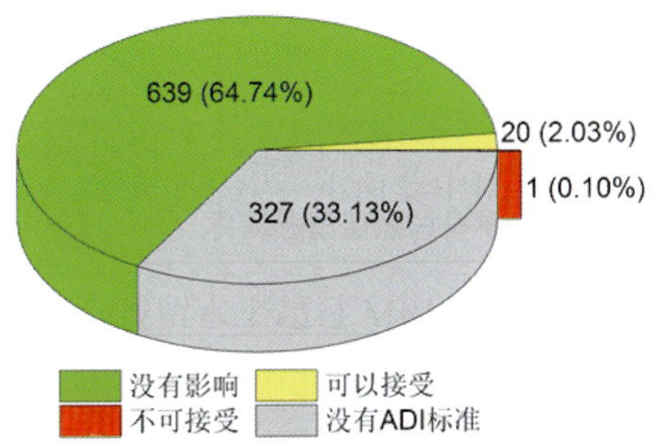

图 4-4 农药残留对果蔬样品安全的影响程度频次分布图

由图 4-4 可以看出，农药残留对样品安全的影响不可接受的频次为 1，占 0.10%；农药残留对样品安全的影响可以接受的频次为 20，占 2.03%；农药残留对样品安全的没有影响的频次为 639，占 64.74%。对果蔬样品安全影响不可接受的残留农药安全指数如表 4-4 所示。

表 4-4　对果蔬样品安全影响不可接受的残留农药安全指数表

序号	样品编号	采样点	基质	农药	含量(mg/kg)	IFS_c
1	20150921-210100-QHDCIQ-NM-04A	***超市（沈阳重工店）	柠檬	水胺硫磷	0.5197	1.0971

此次检测，发现部分样品检出禁用农药，为了明确残留的禁用农药对样品安全的影响，分析检出禁药残留的样品安全指数，结果如图 4-5 所示，检出禁用农药 7 种 41 频次，其中农药残留对样品安全的影响不可接受的频次为 1，占 2.44%；农药残留对样品安全的影响可以接受的频次为 9，占 21.95%；农药残留对样品安全没有影响的频次为 31，占 75.61%。对果蔬样品安全影响不可接受的残留禁用农药安全指数如表 4-5 所示。

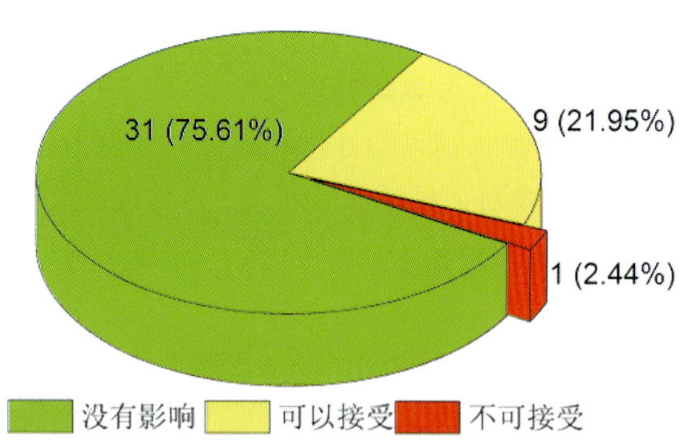

图 4-5　禁用农药残留对果蔬样品安全的影响程度频次分布图

表 4-5　对果蔬样品安全影响不可接受的残留禁用农药安全指数表

序号	样品编号	采样点	基质	禁用农药	含量（mg/kg）	IFS_c
1	20150921-210100-QHDCIQ-NM-04A	***超市（沈阳重工店）	柠檬	水胺硫磷	0.5197	1.0971

此外，本次检测发现部分样品中非禁用农药残留量超过 MRL 中国国家标准和欧盟标准，为了明确超标的非禁药对样品安全的影响，分析非禁药残留超标的样品安全指数。超标的非禁用农药对样品安全的影响程度频次分布情况如表 4-6，可以看出检出超过 MRL 中国国家标准的非禁用农药共 4 频次，其中农药残留对样品安全的影响可以接受的频次为 3；农药残留对样品安全没有影响的频次为 1。

表 4-6　残留超标的非禁用农药对果蔬样品安全的影响程度频次分布图（MRL 中国国家标准）

序号	样品编号	采样点	基质	农药	含量（mg/kg）	中国国家标准	超标倍数	IFS_c	影响程度
1	20150922-210100-QHDCIQ-LE-06A	***超市（东陵店）	生菜	毒死蜱	0.9729	0.1	8.73	0.6162	可以接受
2	20150921-210100-QHDCIQ-JC-02A	***超市（于洪广场店）	韭菜	腐霉利	5.6274	0.2	27.14	0.3564	可以接受
3	20150922-210100-QHDCIQ-GP-06A	***超市（东陵店）	葡萄	己唑醇	0.1309	0.1	0.31	0.1658	可以接受
4	20150922-210100-QHDCIQ-CE-09A	***超市（浑南中店）	芹菜	毒死蜱	0.0637	0.05	0.27	0.0403	没有影响

由图 4-6 可以看出检出超过 MRL 欧盟标准的非禁用农药共 246 频次，其中农药残留对样品安全的影响可以接受的频次为 6，占 2.44%；农药残留对样品安全没有影响的频次为 104，占 42.28%。表 4-7 为果蔬样品中安全指数排名前十的残留超标非禁用农药列表。

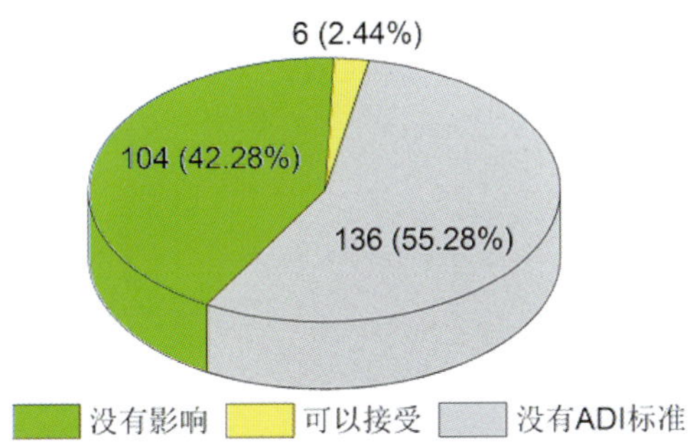

图 4-6　残留超标的非禁用农药对果蔬样品安全的影响程度频次分布图（MRL 欧盟标准）

表 4-7　果蔬样品中安全指数排名前十的残留超标非禁用农药列表（MRL 欧盟标准）

序号	样品编号	采样点	基质	农药	含量（mg/kg）	欧盟标准	超标倍数	IFS_c	影响程度
1	20150922-210100-QHDCIQ-LE-06A	***超市（东陵店）	生菜	毒死蜱	0.9729	0.05	18.46	0.6162	可以接受
2	20150921-210100-QHDCIQ-JC-02A	***超市（于洪广场店）	韭菜	腐霉利	5.6274	0.02	280.37	0.3564	可以接受
3	20150922-210100-QHDCIQ-GP-06A	***超市（东陵店）	葡萄	己唑醇	0.1309	0.01	12.09	0.1658	可以接受
4	20150921-210100-QHDCIQ-PH-02A	***超市（于洪广场店）	桃	己唑醇	0.108	0.01	9.80	0.1368	可以接受
5	20150922-210100-QHDCIQ-LY-09A	***超市（浑南中店）	龙眼	甲霜灵	1.7182	0.05	33.36	0.136	可以接受
6	20150922-210100-QHDCIQ-JD-07A	***超市（和平店）	豇豆	唑虫酰胺	0.1017	0.01	9.17	0.1074	可以接受

续表

序号	样品编号	采样点	基质	农药	含量（mg/kg）	欧盟标准	超标倍数	IFS_c	影响程度
7	20150922-210100-QHDCIQ-LY-11A	***超市（沈河店）	龙眼	甲霜灵	1.2467	0.05	23.93	0.0987	没有影响
8	20150922-210100-QHDCIQ-PE-08A	***超市（浑南西路店）	梨	生物苄呋菊酯	0.3588	0.01	34.88	0.0757	没有影响
9	20150922-210100-QHDCIQ-SN-09A	***超市（浑南中店）	樱桃番茄	环酯草醚	0.0658	0.01	5.58	0.0744	没有影响
10	20150922-210100-QHDCIQ-PE-06A	***超市（东陵店）	梨	生物苄呋菊酯	0.3319	0.01	32.19	0.0701	没有影响

在 488 例样品中，149 例样品未检测出农药残留，339 例样品中检测出农药残留，计算每例有农药检出的样品的$\overline{IFS}$值，进而分析样品的安全状态结果如图 4-7 所示（未检出农药的样品安全状态视为很好）。可以看出，1.23%的样品安全状态可以接受，9.63%的样品安全状态很好。表 4-8 为$\overline{IFS}$值排名前十的果蔬样品列表。

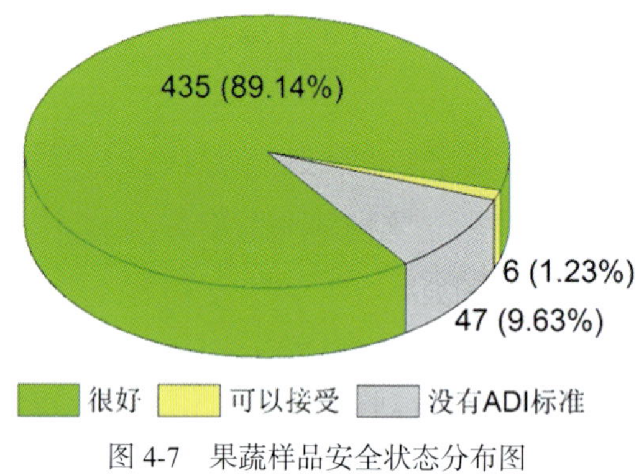

图 4-7　果蔬样品安全状态分布图

表 4-8　$\overline{IFS}$值排名前十的果蔬样品列表

序号	样品编号	采样点	基质	$\overline{IFS}$	安全状态
1	20150921-210100-QHDCIQ-JD-02A	***超市（于洪广场店）	豇豆	0.2407	可以接受
2	20150922-210100-QHDCIQ-LZ-07A	***超市（和平店）	李子	0.2090	可以接受
3	20150922-210100-QHDCIQ-LE-06A	***超市（东陵店）	生菜	0.1852	可以接受
4	20150921-210100-QHDCIQ-TH-01A	***超市（于洪店）	茼蒿	0.1811	可以接受
5	20150921-210100-QHDCIQ-NM-04A	***超市（沈阳重工店）	柠檬	0.1589	可以接受
6	20150922-210100-QHDCIQ-TH-09A	***超市（浑南中店）	茼蒿	0.1019	可以接受
7	20150922-210100-QHDCIQ-SN-10A	***超市（文化店）	樱桃番茄	0.0942	很好
8	20150922-210100-QHDCIQ-LY-09A	***超市（浑南中店）	龙眼	0.0763	很好
9	20150922-210100-QHDCIQ-KG-07A	***超市（和平店）	苦瓜	0.0667	很好
10	20150921-210100-QHDCIQ-JC-02A	***超市（于洪广场店）	韭菜	0.0616	很好

4.2.2　单种果蔬中农药残留安全指数分析

本次检测的果蔬共计 47 种，47 种果蔬中大白菜、紫甘蓝和香菇未检测出农药残留，在其余 44 种果蔬中共检测出 98 种残留农药，检出频次为 987，其中 61 种农药存在 ADI 标准。计算每种果蔬中农药的 IFS_c 值，结果如图 4-8 所示。

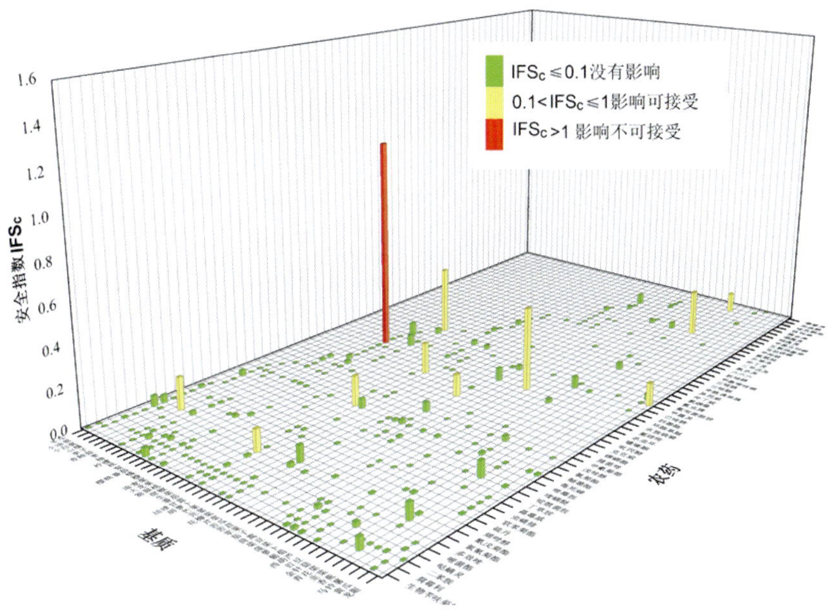

图 4-8　44 种果蔬中 61 种农药残留的安全指数

分析发现 1 种果蔬中 1 种农药的残留对食品安全影响不可接受，如表 4-9 所示。

表 4-9　对单种果蔬安全影响不可接受的残留农药安全指数表

序号	基质	农药	检出频次	检出率	IFS_c>1 的频次	IFS_c>1 的比例	IFS_c
1	柠檬	水胺硫磷	1	7.69%	1	7.69%	1.0971

本次检测中，44 种果蔬和 98 种残留农药（包括没有 ADI）共涉及 410 个分析样本，农药对果蔬安全的影响程度的分布情况如图 4-9 所示。

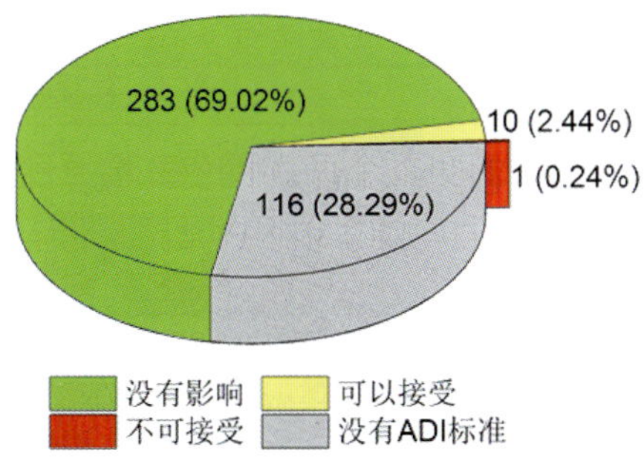

图 4-9　410 个样本分析的影响程度分布图

此外，分别计算 44 种果蔬中所有检出农药 IFS_c 的平均值$\overline{IFS}$，分析每种果蔬的安全状态，结果如图 4-10 所示，分析发现，所有果蔬的安全状态均为很好。

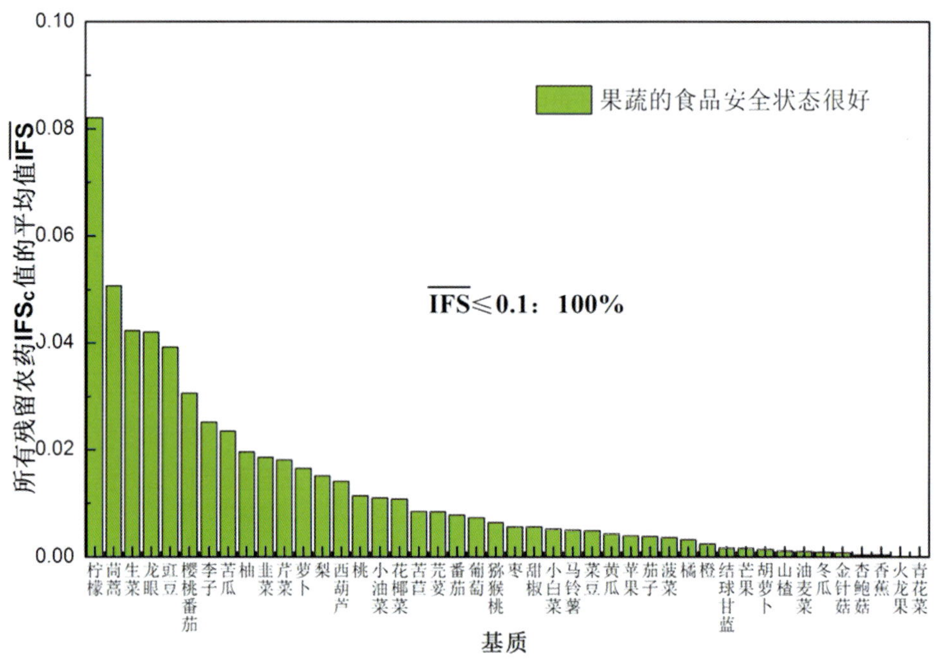

图 4-10　44 种果蔬的$\overline{IFS}$值和安全状态

4.2.3　所有果蔬中农药残留安全指数分析

计算所有果蔬中 61 种残留农药的 IFS_c 值，结果如图 4-11 及表 4-10 所示。

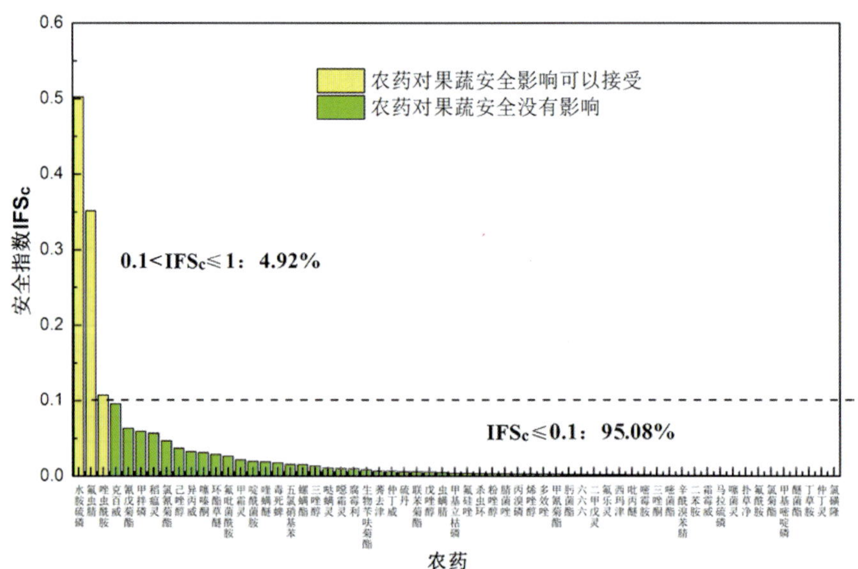

图 4-11　果蔬中 61 种残留农药的安全指数

分析发现，农药对果蔬的影响均在没有影响和可接受的范围内，其中 4.92%的农药对果蔬安全的影响可以接受，95.08%的农药对果蔬安全没有影响。

表 4-10 果蔬中 61 种残留农药的安全指数表

序号	农药	检出频次	检出率	IFS_c	影响程度	序号	农药	检出频次	检出率	IFS_c	影响程度
1	水胺硫磷	4	0.82%	0.5026	可以接受	32	氟硅唑	12	2.46%	0.0038	没有影响
2	氟虫腈	1	0.2%	0.3515	可以接受	33	杀虫环	1	0.2%	0.0035	没有影响
3	唑虫酰胺	1	0.2%	0.1074	可以接受	34	粉唑醇	3	0.61%	0.0032	没有影响
4	克百威	5	1.02%	0.0955	没有影响	35	腈菌唑	7	1.43%	0.0031	没有影响
5	氰戊菊酯	13	2.66%	0.0631	没有影响	36	丙溴磷	1	0.2%	0.0029	没有影响
6	甲拌磷	6	1.23%	0.0591	没有影响	37	烯唑醇	3	0.61%	0.0029	没有影响
7	稻瘟灵	1	0.2%	0.0566	没有影响	38	多效唑	15	3.07%	0.0028	没有影响
8	氯氰菊酯	11	2.25%	0.0465	没有影响	39	甲氰菊酯	2	0.41%	0.0027	没有影响
9	己唑醇	11	2.25%	0.0368	没有影响	40	肟菌酯	14	2.87%	0.0026	没有影响
10	异丙威	5	1.02%	0.0324	没有影响	41	六六六	1	0.2%	0.0024	没有影响
11	噻嗪酮	6	1.23%	0.031	没有影响	42	二甲戊灵	11	2.25%	0.0023	没有影响
12	环酯草醚	7	1.43%	0.0288	没有影响	43	氟乐灵	7	1.43%	0.0021	没有影响
13	氟吡菌酰胺	13	2.66%	0.0265	没有影响	44	西玛津	1	0.2%	0.002	没有影响
14	甲霜灵	11	2.25%	0.0216	没有影响	45	吡丙醚	6	1.23%	0.0018	没有影响
15	啶酰菌胺	19	3.89%	0.0196	没有影响	46	嘧霉胺	12	2.46%	0.0017	没有影响
16	喹螨醚	15	3.07%	0.0189	没有影响	47	三唑酮	2	0.41%	0.0014	没有影响
17	毒死蜱	53	10.86%	0.0178	没有影响	48	嘧菌酯	15	3.07%	0.0011	没有影响
18	五氯硝基苯	1	0.2%	0.0156	没有影响	49	辛酰溴苯腈	1	0.2%	0.0011	没有影响
19	螺螨酯	5	1.02%	0.0152	没有影响	50	二苯胺	95	19.47%	0.001	没有影响
20	三唑醇	7	1.43%	0.0137	没有影响	51	霜霉威	8	1.64%	0.001	没有影响
21	哒螨灵	24	4.92%	0.0108	没有影响	52	马拉硫磷	3	0.61%	0.001	没有影响
22	噁霜灵	2	0.41%	0.0101	没有影响	53	噻菌灵	3	0.61%	0.0008	没有影响
23	腐霉利	44	9.02%	0.0099	没有影响	54	扑草净	4	0.82%	0.0008	没有影响
24	生物苄呋菊酯	45	9.22%	0.0086	没有影响	55	氟酰胺	4	0.82%	0.0005	没有影响
25	莠去津	1	0.2%	0.0068	没有影响	56	氯菊酯	2	0.41%	0.0005	没有影响
26	仲丁威	12	2.46%	0.0067	没有影响	57	甲基嘧啶磷	1	0.2%	0.0004	没有影响
27	硫丹	11	2.25%	0.006	没有影响	58	醚菌酯	13	2.66%	0.0002	没有影响
28	联苯菊酯	19	3.89%	0.0059	没有影响	59	丁草胺	1	0.2%	0.0001	没有影响
29	戊唑醇	38	7.79%	0.0056	没有影响	60	仲丁灵	2	0.41%	0.0001	没有影响
30	虫螨腈	13	2.66%	0.0049	没有影响	61	氯磺隆	3	0.61%	0.0001	没有影响
31	甲基立枯磷	3	0.61%	0.004	没有影响						

4.3　沈阳市果蔬农药残留预警风险评估

基于沈阳市果蔬中农药残留 GC-Q-TOF/MS 侦测数据，参照中华人民共和国国家标准 GB 2763—2016 和欧盟农药最大残留限量（MRL）标准分析农药残留的超标情况，并计算农药残留风险系数。分析每种果蔬中农药残留的风险程度。

4.3.1　单种果蔬中农药残留风险系数分析

4.3.1.1　单种果蔬中禁用农药残留风险系数分析

检出的 98 种残留农药中有 7 种为禁用农药，在 18 种果蔬中检测出禁药残留，计算单种果蔬中禁药的检出率，根据检出率计算风险系数 R，进而分析单种果蔬中每种禁药残留的风险程度，结果如图 4-12 和表 4-11 所示。本次分析涉及样本 26 个，可以看出 26 个样本中禁药残留均处于高度风险。

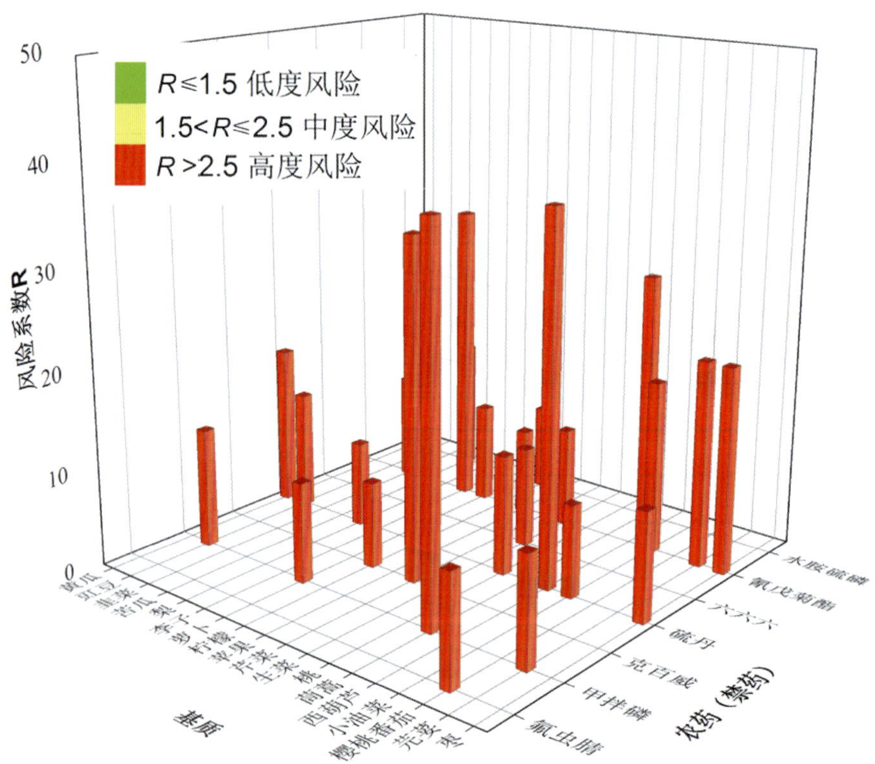

图 4-12　18 种果蔬中 7 种禁用农药残留的风险系数

表 4-11　18 种果蔬中 7 种禁用农药残留的风险系数表

序号	基质	农药	检出频次	检出率	风险系数 R	风险程度
1	茼蒿	甲拌磷	3	37.50%	38.6	高度风险
2	西葫芦	硫丹	4	36.36%	37.5	高度风险
3	芹菜	克百威	4	33.33%	34.4	高度风险
4	李子	氰戊菊酯	1	30.00%	31.1	高度风险
5	茼蒿	水胺硫磷	2	25.00%	26.1	高度风险
6	芫荽	氰戊菊酯	2	20.00%	21.1	高度风险
7	枣	氰戊菊酯	2	20.00%	21.1	高度风险
8	小油菜	氰戊菊酯	2	16.67%	17.8	高度风险
9	黄瓜	硫丹	2	15.38%	16.5	高度风险
10	苦瓜	水胺硫磷	1	12.50%	13.6	高度风险
11	豇豆	甲拌磷	1	11.11%	12.2	高度风险
12	豇豆	硫丹	1	11.11%	12.2	高度风险
13	桃	硫丹	1	11.11%	12.2	高度风险
14	樱桃番茄	氟虫腈	1	10.00%	11.1	高度风险
15	芫荽	甲拌磷	1	10.00%	11.1	高度风险
16	枣	硫丹	1	10.00%	11.1	高度风险
17	韭菜	氰戊菊酯	1	10.00%	11.1	高度风险
18	萝卜	甲拌磷	1	9.09%	10.2	高度风险
19	生菜	六六六	1	9.09%	10.2	高度风险
20	萝卜	氰戊菊酯	1	9.09%	10.2	高度风险
21	生菜	氰戊菊酯	1	9.09%	10.2	高度风险
22	小油菜	硫丹	1	8.33%	9.4	高度风险
23	柠檬	克百威	1	7.69%	8.8	高度风险
24	梨	硫丹	1	7.69%	8.8	高度风险
25	苹果	氰戊菊酯	1	7.69%	8.8	高度风险
26	柠檬	水胺硫磷	1	7.69%	8.8	高度风险

4.3.1.2　基于 MRL 中国国家标准的单种果蔬中非禁用农药残留风险系数分析

参照中华人民共和国国家标准 GB 2763—2016 中农药残留限量计算每种果蔬中每种非禁用农药的超标率，进而计算其风险系数，根据风险系数大小判断残留农药的预警风险程度，果蔬中非禁用农药残留风险程度分布情况如图 4-13 所示。

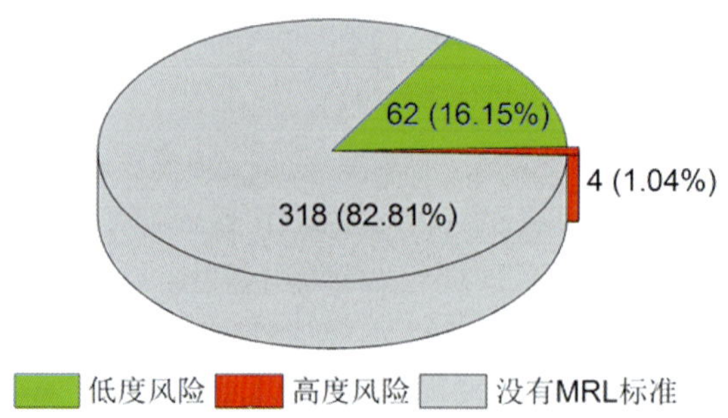

图 4-13　果蔬中非禁用农药残留风险程度分布图（MRL 中国国家标准）

本次分析中，发现在 44 种果蔬中检出 91 种残留非禁用农药，涉及样本 384 个，在 384 个样本中，1.04%处于高度风险，16.15%处于低度风险，此外发现有 318 个样本没有 MRL 中国国家标准值，无法判断其风险程度，有 MRL 中国国家标准值的 66 个样本涉及 24 种果蔬中的 26 种非禁用农药，其风险系数 *R* 值如图 4-14 所示。表 4-12 为非禁用农药残留处于高度风险的果蔬列表。

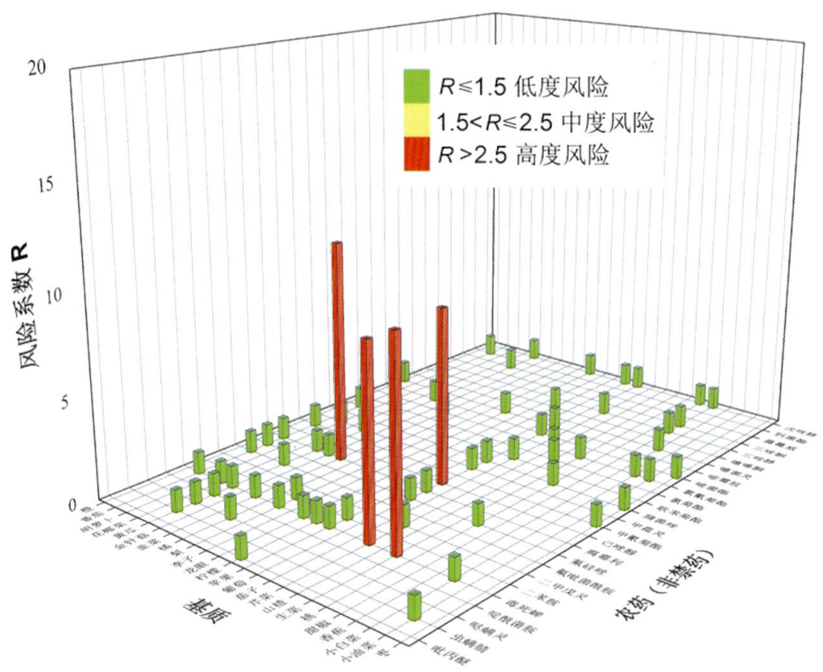

图 4-14　24 种果蔬中 26 种非禁用农药的风险系数（MRL 中国国家标准）

表 4-12　单种果蔬中处于高度风险的非禁用农药残留的风险系数表（MRL 中国国家标准）

序号	基质	农药	超标频次	超标率 *P*	风险系数 *R*
1	韭菜	腐霉利	1	10.00%	11.1
2	生菜	毒死蜱	1	9.09%	10.2
3	芹菜	毒死蜱	1	8.33%	9.4
4	葡萄	己唑醇	1	7.69%	8.8

4.3.1.3　基于 MRL 欧盟标准的单种果蔬中非禁用农药残留风险系数分析

参照 MRL 欧盟标准计算每种果蔬中每种非禁用农药的超标率，进而计算其风险系数，根据风险系数大小判断残留农药的预警风险程度，果蔬中非禁用农药残留风险程度分布情况如图 4-15 所示。

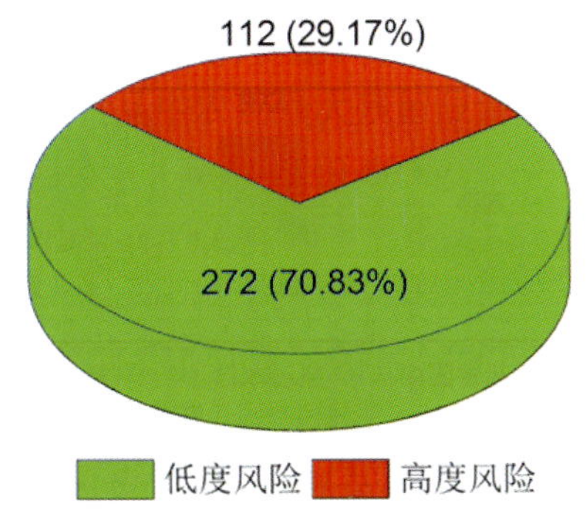

图 4-15　果蔬中非禁用农药残留风险程度分布图（MRL 欧盟标准）

本次分析中，发现在 44 种果蔬中检出 91 种残留非禁用农药，涉及样本 384 个，在 384 个样本中，29.17%处于高度风险，涉及 40 种果蔬中的 47 种农药，70.83%处于低度风险，涉及 42 种果蔬中的 63 种农药。所有果蔬中的每种非禁用农药的风险系数 *R* 值如图 4-16 所示。农药残留处于高度风险的果蔬风险系数如图 4-17 和表 4-13 所示。

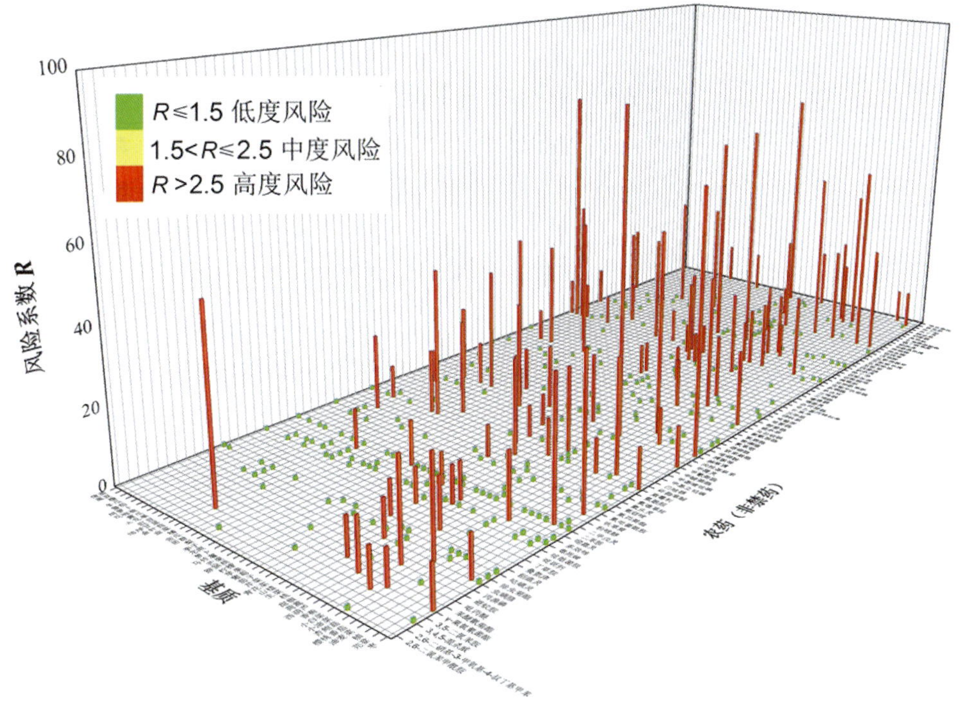

图 4-16　44 种果蔬中 91 种非禁用农药残留的风险系数（MRL 欧盟标准）

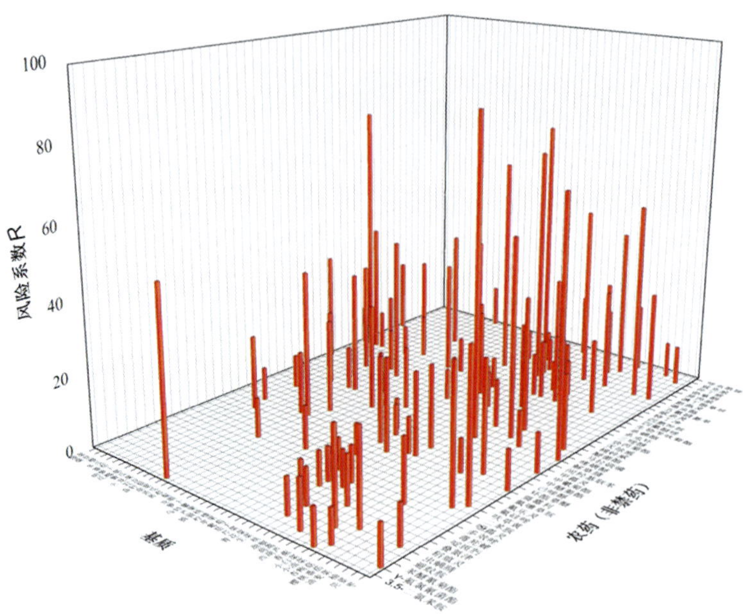

图 4-17　单种果蔬中处于高度风险的非禁用农药残留的风险系数（MRL 欧盟标准）

表 4-13　单种果蔬中处于高度风险的非禁用农药残留的风险系数表（MRL 欧盟标准）

序号	基质	农药	超标频次	超标率 P	风险系数 R
1	茼蒿	间羟基联苯	7	87.50%	88.6
2	菜豆	生物苄呋菊酯	8	72.73%	73.8
3	枣	解草腈	7	70.00%	71.1
4	猕猴桃	仲丁威	9	69.23%	70.3
5	芹菜	威杀灵	8	66.67%	67.8
6	猕猴桃	威杀灵	8	61.54%	62.6
7	小白菜	喹螨醚	6	54.55%	55.6
8	油麦菜	烯虫酯	6	54.55%	55.6
9	韭菜	3,5-二氯苯胺	5	50.00%	51.1
10	茼蒿	烯虫酯	4	50.00%	51.1
11	香蕉	茚草酮	5	41.67%	42.8
12	芫荽	呋草黄	4	40.00%	41.1
13	韭菜	腐霉利	4	40.00%	41.1
14	韭菜	灭除威	4	40.00%	41.1
15	柚	二苯胺	4	36.36%	37.5

续表

序号	基质	农药	超标频次	超标率 P	风险系数 R
16	小白菜	醚菌酯	4	36.36%	37.5
17	橙	生物苄呋菊酯	4	36.36%	37.5
18	金针菇	解草腈	2	33.33%	34.4
19	豇豆	烯虫酯	3	33.33%	34.4
20	苦苣	烯虫酯	3	33.33%	34.4
21	梨	生物苄呋菊酯	4	30.77%	31.9
22	樱桃番茄	环酯草醚	3	30.00%	31.1
23	菠菜	灭除威	3	30.00%	31.1
24	花椰菜	灭除威	3	30.00%	31.1
25	芫荽	烯虫酯	3	30.00%	31.1
26	龙眼	甲霜灵	2	28.57%	29.7
27	火龙果	四氢吩胺	3	27.27%	28.4
28	青花菜	烯虫酯	3	27.27%	28.4
29	小白菜	烯虫酯	3	27.27%	28.4
30	香蕉	避蚊胺	3	25.00%	26.1
31	小油菜	虫螨腈	3	25.00%	26.1
32	芹菜	氟噻草胺	3	25.00%	26.1
33	苦瓜	己唑醇	2	25.00%	26.1
34	茼蒿	茚草酮	2	25.00%	26.1
35	葡萄	腐霉利	3	23.08%	24.2
36	葡萄	三唑醇	3	23.08%	24.2
37	甜椒	三唑醇	3	23.08%	24.2
38	柠檬	杀螨酯	3	23.08%	24.2
39	桃	腐霉利	2	22.22%	23.3
40	桃	己唑醇	2	22.22%	23.3
41	胡萝卜	氟乐灵	2	20.00%	21.1
42	花椰菜	解草腈	2	20.00%	21.1
43	芫荽	马拉硫磷	2	20.00%	21.1
44	樱桃番茄	生物苄呋菊酯	2	20.00%	21.1
45	菠菜	烯虫酯	2	20.00%	21.1

续表

序号	基质	农药	超标频次	超标率 *P*	风险系数 *R*
46	青花菜	解草腈	2	18.18%	19.3
47	西葫芦	生物苄呋菊酯	2	18.18%	19.3
48	西葫芦	异丙威	2	18.18%	19.3
49	小白菜	兹克威	2	18.18%	19.3
50	小油菜	多效唑	2	16.67%	17.8
51	金针菇	腐霉利	1	16.67%	17.8
52	芒果	解草腈	1	16.67%	17.8
53	香蕉	棉铃威	2	16.67%	17.8
54	芹菜	兹克威	2	16.67%	17.8
55	甜椒	生物苄呋菊酯	2	15.38%	16.5
56	茼蒿	γ-氟氯氰菌酯	1	12.50%	13.6
57	茼蒿	叠氮津	1	12.50%	13.6
58	茼蒿	马拉硫磷	1	12.50%	13.6
59	茼蒿	特丁净	1	12.50%	13.6
60	马铃薯	二苯胺	1	11.11%	12.2
61	豇豆	解草腈	1	11.11%	12.2
62	苦苣	喹螨醚	1	11.11%	12.2
63	豇豆	炔丙菊酯	1	11.11%	12.2
64	桃	生物苄呋菊酯	1	11.11%	12.2
65	豇豆	四氟醚唑	1	11.11%	12.2
66	苦苣	兹克威	1	11.11%	12.2
67	豇豆	唑虫酰胺	1	11.11%	12.2
68	枣	γ-氟氯氰菌酯	1	10.00%	11.1
69	芫荽	虫螨腈	1	10.00%	11.1
70	韭菜	噁霜灵	1	10.00%	11.1
71	枣	腐霉利	1	10.00%	11.1
72	枣	甲氰菊酯	1	10.00%	11.1
73	菠菜	生物苄呋菊酯	1	10.00%	11.1
74	冬瓜	生物苄呋菊酯	1	10.00%	11.1
75	菠菜	威杀灵	1	10.00%	11.1

续表

序号	基质	农药	超标频次	超标率 P	风险系数 R
76	芫荽	仲丁威	1	10.00%	11.1
77	小白菜	3,5-二氯苯胺	1	9.09%	10.2
78	生菜	苯醚氰菊酯	1	9.09%	10.2
79	生菜	虫螨腈	1	9.09%	10.2
80	生菜	毒死蜱	1	9.09%	10.2
81	生菜	多效唑	1	9.09%	10.2
82	生菜	腐霉利	1	9.09%	10.2
83	杏鲍菇	解草腈	1	9.09%	10.2
84	青花菜	灭除威	1	9.09%	10.2
85	萝卜	生物苄呋菊酯	1	9.09%	10.2
86	西葫芦	四氢吩胺	1	9.09%	10.2
87	生菜	烯虫酯	1	9.09%	10.2
88	油麦菜	兹克威	1	9.09%	10.2
89	小油菜	γ-氟氯氰菌酯	1	8.33%	9.4
90	芹菜	稻瘟灵	1	8.33%	9.4
91	芹菜	啶斑肟	1	8.33%	9.4
92	芹菜	毒死蜱	1	8.33%	9.4
93	番茄	腐霉利	1	8.33%	9.4
94	小油菜	腐霉利	1	8.33%	9.4
95	番茄	甲氰菊酯	1	8.33%	9.4
96	番茄	灭除威	1	8.33%	9.4
97	芹菜	五氯硝基苯	1	8.33%	9.4
98	芹菜	烯虫酯	1	8.33%	9.4
99	茄子	噁霜灵	1	7.69%	8.8
100	葡萄	氟硅唑	1	7.69%	8.8
101	葡萄	己唑醇	1	7.69%	8.8
102	苹果	甲醚菊酯	1	7.69%	8.8
103	梨	解草腈	1	7.69%	8.8
104	柠檬	棉铃威	1	7.69%	8.8
105	柠檬	灭除威	1	7.69%	8.8

续表

序号	基质	农药	超标频次	超标率 P	风险系数 R
106	茄子	三唑醇	1	7.69%	8.8
107	柠檬	杀虫环	1	7.69%	8.8
108	葡萄	杀螨酯	1	7.69%	8.8
109	黄瓜	生物苄呋菊酯	1	7.69%	8.8
110	甜椒	四氢吩胺	1	7.69%	8.8
111	柠檬	新燕灵	1	7.69%	8.8
112	葡萄	溴丁酰草胺	1	7.69%	8.8

4.3.2 所有果蔬中农药残留的风险系数分析

4.3.2.1 所有果蔬中禁用农药残留风险系数分析

在检出的 98 种农药中有 7 种禁用农药，计算每种禁用农药残留的风险系数，结果如表 4-14 所示，在 7 种禁用农药中，2 种农药残留处于高度风险，3 种农药残留处于中度风险，2 种农药残留处于低度风险。

表 4-14　果蔬中 7 种禁用农药残留的风险系数表

序号	农药	检出频次	检出率	风险系数 R	风险程度
1	氰戊菊酯	13	2.66%	3.76	高度风险
2	硫丹	11	2.25%	3.35	高度风险
3	甲拌磷	6	1.23%	2.33	中度风险
4	克百威	5	1.02%	2.12	中度风险
5	水胺硫磷	4	0.82%	1.92	中度风险
6	氟虫腈	1	0.20%	1.30	低度风险
7	六六六	1	0.20%	1.30	低度风险

4.3.2.2 所有果蔬中非禁用农药残留的风险系数分析

参照 MRL 欧盟标准计算所有果蔬中每种农药残留的风险系数，结果如图 4-18 和表 4-15 所示。在检出的 91 种非禁用农药中，11 种农药（12.09%）残留处于高度风险，22 种农药（24.18%）残留处于中度风险，58 种农药（63.73%）残留处于低度风险。

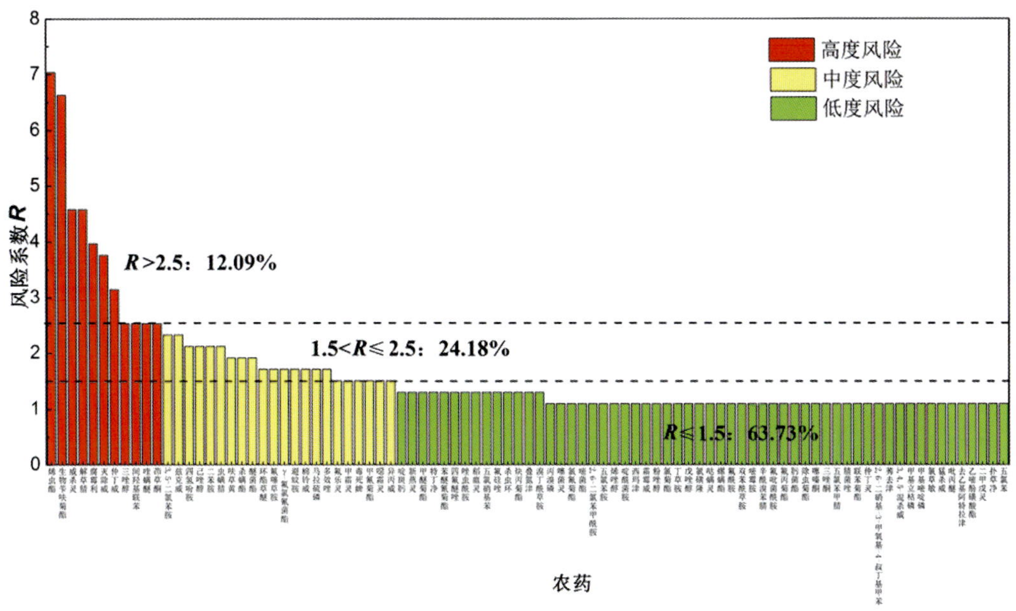

图 4-18　果蔬中 91 种非禁用农药残留的风险系数

表 4-15　果蔬中 91 种非禁用农药残留的风险系数表

序号	农药	超标频次	超标率 P	风险系数 R	风险程度
1	烯虫酯	29	5.94%	7.04	高度风险
2	生物苄呋菊酯	27	5.53%	6.63	高度风险
3	威杀灵	17	3.48%	4.58	高度风险
4	解草腈	17	3.48%	4.58	高度风险
5	腐霉利	14	2.87%	3.97	高度风险
6	灭除威	13	2.66%	3.76	高度风险
7	仲丁威	10	2.05%	3.15	高度风险
8	三唑醇	7	1.43%	2.53	高度风险
9	间羟基联苯	7	1.43%	2.53	高度风险
10	喹螨醚	7	1.43%	2.53	高度风险
11	茚草酮	7	1.43%	2.53	高度风险
12	3,5-二氯苯胺	6	1.23%	2.33	中度风险
13	兹克威	6	1.23%	2.33	中度风险
14	四氢吩胺	5	1.02%	2.12	中度风险
15	己唑醇	5	1.02%	2.12	中度风险
16	二苯胺	5	1.02%	2.12	中度风险
17	虫螨腈	5	1.02%	2.12	中度风险
18	呋草黄	4	0.82%	1.92	中度风险

续表

序号	农药	超标频次	超标率 P	风险系数 R	风险程度
19	杀螨酯	4	0.82%	1.92	中度风险
20	醚菌酯	4	0.82%	1.92	中度风险
21	环酯草醚	3	0.61%	1.71	中度风险
22	氟噻草胺	3	0.61%	1.71	中度风险
23	γ-氟氯氰菌酯	3	0.61%	1.71	中度风险
24	避蚊胺	3	0.61%	1.71	中度风险
25	棉铃威	3	0.61%	1.71	中度风险
26	马拉硫磷	3	0.61%	1.71	中度风险
27	多效唑	3	0.61%	1.71	中度风险
28	氟乐灵	2	0.41%	1.51	中度风险
29	甲霜灵	2	0.41%	1.51	中度风险
30	毒死蜱	2	0.41%	1.51	中度风险
31	甲氰菊酯	2	0.41%	1.51	中度风险
32	噁霜灵	2	0.41%	1.51	中度风险
33	异丙威	2	0.41%	1.51	中度风险
34	啶斑肟	1	0.20%	1.30	低度风险
35	新燕灵	1	0.20%	1.30	低度风险
36	甲醚菊酯	1	0.20%	1.30	低度风险
37	特丁净	1	0.20%	1.30	低度风险
38	苯醚氰菊酯	1	0.20%	1.30	低度风险
39	四氟醚唑	1	0.20%	1.30	低度风险
40	唑虫酰胺	1	0.20%	1.30	低度风险
41	稻瘟灵	1	0.20%	1.30	低度风险
42	五氯硝基苯	1	0.20%	1.30	低度风险
43	氟硅唑	1	0.20%	1.30	低度风险
44	杀虫环	1	0.20%	1.30	低度风险
45	炔丙菊酯	1	0.20%	1.30	低度风险
46	叠氮津	1	0.20%	1.30	低度风险
47	溴丁酰草胺	1	0.20%	1.30	低度风险
48	丙溴磷	0	0	1.10	低度风险
49	噻菌灵	0	0	1.10	低度风险
50	氯氰菊酯	0	0	1.10	低度风险
51	嘧菌酯	0	0	1.10	低度风险
52	2,6-二氯苯甲酰胺	0	0	1.10	低度风险

续表

序号	农药	超标频次	超标率 P	风险系数 R	风险程度
53	五氯苯胺	0	0	1.10	低度风险
54	烯唑醇	0	0	1.10	低度风险
55	啶酰菌胺	0	0	1.10	低度风险
56	西玛津	0	0	1.10	低度风险
57	霜霉威	0	0	1.10	低度风险
58	粉唑醇	0	0	1.10	低度风险
59	氯菊酯	0	0	1.10	低度风险
60	丁草胺	0	0	1.10	低度风险
61	戊唑醇	0	0	1.10	低度风险
62	氯磺隆	0	0	1.10	低度风险
63	哒螨灵	0	0	1.10	低度风险
64	螺螨酯	0	0	1.10	低度风险
65	氟酰胺	0	0	1.10	低度风险
66	双苯酰草胺	0	0	1.10	低度风险
67	嘧霉胺	0	0	1.10	低度风险
68	辛酰溴苯腈	0	0	1.10	低度风险
69	氟吡菌酰胺	0	0	1.10	低度风险
70	氟丙菊酯	0	0	1.10	低度风险
71	肟菌酯	0	0	1.10	低度风险
72	除虫菊酯	0	0	1.10	低度风险
73	噻嗪酮	0	0	1.10	低度风险
74	三唑酮	0	0	1.10	低度风险
75	五氯苯甲腈	0	0	1.10	低度风险
76	腈菌唑	0	0	1.10	低度风险
77	联苯菊酯	0	0	1.10	低度风险
78	仲丁灵	0	0	1.10	低度风险
79	2,6-二硝基-3-甲氧基-4-叔丁基甲苯	0	0	1.10	低度风险
80	莠去津	0	0	1.10	低度风险
81	3,4,5-混杀威	0	0	1.10	低度风险
82	甲基立枯磷	0	0	1.10	低度风险
83	甲基嘧啶磷	0	0	1.10	低度风险
84	氯草敏	0	0	1.10	低度风险
85	猛杀威	0	0	1.10	低度风险

续表

序号	农药	超标频次	超标率 P	风险系数 R	风险程度
86	吡丙醚	0	0	1.10	低度风险
87	去乙基阿特拉津	0	0	1.10	低度风险
88	乙嘧酚磺酸酯	0	0	1.10	低度风险
89	二甲戊灵	0	0	1.10	低度风险
90	扑草净	0	0	1.10	低度风险
91	五氯苯	0	0	1.10	低度风险

4.4 沈阳市果蔬农药残留风险评估结论与建议

农药残留是影响果蔬安全和质量的主要因素，也是我国食品安全领域备受关注的敏感话题和亟待解决的重大问题之一[15, 16]。各种水果蔬菜均存在不同程度的农药残留现象，本报告主要针对沈阳市各类水果蔬菜存在的农药残留问题，基于 2015 年 9 月对沈阳市 488 例果蔬样品农药残留得出的 987 个检测结果，分别采用食品安全指数和风险系数两类方法，开展果蔬中农药残留的膳食暴露风险和预警风险评估。

本报告力求通用简单地反映食品安全中的主要问题且为管理部门和大众容易接受，为政府及相关管理机构建立科学的食品安全信息发布和预警体系提供科学的规律与方法，加强对农药残留的预警和食品安全重大事件的预防，控制食品风险。水果蔬菜样品取自超市和农贸市场，符合大众的膳食来源，风险评价时更具有代表性和可信度。

4.4.1 沈阳市果蔬中农药残留膳食暴露风险评价结论

1）果蔬中农药残留安全状态评价结论

采用食品安全指数模型，对 2015 年 9 月期间沈阳市果蔬食品农药残留膳食暴露风险进行评价，根据 $\mathrm{IFS_c}$ 的计算结果发现，果蔬中农药的$\overline{\mathrm{IFS}}$为 0.0277，说明沈阳市果蔬总体处于很好的安全状态，但部分禁用农药、高残留农药在蔬菜、水果中仍有检出，导致膳食暴露风险的存在，成为不安全因素。

2）单种果蔬中农药残留膳食暴露风险不可接受情况评价结论

单种果蔬中农药残留安全指数分析结果显示，农药对单种果蔬安全影响不可接受（$\mathrm{IFS_c}>1$）的样本数共 1 个，占总样本数的 0.24%，样本为柠檬中的水胺硫磷，说明柠檬中的水胺硫磷会对消费者身体健康造成较大的膳食暴露风险。柠檬为较常见的果蔬品种，百姓日常食用量较大，长期食用大量残留水胺硫磷的柠檬会对人体造成不可接受的影响，本次检测发现柠檬样品中水胺硫磷检出，是未严格实施农业良好管理规范（GAP），抑或是农药滥用，这应该引起相关管理部门的警惕，应加强对柠檬中水胺硫磷的严格管控。

3）禁用农药残留膳食暴露风险评价

本次检测发现部分果蔬样品中有禁用农药检出，检出禁用农药 7 种，检出频次为 41，果蔬样品中的禁用农药 IFS_c 计算结果表明，禁用农药残留膳食暴露风险不可接受的频次为 1，占 2.44%，可以接受的频次为 9，占 21.95%，没有影响的频次为 31，占 75.61%。对于果蔬样品中所有农药残留而言，膳食暴露风险不可接受的频次为 1，仅占总体频次的 0.10%，可以看出，禁用农药残留膳食暴露风险不可接受的比例远高于总体水平，这在一定程度上说明禁用农药残留更容易导致严重的膳食暴露风险。为何在国家明令禁止禁用农药喷洒的情况下，还能在多种果蔬中多次检出禁用农药残留并造成不可接受的膳食暴露风险，这应该引起相关部门的高度警惕，应该在禁止禁用农药喷洒的同时，严格管控禁用农药的生产和售卖，从根本上杜绝安全隐患。

4.4.2　沈阳市果蔬中农药残留预警风险评价结论

1）单种果蔬中禁用农药残留的预警风险评价结论

本次检测过程中，在 18 种果蔬中检测出 7 种禁用农药，禁用农药种类为：甲拌磷、硫丹、克百威、氰戊菊酯、水胺硫磷、氟虫腈、六六六，果蔬种类为：茼蒿、西葫芦、芹菜、李子、芫荽、枣、小油菜、黄瓜、苦瓜、豇豆、樱桃番茄、韭菜、萝卜、生菜、柠檬、梨、苹果，果蔬中禁用农药的风险系数分析结果显示，7 种禁用农药在 18 种果蔬中的残留均处于高度风险，说明在单种果蔬中禁用农药的残留，会导致较高的预警风险。

2）单种果蔬中非禁用农药残留的预警风险评价结论

以 MRL 中国国家标准为标准，计算果蔬中非禁用农药风险系数情况下，384 个样本中，4 个处于高度风险（1.04%），62 个处于低度风险（16.15%），318 个样本没有 MRL 中国国家标准（82.81%）。以 MRL 欧盟标准为标准，计算果蔬中非禁用农药风险系数情况下，发现有 112 个处于高度风险（29.17%），272 个处于低度风险（70.83%）。利用两种农药 MRL 标准评价的结果差异显著，可以看出 MRL 欧盟标准比中国国家标准更加严格和完善，过于宽松的 MRL 中国国家标准值能否有效保障人体的健康有待研究。

4.4.3　加强沈阳市果蔬食品安全建议

我国食品安全风险评价体系仍不够健全，相关制度不够完善，多年来，由于农药用药次数多、用药量大或用药间隔时间短，产品残留量大，农药残留所带来的食品安全问题突出，给人体健康带来了直接或间接的危害，据估计，美国与农药有关的癌症患者数约占全国癌症患者总数的 50%，中国更高。同样，农药对其他生物也会形成直接杀伤和慢性危害，植物中的农药可经过食物链逐级传递并不断蓄积，对人和动物构成潜在威胁，并影响生态系统。

基于本次农药残留检测与风险评价结果，提出以下几点建议：

1）加快完善食品安全标准

我国食品标准中对部分农药每日允许摄入量 ADI 的规定仍缺乏，本次评价基础检测数据中涉及的 98 个品种中，62.2%有规定，仍有 37.8%尚无规定值。

我国食品中农药最大残留限量的规定严重缺乏，欧盟 MRL 标准值齐全，与欧盟相比，我国对不同果蔬中不同农药 MRL 已有规定值的数量仅占欧盟的 20.5%（表 4-16），缺少 79.5%，急需进行完善。

表 4-16 中国与欧盟的 ADI 和 MRL 标准限值的对比分析

分类		中国 ADI	MRL 中国国家标准	MRL 欧盟标准
标准限值（个）	有	61	84	410
	无	37	326	0
总数（个）		98	410	410
无标准限值比例		37.8%	79.5%	0

此外，MRL 中国国家标准限值普遍高于欧盟标准限值，根据对涉及的 410 个品种中我国已有的 84 个限量标准进行统计来看，55 个农药的中国 MRL 高于欧盟 MRL，占 65.5%。过高的 MRL 值难以保障人体健康，建议继续加强对限值基准和标准进行科学的定量研究，将农产品中的危险性减少到尽可能低的水平。

2）加强农药的源头控制和分类监管

在沈阳市某些果蔬中仍有禁用农药检出，利用 GC-Q-TOF/MS 检测出 7 种禁用农药，检出频次为 41 次，残留禁用农药均存在较大的膳食暴露风险和预警风险。早已列入黑名单的禁用农药并未真正退出，有些药物由于价格便宜、工艺简单，此类高毒农药一直生产和使用。建议在我国采取严格有效的控制措施，进行禁用农药的源头控制。

对于非禁用农药，在我国作为“田间地头”最典型单位的县级蔬果产地中，农药残留的检测几乎缺失。建议根据农药的毒性，对高毒、剧毒、中毒农药实现分类管理，减少使用高毒和剧毒高残留农药，进行分类监管。

3）加强残留农药的生物修复及降解新技术

市售果蔬中残留农药品种多、频次高、禁用农药多次检出这一现状，说明了我国的田间土壤和水体因农药长期、频繁、不合理的使用而遭到严重污染。为此，建议有关部门出台相关政策，鼓励高校及科研院所积极开展分子生物学、酶学等研究，加强土壤、水体中残留农药的生物修复及降解新技术研究，并加大农药使用监管力度，以控制农药的面源污染问题。

4）加强对禁药和高风险农药的管控并建立风险预警系统分析平台

本评价结果提示，在果蔬尤其是蔬菜用药中，应结合农药的使用周期、生物毒性和降解特性，加强对禁用农药和高风险农药的管控。

在本工作基础上，根据蔬菜残留危害，可进一步针对其成因提出和采取严格管理、大力推广无公害蔬菜种植与生产、健全食品安全控制技术体系、加强蔬菜食品质量检测体系建设和积极推行蔬菜食品质量追溯制度等相应对策。建立和完善食品安全综合评价指数与风险监测预警系统，建议依托科研院所、高校科研实力，建立风险预警系统分析平台，对食品安全进行实时、全面的监控与分析，为沈阳市食品安全科学监管与决策提供新的技术支持，可实现各类检验数据的信息化系统管理，并减少食品安全事故的发生。

长 春 市

第5章　LC-Q-TOF/MS侦测长春市411例市售水果蔬菜样品农药残留报告

从长春市所属5个区县，随机采集了411例水果蔬菜样品，使用液相色谱-四极杆飞行时间质谱（LC-Q-TOF/MS）对537种农药化学污染物进行示范侦测（7种负离子模式ESI⁻未涉及）。

5.1　样品种类、数量与来源

5.1.1　样品采集与检测

为了真实反映百姓餐桌上水果蔬菜中农药残留污染状况，本次所有检测样品均由检验人员于2013年7月至2014年5月期间，从长春市所属17个采样点，包括17个超市，以随机购买方式采集，总计17批411例样品，从中检出农药69种，966频次。采样及监测概况见图5-1及表5-1，样品及采样点明细见表5-2及表5-3（侦测原始数据见附表1）。

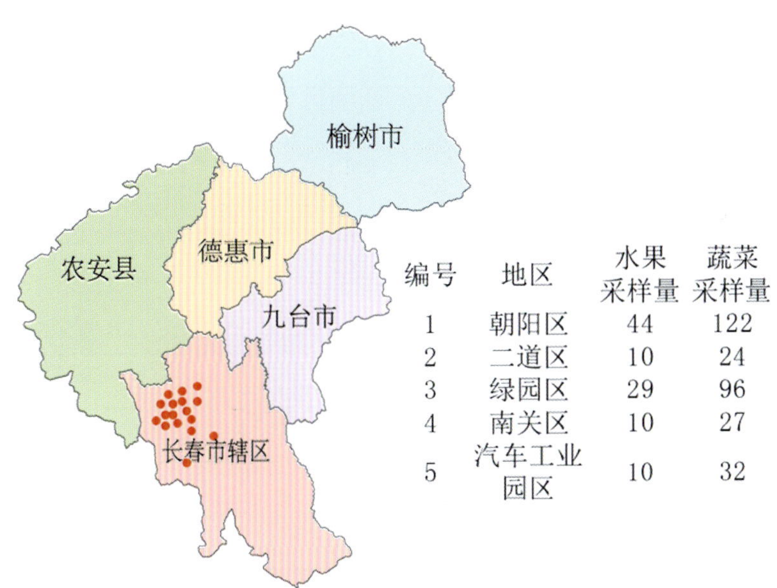

图5-1　长春市所属17个采样点411例样品分布图

表 5-1 农药残留监测总体概况

采样地区	长春市所属 5 个区县
采样点（超市+农贸市场）	17
样本总数	411
检出农药品种/频次	69/966
各采样点样本农药残留检出率范围	47.6%~88.6%

表 5-2 样品分类及数量

样品分类	样品名称（数量）	数量小计
1. 蔬菜		285
1）鳞茎类蔬菜	韭菜（12），蒜薹（8）	20
2）芸薹属类蔬菜	菜薹（4），花椰菜（5），结球甘蓝（12），青花菜（10），紫甘蓝（6）	37
3）叶菜类蔬菜	菠菜（5），大白菜（9），苦苣（6），芹菜（13），生菜（15），茼蒿（5），苋菜（2），小白菜（8），油麦菜（1），小油菜（7）	71
4）茄果类蔬菜	番茄（17），茄子（12），甜椒（17），樱桃番茄（10）	56
5）瓜类蔬菜	冬瓜（11），黄瓜（15），苦瓜（2），南瓜（6），西葫芦（16）	50
6）豆类蔬菜	菜豆（10），豇豆（6）	16
7）根茎类和薯芋类蔬菜	胡萝卜（15），萝卜（5），马铃薯（15）	35
2. 水果		103
1）仁果类水果	梨（15），苹果（16）	31
2）核果类水果	李子（10），桃（20），杏（3），樱桃（3）	36
3）浆果和其他小型水果	葡萄（7）	7
4）热带和亚热带水果	火龙果（6），香蕉（6）	12
5）瓜果类水果	西瓜（3），香瓜（14）	17
3. 食用菌		16
1）蘑菇类	蘑菇（16）	16
4. 调味料		7
1）叶类调味料	芫荽（7）	7
合计	1.蔬菜 31 种 2.水果 11 种 3.食用菌 1 种 4.调味料 1 种	411

表 5-3　长春市采样点信息

采样点序号	行政区域	采样点
超市（17）		
1	朝阳区	***超市（桂林路店）
2	朝阳区	***超市（恒客隆超市）
3	朝阳区	***超市（红旗街店）
4	朝阳区	***商都（商都红旗店）
5	朝阳区	***超市（重庆路店）
6	朝阳区	***超市（时代广场店）
7	二道区	***超市（东盛店）
8	二道区	***超市（经开店）
9	绿园区	***超市（长春店）
10	绿园区	***超市（绿园店）
11	绿园区	***超市（车百店）
12	绿园区	***超市（普阳街店）
13	绿园区	***超市
14	绿园区	***超市（普阳街店）
15	绿园区	***超市（普阳街店）
16	南关区	***超市（东岭南街店）
17	南关区	***超市（自由大路店）

5.1.2　检测结果

这次使用的检测方法是庞国芳院士团队最新研发的不需使用标准品对照，而以高分辨精确质量数（0.0001 *m/z*）为基准的 LC-Q-TOF/MS 检测技术，对于 411 例样品，每个样品均侦测了 537 种农药化学污染物的残留现状。通过本次侦测，在 411 例样品中共计检出农药化学污染物 69 种，检出 966 频次。

5.1.2.1　各采样点样品检出情况

统计分析发现 17 个采样点中，被测样品的农药检出率范围为 47.6%~88.6%。其中，***超市（桂林路店）和***超市（红旗街店）的检出率最高，均为 88.6%。***超市（车百店）的检出率最低，为 47.6%，见图 5-2。

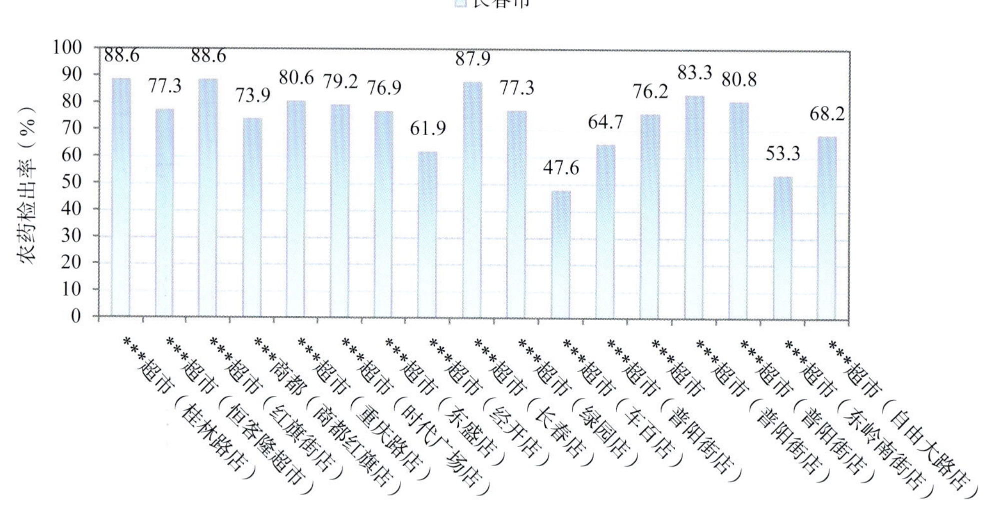

图 5-2　各采样点样品中的农药检出率

5.1.2.2　检出农药的品种总数与频次

统计分析发现，对于 411 例样品中 537 种农药化学污染物的侦测，共检出农药 966 频次，涉及农药 69 种，结果如图 5-3 所示。其中多菌灵检出频次最高，共检出 92 次。检出频次排名前 10 的农药如下：①多菌灵（92）；②莠去津（82）；③烯酰吗啉（73）；④吡虫啉（58）；⑤避蚊胺（49）；⑥嘧霉胺（40）；⑦甲霜灵（36）；⑧啶虫脒（36）；⑨苯醚甲环唑（35）；⑩双苯基脲（34）。

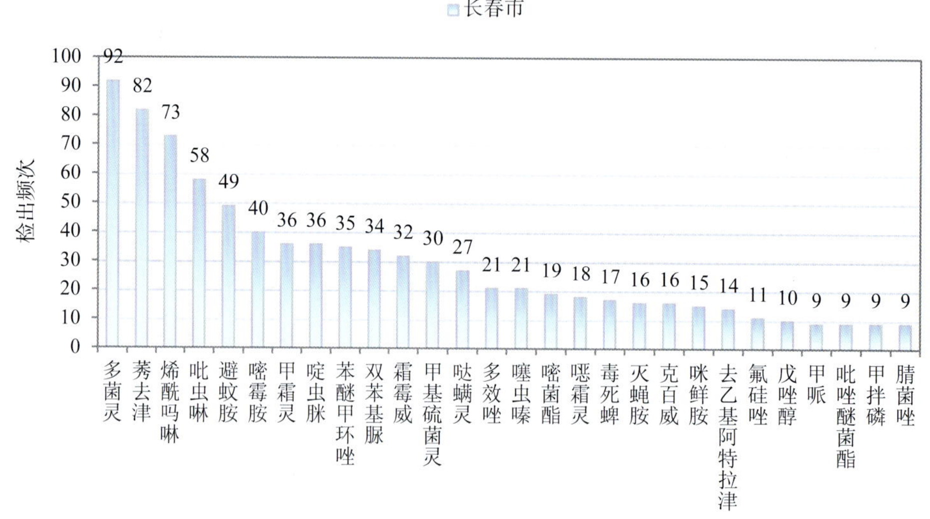

图 5-3　检出农药品种及频次（仅列出 9 频次及以上的数据）

由图 5-4 可见，甜椒、桃和芹菜这 3 种果蔬样品中检出的农药品种数较高，均超过 20

种，其中，甜椒检出农药品种最多，为 30 种。由图 5-5 可见，桃、甜椒和番茄这 3 种果蔬样品中的农药检出频次较高，均超过 60 次，其中，桃检出农药频次最高，为 82 次。

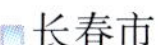

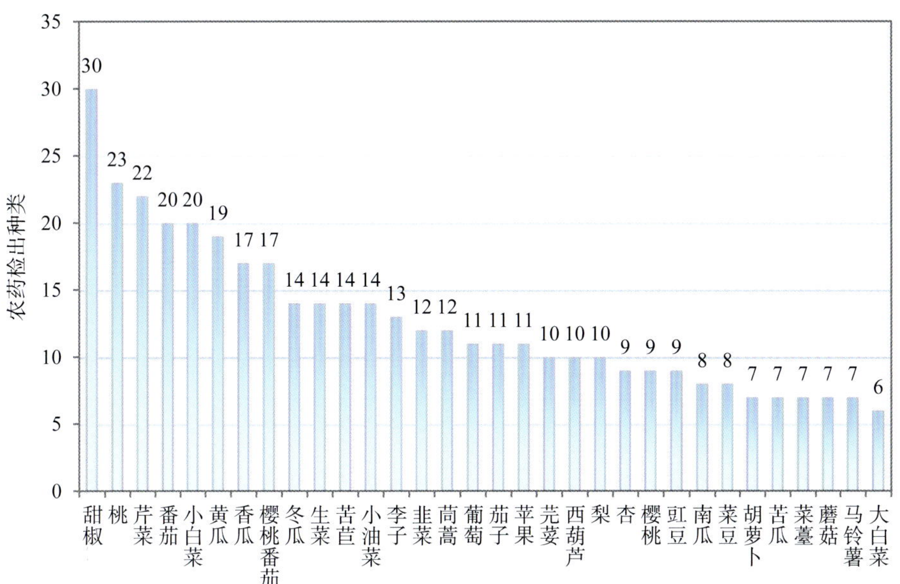

图 5-4　单种水果蔬菜检出农药的种类数（仅列出检出农药 6 种及以上的数据）

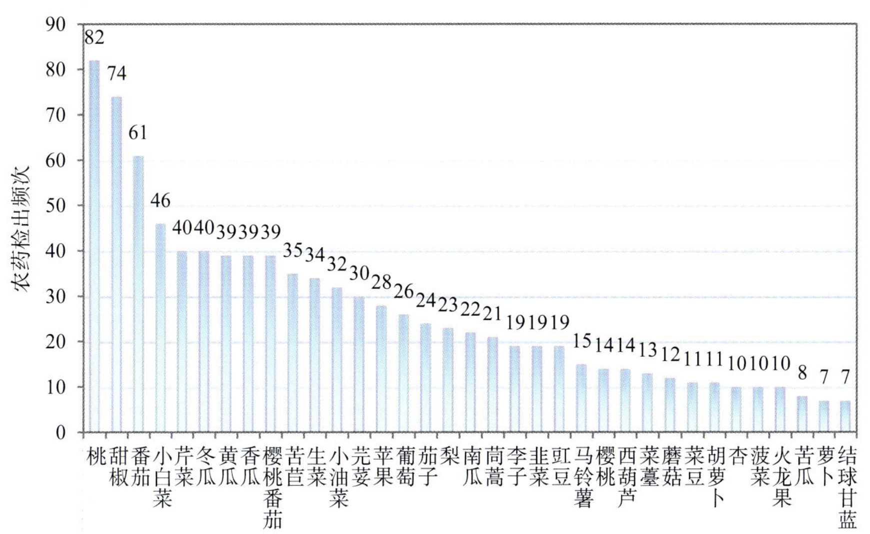

图 5-5　单种水果蔬菜检出农药频次（仅列出检出农药 7 频次及以上的数据）

5.1.2.3 单例样品农药检出种类与占比

对单例样品检出农药种类和频次进行统计发现，未检出农药的样品占总样品数的23.4%，检出 1 种农药的样品占总样品数的 19.5%，检出 2~5 种农药的样品占总样品数的47.7%，检出 6~10 种农药的样品占总样品数的 9.2%，检出大于 10 种农药的样品占总样品数的 0.2%。每例样品中平均检出农药为 2.4 种，数据见表 5-4 及图 5-6。

表 5-4 单例样品检出农药品种占比

检出农药品种数	样品数量/占比（%）
未检出	96/23.4
1 种	80/19.5
2~5 种	196/47.7
6~10 种	38/9.2
大于 10 种	1/0.2
单例样品平均检出农药品种	2.4 种

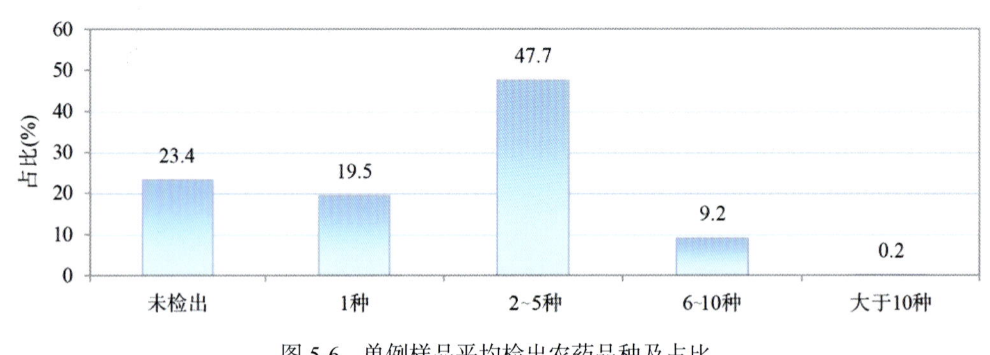

图 5-6 单例样品平均检出农药品种及占比

5.1.2.4 检出农药类别与占比

所有检出农药按功能分类，包括杀虫剂、杀菌剂、除草剂、植物生长调节剂、驱避剂共 5 类。其中杀虫剂与杀菌剂为主要检出的农药类别，分别占总数的 43.5%和 43.5%，见表 5-5 及图 5-7。

表 5-5 检出农药所属类别及占比

农药类别	数量/占比（%）
杀虫剂	30/43.5
杀菌剂	30/43.5
除草剂	5/7.2
植物生长调节剂	3/4.3
驱避剂	1/1.4

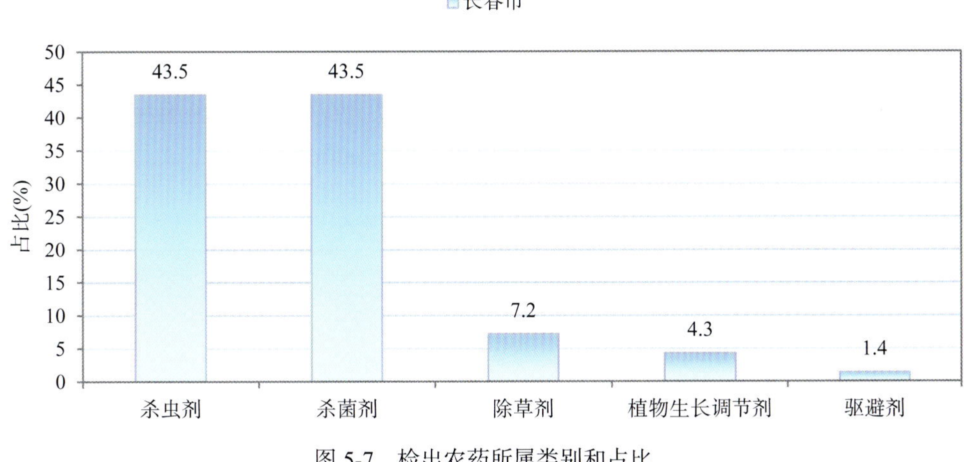

图 5-7　检出农药所属类别和占比

5.1.2.5　检出农药的残留水平

按检出农药残留水平进行统计，残留水平在 1~5 μg/kg（含）的农药占总数的 40.7%，在 5~10 μg/kg（含）的农药占总数的 15.6%，在 10~100 μg/kg（含）的农药占总数的 34.2%，在 100~1000 μg/kg（含）的农药占总数的 8.9%，>1000 μg/kg 的农药占总数的 0.6%。

由此可见，这次检测的 17 批 411 例水果蔬菜样品中农药多数处于较低残留水平。结果见表 5-6 及图 5-8，数据见附表 2。

表 5-6　农药残留水平及占比

残留水平（μg/kg）	检出频次数/占比（%）
1~5（含）	393/40.7
5~10（含）	151/15.6
10~100（含）	330/34.2
100~1000（含）	86/8.9
>1000	6/0.6

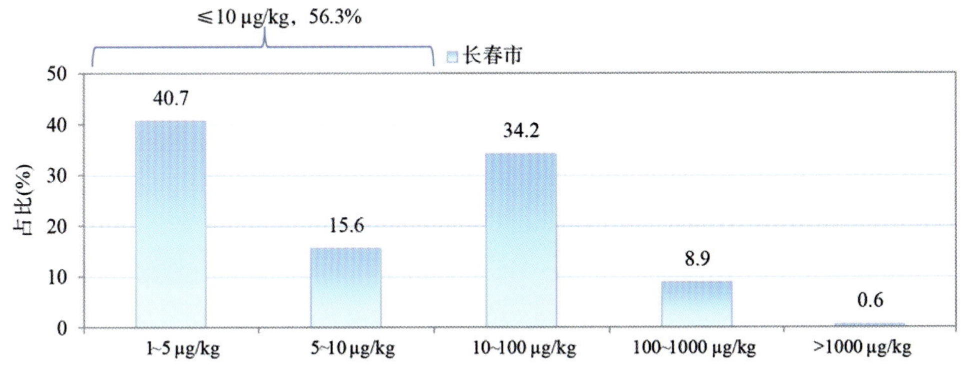

图 5-8　检出农药残留水平（μg/kg）占比

5.1.2.6　检出农药的毒性类别、检出频次和超标频次及占比

对这次检出的 69 种 966 频次的农药，按剧毒、高毒、中毒、低毒和微毒这五个毒性类别进行分类，从中可以看出，长春市目前普遍使用的农药为中低微毒农药，品种占 92.8%，频次占 96.1%。结果见表 5-7 及图 5-9。

表 5-7　检出农药毒性类别及占比

毒性分类	农药品种/占比（%）	检出频次/占比（%）	超标频次/超标率（%）
剧毒农药	1/1.4	9/0.9	3/33.3
高毒农药	4/5.8	29/3.0	9/31.0
中毒农药	31/44.9	369/38.2	1/0.3
低毒农药	22/31.9	356/36.9	1/0.3
微毒农药	11/15.9	203/21.0	0/0.0

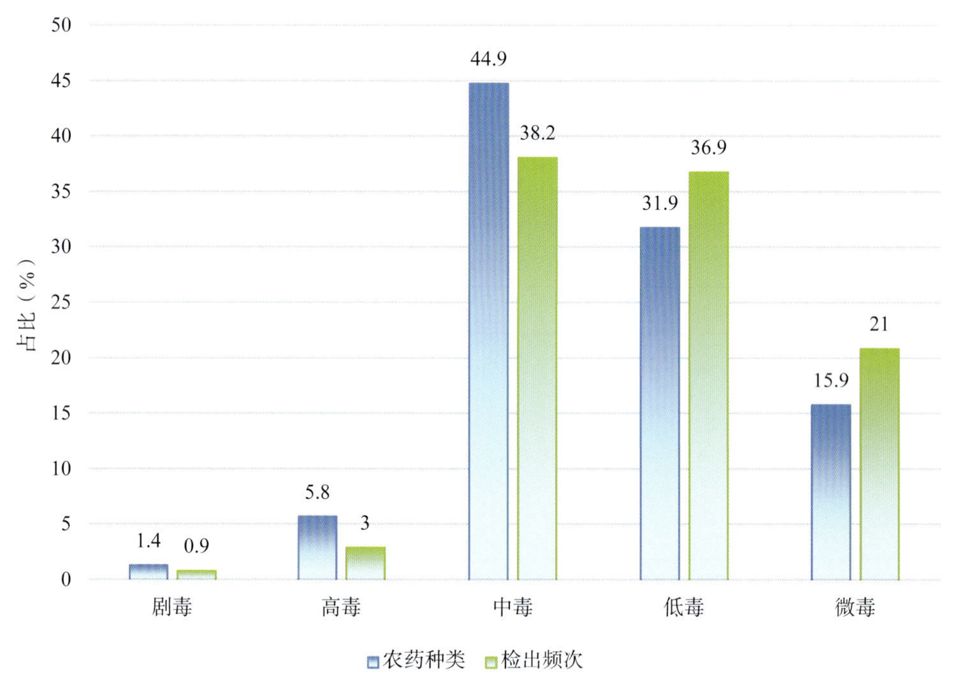

图 5-9　检出农药的毒性分类和占比

5.1.2.7　检出剧毒/高毒类农药的品种和频次

值得特别关注的是，在此次侦测的 411 例样品中有 1 种调味料 1 种食用菌 14 种蔬菜 3 种水果的 37 例样品检出了 5 种 38 频次的剧毒和高毒农药，占样品总量的 9.0%，详见图 5-10、表 5-8 及表 5-9。

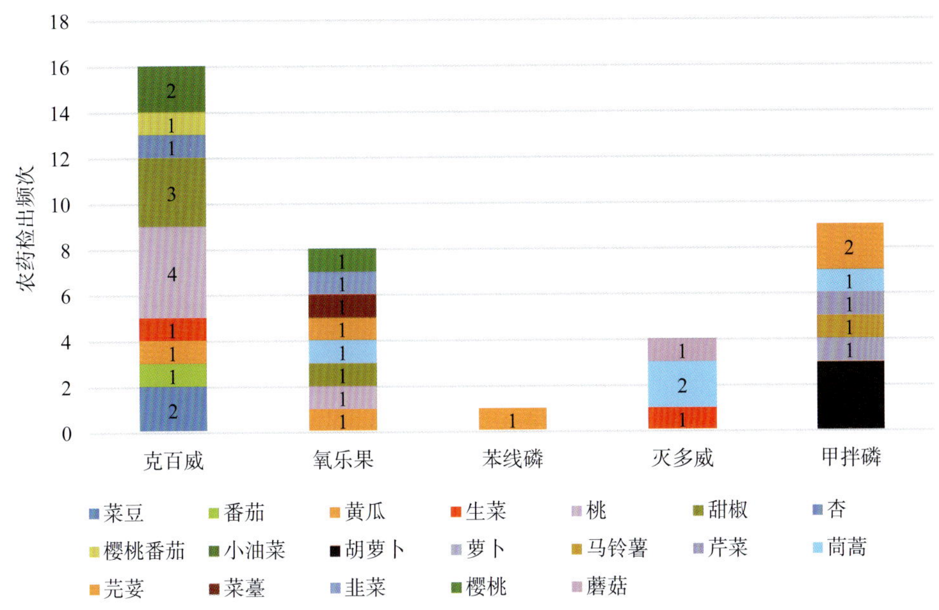

图 5-10　检出剧毒/高毒农药的样品情况

*表示允许在水果和蔬菜上使用的农药

表 5-8　剧毒农药检出情况

序号	农药名称	检出频次	超标频次	超标率
水果中未检出剧毒农药				
	小计	0	0	超标率：0.0%
从 5 种蔬菜中检出 1 种剧毒农药，共计检出 7 次				
1	甲拌磷*	7	3	42.9%
	小计	7	3	超标率：42.9%
	合计	7	3	超标率：42.9%

表 5-9　高毒农药检出情况

序号	农药名称	检出频次	超标频次	超标率
从 3 种水果中检出 2 种高毒农药，共计检出 7 次				
1	克百威	5	4	80.0%
2	氧乐果	2	0	0.0%
	小计	7	4	超标率：57.1%
从 10 种蔬菜中检出 4 种高毒农药，共计检出 20 次				
1	克百威	11	2	18.2%
2	氧乐果	5	2	40.0%
3	灭多威	3	0	0.0%
4	苯线磷	1	1	100.0%
	小计	20	5	超标率：25.0%
	合计	27	9	超标率：33.3%

在检出的剧毒和高毒农药中，有 5 种是我国早已禁止在果树和蔬菜上使用的，分别是：灭多威、克百威、氧乐果、苯线磷和甲拌磷。禁用农药的检出情况见表 5-10。

表 5-10　禁用农药检出情况

序号	农药名称	检出频次	超标频次	超标率
从 3 种水果中检出 2 种禁用农药，共计检出 7 次				
1	克百威	5	4	80.0%
2	氧乐果	2	0	0.0%
	小计	7	4	超标率：57.1%
从 14 种蔬菜中检出 5 种禁用农药，共计检出 27 次				
1	克百威	11	2	18.2%
2	甲拌磷*	7	3	42.9%
3	氧乐果	5	2	40.0%
4	灭多威	3	0	0.0%
5	苯线磷	1	1	100.0%
	小计	27	8	超标率：29.6%
	合计	34	12	超标率：35.3%

注：超标结果参考 MRL 中国国家标准计算

此次抽检的果蔬样品中，有 5 种蔬菜检出了剧毒农药，分别是：胡萝卜中检出甲拌磷 3 次；萝卜中检出甲拌磷 1 次；马铃薯中检出甲拌磷 1 次；芹菜中检出甲拌磷 1 次；茼蒿中检出甲拌磷 1 次。

样品中检出剧毒和高毒农药残留水平超过 MRL 中国国家标准的频次为 12 次，其中：桃检出克百威超标 4 次；胡萝卜检出甲拌磷超标 1 次；黄瓜检出苯线磷超标 1 次，检出克百威超标 1 次；韭菜检出氧乐果超标 1 次；芹菜检出甲拌磷超标 1 次；甜椒检出克百威超标 1 次，检出氧乐果超标 1 次；茼蒿检出甲拌磷超标 1 次。本次检出结果表明，高毒、剧毒农药的使用现象依旧存在，详见表 5-11。

表 5-11　各样本中检出剧毒/高毒农药情况

样品名称	农药名称	检出频次	超标频次	检出浓度（μg/kg）
水果 3 种				
桃	克百威▲	4	4	80.1[a]，106.2[a]，1197.3[a]，72.3[a]
桃	氧乐果▲	1	0	3.5
杏	克百威▲	1	0	17.0
樱桃	氧乐果▲	1	0	2.1
小计		7	4	超标率：57.1%
蔬菜 14 种				
菜豆	克百威▲	2	0	1.0，1.1
菜薹	氧乐果▲	1	0	12.5
番茄	克百威▲	1	0	12.8

续表

样品名称	农药名称	检出频次	超标频次	检出浓度（μg/kg）
胡萝卜	甲拌磷*▲	3	1	6.9，4.3，357.2[a]
黄瓜	苯线磷▲	1	1	33.1[a]
黄瓜	克百威▲	1	1	22.9[a]
黄瓜	氧乐果▲	1	0	2.9
韭菜	氧乐果▲	1	1	28.2[a]
萝卜	甲拌磷*▲	1	0	1.4
马铃薯	甲拌磷*▲	1	0	2.0
芹菜	甲拌磷*▲	1	1	51.8[a]
生菜	克百威▲	1	0	1.8
生菜	灭多威▲	1	0	36.8
甜椒	克百威▲	3	1	28.6[a]，18.3，1.1
甜椒	氧乐果▲	1	1	509.2[a]
小油菜	克百威▲	2	0	3.2，17.1
樱桃番茄	克百威▲	1	0	4.8
茼蒿	甲拌磷*▲	1	1	26.6[a]
茼蒿	灭多威▲	2	0	35.4，23.9
茼蒿	氧乐果▲	1	0	3.1
	小计	27	8	超标率：29.6%
	合计	34	12	超标率：35.3%

5.2 农药残留检出水平与最大残留限量标准对比分析

我国于 2014 年 3 月 20 日正式颁布并于 2014 年 8 月 1 日正式实施食品农药残留限量国家标准《食品中农药最大残留限量》（GB 2763—2014）。该标准包括 371 个农药条目，涉及最大残留限量（MRL）标准 3653 项。将 966 频次检出农药的浓度水平与 3653 项国家 MRL 标准进行核对，其中只有 275 频次的农药找到了对应的 MRL 标准，占 28.5%，还有 691 频次的侦测数据则无相关 MRL 标准供参考，占 71.5%。

将此次侦测结果与国际上现行 MRL 标准对比发现，在 966 频次的检出结果中有 966 频次的结果找到了对应的 MRL 欧盟标准，占 100.0%；其中，836 频次的结果有明确对应的 MRL 标准，占 86.5%，其余 130 频次按照欧盟一律标准判定，占 13.5%；有 966 频次的结果找到了对应的 MRL 日本标准，占 100.0%；其中，692 频次的结果有明确对应的 MRL 标准，占 71.6%，其余 274 频次按照日本一律标准判定，占 28.4%；有 461 频次的结果找到了对应的 MRL 中国香港标准，占 47.7%；有 446 频次的结果找到了对应的 MRL 美国标准，占 46.2%；有 323 频次的结果找到了对应的 MRL CAC 标准，占 33.4%（见图 5-11 和图 5-12，数据见附表 3 至附表 8）。

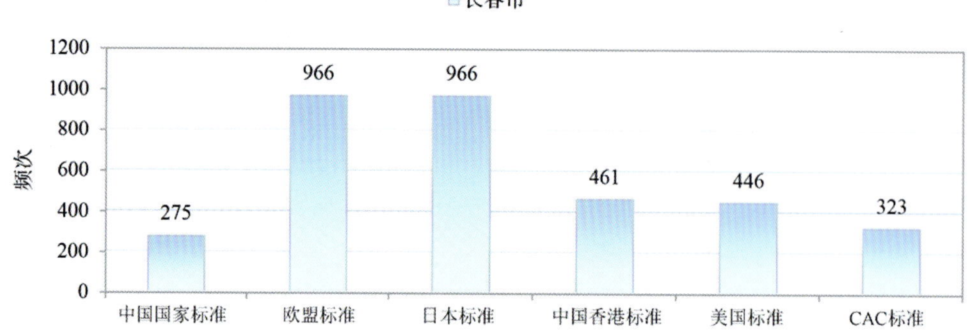

图 5-11　966 频次检出农药可用 MRL 中国国家标准、欧盟标准、日本标准、中国香港标准、美国标准、CAC 标准判定衡量的数量

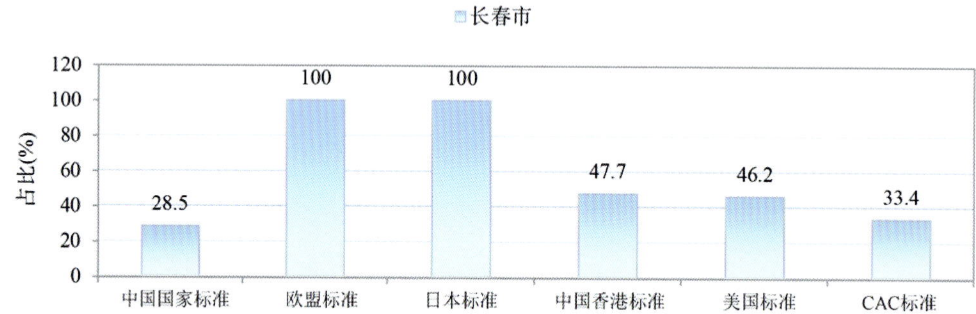

图 5-12　966 频次检出农药可用 MRL 中国国家标准、欧盟标准、日本标准、中国香港标准、美国标准、CAC 标准判定衡量的占比

5.2.1　超标农药样品分析

本次侦测的 411 例样品中，96 例样品未检出任何残留农药，占样品总量的 23.4%，315 例样品检出不同水平、不同种类的残留农药，占样品总量的 76.6%。在此，我们将本次侦测的农残检出情况与 MRL 中国国家标准、欧盟标准、日本标准、中国香港标准、美国标准和 CAC 标准这 6 大国际主流标准进行对比分析，样品农残检出与超标情况见表 5-12、图 5-13 和图 5-14，详细数据见附表 9 至附表 14。

表 5-12　各 MRL 标准下样本农残检出与超标数量及占比

	中国国家标准	欧盟标准	日本标准	中国香港标准	美国标准	CAC 标准
	数量/占比（%）	数量/占比（%）	数量/占比（%）	数量/占比（%）	数量/占比（%）	数量/占比（%）
未检出	96/23.4	96/23.4	96/23.4	96/23.4	96/23.4	96/23.4
检出未超标	301/73.2	238/57.9	222/54.0	307/74.7	308/74.9	312/75.9
检出超标	14/3.4	77/18.7	93/22.6	8/1.9	7/1.7	3/0.7

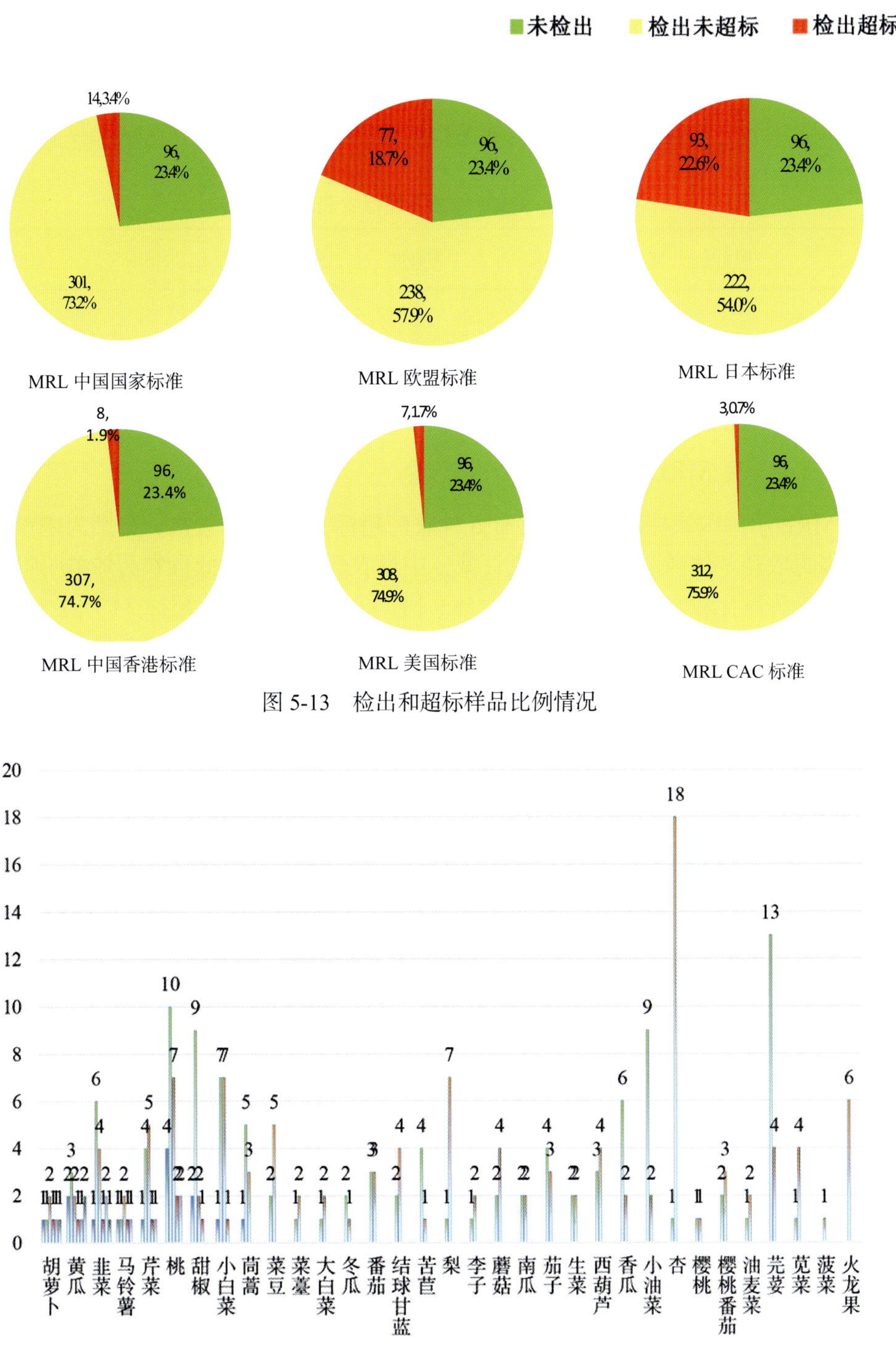

图 5-13　检出和超标样品比例情况

图 5-14　超过 MRL 中国国家标准、欧盟标准、日本标准、中国香港标准、美国标准和 CAC 标准判定结果在水果蔬菜中的分布

5.2.2 超标农药种类分析

按照 MRL 中国国家标准、欧盟标准、日本标准、中国香港标准、美国标准和 CAC 标准这 6 大国际主流标准衡量，本次侦测检出的农药超标品种及频次情况见表 5-13。

表 5-13　各 MRL 标准下超标农药品种及频次

	中国国家标准	欧盟标准	日本标准	中国香港标准	美国标准	CAC 标准
超标农药品种	6	40	32	7	6	4
超标农药频次	14	110	119	9	8	4

5.2.2.1 按 MRL 中国国家标准衡量

按 MRL 中国国家标准衡量，共有 6 种农药超标，检出 14 频次，分别为剧毒农药甲拌磷，高毒农药苯线磷、氧乐果和克百威，中毒农药毒死蜱，低毒农药烯酰吗啉。

按超标程度比较，桃中克百威超标 58.9 倍，胡萝卜中甲拌磷超标 34.7 倍，甜椒中氧乐果超标 24.5 倍，小白菜中毒死蜱超标 5.5 倍，芹菜中甲拌磷超标 4.2 倍。检测结果见图 5-15 和附表 15。

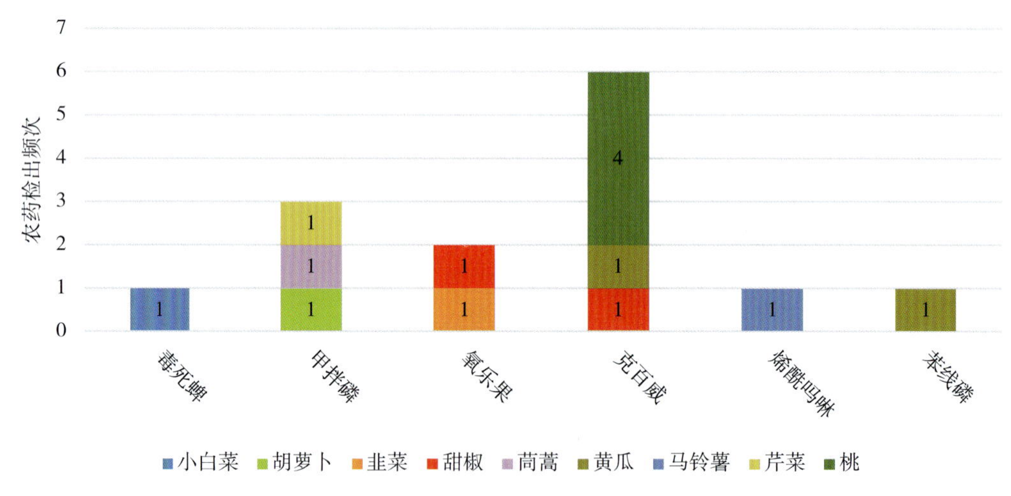

图 5-15　超过 MRL 中国国家标准农药品种及频次

5.2.2.2 按 MRL 欧盟标准衡量

按 MRL 欧盟标准衡量，共有 40 种农药超标，检出 110 频次，分别为剧毒农药甲拌磷，高毒农药灭多威、苯线磷、氧乐果和克百威，中毒农药甲霜灵、腈菌唑、氟硅唑、噁霜灵、烯丙菊酯、三唑醇、毒死蜱、啶虫脒、乐果、甲氨基阿维菌素、哒螨灵、多效唑、丙溴磷、敌百虫、噻虫嗪、粉唑醇和十三吗啉，低毒农药灭蝇胺、去乙基阿特拉津、莠去津、双苯基脲、氟氯氢菊酯、避蚊胺、乙草胺、炔螨特、烯啶虫胺、嘧霉胺、烯酰吗啉、己唑醇和西草净，微毒农药霜霉威、多菌灵、甲基硫菌灵、乙霉威和嘧菌酯。

按超标程度比较，桃中克百威超标 597.6 倍，番茄中噁霜灵超标 82.6 倍，甜椒中氧乐果超标 49.9 倍，甜椒中丙溴磷超标 37.8 倍，茄子中丙溴磷超标 37.2 倍。检测结果见图 5-16 和附表 16。

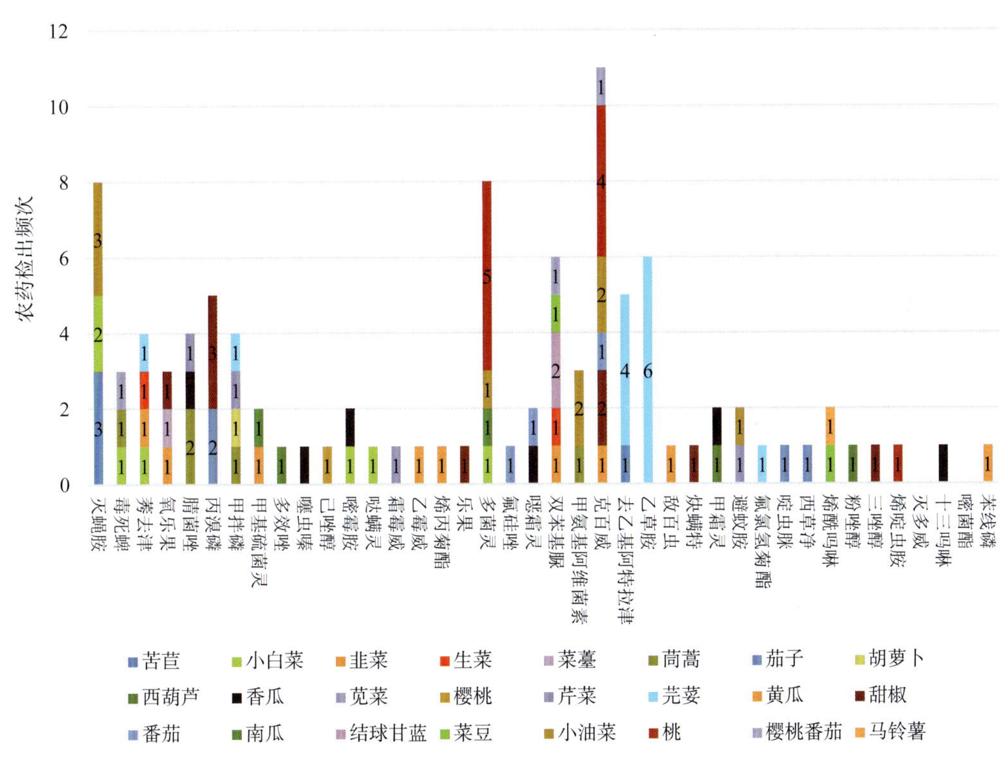

图 5-16 超过 MRL 欧盟标准农药品种及频次

5.2.2.3 按 MRL 日本标准衡量

按 MRL 日本标准衡量，共有 32 种农药超标，检出 119 频次，分别为剧毒农药甲拌磷，高毒农药克百威，中毒农药甲霜灵、腈菌唑、吡虫啉、氟硅唑、烯丙菊酯、甲哌、苯醚甲环唑、毒死蜱、咪鲜胺、哒螨灵、多效唑、丙溴磷、噻虫嗪和粉唑醇，低毒农药莠去津、去乙基阿特拉津、灭蝇胺、双苯基脲、噻嗪酮、氟氯氢菊酯、避蚊胺、乙草胺、炔螨特、嘧霉胺、烯酰吗啉、乙嘧酚磺酸酯和西草净，微毒农药多菌灵、霜霉威和甲基硫菌灵。

按超标程度比较，南瓜中甲基硫菌灵超标 357.1 倍，茼蒿中霜霉威超标 183.4 倍，桃中甲基硫菌灵超标 66.9 倍，韭菜中甲基硫菌灵超标 40.2 倍，李子中嘧霉胺超标 23.6 倍。检测结果见图 5-17 和附表 17。

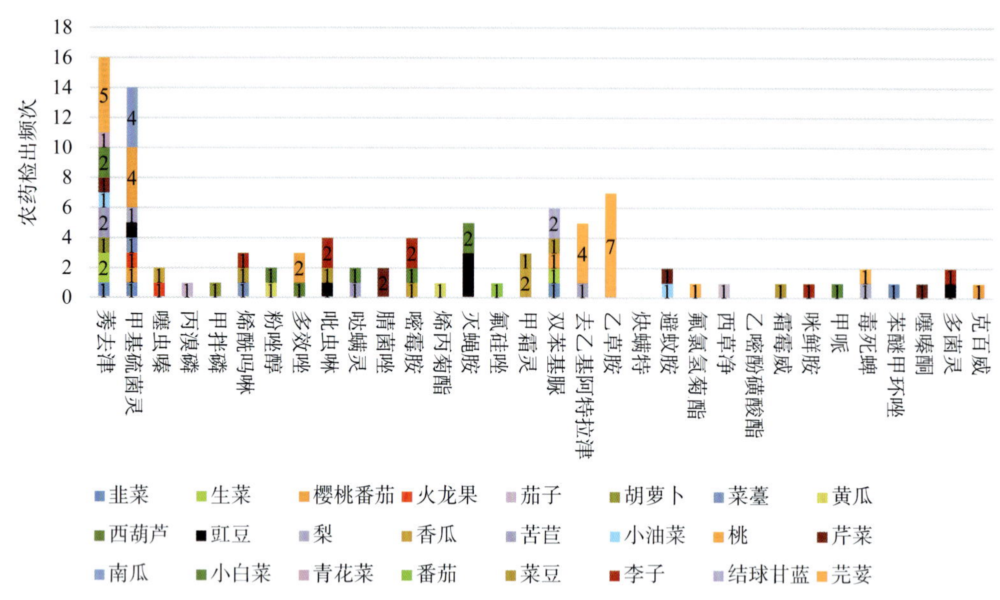

图 5-17　超过 MRL 日本标准农药品种及频次

5.2.2.4　按 MRL 中国香港标准衡量

按 MRL 中国香港标准衡量，共有 7 种农药超标，检出 9 频次，分别为中毒农药吡虫啉、毒死蜱、啶虫脒、敌百虫和噻虫嗪，低毒农药烯酰吗啉，微毒农药吡丙醚。

按超标程度比较，小白菜中毒死蜱超标 5.5 倍，香瓜中噻虫嗪超标 2.4 倍，茄子中吡虫啉超标 50%，茼蒿中毒死蜱超标 30%，甜椒中吡丙醚超标 10%。检测结果见图 5-18 和附表 18。

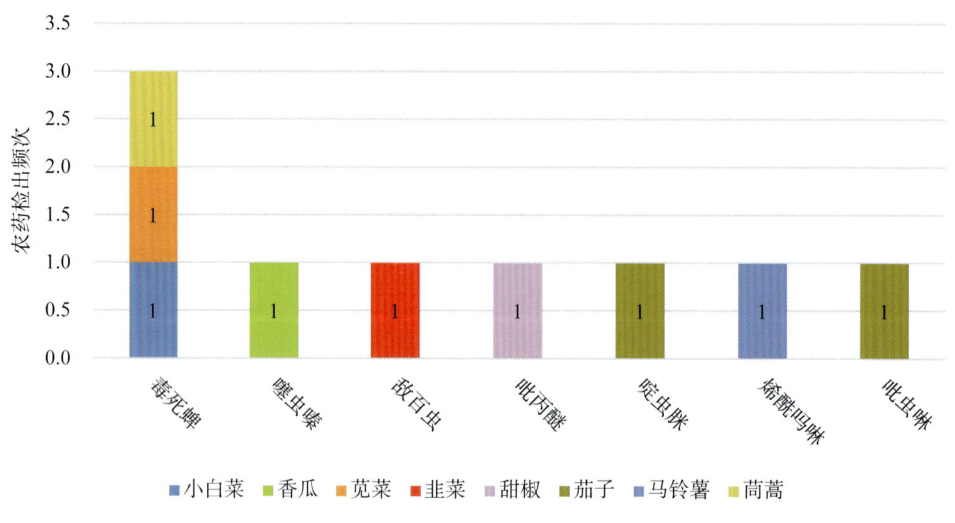

图 5-18　超过 MRL 中国香港标准农药品种及频次

5.2.2.5　按 MRL 美国标准衡量

按 MRL 美国标准衡量，共有 6 种农药超标，检出 8 频次，分别为中毒农药腈菌唑、毒死蜱、啶虫脒和噻虫嗪，低毒农药烯酰吗啉，微毒农药甲基硫菌灵。

按超标程度比较，香瓜中噻虫嗪超标 7.6 倍，南瓜中甲基硫菌灵超标 2.6 倍，桃中毒死蜱超标 1.3 倍，香瓜中腈菌唑超标 70%，芹菜中腈菌唑超标 20%。检测结果见图 5-19 和附表 19。

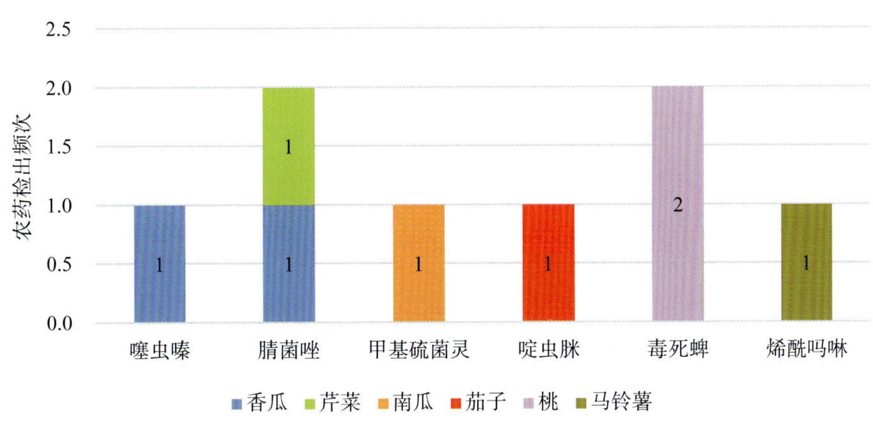

图 5-19　超过 MRL 美国标准农药品种及频次

5.2.2.6　按 MRL CAC 标准衡量

按 MRL CAC 标准衡量，共有 4 种农药超标，检出 4 频次，分别为中毒农药吡虫啉、啶虫脒和噻虫嗪，低毒农药烯酰吗啉。

按超标程度比较，香瓜中噻虫嗪超标 2.4 倍，茄子中吡虫啉超标 50%。检测结果见图 5-20 和附表 20。

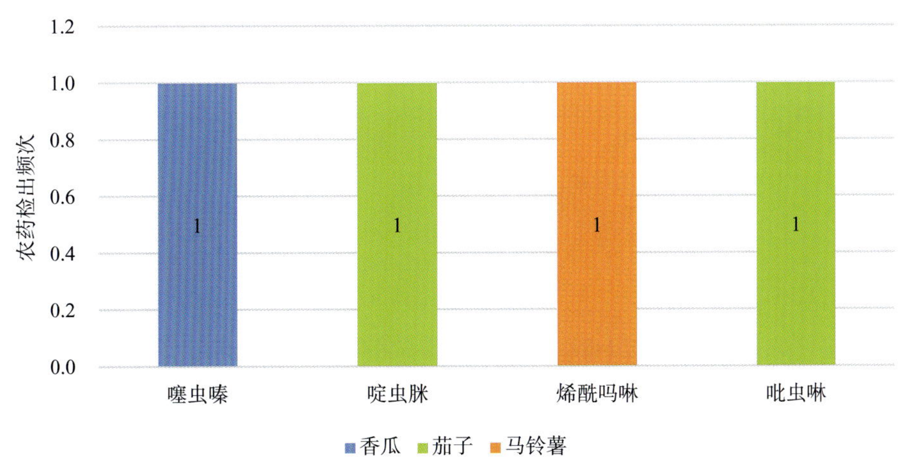

图 5-20　超过 MRL CAC 标准农药品种及频次

5.2.3 17个采样点超标情况分析

5.2.3.1 按MRL中国国家标准衡量

按MRL中国国家标准衡量，有10个采样点的样品存在不同程度的超标农药检出，其中***超市（普阳街店）的超标率最高，为10.0%，如表5-14和图5-21所示。

表5-14 超过MRL中国国家标准水果蔬菜在不同采样点分布

	采样点	样品总数	超标数量	超标率（%）	行政区域
1	***超市（红旗街店）	35	1	2.9	朝阳区
2	***超市（桂林路店）	35	1	2.9	朝阳区
3	***超市（普阳街店）	30	3	10.0	绿园区
4	***商都（商都红旗店）	23	2	8.7	朝阳区
5	***超市（绿园店）	22	2	9.1	绿园区
6	***超市（自由大路店）	22	1	4.5	南关区
7	***超市（恒客隆超市）	22	1	4.5	朝阳区
8	***超市（普阳街店）	17	1	5.9	绿园区
9	***超市（东岭南街店）	15	1	6.7	南关区
10	***超市（东盛店）	13	1	7.7	二道区

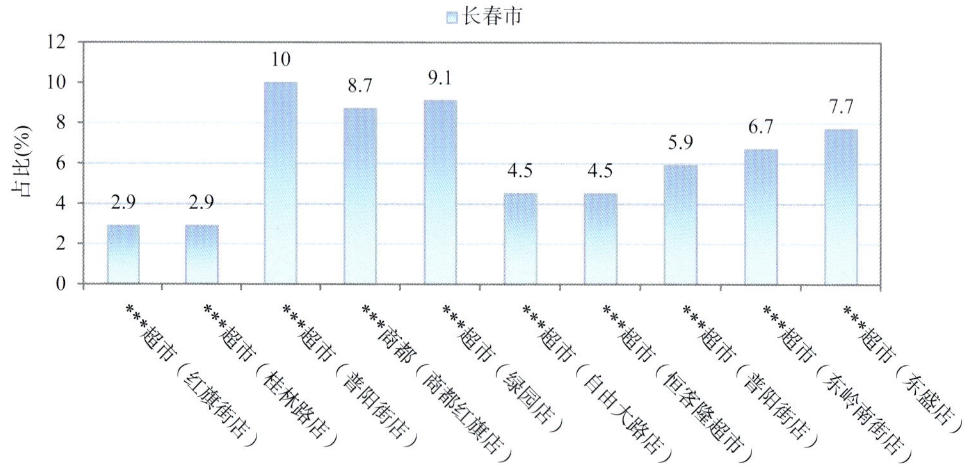

图5-21 超过MRL中国国家标准水果蔬菜在不同采样点分布

5.2.3.2 按MRL欧盟标准衡量

按MRL欧盟标准衡量，所有采样点的样品存在不同程度的超标农药检出，其中***

商都（商都红旗店）的超标率最高，为 39.1%，如表 5-15 和图 5-22 所示。

表 5-15　超过 MRL 欧盟标准水果蔬菜在不同采样点分布

	采样点	样品总数	超标数量	超标率（%）	行政区域
1	***超市（红旗街店）	35	9	25.7	朝阳区
2	***超市（桂林路店）	35	6	17.1	朝阳区
3	***超市（长春店）	33	7	21.2	绿园区
4	***超市（重庆路店）	31	7	22.6	朝阳区
5	***超市（普阳街店）	30	6	20.0	绿园区
6	***超市（普阳街店）	26	3	11.5	绿园区
7	***超市（时代广场店）	24	4	16.7	朝阳区
8	***商都（商都红旗店）	23	9	39.1	朝阳区
9	***超市（绿园店）	22	7	31.8	绿园区
10	***超市（自由大路店）	22	1	4.5	南关区
11	***超市（恒客隆超市）	22	6	27.3	朝阳区
12	***超市（经开店）	21	4	19.0	二道区
13	***超市	21	3	14.3	绿园区
14	***超市（车百店）	21	1	4.8	绿园区
15	***超市（普阳街店）	17	1	5.9	绿园区
16	***超市（东岭南街店）	15	1	6.7	南关区
17	***超市（东盛店）	13	2	15.4	二道区

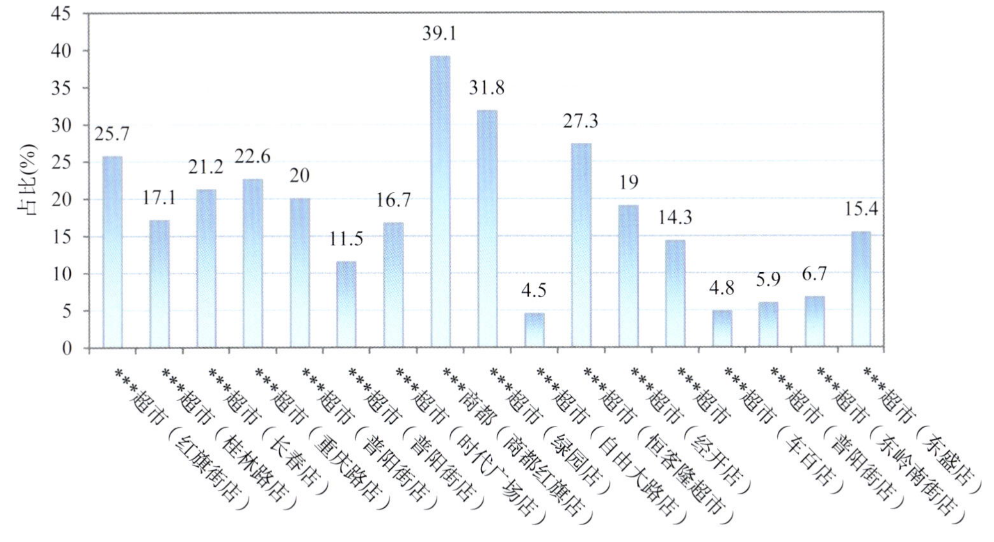

图 5-22　超过 MRL 欧盟标准水果蔬菜在不同采样点分布

5.2.3.3 按 MRL 日本标准衡量

按 MRL 日本标准衡量，所有采样点的样品存在不同程度的超标农药检出，其中***超市（时代广场店）的超标率最高，为 37.5%，如表 5-16 和图 5-23 所示。

表 5-16 超过 MRL 日本标准水果蔬菜在不同采样点分布

	采样点	样品总数	超标数量	超标率（%）	行政区域
1	***超市（红旗街店）	35	7	20.0	朝阳区
2	***超市（桂林路店）	35	9	25.7	朝阳区
3	***超市（长春店）	33	11	33.3	绿园区
4	***超市（重庆路店）	31	9	29.0	朝阳区
5	***超市（普阳街店）	30	8	26.7	绿园区
6	***超市（普阳街店）	26	9	34.6	绿园区
7	***超市（时代广场店）	24	9	37.5	朝阳区
8	***商都（商都红旗店）	23	6	26.1	朝阳区
9	***超市（绿园店）	22	8	36.4	绿园区
10	***超市（自由大路店）	22	1	4.5	南关区
11	***超市（恒客隆超市）	22	5	22.7	朝阳区
12	***超市（经开店）	21	3	14.3	二道区
13	***超市	21	4	19.0	绿园区
14	***超市（车百店）	21	1	4.8	绿园区
15	***超市（普阳街店）	17	1	5.9	绿园区
16	***超市（东岭南街店）	15	1	6.7	南关区
17	***超市（东盛店）	13	1	7.7	二道区

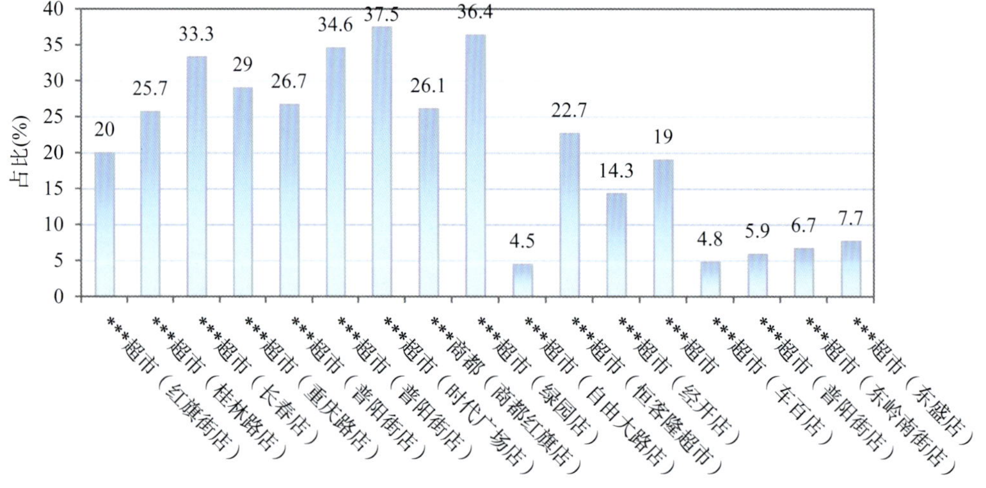

图 5-23 超过 MRL 日本标准水果蔬菜在不同采样点分布

5.2.3.4 按 MRL 中国香港标准衡量

按 MRL 中国香港标准衡量，有 7 个采样点的样品存在不同程度的超标农药检出，其中***超市（东盛店）的超标率最高，为 15.4%，如表 5-17 和图 5-24 所示。

表 5-17 超过 MRL 中国香港标准水果蔬菜在不同采样点分布

	采样点	样品总数	超标数量	超标率（%）	行政区域
1	***超市（红旗街店）	35	1	2.9	朝阳区
2	***超市（桂林路店）	35	1	2.9	朝阳区
3	***超市（长春店）	33	1	3.0	绿园区
4	***超市（时代广场店）	24	1	4.2	朝阳区
5	***超市（绿园店）	22	1	4.5	绿园区
6	***超市	21	1	4.8	绿园区
7	***超市（东盛店）	13	2	15.4	二道区

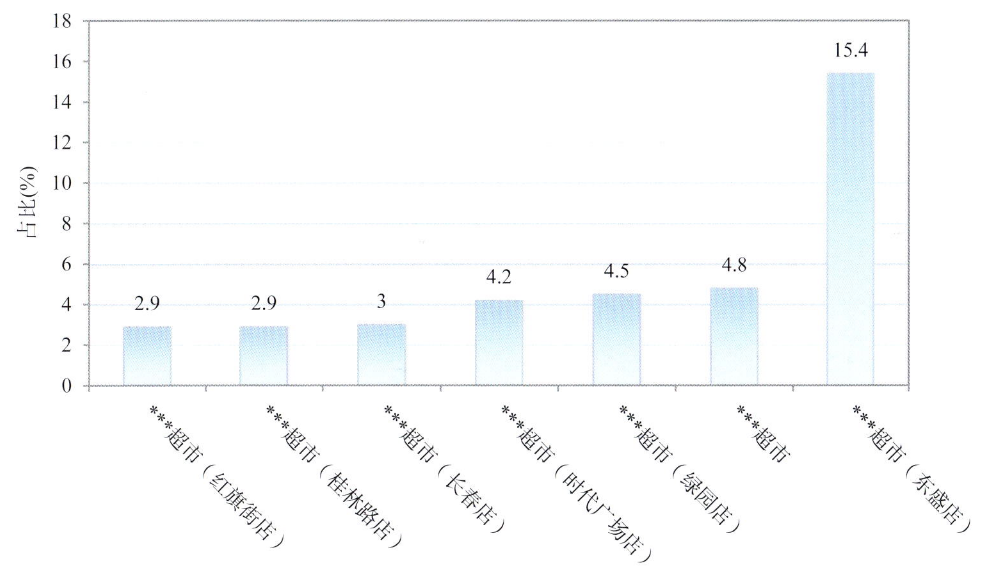

图 5-24 超过 MRL 中国香港标准水果蔬菜在不同采样点分布

5.2.3.5 按 MRL 美国标准衡量

按 MRL 美国标准衡量，有 6 个采样点的样品存在不同程度的超标农药检出，其中***商都（商都红旗店）的超标率最高，为 8.7%，如表 5-18 和图 5-25 所示。

表 5-18　超过 MRL 美国标准水果蔬菜在不同采样点分布

	采样点	样品总数	超标数量	超标率（%）	行政区域
1	***超市（桂林路店）	35	1	2.9	朝阳区
2	***超市（长春店）	33	1	3.0	绿园区
3	***商都（商都红旗店）	23	2	8.7	朝阳区
4	***超市（绿园店）	22	1	4.5	绿园区
5	***超市	21	1	4.8	绿园区
6	***超市（东盛店）	13	1	7.7	二道区

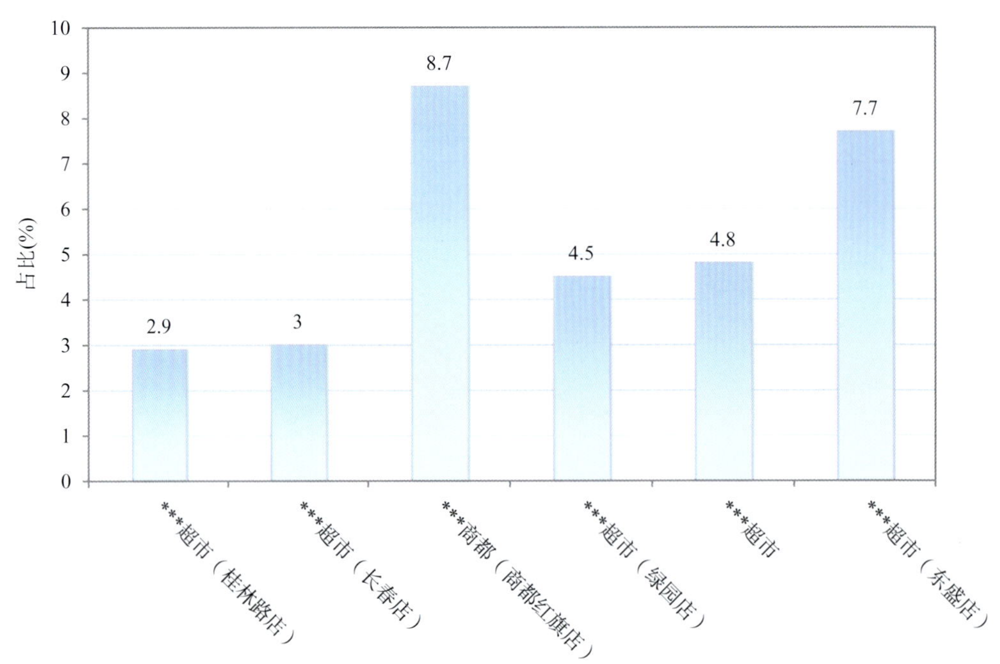

图 5-25　超过 MRL 美国标准水果蔬菜在不同采样点分布

5.2.3.6　按 MRL CAC 标准衡量

按 MRL CAC 标准衡量，有 3 个采样点的样品存在不同程度的超标农药检出，其中***超市（东盛店）的超标率最高，为 7.7%，如图表 5-19 和图 5-26 所示。

表 5-19　超过 MRL CAC 标准水果蔬菜在不同采样点分布

	采样点	样品总数	超标数量	超标率（%）	行政区域
1	***超市（绿园店）	22	1	4.5	绿园区
2	***超市	21	1	4.8	绿园区
3	***超市（东盛店）	13	1	7.7	二道区

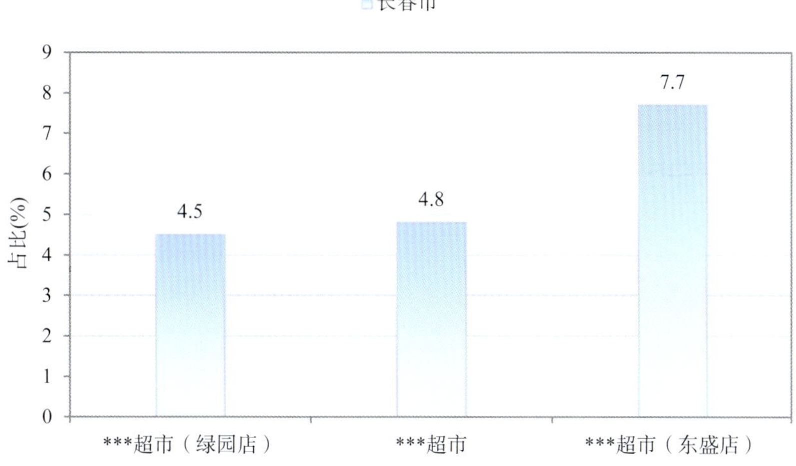

图 5-26　超过 MRL CAC 标准水果蔬菜在不同采样点分布

5.3　水果中农药残留分布

5.3.1　检出农药品种和频次排前 10 的水果

本次残留侦测的水果共 11 种，包括火龙果、梨、李子、苹果、葡萄、桃、西瓜、香瓜、香蕉、杏和樱桃。

根据检出农药品种及频次进行排名，将各项排名前 10 位的水果样品检出情况列表说明，详见表 5-20。

表 5-20　检出农药品种和频次排名前 10 的水果

检出农药品种排名前 10（品种）	①桃（23），②香瓜（17），③李子（13），④苹果（11），⑤葡萄（11），⑥梨（10），⑦樱桃（9），⑧杏（9），⑨香蕉（5），⑩火龙果（5）
检出农药频次排名前 10（频次）	①桃（82），②香瓜（39），③苹果（28），④葡萄（26），⑤梨（23），⑥李子（19），⑦樱桃（14），⑧杏（10），⑨火龙果（10），⑩香蕉（6）
检出禁用、高毒及剧毒农药品种排名前 10（品种）	①桃（2），②杏（1），③樱桃（1）
检出禁用、高毒及剧毒农药频次排名前 10（频次）	①桃（5），②樱桃（1），③杏（1）

5.3.2　超标农药品种和频次排前 10 的水果

鉴于 MRL 欧盟标准和日本标准的制定比较全面且覆盖率较高，我们参照 MRL 中国国家标准、欧盟标准和日本标准衡量水果样品中农残检出情况，将超标农药品种及频次排名前 10 的水果列表说明，详见表 5-21。

表 5-21　超标农药品种和频次排名前 10 的水果

超标农药品种排名前 10（农药品种数）	MRL 中国国家标准	①桃（1）
	MRL 欧盟标准	①香瓜（6），②桃（3），③杏（1），④樱桃（1），⑤李子（1），⑥梨（1）
	MRL 日本标准	①李子（5），②桃（3），③香瓜（3），④火龙果（2），⑤苹果（1），⑥梨（1）
超标农药频次排名前 10（农药频次数）	MRL 中国国家标准	①桃（4）
	MRL 欧盟标准	①桃（10），②香瓜（6），③杏（1），④梨（1），⑤李子（1），⑥樱桃（1）
	MRL 日本标准	①李子（7），②桃（7），③苹果（4），④香瓜（4），⑤火龙果（2），⑥梨（1）

通过对各品种水果样本总数及检出率进行综合分析发现，桃、香瓜和李子的残留污染最为严重，在此，我们参照 MRL 中国国家标准、欧盟标准和日本标准对这 3 种水果的农残检出情况进行进一步分析。

5.3.3　农药残留检出率较高的水果样品分析

5.3.3.1　桃

这次共检测 20 例桃样品，全部检出了农药残留，检出率为 100.0%，检出农药共计 23 种。其中多菌灵、多效唑、哒螨灵、吡虫啉和甲基硫菌灵检出频次较高，分别检出了 15、13、5、5 和 5 次。桃中农药检出品种和频次见图 5-27，超标农药见图 5-28 和表 5-22。

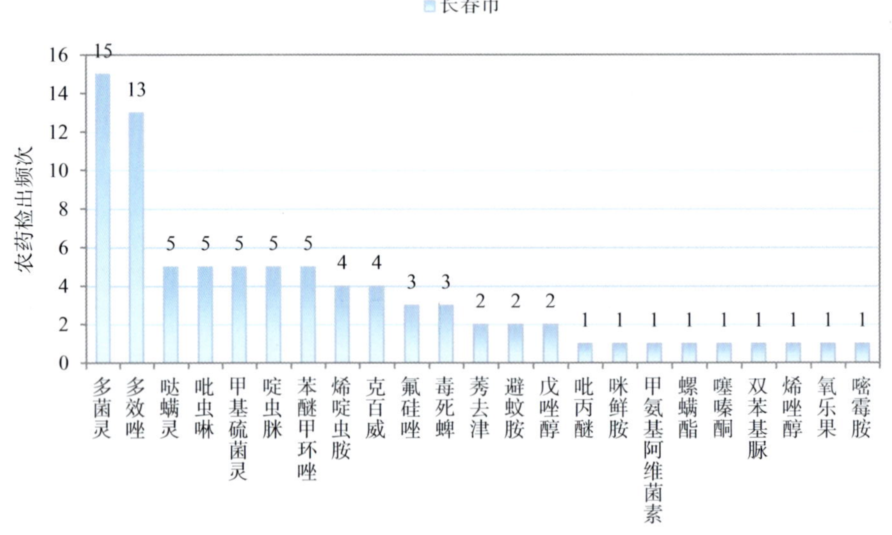

图 5-27　桃样品检出农药品种和频次分析

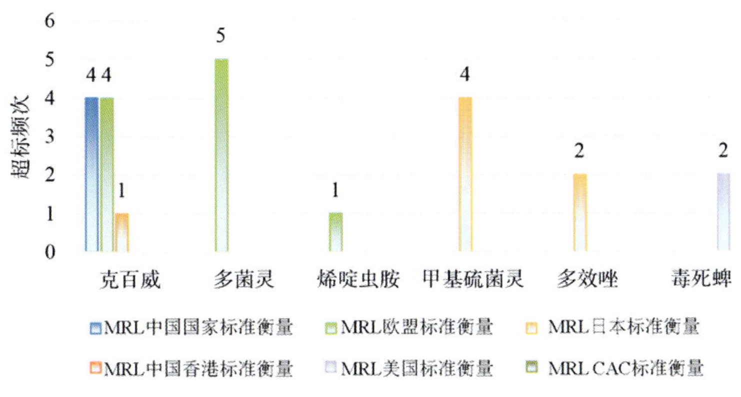

图 5-28 桃样品中超标农药分析

表 5-22 桃中农药残留超标情况明细表

样品总数			检出农药样品数	样品检出率（%）	检出农药品种总数
20			20	100	23
	超标农药品种	超标农药频次	按照 MRL 中国国家标准、欧盟标准和日本标准衡量超标农药名称及频次		
中国国家标准	1	4	克百威（4）		
欧盟标准	3	10	多菌灵（5），克百威（4），烯啶虫胺（1）		
日本标准	3	7	甲基硫菌灵（4），多效唑（2），克百威（1）		

5.3.3.2 香瓜

这次共检测 14 例香瓜样品，全部检出了农药残留，检出率为 100.0%，检出农药共计 17 种。其中莠去津、甲霜灵、烯酰吗啉、嘧霉胺和去乙基阿特拉津检出频次较高，分别检出了 8、5、5、4 和 2 次。香瓜中农药检出品种和频次见图 5-29，超标农药见图 5-30 和表 5-23。

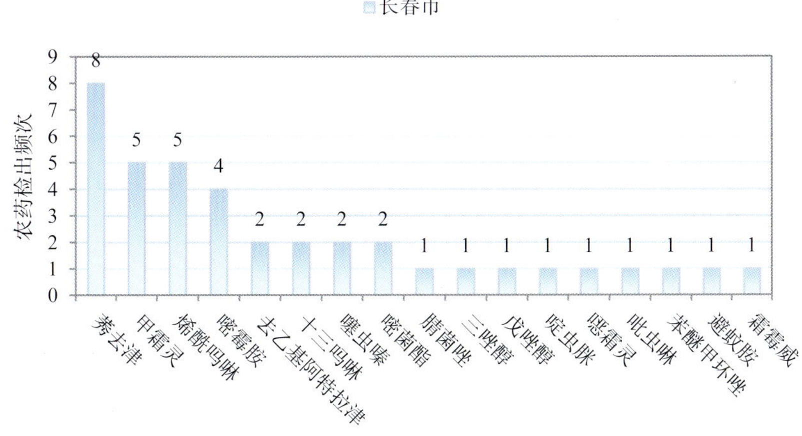

图 5-29 香瓜样品检出农药品种和频次分析

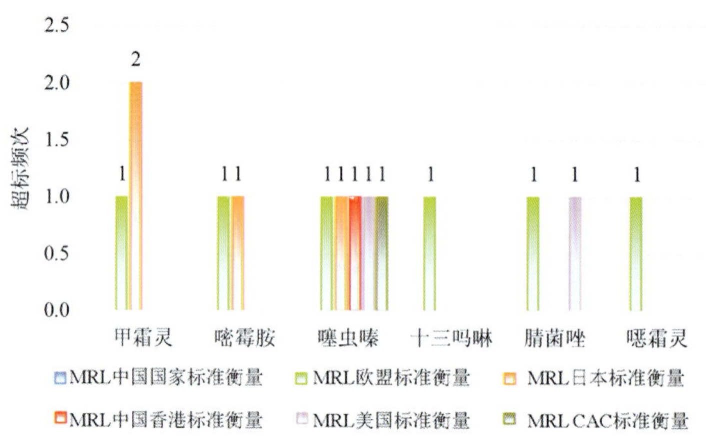

图 5-30　香瓜样品中超标农药分析

表 5-23　香瓜中农药残留超标情况明细表

样品总数			检出农药样品数	样品检出率（%）	检出农药品种总数
14			14	100	17
	超标农药品种	超标农药频次	按照 MRL 中国国家标准、欧盟标准和日本标准衡量超标农药名称及频次		
中国国家标准	0	0			
欧盟标准	6	6	甲霜灵（1），嘧霉胺（1），噻虫嗪（1），十三吗啉（1），腈菌唑（1），噁霜灵（1）		
日本标准	3	4	甲霜灵（2），噻虫嗪（1），嘧霉胺（1）		

5.3.3.3　李子

这次共检测 10 例李子样品，8 例样品中检出了农药残留，检出率为 80.0%，检出农药共计 13 种。其中嘧霉胺、吡虫啉、多效唑、双苯基脲和噻嗪酮检出频次较高，分别检出了 2、2、2、2 和 2 次。李子中农药检出品种和频次见图 5-31，超标农药见图 5-32 和表 5-24。

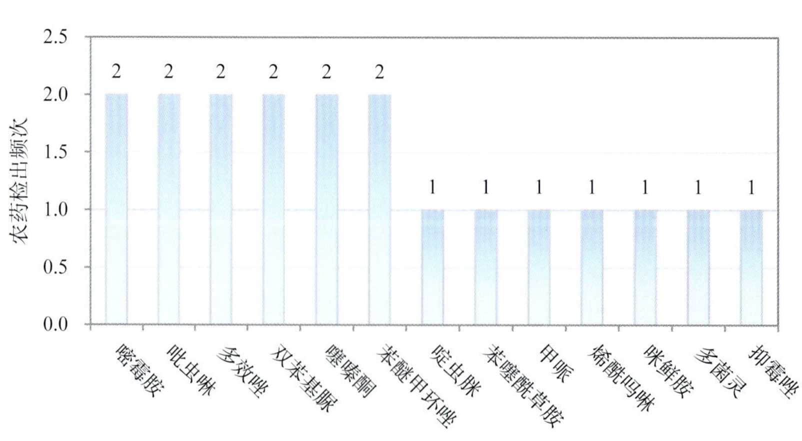

图 5-31　李子样品检出农药品种和频次分析

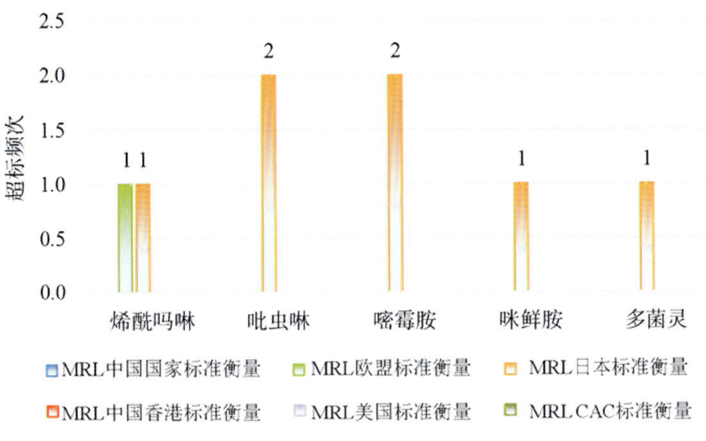

图 5-32　李子样品中超标农药分析

表 5-24　李子中农药残留超标情况明细表

样品总数			检出农药样品数	样品检出率（%）	检出农药品种总数
10			8	80	13
	超标农药品种	超标农药频次	按照 MRL 中国国家标准、欧盟标准和日本标准衡量超标农药名称及频次		
中国国家标准	0	0			
欧盟标准	1	1	烯酰吗啉（1）		
日本标准	5	7	吡虫啉（2），嘧霉胺（2），烯酰吗啉（1），咪鲜胺（1），多菌灵（1）		

5.4　蔬菜中农药残留分布

5.4.1　检出农药品种和频次排前 10 的蔬菜

本次残留侦测的蔬菜共 31 种，包括菠菜、菜豆、菜薹、大白菜、冬瓜、番茄、胡萝卜、花椰菜、黄瓜、豇豆、结球甘蓝、韭菜、苦瓜、苦苣、萝卜、马铃薯、南瓜、茄子、芹菜、青花菜、生菜、蒜薹、甜椒、茼蒿、西葫芦、苋菜、小白菜、樱桃番茄、油麦菜、紫甘蓝和小油菜。

根据检出农药品种及频次进行排名，将各项排名前 10 位的蔬菜样品检出情况列表说明，详见表 5-25。

表 5-25　检出农药品种和频次排名前 10 的蔬菜

检出农药品种排名前 10（品种）	①甜椒（30），②芹菜（22），③番茄（20），④小白菜（20），⑤黄瓜（19），⑥樱桃番茄（17），⑦小油菜（14），⑧生菜（14），⑨苦苣（14），⑩冬瓜（14）
检出农药频次排名前 10（频次）	①甜椒（74），②番茄（61），③小白菜（46），④冬瓜（40），⑤芹菜（40），⑥黄瓜（39），⑦樱桃番茄（39），⑧苦苣（35），⑨生菜（34），⑩小油菜（32）

续表

检出禁用、高毒及剧毒农药品种排名前 10（品种）	①黄瓜（3），②茼蒿（3），③生菜（2），④甜椒（2），⑤菜豆（1），⑥菜薹（1），⑦韭菜（1），⑧马铃薯（1），⑨芹菜（1），⑩萝卜（1）
检出禁用、高毒及剧毒农药频次排名前 10（频次）	①甜椒（4），②茼蒿（4），③黄瓜（3），④胡萝卜（3），⑤菜豆（2），⑥生菜（2），⑦小油菜（2），⑧芹菜（1），⑨韭菜（1），⑩萝卜（1）

5.4.2　超标农药品种和频次排前 10 的蔬菜

鉴于 MRL 欧盟标准和日本标准的制定比较全面且覆盖率较高，我们参照 MRL 中国国家标准、欧盟标准和日本标准衡量蔬菜样品中农残检出情况，将超标农药品种及频次排名前 10 的蔬菜列表说明，详见表 5-26。

表 5-26　超标农药品种和频次排名前 10 的蔬菜

超标农药品种排名前 10（农药品种数）	MRL 中国国家标准	①黄瓜（2），②甜椒（2），③胡萝卜（1），④马铃薯（1），⑤韭菜（1），⑥小白菜（1），⑦芹菜（1），⑧茼蒿（1）
	MRL 欧盟标准	①小白菜（6），②甜椒（6），③韭菜（6），④小油菜（5），⑤茼蒿（4），⑥芹菜（4），⑦番茄（3），⑧西葫芦（3），⑨茄子（3），⑩黄瓜（3）
	MRL 日本标准	①菜豆（5），②小白菜（5），③韭菜（4），④芹菜（4），⑤豇豆（4），⑥苦苣（3），⑦结球甘蓝（2），⑧西葫芦（2），⑨萝卜（2），⑩小油菜（2）
超标农药频次排名前 10（农药频次数）	MRL 中国国家标准	①黄瓜（2），②甜椒（2），③芹菜（1），④马铃薯（1），⑤胡萝卜（1），⑥小白菜（1），⑦茼蒿（1），⑧韭菜（1）
	MRL 欧盟标准	①甜椒（9），②小油菜（9），③小白菜（7），④韭菜（6），⑤茼蒿（5），⑥茄子（4），⑦苦苣（4），⑧芹菜（4），⑨西葫芦（3），⑩番茄（3）
	MRL 日本标准	①小白菜（7），②豇豆（6），③菜豆（5），④芹菜（5），⑤南瓜（4），⑥韭菜（4），⑦萝卜（4），⑧苦苣（4），⑨菠菜（3），⑩茼蒿（3）

通过对各品种蔬菜样本总数及检出率进行综合分析发现，甜椒、芹菜和番茄的残留污染最为严重，在此，我们参照 MRL 中国国家标准、欧盟标准和日本标准对这 3 种蔬菜的农残检出情况进行进一步分析。

5.4.3　农药残留检出率较高的蔬菜样品分析

5.4.3.1　甜椒

这次共检测 17 例甜椒样品，15 例样品中检出了农药残留，检出率为 88.2%，检出农药共计 30 种。其中啶虫脒、哒螨灵、吡虫啉、噻虫嗪和甲霜灵检出频次较高，分别检出了 9、8、6、6 和 4 次。甜椒中农药检出品种和频次见图 5-33，超标农药见图 5-34 和表 5-27。

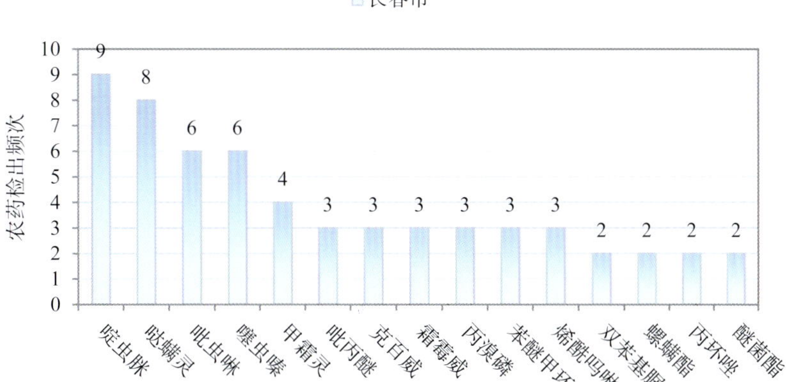

图 5-33　甜椒样品检出农药品种和频次分析（仅列出 2 频次及以上的数据）

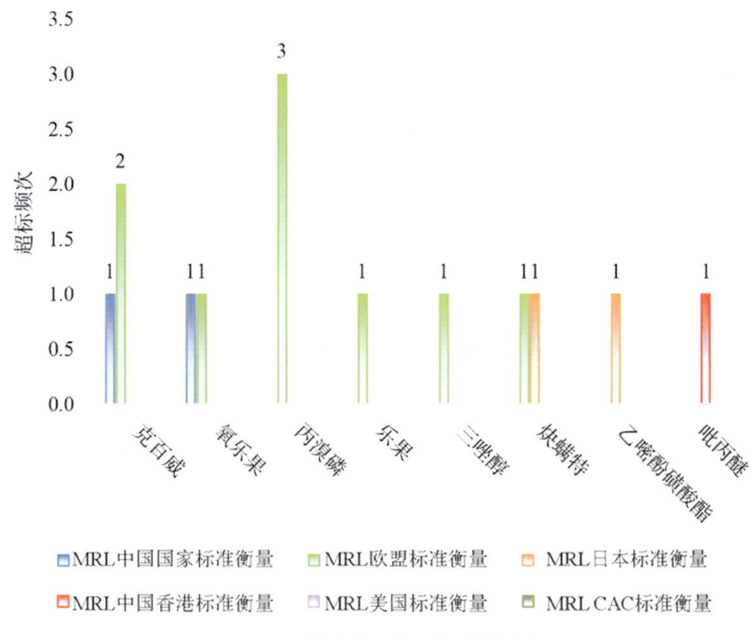

图 5-34　甜椒样品中超标农药分析

表 5-27　甜椒中农药残留超标情况明细表

样品总数			检出农药样品数	样品检出率（%）	检出农药品种总数
17			15	88.2	30
	超标农药品种	超标农药频次	按照 MRL 中国国家标准、欧盟标准和日本标准衡量超标农药名称及频次		
中国国家标准	2	2	克百威（1），氧乐果（1）		
欧盟标准	6	9	丙溴磷（3），克百威（2），乐果（1），三唑醇（1），炔螨特（1），氧乐果（1）		
日本标准	2	2	乙嘧酚磺酸酯（1），炔螨特（1）		

5.4.3.2　芹菜

这次共检测 13 例芹菜样品，11 例样品中检出了农药残留，检出率为 84.6%，检出农药共计 22 种。其中烯酰吗啉、苯醚甲环唑、莠去津、丙环唑和腈菌唑检出频次较高，分别检出了 6、5、4、3 和 2 次。芹菜中农药检出品种和频次见图 5-35，超标农药见图 5-36 和表 5-28。

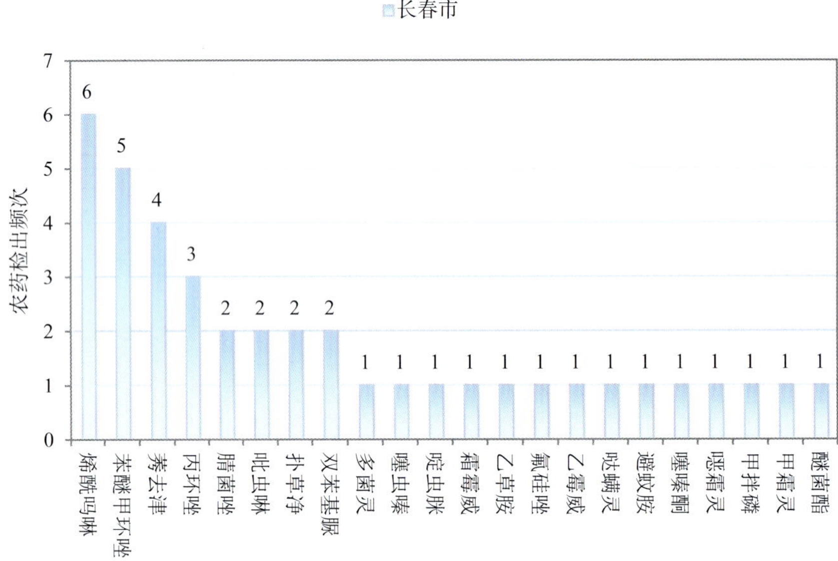

图 5-35　芹菜样品检出农药品种和频次分析

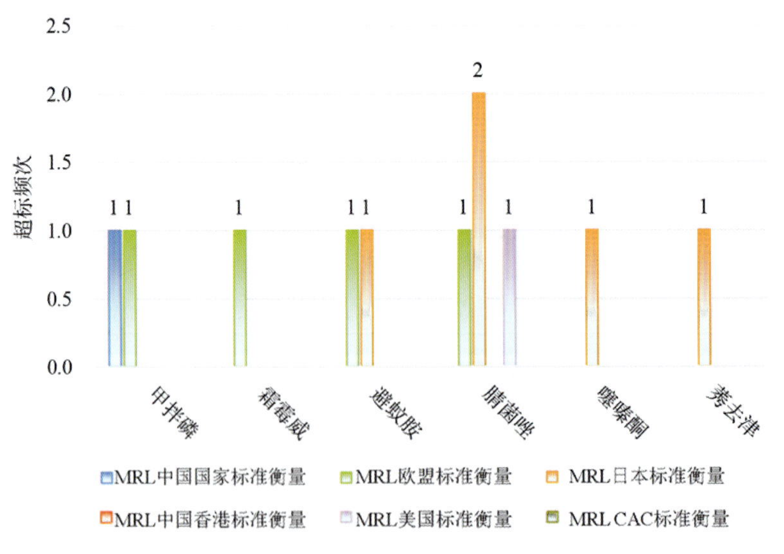

图 5-36　芹菜样品中超标农药分析

表 5-28　芹菜中农药残留超标情况明细表

样品总数			检出农药样品数	样品检出率（%）	检出农药品种总数
13			11	84.6	22
	超标农药品种	超标农药频次	按照 MRL 中国国家标准、欧盟标准和日本标准衡量超标农药名称及频次		
中国国家标准	1	1	甲拌磷（1）		
欧盟标准	4	4	霜霉威（1），避蚊胺（1），腈菌唑（1），甲拌磷（1）		
日本标准	4	5	腈菌唑（2），噻嗪酮（1），莠去津（1），避蚊胺（1）		

5.4.3.3　番茄

这次共检测 17 例番茄样品，16 例样品中检出了农药残留，检出率为 94.1%，检出农药共计 20 种。其中嘧霉胺、烯酰吗啉、苯醚甲环唑、多菌灵和避蚊胺检出频次较高，分别检出了 12、8、7、7 和 4 次。番茄中农药检出品种和频次见图 5-37，超标农药见图 5-38 和表 5-29。

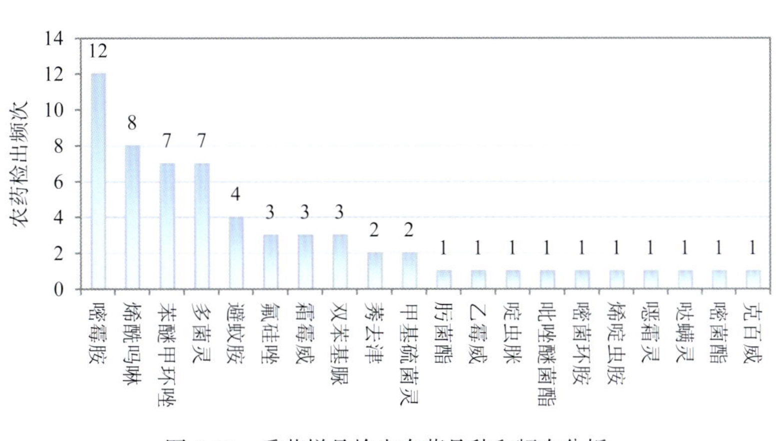

图 5-37　番茄样品检出农药品种和频次分析

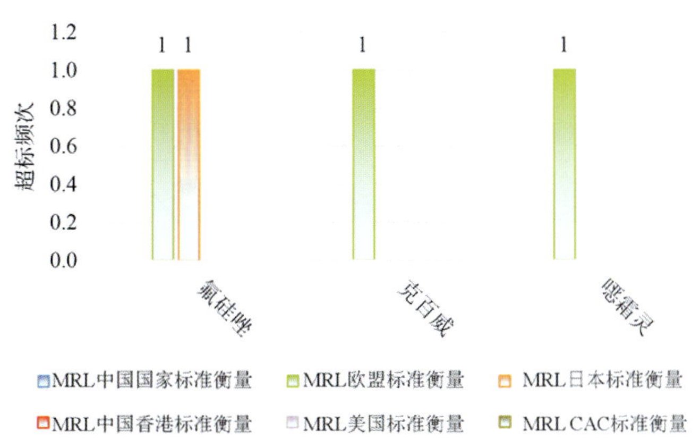

图 5-38　番茄样品中超标农药分析

表 5-29 番茄中农药残留超标情况明细表

样品总数			检出农药样品数	样品检出率（%）	检出农药品种总数
17			16	94.1	20
	超标农药品种	超标农药频次	按照 MRL 中国国家标准、欧盟标准和日本标准衡量超标农药名称及频次		
中国国家标准	0	0			
欧盟标准	3	3	氟硅唑（1），克百威（1），噁霜灵（1）		
日本标准	1	1	氟硅唑（1）		

5.5 初步结论

5.5.1 长春市市售水果蔬菜按 MRL 中国国家标准和国际主要 MRL 标准衡量的合格率

本次侦测的 411 例样品中，96 例样品未检出任何残留农药，占样品总量的 23.4%，315 例样品检出不同水平、不同种类的残留农药，占样品总量的 76.6%。在这 315 例检出农药残留的样品中：

按照 MRL 中国国家标准衡量，有 301 例样品检出残留农药但含量没有超标，占样品总数的 73.2%，有 14 例样品检出了超标农药，占样品总数的 3.4%。

按照 MRL 欧盟标准衡量，有 238 例样品检出残留农药但含量没有超标，占样品总数的 57.9%，有 77 例样品检出了超标农药，占样品总数的 18.7%。

按照 MRL 日本标准衡量，有 222 例样品检出残留农药但含量没有超标，占样品总数的 54.0%，有 93 例样品检出了超标农药，占样品总数的 22.6%。

按照 MRL 中国香港标准衡量，有 307 例样品检出残留农药但含量没有超标，占样品总数的 74.7%，有 8 例样品检出了超标农药，占样品总数的 1.9%。

按照 MRL 美国标准衡量，有 308 例样品检出残留农药但含量没有超标，占样品总数的 74.9%，有 7 例样品检出了超标农药，占样品总数的 1.7%。

按照 MRL CAC 标准衡量，有 312 例样品检出残留农药但含量没有超标，占样品总数的 75.9%，有 3 例样品检出了超标农药，占样品总数的 0.7%。

5.5.2 长春市市售水果蔬菜中检出农药以中低微毒农药为主，占市场主体的 92.8%

这次侦测的 411 例样品包括蔬菜 31 种 285 例，水果 11 种 103 例，食用菌 1 种 16 例，调味料 1 种 7 例，共检出了 69 种农药，检出农药的毒性以中低微毒为主，详见表 5-30。

表 5-30　市场主体农药毒性分布

毒性	检出品种	占比（%）	检出频次	占比（%）
剧毒农药	1	1.4	9	0.9
高毒农药	4	5.8	29	3.0
中毒农药	31	44.9	369	38.2
低毒农药	22	31.9	356	36.9
微毒农药	11	15.9	203	21.0
中低微毒农药，品种占比 92.8%，频次占比 96.1%				

5.5.3　检出剧毒、高毒和禁用农药现象应该警醒

在此次侦测的 411 例样品中有 14 种蔬菜和 3 种水果的 37 例样品检出了 5 种 38 频次的剧毒和高毒或禁用农药，占样品总量的 9.0%。其中剧毒农药甲拌磷以及高毒农药克百威、氧乐果和灭多威检出频次较高。

按 MRL 中国国家标准衡量，剧毒农药甲拌磷，检出 9 次，超标 3 次；高毒农药克百威，检出 16 次，超标 6 次；氧乐果，检出 8 次，超标 2 次；按超标程度比较，桃中克百威超标 58.9 倍，胡萝卜中甲拌磷超标 34.7 倍，甜椒中氧乐果超标 24.5 倍，芹菜中甲拌磷超标 4.2 倍，茼蒿中甲拌磷超标 1.7 倍。

剧毒、高毒或禁用农药的检出情况及按照 MRL 中国国家标准衡量的超标情况见表 5-31。

表 5-31　剧毒、高毒或禁用农药的检出及超标明细

序号	农药名称	样品名称	检出频次	超标频次	最大超标倍数	超标率（%）
1.1	甲拌磷*▲	胡萝卜	3	1	34.72	33.3
1.2	甲拌磷*▲	芫荽	2	0		0.0
1.3	甲拌磷*▲	芹菜	1	1	4.18	100.0
1.4	甲拌磷*▲	茼蒿	1	1	1.66	100.0
1.5	甲拌磷*▲	萝卜	1	0		0.0
1.6	甲拌磷*▲	马铃薯	1	0		0.0
2.1	苯线磷◊▲	黄瓜	1	1	0.655	100.0
3.1	克百威◊▲	桃	4	4	58.865	100.0
3.2	克百威◊▲	甜椒	3	1	0.43	33.3
3.3	克百威◊▲	菜豆	2	0		0.0
3.4	克百威◊▲	小油菜	2	0		0.0
3.5	克百威◊▲	黄瓜	1	1	0.145	100.0
3.6	克百威◊▲	番茄	1	0		0.0
3.7	克百威◊▲	生菜	1	0		0.0

续表

序号	农药名称	样品名称	检出频次	超标频次	最大超标倍数	超标率（%）
3.8	克百威◊▲	杏	1	0		0.0
3.9	克百威◊▲	樱桃番茄	1	0		0.0
4.1	灭多威◊▲	茼蒿	2	0		0.0
4.2	灭多威◊▲	蘑菇	1	0		0.0
4.3	灭多威◊▲	生菜	1	0		0.0
5.1	氧乐果◊▲	甜椒	1	1	24.46	100.0
5.2	氧乐果◊▲	韭菜	1	1	0.41	100.0
5.3	氧乐果◊▲	菜薹	1	0		0.0
5.4	氧乐果◊▲	黄瓜	1	0		0.0
5.5	氧乐果◊▲	桃	1	0		0.0
5.6	氧乐果◊▲	樱桃	1	0		0.0
5.7	氧乐果◊▲	芫荽	1	0		0.0
5.8	氧乐果◊▲	茼蒿	1	0		0.0
合计			38	12		31.6

注：超标倍数参照 MRL 中国国家标准衡量

这些超标的剧毒和高毒农药都是中国政府早有规定禁止在水果蔬菜中使用的，为什么还屡次被检出，应该引起警惕。

5.5.4　残留限量标准与先进国家或地区差距较大

966 频次的检出结果与我国公布的《食品中农药最大残留限量》(GB 2763—2014）对比，有 275 频次能找到对应的 MRL 中国国家标准，占 28.5%；还有 691 频次的侦测数据无相关 MRL 标准供参考，占 71.5%。

与国际上现行 MRL 标准对比发现：

有 966 频次能找到对应的 MRL 欧盟标准，占 100.0%；

有 966 频次能找到对应的 MRL 日本标准，占 100.0%；

有 461 频次能找到对应的 MRL 中国香港标准，占 47.7%；

有 446 频次能找到对应的 MRL 美国标准，占 46.2%；

有 323 频次能找到对应的 MRL CAC 标准，占 33.4%。

由上可见，MRL 中国国家标准与先进国家或地区标准还有很大差距，我们无标准，境外有标准，这就会导致我们在国际贸易中，处于受制于人的被动地位。

5.5.5　水果蔬菜单种样品检出 13~30 种农药残留，拷问农药使用的科学性

通过此次监测发现，桃、香瓜和李子是检出农药品种最多的 3 种水果，甜椒、芹菜和番茄是检出农药品种最多的 3 种蔬菜，从中检出农药品种及频次详见表 5-32。

表 5-32　单种样品检出农药品种及频次

样品名称	样品总数	检出农药样品数	检出率	检出农药品种数	检出农药（频次）
甜椒	17	15	88.2%	30	啶虫脒（9），哒螨灵（8），吡虫啉（6），噻虫嗪（6），甲霜灵（4），吡丙醚（3），克百威（3），霜霉威（3），丙溴磷（3），苯醚甲环唑（3），烯酰吗啉（3），双苯基脲（2），螺螨酯（2），丙环唑（2），醚菌酯（2），炔螨特（1），四氟醚唑（1），戊唑醇（1），三唑醇（1），联苯肼酯（1），乙嘧酚磺酸酯（1），多菌灵（1），毒死蜱（1），三唑酮（1），烯啶虫胺（1），乐果（1），腈菌唑（1），莠去津（1），甲氨基阿维菌素（1），氧乐果（1）
芹菜	13	11	84.6%	22	烯酰吗啉（6），苯醚甲环唑（5），莠去津（4），丙环唑（3），腈菌唑（2），吡虫啉（2），扑草净（2），双苯基脲（2），多菌灵（1），噻虫嗪（1），啶虫脒（1），霜霉威（1），乙草胺（1），氟硅唑（1），乙霉威（1），哒螨灵（1），避蚊胺（1），噻嗪酮（1），噁霜灵（1），甲拌磷（1），甲霜灵（1），醚菌酯（1）
番茄	17	16	94.1%	20	嘧霉胺（12），烯酰吗啉（8），苯醚甲环唑（7），多菌灵（7），避蚊胺（4），氟硅唑（3），霜霉威（3），双苯基脲（3），莠去津（2），甲基硫菌灵（2），肟菌酯（1），乙霉威（1），啶虫脒（1），吡唑醚菌酯（1），嘧菌环胺（1），烯啶虫胺（1），噁霜灵（1），哒螨灵（1），嘧菌酯（1），克百威（1）
桃	20	20	100.0%	23	多菌灵（15），多效唑（13），哒螨灵（5），吡虫啉（5），甲基硫菌灵（5），啶虫脒（5），苯醚甲环唑（5），烯啶虫胺（4），克百威（4），氟硅唑（3），毒死蜱（3），莠去津（2），避蚊胺（2），戊唑醇（2），吡丙醚（1），咪鲜胺（1），甲氨基阿维菌素（1），螺螨酯（1），噻嗪酮（1），双苯基脲（1），烯唑醇（1），氧乐果（1），嘧霉胺（1）
香瓜	14	14	100.0%	17	莠去津（8），甲霜灵（5），烯酰吗啉（5），嘧霉胺（4），去乙基阿特拉津（2），十三吗啉（2），噻虫嗪（2），嘧菌酯（2），腈菌唑（1），三唑醇（1），戊唑醇（1），啶虫脒（1），噁霜灵（1），吡虫啉（1），苯醚甲环唑（1），避蚊胺（1），霜霉威（1）
李子	10	8	80.0%	13	嘧霉胺（2），吡虫啉（2），多效唑（2），双苯基脲（2），噻嗪酮（2），苯醚甲环唑（2），啶虫脒（1），苯噻酰草胺（1），甲哌（1），烯酰吗啉（1），咪鲜胺（1），多菌灵（1），抑霉唑（1）

上述 6 种水果蔬菜，检出农药 13~30 种，是多种农药综合防治，还是未严格实施农业良好管理规范（GAP），抑或根本就是乱施药，值得我们思考。

第 6 章　LC-Q-TOF/MS 侦测长春市市售水果蔬菜农药残留膳食暴露风险及预警风险评估

6.1　农药残留风险评估方法

6.1.1　长春市农药残留检测数据分析与统计

庞国芳院士科研团队建立的农药残留高通量侦测技术以高分辨精确质量数（0.0001 *m/z* 为基准）为识别标准，采用 LC-Q-TOF/MS 技术对 537 种农药化学污染物进行检测。

科研团队于 2013 年 7 月~2014 年 5 月在长春市所属 5 个区县的 17 个采样点，随机采集了 411 例水果蔬菜样品，采样点具体位置分布如图 6-1 所示，各月内果蔬样品采集数量如表 6-1 所示。

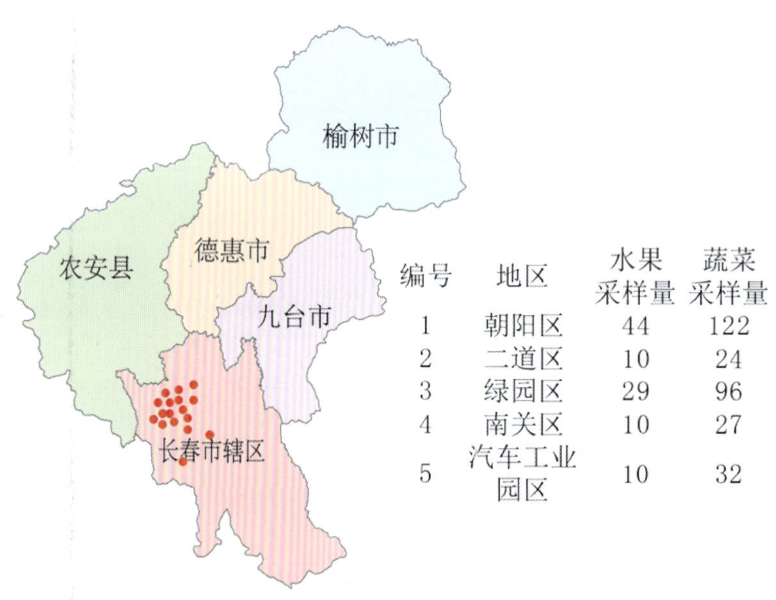

图 6-1　长春市所属 17 个采样点 411 例样品分布图

表 6-1　长春市各月内果蔬样品采集情况

时间	样品数（例）
2013 年 7 月	197
2014 年 5 月	214

利用 LC-Q-TOF/MS 技术对 411 例样品中的农药残留进行侦测，检出残留农药 69 种，966 频次。检出农药残留水平如表 6-2 和图 6-2 所示。检出频次最高的前十种农药如表 6-3 所示。从检测结果中可以看出，在果蔬中农药残留普遍存在，且有些果蔬存在高浓度的农药残留，这些可能存在膳食暴露风险，对人体健康产生危害，因此，为了定量地评价果蔬中农药残留的风险程度，有必要对其进行风险评价。

表 6-2　检出农药的不同残留水平及其所占比例

残留水平（μg/kg）	检出频次	占比（%）
1~5（含）	393	40.7
5~10（含）	151	15.6
10~100（含）	330	34.2
100~1000（含）	86	8.9
>1000	6	0.6
合计	966	100

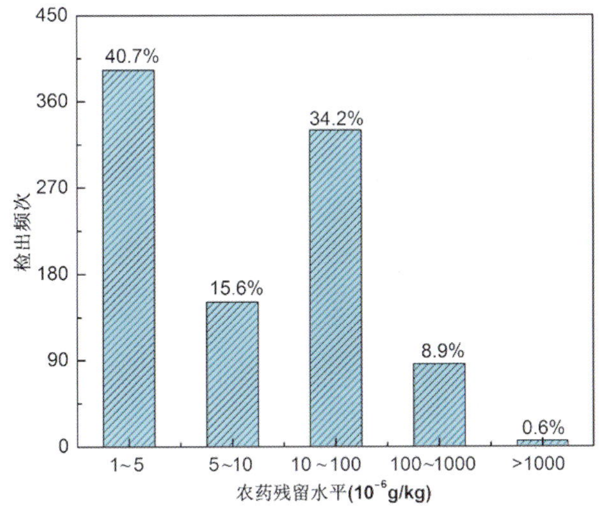

图 6-2　残留农药检出浓度频数分布

表 6-3　检出频次最高的前十种农药

序号	农药	检出频次（次）
1	多菌灵	92
2	莠去津	82
3	烯酰吗啉	73
4	吡虫啉	58
5	避蚊胺	49
6	嘧霉胺	40

续表

序号	农药	检出频次（次）
7	甲霜灵	36
8	啶虫脒	36
9	苯醚甲环唑	35
10	双苯基脲	34

6.1.2 农药残留风险评价模型

对长春市水果蔬菜中农药残留分别开展暴露风险评估和预警风险评估。膳食暴露风险评价利用食品安全指数模型对水果蔬菜中的残留农药对人体可能产生的危害程度进行评价，该模型结合残留监测和膳食暴露评估评价化学污染物的危害；预警风险评价模型运用风险系数（risk index，R），风险系数综合考虑了危害物的超标率、施检频率及其本身敏感性的影响，能直观而全面地反映出危害物在一段时间内的风险程度。

6.1.2.1 食品安全指数模型

为了加强食品安全管理，《中华人民共和国食品安全法》第二章第十七条规定“国家建立食品安全风险评估制度，运用科学方法，根据食品安全风险监测信息、科学数据以及有关信息，对食品、食品添加剂、食品相关产品中生物性、化学性和物理性危害因素进行风险评估”[1]，膳食暴露评估是食品危险度评估的重要组成部分，也是膳食安全性的衡量标准[2]。国际上最早研究膳食暴露风险评估的机构主要是 JMPR（FAO、WHO 农药残留联合会议），该组织自 1995 年就已制定了急性毒性物质的风险评估急性毒性农药残留摄入量的预测。1960 年美国规定食品中不得加入致癌物质进而提出零阈值理论，渐渐零阈值理论发展成在一定概率条件下可接受风险的概念[3]，后衍变为食品中每日允许最大摄入量（ADI），而农药残留法典委员会（CCPR）认为 ADI 不是独立风险评估的唯一标准[4]，1995 年 JMPR 开始研究农药急性膳食暴露风险评估，并对食品国际短期摄入量的计算方法进行了修正，亦对膳食暴露评估准则及评估方法进行了修正[5]，2002 年，在对世界上现行的食品安全评价方法，尤其是国际公认的 CAC 的评价方法、WHO GEMS/Food（全球环境监测系统/食品污染监测和评估规划）及 JECFA（FAO、WHO 食品添加剂联合专家委员会）和 JMPR 对食品安全风险评估工作研究的基础之上，检验检疫食品安全管理的研究人员提出了结合残留监控和膳食暴露评估，以食品安全指数（IFS）计算食品中各种化学污染物对消费者的健康危害程度[6]。IFS 是表示食品安全状态的新方法，可有效地评价某种农药的安全性，进而评价食品中各种农药化学污染物对消费者健康的整体危害程度[7, 8]。从理论上分析，IFS_c 可指出食品中的污染物 c 对消费者健康是否存在危害及危害的程度[9]。其优点在于操作简单且结果容易被接受和理解，不需要大量的数据来对结果进行验证，使用默认的标准假设或者模型即可[10, 11]。

1）IFS_c 的计算

IFS_c 计算公式如下：

$$\mathrm{IFS_c}=\frac{\mathrm{EDI_c}\times f}{\mathrm{SI_c}\times \mathrm{bw}} \qquad (6\text{-}1)$$

式中，c 为所研究的农药；$\mathrm{EDI_c}$ 为农药 c 的实际日摄入量估算值，等于 $\sum(R_i\times F_i\times E_i\times P_i)$（$i$ 为食品种类；R_i 为食品 i 中农药 c 的残留水平，mg/kg；F_i 为食品 i 的估计日消费量，g/（人・天）；E_i 为食品 i 的可食用部分因子；P_i 为食品 i 的加工处理因子）；$\mathrm{SI_c}$ 为安全摄入量，可采用每日允许摄入量 ADI；bw 为人平均体重，kg；f 为校正因子，如果安全摄入量采用 ADI，则 f 取 1。

$\mathrm{IFS_c}\ll1$，农药 c 对食品安全没有影响；$\mathrm{IFS_c}\leqslant1$，农药 c 对食品安全的影响可以接受；$\mathrm{IFS_c}>1$，农药 c 对食品安全的影响不可接受。

本次评价中：

$\mathrm{IFS_c}\leqslant0.1$，农药 c 对果蔬安全没有影响；

$0.1<\mathrm{IFS_c}\leqslant1$，农药 c 对果蔬安全的影响可以接受；

$\mathrm{IFS_c}>1$，农药 c 对果蔬安全的影响不可接受。

本次评价中残留水平 R_i 取值为中国检验检疫科学院庞国芳院士课题组对长春市果蔬中的农药残留检测结果，估计日消费量 F_i 取值 0.38 kg/（人・天），E_i=1，P_i=1，f=1，$\mathrm{SI_c}$ 采用《食品安全国家标准　食品中农药最大残留限量》（GB 2763—2016）中 ADI 值（具体数值见表 6-4），人平均体重（bw）取值 60 kg。

2）计算 $\mathrm{IFS_c}$ 的平均值 $\overline{\mathrm{IFS}}$，判断农药对食品安全影响程度

以 $\overline{\mathrm{IFS}}$ 评价各种农药对人体健康危害的总程度，评价模型见公式（6-2）。

$$\overline{\mathrm{IFS}}=\frac{\sum_{i=1}^{n}\mathrm{IFS_c}}{n} \qquad (6\text{-}2)$$

$\overline{\mathrm{IFS}}\ll1$，所研究消费者人群的食品安全状态很好；$\overline{\mathrm{IFS}}\leqslant1$，所研究消费者人群的食品安全状态可以接受；$\overline{\mathrm{IFS}}>1$，所研究消费者人群的食品安全状态不可接受。

本次评价中：

$\overline{\mathrm{IFS}}\leqslant0.1$，所研究消费者人群的果蔬安全状态很好；

$0.1<\overline{\mathrm{IFS}}\leqslant1$，所研究消费者人群的果蔬安全状态可以接受；

$\overline{\mathrm{IFS}}>1$，所研究消费者人群的果蔬安全状态不可接受。

表 6-4　长春市果蔬中残留农药 ADI 值

序号	农药	ADI	序号	农药	ADI	序号	农药	ADI
1	苯醚甲环唑	0.01	6	吡唑醚菌酯	0.03	11	敌百虫	0.002
2	苯噻酰草胺	0.007	7	丙环唑	0.07	12	啶虫脒	0.07
3	苯线磷	0.0008	8	丙溴磷	0.03	13	毒死蜱	0.01
4	吡丙醚	0.1	9	虫酰肼	0.02	14	多菌灵	0.03
5	吡虫啉	0.06	10	哒螨灵	0.01	15	多效唑	0.1

续表

序号	农药	ADI	序号	农药	ADI	序号	农药	ADI
16	噁霜灵	0.01	34	灭多威	0.02	52	烯唑醇	0.005
17	粉唑醇	0.01	35	灭蝇胺	0.06	53	氧乐果	0.0003
18	氟硅唑	0.007	36	扑草净	0.04	54	乙草胺	0.02
19	己唑醇	0.005	37	炔螨特	0.01	55	乙霉威	0.004
20	甲氨基阿维菌素	0.0005	38	噻虫胺	0.1	56	异丙威	0.002
21	甲拌磷	0.0007	39	噻虫嗪	0.08	57	抑霉唑	0.03
22	甲基硫菌灵	0.08	40	噻菌灵	0.1	58	莠去津	0.02
23	甲霜灵	0.08	41	噻嗪酮	0.009	59	双苯基脲	—
24	腈菌唑	0.03	42	噻唑磷	0.004	60	残杀威	—
25	克百威	0.001	43	三唑醇	0.03	61	去乙基阿特拉津	—
26	乐果	0.002	44	三唑酮	0.03	62	避蚊胺	—
27	联苯肼酯	0.01	45	杀铃脲	0.014	63	甲哌	—
28	螺螨酯	0.01	46	霜霉威	0.4	64	氟氯氢菊酯	—
29	咪鲜胺	0.01	47	肟菌酯	0.04	65	氟甲喹	—
30	醚菌酯	0.4	48	戊唑醇	0.03	66	十三吗啉	—
31	嘧菌环胺	0.03	49	西草净	0.025	67	乙嘧酚磺酸酯	—
32	嘧菌酯	0.2	50	烯啶虫胺	0.53	68	四氟醚唑	—
33	嘧霉胺	0.2	51	烯酰吗啉	0.2	69	烯丙菊酯	—

注：“—”表示国家标准中无 ADI 值规定；ADI 值单位为 mg/kg bw

6.1.2.2 预警风险评价模型

2003 年，我国检验检疫食品安全管理的研究人员根据 WTO 的有关原则和我国的具体规定，结合危害物本身的敏感性、风险程度及其相应的施检频率，首次提出了食品中危害物风险系数 R 的概念[12]。R 是衡量一个危害物的风险程度大小最直观的参数，即在一定时期内其超标率或阳性检出率的高低，但受其施检测率的高低及其本身的敏感性（受关注程度）影响。该模型综合考察了农药在蔬菜中的超标率、施检频率及其本身敏感性，能直观而全面地反映出农药在一段时间内的风险程度[13]。

1）R 计算方法

危害物的风险系数综合考虑了危害物的超标率或阳性检出率、施检频率和其本身的敏感性影响，并能直观而全面地反映出危害物在一段时间内的风险程度。风险系数 R 的计算公式如式（6-3）：

$$R = aP + \frac{b}{F} + S \tag{6-3}$$

式中，P 为该种危害物的超标率；F 为危害物的施检频率；S 为危害物的敏感因子；a，b 分别为相应的权重系数。

本次评价中 F=1；S=1；a=100；b=0.1，对参数 P 进行计算，计算时首先判断是否为禁药，如果为非禁药，P=超标的样品数（检测出的含量高于食品最大残留限量标准值，即 MRL）除以总样品数（包括超标、不超标、未检出）；如果为禁药，则检出即为超标，*P*=能检出的样品数除以总样品数。判断长春市果蔬农药残留是否超标的标准限值 MRL 分别以 MRL 中国国家标准[14]和 MRL 欧盟标准作为对照，具体值列于本报告附表一中。

2）判断风险程度

$R \leqslant 1.5$，受检农药处于低度风险；

$1.5 < R \leqslant 2.5$，受检农药处于中度风险；

$R > 2.5$，受检农药处于高度风险。

6.1.2.3　食品膳食暴露风险和预警风险评价应用程序的开发

1）应用程序开发的步骤

为成功开发膳食暴露风险和预警风险评价应用程序，与软件工程师多次沟通讨论，逐步提出并描述清楚计算需求，开发了初步应用程序。在软件应用过程中，根据风险评价拟得到结果的变化，计算需求发生变更，这些变化给软件工程师进行需求分析带来一定的困难，经过各种细节的沟通，需求分析得到明确后，开始进行解决方案的设计，在保证需求的完整性、一致性的前提下，编写代码，最后设计出风险评价专用计算软件。软件开发基本步骤见图 6-3。

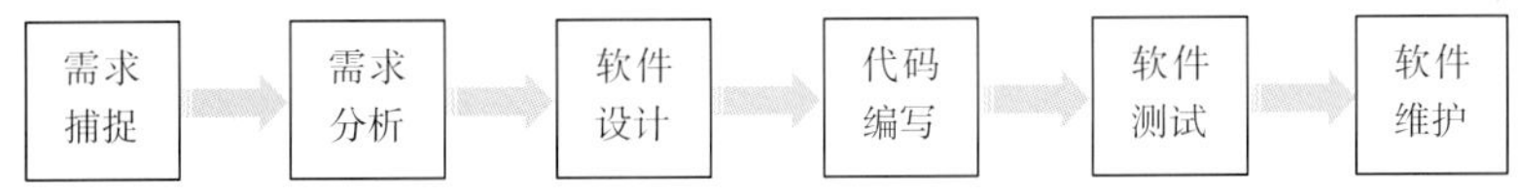

图 6-3　专用程序开发总体步骤

2）膳食暴露风险评价专业程序开发的基本要求

首先直接利用公式（6-1），分别计算 LC-Q-TOF/MS 和 GC-Q-TOF/MS 仪器检出的各果蔬样品中每种农药 IFS_c，将结果列出。为考察超标农药和禁用农药的使用安全性，分别以我国《食品安全国家标准　食品中农药最大残留限量》（GB 2763—2016）和欧盟食品中农药最大残留限量（以下简称 MRL 中国国家标准和 MRL 欧盟标准）为标准，对检出的禁药和超标的非禁药 IFS_c 单独进行评价；按 IFS_c 大小列表，并找出 IFS_c 值排名前 20 的样本重点关注。

对不同果蔬 *i* 中每一种检出的农药 c 的安全指数进行计算，多个样品时求平均值。若监测数据为该市多个月的数据，则逐月、逐季度分别列出每个月、每个季度内每一种果蔬 *i* 对应的每一种农药 c 的 IFS_c。

按农药种类，计算整个监测时间段内每种农药的 IFS_c，不区分果蔬。若检测数据为该市多个月的数据，则需分别计算每个月、每个季度内每种农药的 IFS_c。

3）预警风险评价专业程序开发的基本要求

分别以 MRL 中国国家标准和 MRL 欧盟标准，按公式（6-3）逐个计算不同果蔬、不同农药的风险系数，禁药和非禁药分别列表。

为清楚了解各种农药的预警风险，不分时间，不分果蔬，按禁用农药和非禁药分类，分别计算各种检出农药全部检测时段内风险系数。由于有 MRL 中国国家标准的农药种类太少，无法计算超标数，非禁药的风险系数只以 MRL 欧盟标准为标准进行计算。若检测数据为多个月的，则按月计算每个月、每个季度内每种禁用农药残留的风险系数和以 MRL 欧盟标准为标准的非禁药残留的风险系数。

4）风险程度评价专业应用程序的开发方法

采用 Python 计算机程序设计语言，Python 是一个高层次地结合了解释性、编译性、互动性和面向对象的脚本语言。风险评价专用程序主要功能包括：分别读入每例样品 LC-Q-TOF/MS 和 GC-Q-TOF/MS 农药残留检测数据，根据风险评价工作要求，依次对不同农药、不同食品、不同时间、不同采样点的 IFS_c 值和 R 值分别进行数据计算，筛选出禁用农药、超标农药（分别与 MRL 中国国家标准、MRL 欧盟标准限值进行对比）单独重点分析，再分别对各农药、各果蔬种类分类处理，设计出计算和排序程序，编写计算机代码，最后将生成的膳食暴露风险评价和超标风险评价定量计算结果列入设计好的各个表格中，并定性判断风险对目标的影响程度，直接用文字描述风险发生的高低，如“不可接受”“可以接受”“没有影响”“高度风险”“中度风险”“低度风险”。

6.2 长春市果蔬农药残留膳食暴露风险评估

6.2.1 果蔬样品中农药残留安全指数分析

基于农药残留检测数据，发现在 411 例样品中检出农药 966 频次，计算样品中每种残留农药的安全指数 IFS_c，并分析农药对样品安全的影响程度，结果详见附表一，农药残留对样品安全影响程度频次分布情况如图 6-4 所示。

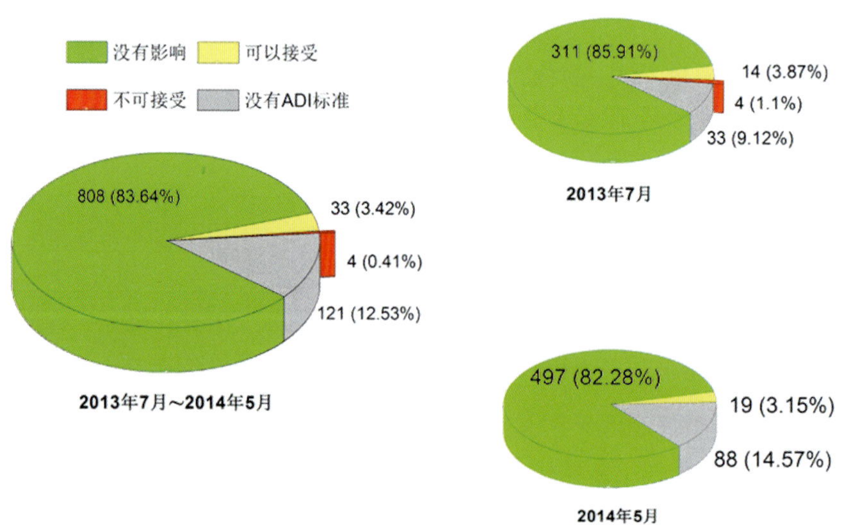

图 6-4　农药残留对果蔬样品安全的影响程度频次分布图

由图 6-4 可以看出，农药残留对样品安全的影响不可接受的频次为 4，占 0.41%；农药残留对样品安全的影响可以接受的频次为 33，占 3.42%；农药残留对样品安全的没有影响的频次为 808，占 83.64%。两个月内检出农药频次排序为：2014 年 5 月（604）>2013 年 7 月（362），残留农药对安全影响不可接受的样品如表 6-5 所示。

表 6-5 对果蔬样品安全影响不可接受的残留农药安全指数表

序号	样品编号	采样点	基质	农药	含量（mg/kg）	IFS_c
1	20130713-220100-QHDCIQ-PP-05A	***超市（绿园店）	甜椒	乐果	0.3644	1.1539
2	20130713-220100-QHDCIQ-PH-05A	***超市（绿园店）	桃	克百威	1.1973	7.5829
3	20130713-220100-QHDCIQ-PP-05A	***超市（绿园店）	甜椒	氧乐果	0.5092	10.7498
4	20130713-220100-QHDCIQ-HU-02A	***商都（商都红旗店）	胡萝卜	甲拌磷	0.3572	3.2318

此次检测，发现部分样品检出禁用农药，为了明确残留的禁用农药对样品安全的影响，分析检出禁药残留的样品安全指数，结果如图 6-5 所示，检出禁用农药 5 种 38 频次，其中农药残留对样品安全的影响不可接受的频次为 3，占 7.89%；农药残留对样品安全的影响可以接受的频次为 14，占 36.84%；农药残留对样品安全没有影响的频次为 21，占 55.26%。两个月内检出禁用农药频次排序为：2014 年 5 月（23）>2013 年 7 月（15），此外，两个月内残留禁药对样品安全影响不可接受的频次比例排序为：2013 年 7 月（13.33%）>2014 年 5 月（0）。果蔬样品中安全指数不可接受的残留农药列表如表 6–6 所示。

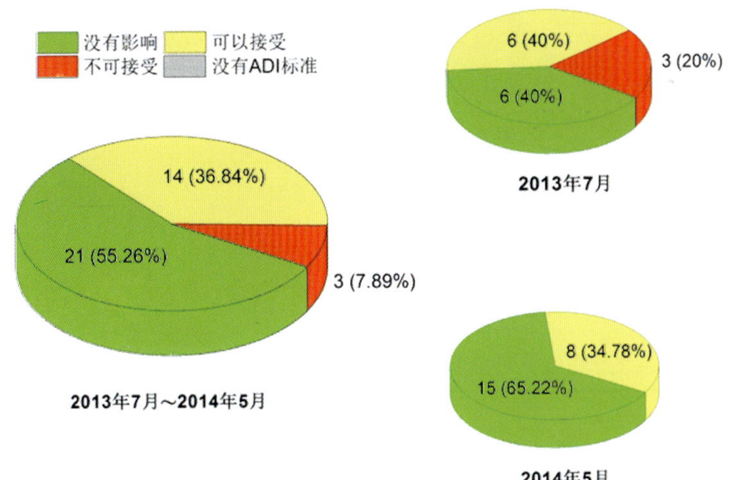

图 6-5 禁用农药残留对果蔬样品安全的影响程度频次分布图

表 6-6 果蔬样品中安全指数不可接受的残留农药列表

序号	样品编号	采样点	基质	农药	含量（mg/kg）	IFS_c
1	20130713-220100-QHDCIQ-PP-05A	***超市（绿园店）	甜椒	氧乐果	0.5092	10.7498
2	20130713-220100-QHDCIQ-PH-05A	***超市（绿园店）	桃	克百威	1.1973	7.5829
3	20130713-220100-QHDCIQ-HU-02A	***商都（商都红旗店）	胡萝卜	甲拌磷	0.3572	3.2318

此外，本次检测发现部分样品中非禁用农药残留量超过 MRL 中国国家标准和欧盟标准，为了明确超标的非禁药对样品安全的影响，分析非禁药残留超标的样品安全指数，超标的非禁用农药对样品安全的影响程度频次分布情况如表 6-7 和图 6-6 所示。由表 6-7 可以看出，检出超过 MRL 中国国家标准的非禁用农药共 2 频次，其中农药残留对样品安全的影响可以接受的频次为 1，占 50%；农药残留对样品安全没有影响的频次为 1，占 50%。

表 6-7　果蔬样品中残留超标的非禁用农药安全指数表（MRL 中国国家标准）

序号	样品编号	采样点	基质	农药	含量（mg/kg）	中国国家标准	超标倍数	IFS_c	影响程度
1	20130713-220100-QHDCIQ-PO-03A	***超市（东盛店）	马铃薯	烯酰吗啉	0.0523	0.05	0.05	0.0017	没有影响
2	20140527-220100-QHDCIQ-PB-12A	***超市（桂林路店）	小白菜	毒死蜱	0.6542	0.1	5.54	0.4143	可以接受

由图 6-6 可以看出检出超过 MRL 欧盟标准的非禁用农药共 89 频次，其中农药残留对样品安全的影响不可接受的频次为 1，占 1.12%；农药残留对样品安全的影响可以接受的频次为 14，占 15.73%；农药残留对样品安全没有影响的频次为 56，占 62.92%。表 6-8 为对果蔬样品安全影响不可接受的残留超标非禁用农药安全指数。

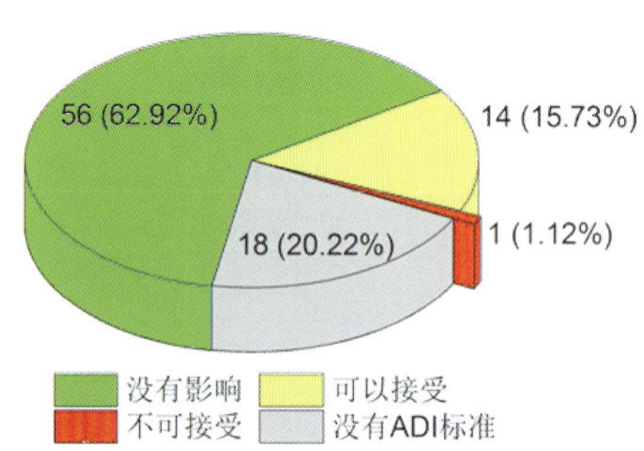

图 6-6　残留超标的非禁用农药对果蔬样品安全的影响程度频次分布图（MRL 欧盟标准）

表 6-8　对果蔬样品安全影响不可接受的残留超标非禁用农药安全指数表（MRL 欧盟标准）

序号	样品编号	采样点	基质	农药	含量（mg/kg）	欧盟标准	超标倍数	IFS_c
1	20130713-220100-QHDCIQ-PP-05A	***超市（绿园店）	甜椒	乐果	0.3644	0.02	17.22	1.1539

在 411 例样品中，96 例样品未检测出农药残留，315 例样品中检测出农药残留，计算每例有农药检出的样品的$\overline{IFS}$值，进而分析样品的安全状态结果如图 6-7 所示（未检出农药的样品安全状态视为很好）。可以看出，0.73%的样品安全状态不可接受，3.41%的样品安全状态可以接受，91.48%的样品安全状态很好。表 6-9 列出了安全状态不可接受的样品。

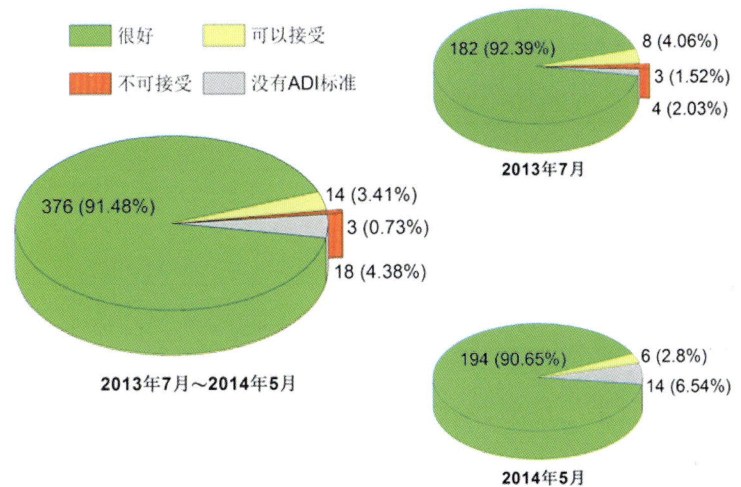

图 6-7　果蔬样品安全状态分布图

表 6-9　安全状态不可接受的果蔬样品列表

序号	年月	样品编号	采样点	基质	$\overline{IFS}$
1	2013 年 7 月	20130713-220100-QHDCIQ-PP-05A	***超市（绿园店）	甜椒	2.3850
2	2013 年 7 月	20130713-220100-QHDCIQ-PH-05A	***超市（绿园店）	桃	1.3391
3	2013 年 7 月	20130713-220100-QHDCIQ-HU-02A	***商都（商都红旗店）	胡萝卜	1.6168

6.2.2　单种果蔬中农药残留安全指数分析

本次检测的果蔬共计 44 种，44 种果蔬中紫甘蓝和蒜薹没有检测出农药残留，在其余 42 种果蔬中检测出 69 种残留农药，检出频次 966，其中 58 种农药存在 ADI 标准。计算每种果蔬中农药的 IFS_c 值，结果如图 6-8 所示。

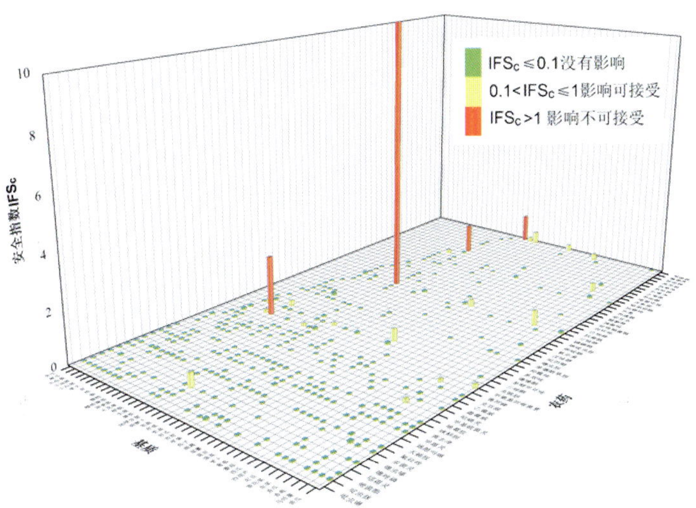

图 6-8　42 种果蔬中 58 种残留农药的安全指数

分析发现 3 种果蔬中 4 种农药的残留对食品安全影响不可接受，如表 6-10 所示。

表 6-10　对单种果蔬安全影响不可接受的残留农药安全指数表

序号	基质	农药	检出频次	检出率	IFS_c>1 的频次	IFS_c>1 的比例	IFS_c
1	甜椒	氧乐果	1	5.88%	1	5.88%	10.7498
2	桃	克百威	4	20.00%	1	5.00%	2.3052
3	甜椒	乐果	1	5.88%	1	5.88%	1.1539
4	胡萝卜	甲拌磷	3	20.00%	1	6.67%	1.1110

本次检测中，42 种果蔬和 69 种残留农药（包括没有 ADI）共涉及 446 个分析样本，农药对果蔬安全的影响程度的分布情况如图 6-9 所示。

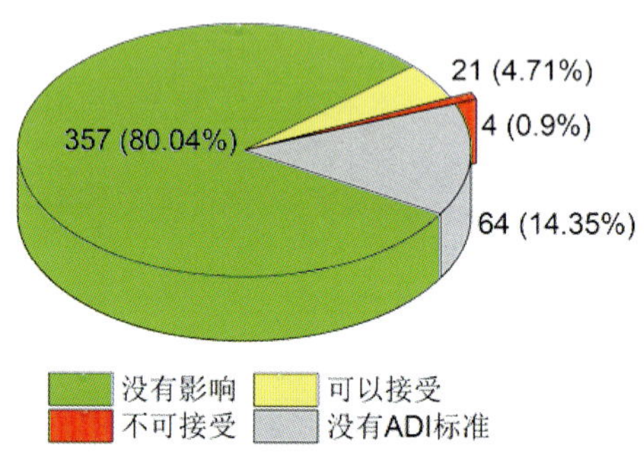

图 6-9　446 个分析样本的影响程度分布图

此外，分别计算 42 种果蔬中所有检出农药 IFS_c 的平均值 $\overline{IFS}$，分析每种果蔬的安全状态，结果如图 6-10 所示，分析发现，4 种果蔬（9.52%）的安全状态可接受，38 种（90.48%）果蔬的安全状态很好。

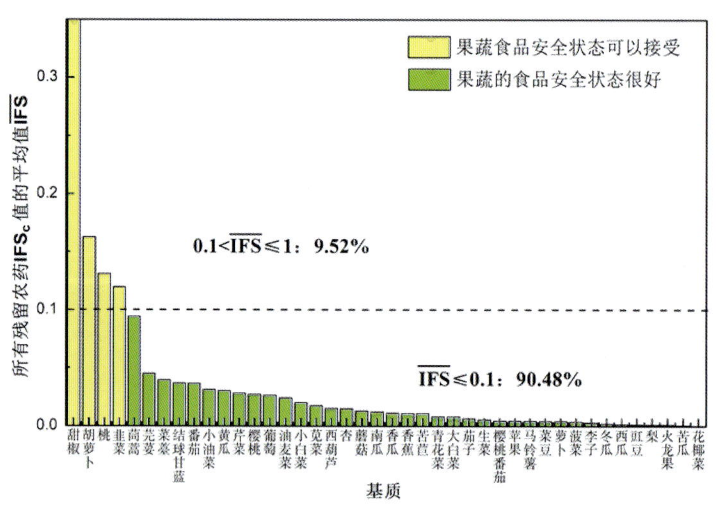

图 6-10　42 种果蔬的$\overline{IFS}$值和安全状态

为了分析不同月份内农药残留对单种果蔬安全的影响，对每个月内单种果蔬中的农药的 IFS_c 值进行分析。每个月内检测的果蔬种数和检出农药种数以及涉及的分析样本数如表 6-11 所示。样本中农药对果蔬安全的影响程度分布情况如图 6-11 所示，两个月份内农药残留对果蔬安全影响不可接受的样品比例排序为：2013 年 7 月（6.6%）>2014 年 5 月（0）。

表 6-11　各月份内果蔬种数、检出农药种数和分析样本数

分析指标	2013 年 7 月	2014 年 5 月
果蔬种数	27	44
农药种数	53	57
样本数	202	312

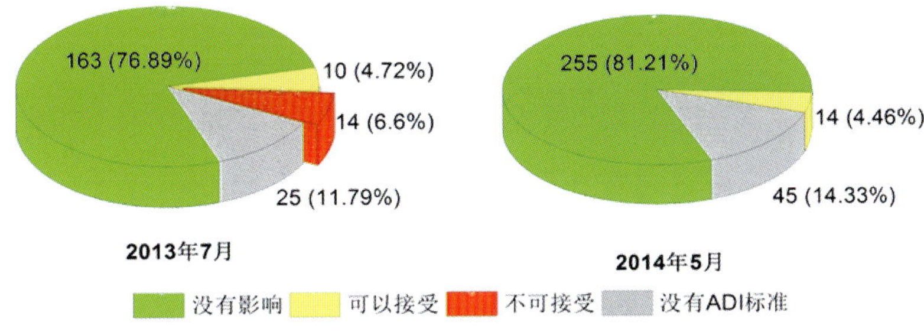

图 6-11　各月份内农药残留对单种果蔬安全的影响程度分布图

计算每个月内每种果蔬的$\overline{IFS}$值，以评价每种果蔬的安全状态，结果如图 6-12 所示，可以看出，所有种类果蔬安全状态均处于很好和可以接受范围内。

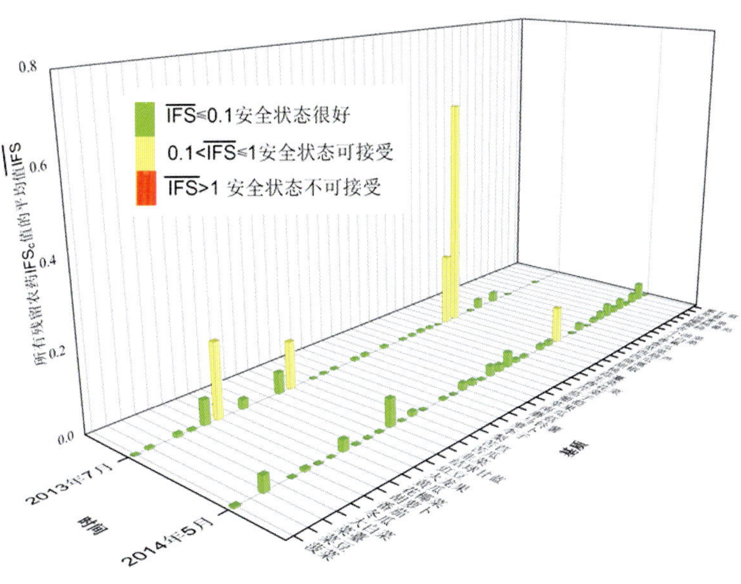

图 6-12　各月份内每种果蔬的$\overline{IFS}$值与安全状态

6.2.3 所有果蔬中农药残留安全指数分析

计算所有果蔬中 58 种残留农药的 IFS_c 值，结果如图 6-13 及表 6-12 所示。

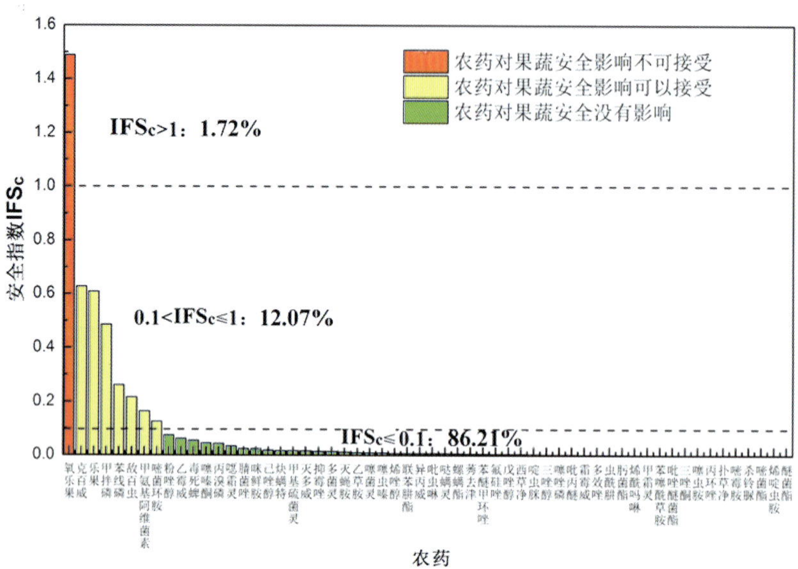

图 6-13　果蔬中 58 种残留农药的安全指数

分析发现，氧乐果对果蔬安全的影响不可接受，其他农药对果蔬的影响均在没有影响和可接受的范围内，其中 12.07%的农药对果蔬安全的影响可以接受，86.21%的农药对果蔬安全没有影响。

表 6-12　果蔬中 58 种残留农药的安全指数表

序号	农药	检出频次	检出率	IFS_c	影响程度	序号	农药	检出频次	检出率	IFS_c	影响程度
1	氧乐果	8	1.95%	1.4897	不可接受	12	噻嗪酮	7	1.70%	0.0451	没有影响
2	克百威	16	3.89%	0.6276	可以接受	13	丙溴磷	5	1.22%	0.0431	没有影响
3	乐果	2	0.49%	0.6083	可以接受	14	噁霜灵	18	4.38%	0.0344	没有影响
4	甲拌磷	9	2.19%	0.4867	可以接受	15	腈菌唑	9	2.19%	0.0247	没有影响
5	苯线磷	1	0.24%	0.262	可以接受	16	咪鲜胺	15	3.65%	0.0245	没有影响
6	敌百虫	2	0.49%	0.2172	可以接受	17	己唑醇	2	0.49%	0.0188	没有影响
7	甲氨基阿维菌素	8	1.95%	0.1648	可以接受	18	炔螨特	1	0.24%	0.0175	没有影响
8	嘧菌环胺	2	0.49%	0.1253	可以接受	19	甲基硫菌灵	30	7.30%	0.0171	没有影响
9	粉唑醇	2	0.49%	0.0752	没有影响	20	灭多威	4	0.97%	0.0161	没有影响
10	乙霉威	5	1.22%	0.0626	没有影响	21	抑霉唑	3	0.73%	0.0144	没有影响
11	毒死蜱	17	4.14%	0.055	没有影响	22	多菌灵	92	22.38%	0.0143	没有影响

续表

序号	农药	检出频次	检出率	IFS_c	影响程度	序号	农药	检出频次	检出率	IFS_c	影响程度
23	灭蝇胺	16	3.89%	0.0123	没有影响	41	吡丙醚	5	1.22%	0.003	没有影响
24	乙草胺	8	1.95%	0.0101	没有影响	42	霜霉威	32	7.79%	0.0024	没有影响
25	噻菌灵	1	0.24%	0.0097	没有影响	43	多效唑	21	5.11%	0.0021	没有影响
26	噻虫嗪	21	5.11%	0.0097	没有影响	44	虫酰肼	1	0.24%	0.002	没有影响
27	烯唑醇	1	0.24%	0.0079	没有影响	45	肟菌酯	5	1.22%	0.0017	没有影响
28	联苯肼酯	1	0.24%	0.0078	没有影响	46	烯酰吗啉	73	17.76%	0.0015	没有影响
29	异丙威	1	0.24%	0.0076	没有影响	47	甲霜灵	36	8.76%	0.0014	没有影响
30	吡虫啉	58	14.11%	0.0074	没有影响	48	苯噻酰草胺	1	0.24%	0.0014	没有影响
31	哒螨灵	27	6.57%	0.0073	没有影响	49	吡唑醚菌酯	9	2.19%	0.0013	没有影响
32	螺螨酯	3	0.73%	0.0068	没有影响	50	三唑酮	3	0.73%	0.0012	没有影响
33	莠去津	82	19.95%	0.0056	没有影响	51	噻虫胺	1	0.24%	0.0012	没有影响
34	苯醚甲环唑	35	8.52%	0.0053	没有影响	52	丙环唑	8	1.95%	0.001	没有影响
35	氟硅唑	11	2.68%	0.005	没有影响	53	扑草净	5	1.22%	0.001	没有影响
36	戊唑醇	10	2.43%	0.0048	没有影响	54	嘧霉胺	40	9.73%	0.0008	没有影响
37	西草净	1	0.24%	0.0045	没有影响	55	杀铃脲	1	0.24%	0.0008	没有影响
38	啶虫脒	36	8.76%	0.0043	没有影响	56	嘧菌酯	19	4.62%	0.0003	没有影响
39	三唑醇	3	0.73%	0.0033	没有影响	57	烯啶虫胺	7	1.70%	0.0003	没有影响
40	噻唑磷	1	0.24%	0.0033	没有影响	58	醚菌酯	4	0.97%	0.0001	没有影响

对每个月内所有果蔬中残留农药的 IFS_c 进行分析，结果如图 6-14 所示。

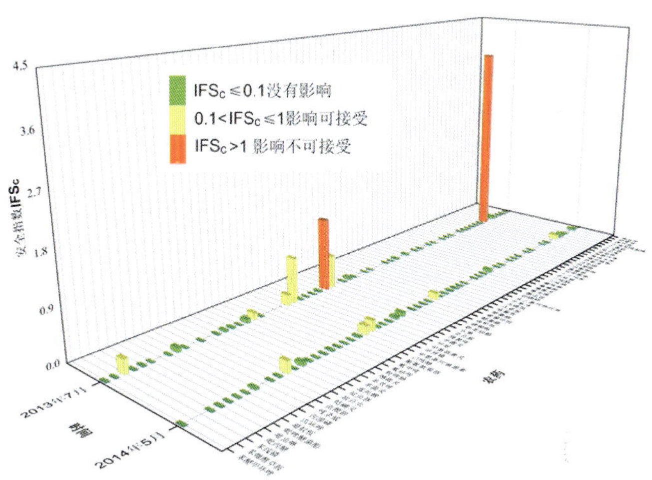

图 6-14 各月份内果蔬中每种残留农药的安全指数

每月内农药对果蔬安全影响程度分布情况如图 6-15 所示。可以看出 2014 年 5 月内没有对果蔬安全影响不可接受的农药残留，2013 年 7 月内，对果蔬安全影响不可接受的农药所占比例为 3.77%。

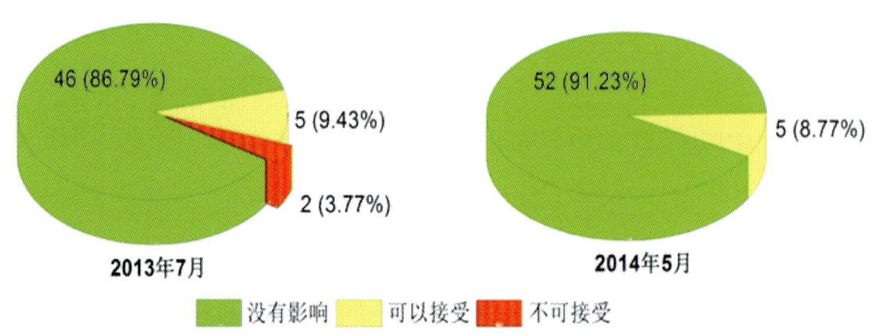

图 6-15　各月份内农药残留对果蔬安全的影响程度分布图

表 6-13 列出了各个月内对果蔬安全影响不可接受的农药。

表 6-13　各月份内对果蔬安全影响不可接受的残留农药安全指数列表

年月	农药	检出频次	检出率	IFS_c
2013 年 7 月	氧乐果	3	1.40%	3.8021
2013 年 7 月	克百威	7	3.27%	1.3357

计算每个月内果蔬的$\overline{IFS}$，以分析每季度内果蔬的安全状态，结果如图 6-16 所示，可以看出，2013 年 7 月可以接受，2014 年 5 月的果蔬安全状态很好。

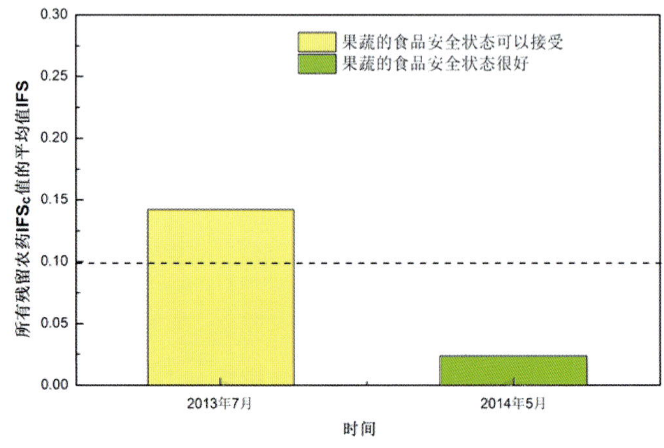

图 6-16　各月份内果蔬的$\overline{IFS}$值与安全状态

6.3　长春市果蔬农药残留预警风险评估

基于长春市果蔬中农药残留 LC-Q-TOF/MS 侦测数据，参照中华人民共和国国家标准 GB 2763—2016 和欧盟农药最大残留限量（MRL）标准分析农药残留的超标情况，并计算农药残留风险系数。分析每种果蔬中农药残留的风险程度。

6.3.1　单种果蔬中农药残留风险系数分析

6.3.1.1　单种果蔬中禁用农药残留风险系数分析

检出的 69 种残留农药中有 5 种为禁用农药，在 19 种果蔬中检测出禁药残留，计算单种果蔬中禁药的检出率，根据检出率计算风险系数 R，进而分析单种果蔬中每种禁药残留的风险程度，结果如图 6-17 和表 6-14 所示。本次分析涉及样本 27 个，可以看出 27 个样本中禁药残留均处于高度风险。

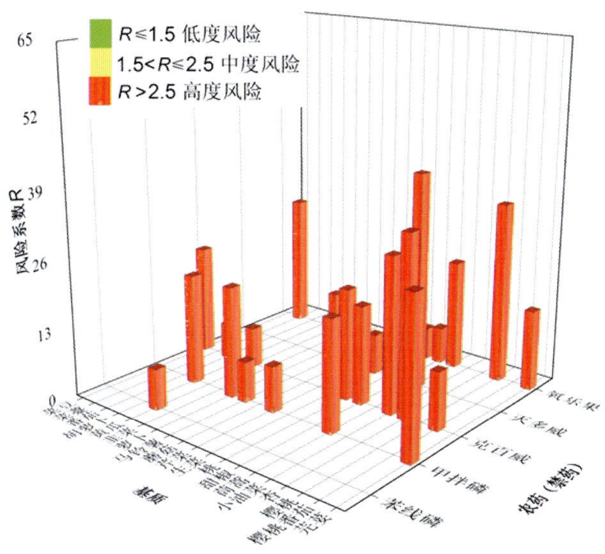

图 6-17　19 种果蔬中 5 种禁用农药残留的风险系数

表 6-14　19 种果蔬中 5 种禁用农药残留的风险系数表

序号	基质	农药	检出频次	检出率	风险系数 R	风险程度
1	茼蒿	灭多威	2	40.00%	41.1	高度风险
2	杏	克百威	1	33.33%	34.4	高度风险
3	樱桃	氧乐果	1	33.33%	34.4	高度风险
4	芫荽	甲拌磷	2	28.57%	29.7	高度风险
5	小油菜	克百威	2	28.57%	29.7	高度风险
6	莱薹	氧乐果	1	25.00%	26.1	高度风险
7	胡萝卜	甲拌磷	3	20.00%	21.1	高度风险
8	萝卜	甲拌磷	1	20.00%	21.1	高度风险
9	茼蒿	甲拌磷	1	20.00%	21.1	高度风险
10	菜豆	克百威	2	20.00%	21.1	高度风险

续表

序号	基质	农药	检出频次	检出率	风险系数 *R*	风险程度
11	桃	克百威	4	20.00%	21.1	高度风险
12	茼蒿	氧乐果	1	20.00%	21.1	高度风险
13	甜椒	克百威	3	17.65%	18.7	高度风险
14	芫荽	氧乐果	1	14.29%	15.4	高度风险
15	樱桃番茄	克百威	1	10.00%	11.1	高度风险
16	韭菜	氧乐果	1	8.33%	9.4	高度风险
17	芹菜	甲拌磷	1	7.69%	8.8	高度风险
18	黄瓜	苯线磷	1	6.67%	7.8	高度风险
19	马铃薯	甲拌磷	1	6.67%	7.8	高度风险
20	黄瓜	克百威	1	6.67%	7.8	高度风险
21	生菜	克百威	1	6.67%	7.8	高度风险
22	生菜	灭多威	1	6.67%	7.8	高度风险
23	黄瓜	氧乐果	1	6.67%	7.8	高度风险
24	蘑菇	灭多威	1	6.25%	7.4	高度风险
25	番茄	克百威	1	5.88%	7.0	高度风险
26	甜椒	氧乐果	1	5.88%	7.0	高度风险
27	桃	氧乐果	1	5.00%	6.1	高度风险

6.3.1.2 基于MRL中国国家标准的单种果蔬中非禁用农药残留风险系数分析

参照中华人民共和国国家标准GB 2763—2016中农药残留限量计算每种果蔬中每种非禁用农药的超标率，进而计算其风险系数，根据风险系数大小判断残留农药的预警风险程度，果蔬中非禁用农药残留风险程度分布情况如图6-18所示。

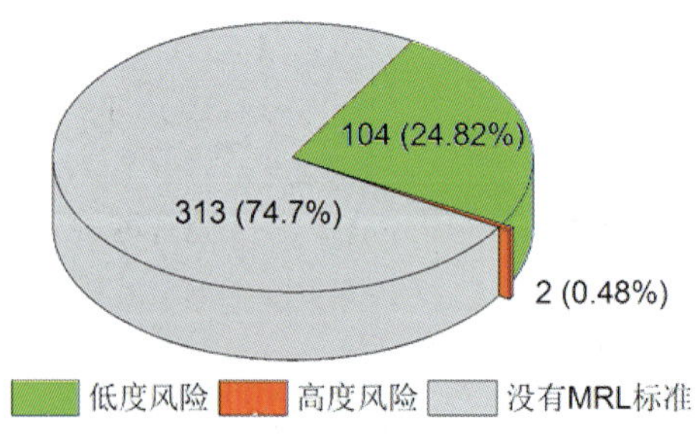

图6-18　果蔬中的风险程度分布图（MRL中国国家标准）

本次分析中，发现在42种果蔬中检出64种残留非禁用农药，涉及样本419个，在419个样本中，0.48%处于高度风险，24.82%处于低度风险，此外发现有 313 个样本没有 MRL 中国国家标准值，无法判断其风险程度，有 MRL 中国国家标准值的 106 个样本涉及 31 种果蔬中的 33 种非禁用农药，其风险系数 R 值如图 6-19 所示。表 6-15 为非禁用农药残留处于高度风险的果蔬列表。

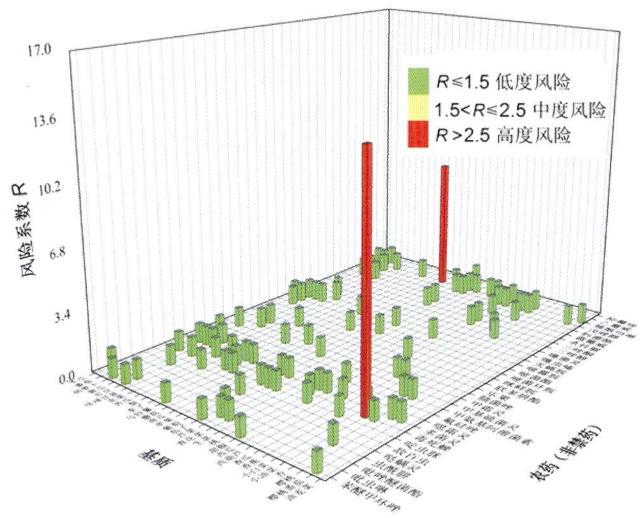

图 6-19　31 种果蔬中 33 种非禁用农药残留的风险系数（MRL 中国国家标准）

表 6-15　单种果蔬中处于高度风险的非禁用农药残留的风险系数表（MRL 中国国家标准）

序号	基质	农药	超标频次	超标率 P	风险系数 R
1	小白菜	毒死蜱	1	12.50%	13.6
2	马铃薯	烯酰吗啉	1	6.67%	7.8

6.3.1.3　基于 MRL 欧盟标准的单种果蔬中非禁用农药残留风险系数分析

参照 MRL 欧盟标准计算每种果蔬中每种非禁用农药的超标率，进而计算其风险系数，根据风险系数大小判断残留农药的预警风险程度，果蔬中非禁用农药残留风险程度分布情况如图 6-20 所示。

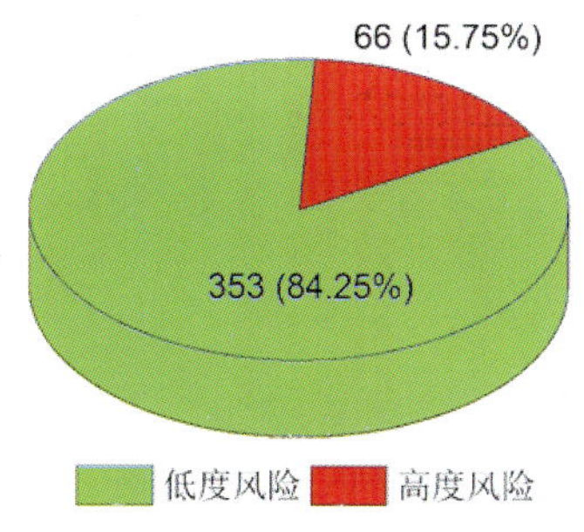

图 6-20　果蔬中的风险程度分布图（MRL 欧盟标准）

本次分析中，发现在 42 种果蔬中检出 64 种残留非禁用农药，涉及样本 419 个，在 419 个样本中，15.75%处于高度风险，涉及 28 种果蔬中的 34 种农药，84.25%处于低度风险，涉及 42 种果蔬中的 58 种农药。所有果蔬中的每种非禁用农药的风险系数 *R* 值如图 6-21 所示。农药残留处于高度风险的果蔬风险系数如图 6-22 和表 6-16 所示。

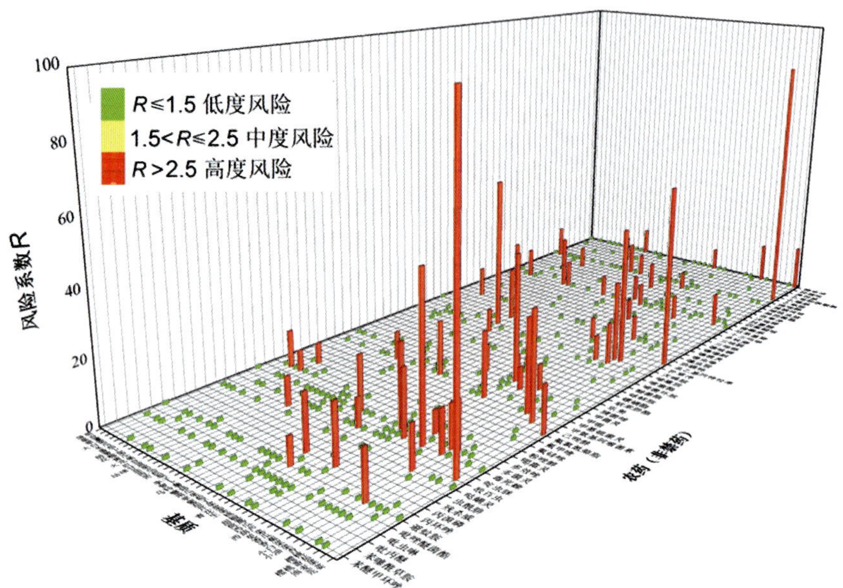

图 6-21　42 种果蔬中 64 种非禁用农药残留的风险系数（MRL 欧盟标准）

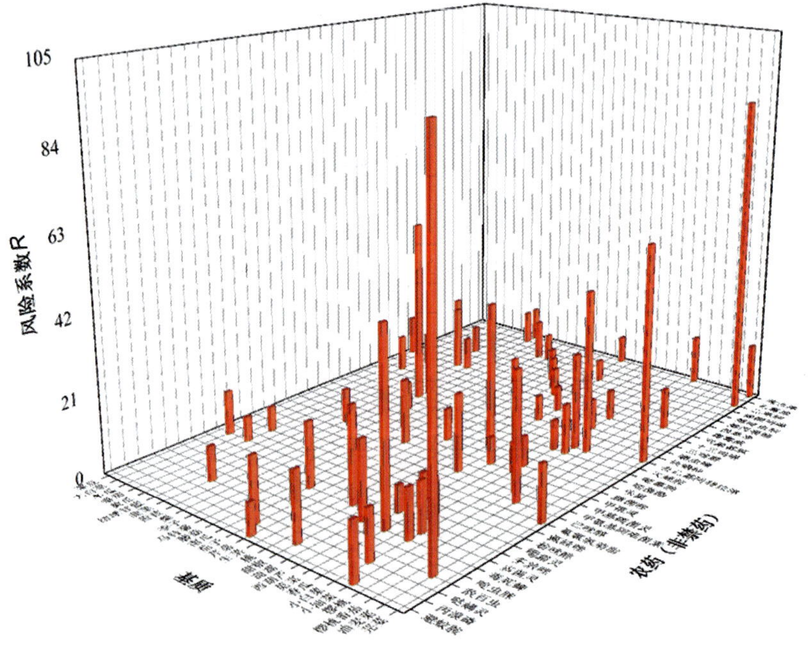

图 6-22　单种果蔬中处于高度风险的非禁用农药残留的风险系数（MRL 欧盟标准）

表 6-16　单种果蔬中处于高度风险的非禁用农药残留的风险系数表（MRL 欧盟标准）

序号	基质	农药	超标频次	超标率 P	风险系数 R
1	油麦菜	敌百虫	1	100.00%	101.1
2	芫荽	乙草胺	6	85.71%	86.8
3	芫荽	去乙基阿特拉津	4	57.14%	58.2
4	苋菜	毒死蜱	1	50.00%	51.1
5	苦苣	灭蝇胺	3	50.00%	51.1
6	小油菜	灭蝇胺	3	42.86%	44.0
7	茼蒿	腈菌唑	2	40.00%	41.1
8	樱桃	己唑醇	1	33.33%	34.4
9	小油菜	甲氨基阿维菌素	2	28.57%	29.7
10	桃	多菌灵	5	25.00%	26.1
11	小白菜	灭蝇胺	2	25.00%	26.1
12	茼蒿	毒死蜱	1	20.00%	21.1
13	茼蒿	甲氨基阿维菌素	1	20.00%	21.1
14	甜椒	丙溴磷	3	17.65%	18.7
15	茄子	丙溴磷	2	16.67%	17.8
16	南瓜	多菌灵	1	16.67%	17.8
17	南瓜	甲基硫菌灵	1	16.67%	17.8
18	苦苣	去乙基阿特拉津	1	16.67%	17.8
19	结球甘蓝	双苯基脲	2	16.67%	17.8
20	小油菜	避蚊胺	1	14.29%	15.4
21	小油菜	多菌灵	1	14.29%	15.4
22	芫荽	氟氯氢菊酯	1	14.29%	15.4
23	芫荽	莠去津	1	14.29%	15.4
24	小白菜	哒螨灵	1	12.50%	13.6
25	小白菜	毒死蜱	1	12.50%	13.6
26	小白菜	多菌灵	1	12.50%	13.6
27	小白菜	嘧霉胺	1	12.50%	13.6
28	小白菜	莠去津	1	12.50%	13.6
29	大白菜	噁霜灵	1	11.11%	12.2
30	菜豆	双苯基脲	1	10.00%	11.1
31	樱桃番茄	双苯基脲	1	10.00%	11.1
32	菜豆	烯酰吗啉	1	10.00%	11.1
33	李子	烯酰吗啉	1	10.00%	11.1
34	冬瓜	噻虫嗪	1	9.09%	10.2

续表

序号	基质	农药	超标频次	超标率 P	风险系数 R
35	冬瓜	双苯基脲	1	9.09%	10.2
36	韭菜	敌百虫	1	8.33%	9.4
37	茄子	啶虫脒	1	8.33%	9.4
38	韭菜	甲基硫菌灵	1	8.33%	9.4
39	韭菜	双苯基脲	1	8.33%	9.4
40	茄子	西草净	1	8.33%	9.4
41	韭菜	乙霉威	1	8.33%	9.4
42	韭菜	莠去津	1	8.33%	9.4
43	芹菜	避蚊胺	1	7.69%	8.8
44	芹菜	腈菌唑	1	7.69%	8.8
45	芹菜	霜霉威	1	7.69%	8.8
46	香瓜	噁霜灵	1	7.14%	8.2
47	香瓜	甲霜灵	1	7.14%	8.2
48	香瓜	腈菌唑	1	7.14%	8.2
49	香瓜	嘧霉胺	1	7.14%	8.2
50	香瓜	噻虫嗪	1	7.14%	8.2
51	香瓜	十三吗啉	1	7.14%	8.2
52	梨	嘧菌酯	1	6.67%	7.8
53	生菜	双苯基脲	1	6.67%	7.8
54	黄瓜	烯丙菊酯	1	6.67%	7.8
55	马铃薯	烯酰吗啉	1	6.67%	7.8
56	生菜	莠去津	1	6.67%	7.8
57	西葫芦	多效唑	1	6.25%	7.4
58	西葫芦	粉唑醇	1	6.25%	7.4
59	西葫芦	甲霜灵	1	6.25%	7.4
60	蘑菇	双苯基脲	1	6.25%	7.4
61	番茄	噁霜灵	1	5.88%	7.0
62	番茄	氟硅唑	1	5.88%	7.0
63	甜椒	乐果	1	5.88%	7.0
64	甜椒	炔螨特	1	5.88%	7.0
65	甜椒	三唑醇	1	5.88%	7.0
66	桃	烯啶虫胺	1	5.00%	6.1

6.3.2　所有果蔬中农药残留风险系数分析

6.3.2.1　所有果蔬中禁用农药残留风险系数分析

在检出的 69 种农药中有 5 种禁用农药，计算每种禁用农药残留的风险系数，结果如表 6-17 所示，在 5 种禁用农药中，3 种农药残留处于高度风险，1 种农药残留处于中度风险，1 种农药残留处于低度风险。

表 6-17　果蔬中 5 种禁用农药残留的风险系数表

序号	农药	检出频次	检出率	风险系数 R	风险程度
1	克百威	16	3.89%	5.0	高度风险
2	甲拌磷	9	2.19%	3.3	高度风险
3	氧乐果	8	1.95%	3.0	高度风险
4	灭多威	4	0.97%	2.1	中度风险
5	苯线磷	1	0.24%	1.3	低度风险

分别对各月内禁用农药风险系数进行分析，结果如图 6-23 和表 6-18 所示。

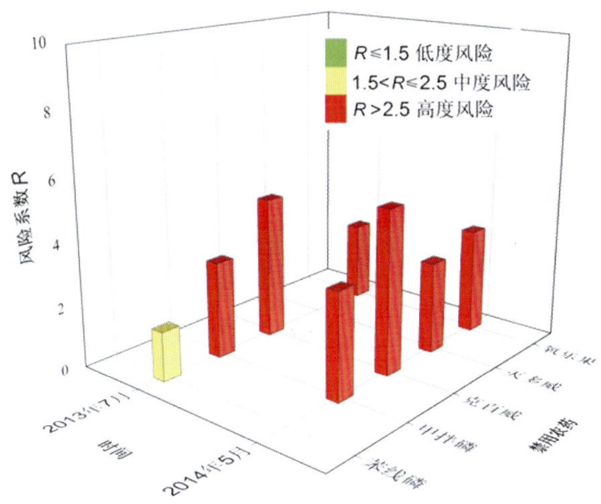

图 6-23　各月份内果蔬中禁用农药残留的风险系数

表 6-18　各月份内果蔬中禁用农药残留的风险系数表

序号	年月	农药	检出频次	检出率	风险系数 R	风险程度
1	2013 年 7 月	克百威	7	3.55%	4.7	高度风险
2	2013 年 7 月	甲拌磷	4	2.03%	3.1	高度风险
3	2013 年 7 月	氧乐果	3	1.52%	2.6	高度风险
4	2013 年 7 月	苯线磷	1	0.51%	1.6	中度风险

续表

序号	年月	农药	检出频次	检出率	风险系数 R	风险程度
5	2014 年 5 月	克百威	9	4.21%	5.3	高度风险
6	2014 年 5 月	氧乐果	5	2.34%	3.4	高度风险
7	2014 年 5 月	甲拌磷	5	2.34%	3.4	高度风险
8	2014 年 5 月	灭多威	4	1.87%	3.0	高度风险

6.3.2.2　所有果蔬中非禁用农药残留风险系数分析

参照 MRL 欧盟标准计算所有果蔬中每种农药残留的风险系数，结果如图 6-24 和表 6-19 所示。在检出的 64 种非禁用农药中，4 种农药（6.25%）残留处于高度风险，14 种农药（21.88%）残留处于中度风险，46 种农药（71.88%）残留处于低度风险。

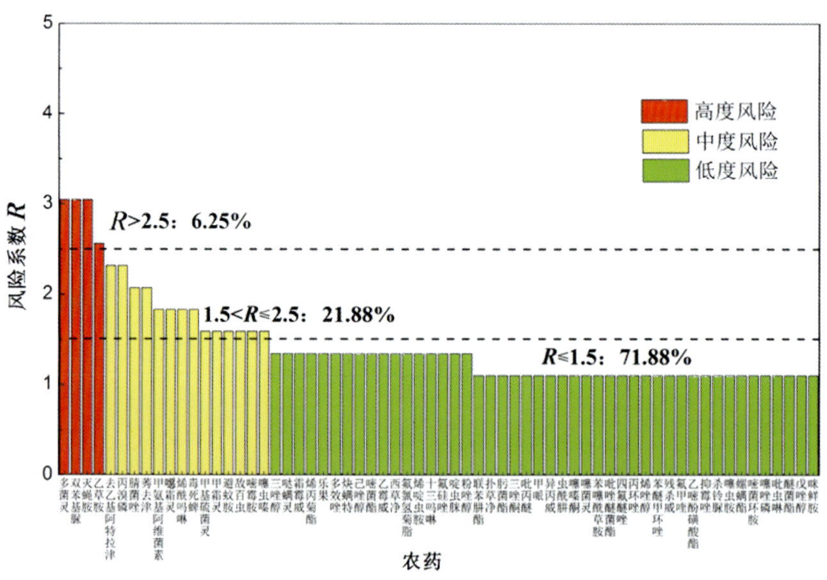

图 6-24　果蔬中 64 种非禁用农药残留的风险系数

表 6-19　果蔬中 64 种非禁用农药残留的风险系数表

序号	农药	超标频次	超标率 P	风险系数 R	风险程度
1	多菌灵	8	1.95%	3.0	高度风险
2	双苯基脲	8	1.95%	3.0	高度风险
3	灭蝇胺	8	1.95%	3.0	高度风险
4	乙草胺	6	1.46%	2.6	高度风险
5	去乙基阿特拉津	5	1.22%	2.3	中度风险
6	丙溴磷	5	1.22%	2.3	中度风险
7	腈菌唑	4	0.97%	2.1	中度风险

续表

序号	农药	超标频次	超标率 P	风险系数 R	风险程度
8	莠去津	4	0.97%	2.1	中度风险
9	甲氨基阿维菌素	3	0.73%	1.8	中度风险
10	噁霜灵	3	0.73%	1.8	中度风险
11	烯酰吗啉	3	0.73%	1.8	中度风险
12	毒死蜱	3	0.73%	1.8	中度风险
13	甲基硫菌灵	2	0.49%	1.6	中度风险
14	甲霜灵	2	0.49%	1.6	中度风险
15	避蚊胺	2	0.49%	1.6	中度风险
16	敌百虫	2	0.49%	1.6	中度风险
17	嘧霉胺	2	0.49%	1.6	中度风险
18	噻虫嗪	2	0.49%	1.6	中度风险
19	三唑醇	1	0.24%	1.3	低度风险
20	哒螨灵	1	0.24%	1.3	低度风险
21	霜霉威	1	0.24%	1.3	低度风险
22	烯丙菊酯	1	0.24%	1.3	低度风险
23	乐果	1	0.24%	1.3	低度风险
24	多效唑	1	0.24%	1.3	低度风险
25	炔螨特	1	0.24%	1.3	低度风险
26	己唑醇	1	0.24%	1.3	低度风险
27	嘧菌酯	1	0.24%	1.3	低度风险
28	乙霉威	1	0.24%	1.3	低度风险
29	西草净	1	0.24%	1.3	低度风险
30	氟氯氢菊酯	1	0.24%	1.3	低度风险
31	烯啶虫胺	1	0.24%	1.3	低度风险
32	十三吗啉	1	0.24%	1.3	低度风险
33	氟硅唑	1	0.24%	1.3	低度风险
34	啶虫脒	1	0.24%	1.3	低度风险
35	粉唑醇	1	0.24%	1.3	低度风险
36	联苯肼酯	0	0.00%	1.1	低度风险
37	扑草净	0	0.00%	1.1	低度风险
38	肟菌酯	0	0.00%	1.1	低度风险
39	三唑酮	0	0.00%	1.1	低度风险
40	吡丙醚	0	0.00%	1.1	低度风险
41	甲哌	0	0.00%	1.1	低度风险

续表

序号	农药	超标频次	超标率 P	风险系数 R	风险程度
42	异丙威	0	0.00%	1.1	低度风险
43	虫酰肼	0	0.00%	1.1	低度风险
44	噻嗪酮	0	0.00%	1.1	低度风险
45	噻菌灵	0	0.00%	1.1	低度风险
46	苯噻酰草胺	0	0.00%	1.1	低度风险
47	吡唑醚菌酯	0	0.00%	1.1	低度风险
48	四氟醚唑	0	0.00%	1.1	低度风险
49	丙环唑	0	0.00%	1.1	低度风险
50	烯唑醇	0	0.00%	1.1	低度风险
51	苯醚甲环唑	0	0.00%	1.1	低度风险
52	残杀威	0	0.00%	1.1	低度风险
53	氟甲喹	0	0.00%	1.1	低度风险
54	乙嘧酚磺酸酯	0	0.00%	1.1	低度风险
55	抑霉唑	0	0.00%	1.1	低度风险
56	杀铃脲	0	0.00%	1.1	低度风险
57	噻虫胺	0	0.00%	1.1	低度风险
58	螺螨酯	0	0.00%	1.1	低度风险
59	嘧菌环胺	0	0.00%	1.1	低度风险
60	噻唑磷	0	0.00%	1.1	低度风险
61	吡虫啉	0	0.00%	1.1	低度风险
62	醚菌酯	0	0.00%	1.1	低度风险
63	戊唑醇	0	0.00%	1.1	低度风险
64	咪鲜胺	0	0.00%	1.1	低度风险

对每个月内的非禁用农药的风险系数进行分别分析，图 6-25 为每月内非禁药风险程度分布图。两个月份内处于高度风险农药比例排序为：2014 年 5 月（13.21%）>2013 年 7 月（8.16%）。

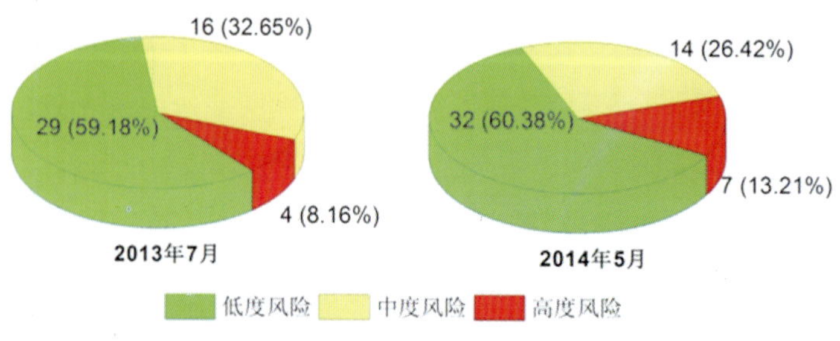

图 6-25　各月份内果蔬中非禁用农药残留的风险程度分布图

两个月份内处于中度风险和高度风险的残留农药风险系数如图 6-26 和表 6-20 所示。

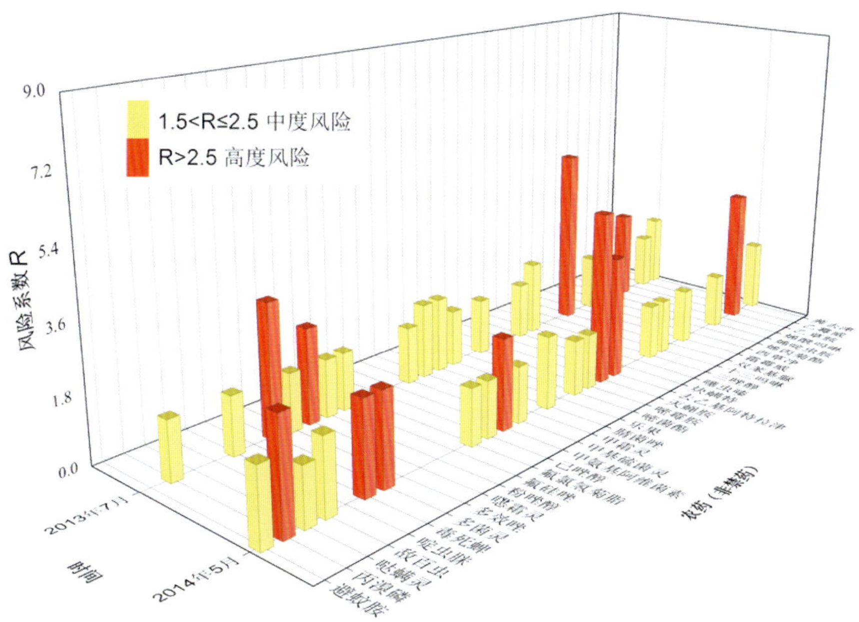

图 6-26　各月份内果蔬中处于中度风险和高度风险的非禁用农药残留的风险系数

表 6-20　各月份内果蔬中处于中度风险和高度风险的非禁用农药残留的风险系数表

序号	年月	农药	超标频次	超标率 P	风险系数 R	风险程度
1	2013 年 7 月	双苯基脲	8	4.06%	5.2	高度风险
2	2013 年 7 月	多菌灵	5	2.54%	3.6	高度风险
3	2013 年 7 月	烯酰吗啉	3	1.52%	2.6	高度风险
4	2013 年 7 月	噁霜灵	3	1.52%	2.6	高度风险
5	2013 年 7 月	腈菌唑	2	1.02%	2.1	中度风险
6	2013 年 7 月	噻虫嗪	2	1.02%	2.1	中度风险
7	2013 年 7 月	甲霜灵	2	1.02%	2.1	中度风险
8	2013 年 7 月	莠去津	2	1.02%	2.1	中度风险
9	2013 年 7 月	多效唑	1	0.51%	1.6	中度风险
10	2013 年 7 月	西草净	1	0.51%	1.6	中度风险
11	2013 年 7 月	丙溴磷	1	0.51%	1.6	中度风险
12	2013 年 7 月	氟硅唑	1	0.51%	1.6	中度风险
13	2013 年 7 月	乙霉威	1	0.51%	1.6	中度风险
14	2013 年 7 月	炔螨特	1	0.51%	1.6	中度风险
15	2013 年 7 月	甲基硫菌灵	1	0.51%	1.6	中度风险
16	2013 年 7 月	啶虫脒	1	0.51%	1.6	中度风险
17	2013 年 7 月	嘧霉胺	1	0.51%	1.6	中度风险
18	2013 年 7 月	粉唑醇	1	0.51%	1.6	中度风险
19	2013 年 7 月	烯丙菊酯	1	0.51%	1.6	中度风险
20	2013 年 7 月	乐果	1	0.51%	1.6	中度风险

续表

序号	年月	农药	超标频次	超标率 P	风险系数 R	风险程度
21	2014 年 5 月	灭蝇胺	8	3.74%	4.8	高度风险
22	2014 年 5 月	乙草胺	6	2.80%	3.9	高度风险
23	2014 年 5 月	去乙基阿特拉津	5	2.34%	3.4	高度风险
24	2014 年 5 月	丙溴磷	4	1.87%	3.0	高度风险
25	2014 年 5 月	毒死蜱	3	1.40%	2.5	高度风险
26	2014 年 5 月	甲氨基阿维菌素	3	1.40%	2.5	高度风险
27	2014 年 5 月	多菌灵	3	1.40%	2.5	高度风险
28	2014 年 5 月	避蚊胺	2	0.93%	2.0	中度风险
29	2014 年 5 月	敌百虫	2	0.93%	2.0	中度风险
30	2014 年 5 月	腈菌唑	2	0.93%	2.0	中度风险
31	2014 年 5 月	莠去津	2	0.93%	2.0	中度风险
32	2014 年 5 月	己唑醇	1	0.47%	1.6	中度风险
33	2014 年 5 月	氟氯氢菊酯	1	0.47%	1.6	中度风险
34	2014 年 5 月	烯啶虫胺	1	0.47%	1.6	中度风险
35	2014 年 5 月	十三吗啉	1	0.47%	1.6	中度风险
36	2014 年 5 月	嘧菌酯	1	0.47%	1.6	中度风险
37	2014 年 5 月	甲基硫菌灵	1	0.47%	1.6	中度风险
38	2014 年 5 月	嘧霉胺	1	0.47%	1.6	中度风险
39	2014 年 5 月	三唑醇	1	0.47%	1.6	中度风险
40	2014 年 5 月	哒螨灵	1	0.47%	1.6	中度风险
41	2014 年 5 月	霜霉威	1	0.47%	1.6	中度风险

6.4 长春市果蔬农药残留风险评估结论与建议

农药残留是影响果蔬安全和质量的主要因素，也是我国食品安全领域备受关注的敏感话题和亟待解决的重大问题之一[15,16]。各种水果蔬菜均存在不同程度的农药残留现象，本报告主要针对长春市各类水果蔬菜存在的农药残留问题，基于 2013 年 7 月~2014 年 5 月对长春市 411 例果蔬样品农药残留得出的 966 个检测结果，分别采用食品安全指数和风险系数两类方法，开展果蔬中农药残留的膳食暴露风险和预警风险评估。

本报告力求通用简单地反映食品安全中的主要问题且为管理部门和大众容易接受，为政府及相关管理机构建立科学的食品安全信息发布和预警体系提供科学的规律与方法，加强对农药残留的预警和食品安全重大事件的预防，控制食品风险。水果蔬菜样品取自超市和农贸市场，符合大众的膳食来源，风险评价时更具有代表性和可信度。

6.4.1 长春市果蔬中农药残留膳食暴露风险评价结论

1）果蔬中农药残留安全状态评价结论

采用食品安全指数模型，对 2013 年 7 月~2014 年 5 月期间长春市果蔬食品农药残留膳食暴露风险进行评价，根据 IFS_c 的计算结果发现，果蔬中农药的$\overline{IFS}$为 0.0792，说明长春市果蔬总体处于很好的安全状态，但部分禁用农药、高残留农药在蔬菜、水果中仍有检出，导致膳食暴露风险的存在，成为不安全因素。

2）单种果蔬中农药残留膳食暴露风险不可接受情况评价结论

单种果蔬中农药残留安全指数分析结果显示，农药对单种果蔬安全影响不可接受（$IFS_c>1$）的样本数共 4 个，占总样本数的 0.9%，4 个样本分别为甜椒中的氧乐果、桃中的克百威、甜椒中的乐果和胡萝卜中的甲拌磷，说明含有这些农药果蔬会对消费者身体健康造成较大的膳食暴露风险。氧乐果、克百威、乐果和甲拌磷属于禁用的剧毒农药，且甜椒、桃和胡萝卜为较常见的果蔬品种，百姓日常食用量较大，长期食用大量残留农药的果蔬会对人体造成不可接受的影响，本次检测发现氧乐果在甜椒、乐果在甜椒、克百威在桃和甲拌磷在胡萝卜中的样品多次并大量检出，是未严格实施农业良好管理规范（GAP），抑或是农药滥用，这应该引起相关管理部门的警惕，应加强对甜椒中的氧乐果、桃中的克百威、甜椒中的乐果和胡萝卜中的甲拌磷的严格管控。

3）禁用农药残留膳食暴露风险评价

本次检测发现部分果蔬样品中有禁用农药检出，检出禁用农药 5 种，检出频次为 38，果蔬样品中的禁用农药 IFS_c 计算结果表明，禁用农药残留膳食暴露风险不可接受的频次为 3，占 7.89%，可以接受的频次为 14，占 36.84%，没有影响的频次为 21，占 55.26%。对于果蔬样品中所有农药残留而言，膳食暴露风险不可接受的频次为 4，仅占总体频次的 0.41%，可以看出，禁用农药残留膳食暴露风险不可接受的比例远高于总体水平，这在一定程度上说明禁用农药残留更容易导致严重的膳食暴露风险。此外，膳食暴露风险不可接受的残留禁用农药均为氧乐果、克百威和甲拌磷，因此，应该加强对禁用农药氧乐果、克百威和甲拌磷的管控力度。为何在国家明令禁止禁用农药喷洒的情况下，还能在多种果蔬中多次检出禁用农药残留并造成不可接受的膳食暴露风险，这应该引起相关部门的高度警惕，应该在禁止禁用农药喷洒的同时，严格管控禁用农药的生产和售卖，从根本上杜绝安全隐患。

6.4.2 长春市果蔬中农药残留预警风险评价结论

1）单种果蔬中禁用农药残留的预警风险评价结论

本次检测过程中，在 19 种果蔬中检测出 5 种禁用农药，禁用农药种类为：灭多威、克百威、氧乐果、甲拌磷和苯线磷，果蔬种类为：茼蒿、杏、樱桃、芫荽、小油菜、菜薹、胡萝卜、萝卜、菜豆、桃、甜椒、樱桃番茄、韭菜、芹菜、黄瓜、马铃薯、生菜、蘑菇和番茄，果蔬中禁用农药的风险系数分析结果显示，5 种禁用农药在 19 种果蔬中的残留均处于高度风险，说明在单种果蔬中禁用农药的残留，会导致较高的预警风险。

2）单种果蔬中非禁用农药残留的预警风险评价结论

以 MRL 中国国家标准为标准，计算果蔬中非禁用农药风险系数情况下，419 个样本中，2 个处于高度风险（0.48%），104 个处于低度风险（24.82%），313 个样本没有 MRL 中国国家标准（74.7%）。以 MRL 欧盟标准为标准，计算果蔬中非禁用农药风险系数情况下，发现有 66 个处于高度风险（15.75%），353 个处于低度风险（84.25%）。利用两种农药 MRL 标准评价的结果差异显著，可以看出 MRL 欧盟标准比中国国家标准更加严格和完善，过于宽松的 MRL 中国国家标准值能否有效保障人体的健康有待研究。

6.4.3 加强长春市果蔬食品安全建议

我国食品安全风险评价体系仍不够健全，相关制度不够完善，多年来，由于农药用药次数多、用药量大或用药间隔时间短，产品残留量大，农药残留所带来的食品安全问题突出，给人体健康带来了直接或间接的危害，据估计，美国与农药有关的癌症患者数约占全国癌症患者总数的 50%，中国更高。同样，农药对其他生物也会形成直接杀伤和慢性危害，植物中的农药可经过食物链逐级传递并不断蓄积，对人和动物构成潜在威胁，并影响生态系统。

基于本次农药残留检测与风险评价结果，提出以下几点建议：

1）加快完善食品安全标准

我国食品标准中对部分农药每日允许摄入量 ADI 的规定仍缺乏，本次评价基础检测数据中涉及的 69 个品种中，84.1%有规定，仍有 15.9%尚无规定值。

我国食品中农药最大残留限量的规定严重缺乏，欧盟 MRL 标准值齐全，与欧盟相比，我国对不同果蔬中不同农药 MRL 已有规定值的数量仅占欧盟的 29.1%，缺少 70.9%，急需进行完善（表 6-21）。

表 6-21 中国与欧盟的 ADI 和 MRL 标准限值的对比分析

分类		中国 ADI	MRL 中国国家标准	MRL 欧盟标准
标准限值（个）	有	58	130	446
	无	11	316	0
总数（个）		69	446	446
无标准限值比例		15.9%	70.9%	0

此外，MRL 中国国家标准限值普遍高于欧盟标准限值，根据对涉及的 446 个品种中我国已有的 130 个限量标准进行统计来看，72 个农药的中国 MRL 高于欧盟 MRL，占 55.4%。过高的 MRL 值难以保障人体健康，建议继续加强对限值基准和标准进行科学的定量研究，将农产品中的危险性减少到尽可能低的水平。

2）加强农药的源头控制和分类监管

在长春市某些果蔬中仍有禁用农药检出，利用 LC-Q-TOF/MS 检测出 5 种禁用农药，检出频次为 38 次，残留禁用农药均存在较大的膳食暴露风险和预警风险。早已列入黑名单的禁用农药并未真正退出，有些药物由于价格便宜、工艺简单，此类高毒农药一直生产和使用。建议在我国采取严格有效的控制措施，进行禁用农药的源头控制。

对于非禁用农药，在我国作为"田间地头"最典型单位的县级蔬果产地中，农药残留的检测几乎缺失。建议根据农药的毒性，对高毒、剧毒、中毒农药实现分类管理，减少使用高毒和剧毒高残留农药，进行分类监管。

3）加强残留农药的生物修复及降解新技术

市售果蔬中残留农药品种多、频次高、禁用农药多次检出这一现状，说明了我国的田间土壤和水体因农药长期、频繁、不合理的使用而遭到严重污染。为此，建议有关部门出台相关政策，鼓励高校及科研院所积极开展分子生物学、酶学等研究，加强土壤、水体中残留农药的生物修复及降解新技术研究，并加大农药使用监管力度，以控制农药的面源污染问题。

4）加强对禁药和高风险农药的管控并建立风险预警系统分析平台

本评价结果提示，在果蔬尤其是蔬菜用药中，应结合农药的使用周期、生物毒性和降解特性，加强对禁用农药和高风险农药的管控。

在本工作基础上，根据蔬菜残留危害，可进一步针对其成因提出和采取严格管理、大力推广无公害蔬菜种植与生产、健全食品安全控制技术体系、加强蔬菜食品质量检测体系建设和积极推行蔬菜食品质量追溯制度等相应对策。建立和完善食品安全综合评价指数与风险监测预警系统，建议依托科研院所、高校科研实力，建立风险预警系统分析平台，对食品安全进行实时、全面的监控与分析，为长春市食品安全科学监管与决策提供新的技术支持，可实现各类检验数据的信息化系统管理，并减少食品安全事故的发生。

第 7 章　GC-Q-TOF/MS 侦测长春市 315 例市售水果蔬菜样品农药残留报告

从长春市所属 4 个区县，随机采集了 315 例水果蔬菜样品，使用气相色谱-四极杆飞行时间质谱（GC-Q-TOF/MS）对 499 种农药化学污染物进行示范侦测。

7.1　样品种类、数量与来源

7.1.1　样品采集与检测

为了真实反映百姓餐桌上水果蔬菜中农药残留污染状况，本次所有检测样品均由检验人员于 2015 年 8 月期间，从长春市所属 9 个采样点，包括 9 个超市，以随机购买方式采集，总计 9 批 315 例样品，从中检出农药 84 种，810 频次。采样及监测概况见图 7-1 及表 7-1，样品及采样点明细见表 7-2 及表 7-3（侦测原始数据见附表 1）。

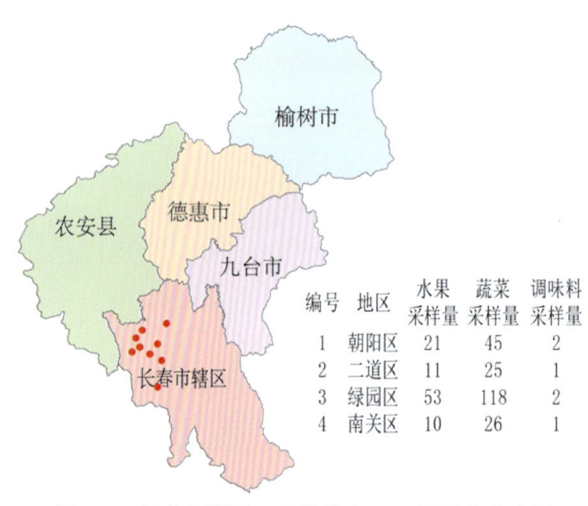

图 7-1　长春市所属 9 个采样点 315 例样品分布图

表 7-1　农药残留监测总体概况

采样地区	长春市所属 4 个区县
采样点（超市+农贸市场）	9
样本总数	315
检出农药品种/频次	84/810
各采样点样本农药残留检出率范围	81.1%~100.0%

表 7-2　样品分类及数量

样品分类	样品名称（数量）	数量小计
1. 蔬菜		198
1）鳞茎类蔬菜	韭菜（9）	9
2）芸薹属类蔬菜	结球甘蓝（9），青花菜（9），紫甘蓝（9）	27
3）叶菜类蔬菜	菠菜（7），大白菜（7），苦苣（7），芹菜（7），生菜（8），茼蒿（7），小白菜（8），油麦菜（7），小油菜（8）	66
4）茄果类蔬菜	番茄（9），茄子（9），甜椒（9），樱桃番茄（5）	32
5）瓜类蔬菜	冬瓜（8），黄瓜（8），苦瓜（7），西葫芦（7）	30
6）豆类蔬菜	菜豆（9），豇豆（9）	18
7）根茎类和薯芋类蔬菜	胡萝卜（9），萝卜（7）	16
2. 水果		95
1）柑橘类水果	橙（7），橘（7），柚（2）	16
2）仁果类水果	梨（9），苹果（9）	18
3）核果类水果	李子（8），桃（10），枣（7）	25
4）浆果和其他小型水果	猕猴桃（3），葡萄（8）	11
5）热带和亚热带水果	火龙果（8），香蕉（9）	17
6）瓜果类水果	香瓜（8）	8
3. 食用菌		16
1）蘑菇类	香菇（8），杏鲍菇（8）	16
4. 调味料		6
1）叶类调味料	芫荽（6）	6
合计	1.蔬菜 25 种 2.水果 13 种 3.食用菌 2 种 4.调味料 1 种	315

表 7-3　长春市采样点信息

采样点序号	行政区域	采样点
超市（9）		
1	朝阳区	***超市（红旗街万达店）
2	朝阳区	***超市（重庆路店）
3	二道区	***超市（东盛店）
4	绿园区	***超市（长春店）
5	绿园区	***超市（锦江店）
6	绿园区	***超市（绿园店）
7	绿园区	***超市（普阳街店）

续表

采样点序号	行政区域	采样点
8	绿园区	***超市（普阳街店）
9	南关区	***超市（自由大路店）

7.1.2 检测结果

这次使用的检测方法是庞国芳院士团队最新研发的不需使用标准品对照，而以高分辨精确质量数（0.0001 *m/z*）为基准的 GC-Q-TOF/MS 检测技术，对于 315 例样品，每个样品均侦测了 499 种农药化学污染物的残留现状。通过本次侦测，在 315 例样品中共计检出农药化学污染物 84 种，检出 810 频次。

7.1.2.1 各采样点样品检出情况

统计分析发现 9 个采样点中，被测样品的农药检出率范围为 81.1%~100.0%。其中，***超市（锦江店）的检出率最高，为 100.0%。***超市（自由大路店）的检出率最低，为 81.1%，见图 7-2。

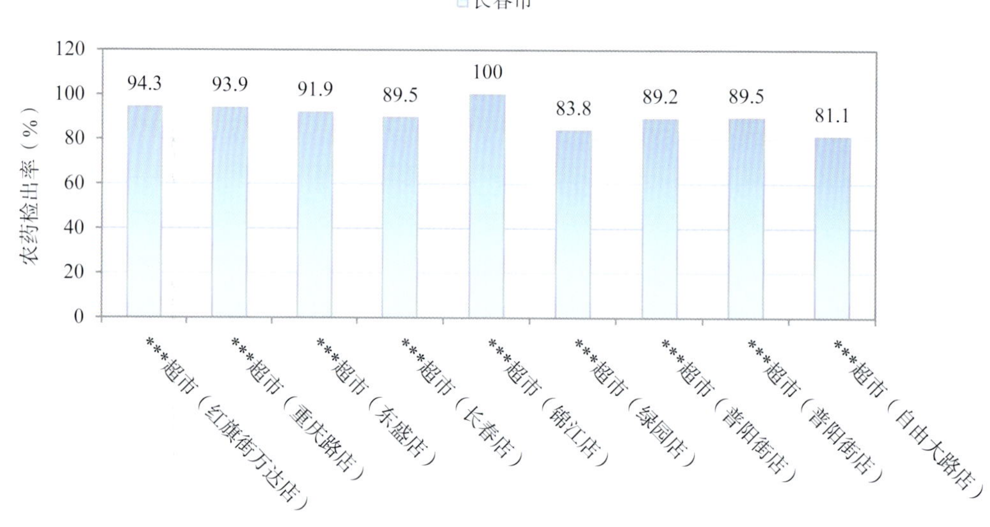

图 7-2 各采样点样品中的农药检出率

7.1.2.2 检出农药的品种总数与频次

统计分析发现，对于 315 例样品中 499 种农药化学污染物的侦测，共检出农药 810 频次，涉及农药 84 种，结果如图 7-3 所示。其中威杀灵检出频次最高，共检出 145 次。检出频次排名前 10 的农药如下：①威杀灵（145）；②二苯胺（109）；③毒死蜱（49）；④除虫菊酯（45）；⑤氟丙菊酯（38）；⑥醚菌酯（32）；⑦哒螨灵（26）；⑧烯虫酯（26）；⑨嘧霉胺（22）；⑩生物苄呋菊酯（20）。

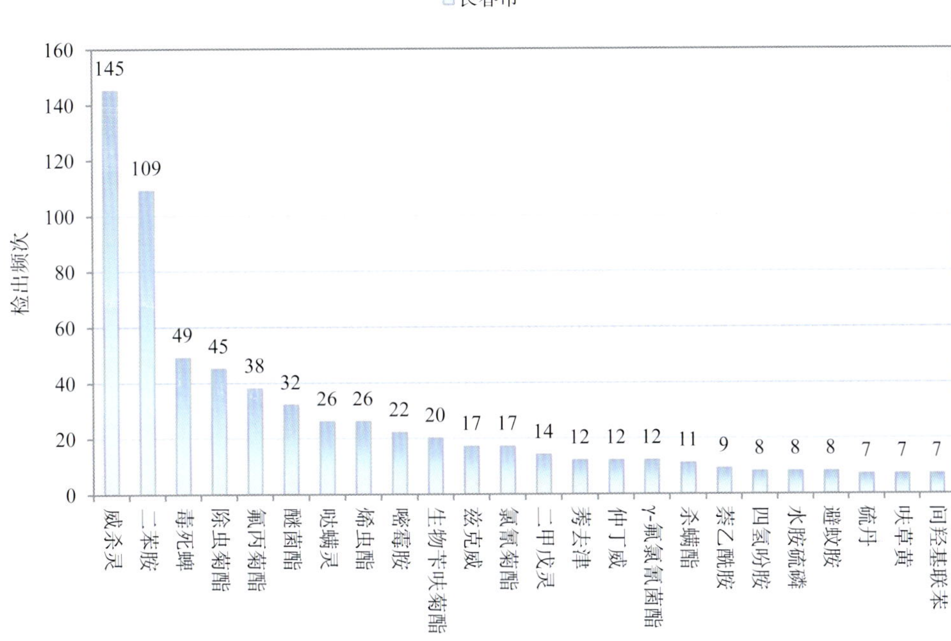

图 7-3 检出农药品种及频次（仅列出 7 频次及以上的数据）

由图 7-4 可见，小油菜、芹菜和茼蒿这 3 种果蔬样品中检出的农药品种数较高，均超过 15 种，其中，小油菜检出农药品种最多，为 16 种。由图 7-5 可见，茼蒿、桃、枣、芹菜和芫荽这 5 种果蔬样品中的农药检出频次较高，均超过 30 次，其中，茼蒿检出农药频次最高，为 46 次。

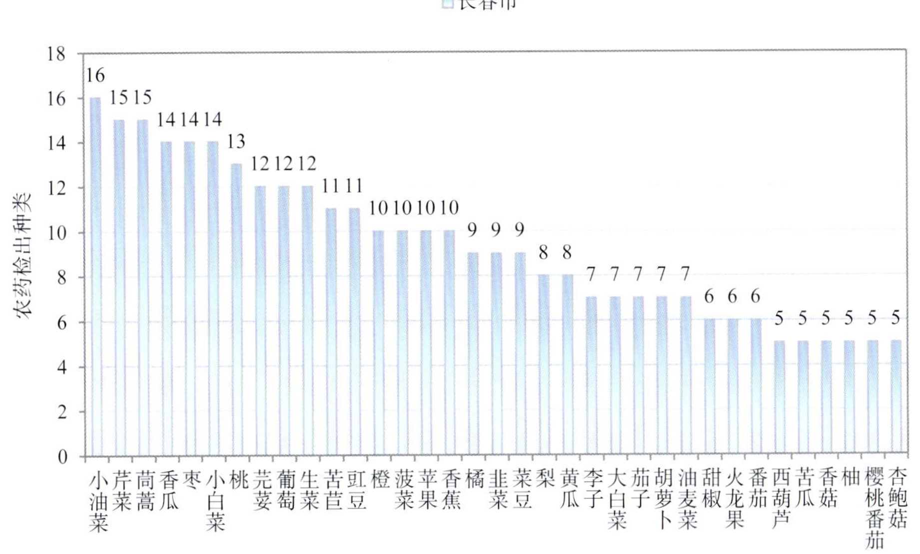

图 7-4 单种水果蔬菜检出农药的种类数（仅列出检出农药 5 种及以上的数据）

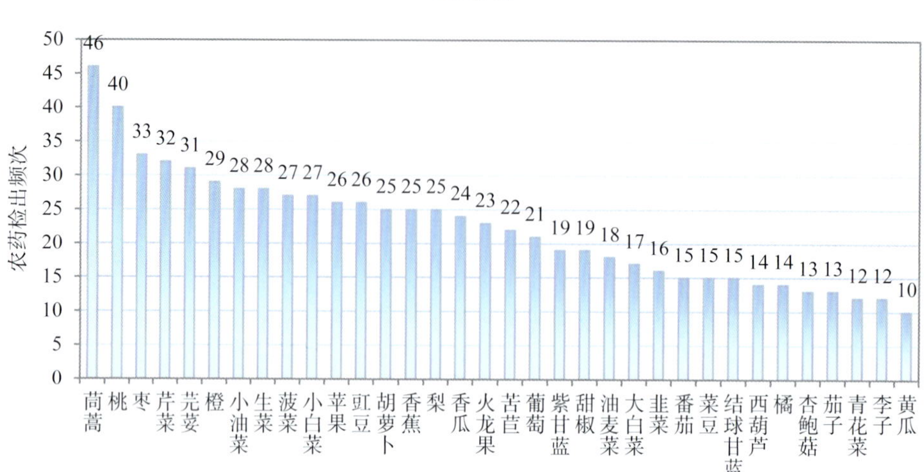

图 7-5　单种水果蔬菜检出农药频次（仅列出检出农药 10 频次及以上的数据）

7.1.2.3　单例样品农药检出种类与占比

对单例样品检出农药种类和频次进行统计发现，未检出农药的样品占总样品数的 10.2%，检出 1 种农药的样品占总样品数的 24.4%，检出 2~5 种农药的样品占总样品数的 57.5%，检出 6~10 种农药的样品占总样品数的 7.9%。每例样品中平均检出农药为 2.6 种，数据见表 7-4 及图 7-6。

表 7-4　单例样品检出农药品种占比

检出农药品种数	样品数量/占比（%）
未检出	32/10.2
1 种	77/24.4
2~5 种	181/57.5
6~10 种	25/7.9
单例样品平均检出农药品种	2.6 种

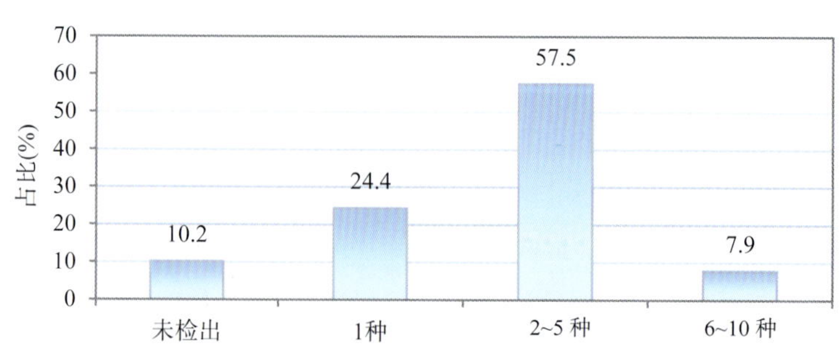

图 7-6　单例样品平均检出农药品种及占比（%）

7.1.2.4　检出农药类别与占比

所有检出农药按功能分类，包括杀虫剂、杀菌剂、除草剂、植物生长调节剂、驱避剂和其他共 6 类 。其中杀虫剂与杀菌剂为主要检出的农药类别，分别占总数的 46.4%和 28.6%，见表 7-5 及图 7-7。

表 7-5　检出农药所属类别及占比

农药类别	数量/占比（%）
杀虫剂	39/46.4
杀菌剂	24/28.6
除草剂	16/19.0
植物生长调节剂	3/3.6
驱避剂	1/1.2
其他	1/1.2

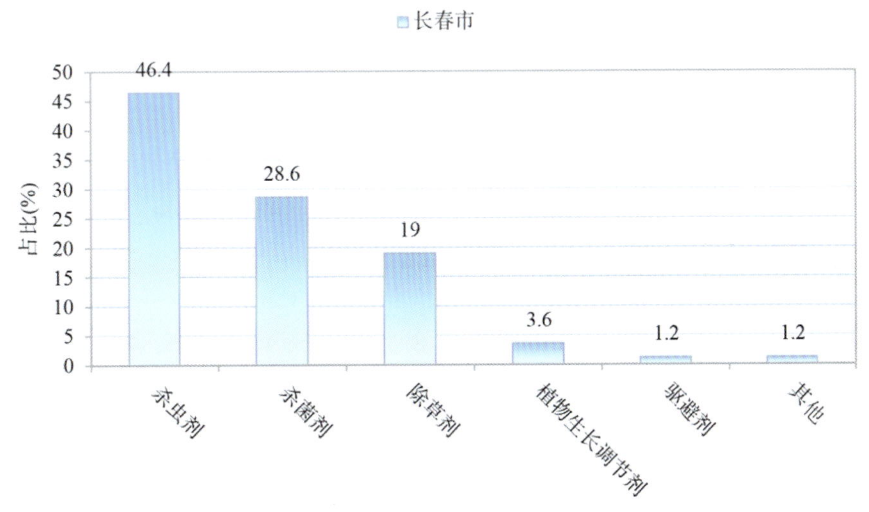

图 7-7　检出农药所属类别和占比

7.1.2.5　检出农药的残留水平

按检出农药残留水平进行统计，残留水平在 1~5 μg/kg（含）的农药占总数的 50.4%，在 5~10 μg/kg（含）的农药占总数的 13.8%，在 10~100 μg/kg（含）的农药占总数的 27.5%，在 100~1000 μg/kg（含）的农药占总数的 7.4%，>1000 μg/kg 的农药占总数的 0.9%。

由此可见，这次检测的 9 批 315 例水果蔬菜样品中农药多数处于较低残留水平。结果见表 7-6 及图 7-8，数据见附表 2。

表 7-6　农药残留水平及占比

残留水平（μg/kg）	检出频次数/占比（%）
1~5（含）	408/50.4
5~10（含）	112/13.8
10~100（含）	223/27.5
10~1000（含）	60/7.4
>1000	7/0.9

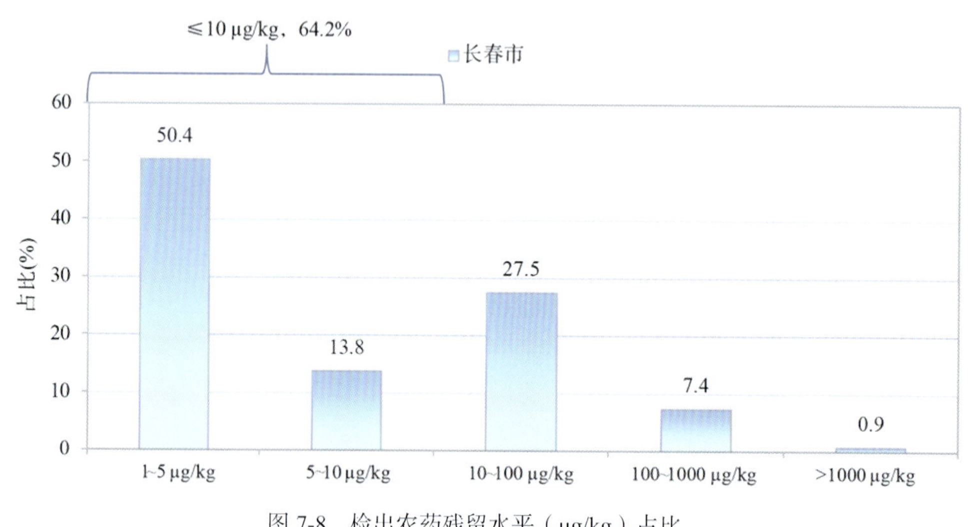

图 7-8　检出农药残留水平（μg/kg）占比

7.1.2.6　检出农药的毒性类别、检出频次和超标频次及占比

对这次检出的 84 种 810 频次的农药，按剧毒、高毒、中毒、低毒和微毒这五个毒性类别进行分类，从中可以看出，长春市目前普遍使用的农药为中低微毒农药，品种占 89.3%，频次占 95.4%。结果见表 7-7 及图 7-9。

表 7-7　检出农药毒性类别及占比

毒性分类	农药品种/占比（%）	检出频次/占比（%）	超标频次/超标率（%）
剧毒农药	2/2.4	3/0.4	2/66.7
高毒农药	7/8.3	34/4.2	0/0.0
中毒农药	29/34.5	231/28.5	5/2.2
低毒农药	30/35.7	386/47.7	0/0.0
微毒农药	16/19.0	156/19.3	0/0.0

图 7-9 检出农药的毒性分类和占比

7.1.2.7 检出剧毒/高毒类农药的品种和频次

值得特别关注的是，在此次侦测的 315 例样品中有 11 种蔬菜 5 种水果的 35 例样品检出了 9 种 37 频次的剧毒和高毒农药，占样品总量的 11.1%，详见图 7-10、表 7-8 及表 7-9。

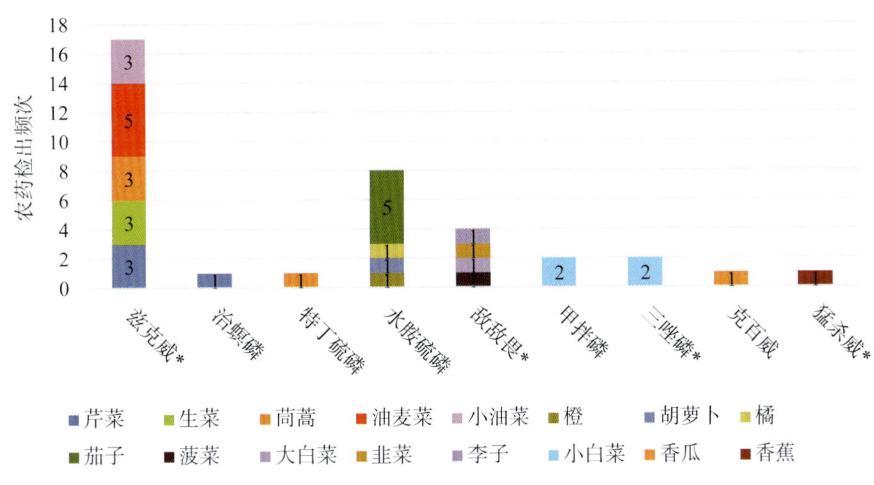

图 7-10 检出剧毒/高毒农药的样品情况

*表示允许在水果和蔬菜上使用的农药

表 7-8 剧毒农药检出情况

序号	农药名称	检出频次	超标频次	超标率
		水果中未检出剧毒农药		
	小计	0	0	超标率：0.0%
		从 2 种蔬菜中检出 2 种剧毒农药，共计检出 3 次		
1	甲拌磷*	2	2	100.0%
2	特丁硫磷*	1	0	0.0%
	小计	3	2	超标率：66.7%
	合计	3	2	超标率：66.7%

表 7-9　高毒农药检出情况

序号	农药名称	检出频次	超标频次	超标率
从 5 种水果中检出 4 种高毒农药，共计检出 5 次				
1	水胺硫磷	2	0	0.0%
2	克百威	1	0	0.0%
3	猛杀威	1	0	0.0%
4	敌敌畏	1	0	0.0%
	小计	5	0	超标率：0.0%
从 11 种蔬菜中检出 5 种高毒农药，共计检出 29 次				
1	兹克威	17	0	0.0%
2	水胺硫磷	6	0	0.0%
3	敌敌畏	3	0	0.0%
4	三唑磷	2	0	0.0%
5	治螟磷	1	0	0.0%
	小计	29	0	超标率：0.0%
	合计	34	0	超标率：0.0%

在检出的剧毒和高毒农药中，有 5 种是我国早已禁止在果树和蔬菜上使用的，分别是：克百威、特丁硫磷、水胺硫磷、甲拌磷和治螟磷。禁用农药的检出情况见表 7-10。

表 7-10　禁用农药检出情况

序号	农药名称	检出频次	超标频次	超标率
从 4 种水果中检出 3 种禁用农药，共计检出 7 次				
1	硫丹	4	0	0.0%
2	水胺硫磷	2	0	0.0%
3	克百威	1	0	0.0%
	小计	7	0	超标率：0.0%
从 6 种蔬菜中检出 6 种禁用农药，共计检出 14 次				
1	水胺硫磷	6	0	0.0%
2	硫丹	3	0	0.0%
3	甲拌磷*	2	2	100.0%
4	治螟磷	1	0	0.0%
5	氰戊菊酯	1	0	0.0%
6	特丁硫磷*	1	0	0.0%
	小计	14	2	超标率：14.3%
	合计	21	2	超标率：9.5%

注：超标结果参考 MRL 中国国家标准计算

此次抽检的果蔬样品中，有 2 种蔬菜检出了剧毒农药，分别是：小白菜中检出甲拌磷 2 次；茼蒿中检出特丁硫磷 1 次。

样品中检出剧毒和高毒农药残留水平超过 MRL 中国国家标准的频次为 2 次，其中：小白菜检出甲拌磷超标 2 次。本次检出结果表明，高毒、剧毒农药的使用现象依旧存在，详见表 7-11。

表 7-11　各样本中检出剧毒/高毒农药情况

样品名称	农药名称	检出频次	超标频次	检出浓度（μg/kg）
		水果 5 种		
橙	水胺硫磷▲	1	0	16.2
李子	敌敌畏	1	0	4.0
香瓜	克百威▲	1	0	6.3
香蕉	猛杀威	1	0	1.2
橘	水胺硫磷▲	1	0	3.0
	小计	5	0	超标率：0.0%
		蔬菜 11 种		
菠菜	敌敌畏	1	0	1.2
大白菜	敌敌畏	1	0	10.1
胡萝卜	水胺硫磷▲	1	0	8.7
韭菜	敌敌畏	1	0	5.3
茄子	水胺硫磷▲	5	0	38.6，6.4，109.4，6.4，39.3
芹菜	兹克威	3	0	24.8，10.2，24.5
芹菜	治螟磷▲	1	0	2.2
生菜	兹克威	3	0	45.4，20.0，22.3
小白菜	甲拌磷*▲	2	2	39.1[a]，33.0[a]
小白菜	三唑磷	2	0	2.6，6.5
小油菜	兹克威	3	0	6.1，5.7，1.8
油麦菜	兹克威	5	0	21.6，10.0，2.3，10.9，5.2
茼蒿	特丁硫磷*▲	1	0	5.4
茼蒿	兹克威	3	0	29.6，9.5，67.9
	小计	32	2	超标率：6.3%
	合计	37	2	超标率：5.4%

7.2　农药残留检出水平与最大残留限量标准对比分析

我国于 2014 年 3 月 20 日正式颁布并于 2014 年 8 月 1 日正式实施食品农药残留限量国家标准《食品中农药最大残留限量》(GB 2763—2014)。该标准包括 371 个农药条目，涉及最大残留限量（MRL）标准 3653 项。将 810 频次检出农药的浓度水平与 3653 项国家 MRL 标准进行核对，其中只有 111 频次的农药找到了对应的 MRL 标准，占 13.7%，还有 699 频次的侦测数据则无相关 MRL 标准供参考，占 86.3%。

将此次侦测结果与国际上现行 MRL 标准对比发现，在 810 频次的检出结果中有 810 频次的结果找到了对应的 MRL 欧盟标准，占 100.0%；其中，519 频次的结果有明确对应的 MRL 标准，占 64.1%，其余 291 频次按照欧盟一律标准判定，占 35.9%；有 810 频次的结果找到了对应的 MRL 日本标准，占 100.0%；其中，365 频次的结果有明确对应的 MRL 标准，占 45.1%，其余 445 频次按照日本一律标准判定，占 54.9%；有 199 频次的结果找到了对应的 MRL 中国香港标准，占 24.6%；有 147 频次的结果找到了对应的 MRL 美国标准，占 18.1%；有 92 频次的结果找到了对应的 MRL CAC 标准，占 11.4%（见图 7-11 和图 7-12，数据见附表 3 至附表 8）。

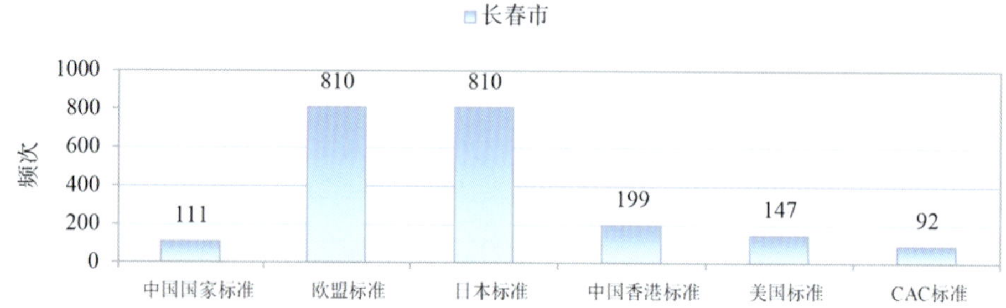

图 7-11　810 频次检出农药可用 MRL 中国国家标准、欧盟标准、日本标准、中国香港标准、美国标准、CAC 标准判定衡量的数量

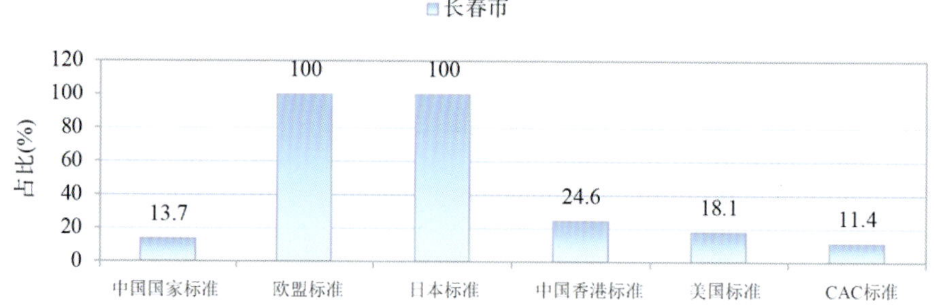

图 7-12　810 频次检出农药可用 MRL 中国国家标准、欧盟标准、日本标准、中国香港标准、美国标准、CAC 标准衡量的占比

7.2.1　超标农药样品分析

本次侦测的 315 例样品中，32 例样品未检出任何残留农药，占样品总量的 10.2%，283 例样品检出不同水平、不同种类的残留农药，占样品总量的 89.8%。在此，我们将本次侦测的农残检出情况与 MRL 中国国家标准、欧盟标准、日本标准、中国香港标准、美国标准和 CAC 标准这 6 大国际主流标准进行对比分析，样品农残检出与超标情况见表 7-12、图 7-13 和与图 7-14，详细数据见附表 9 至附表 14。

表 7-12　各 MRL 标准下样本农残检出与超标数量及占比

	中国国家标准	欧盟标准	日本标准	中国香港标准	美国标准	CAC 标准
	数量/占比（%）	数量/占比（%）	数量/占比（%）	数量/占比（%）	数量/占比（%）	数量/占比（%）
未检出	32/10.2	32/10.2	32/10.2	32/10.2	32/10.2	32/10.2
检出未超标	276/87.6	156/49.5	169/53.7	275/87.3	280/88.9	282/89.5
检出超标	7/2.2	127/40.3	114/36.2	8/2.5	3/1.0	1/0.3

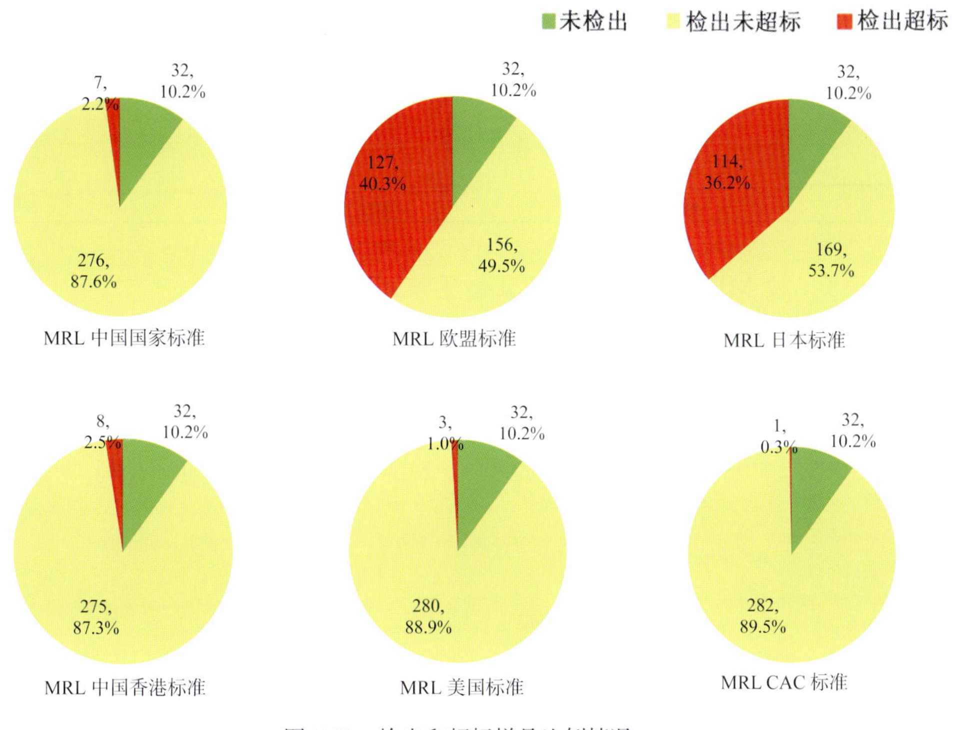

图 7-13　检出和超标样品比例情况

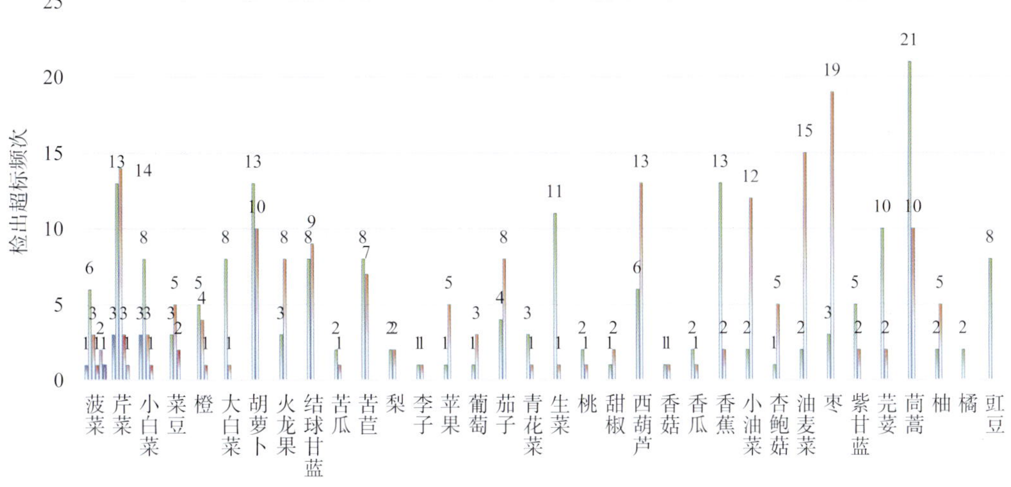

图 7-14　超过 MRL 中国国家标准、欧盟标准、日本标准、中国香港标准、美国标准和 CAC 标准判定结果在水果蔬菜中的分布

7.2.2　超标农药种类分析

按照 MRL 中国国家标准、欧盟标准、日本标准、中国香港标准、美国标准和 CAC 标准这 6 大国际主流标准衡量，本次侦测检出的农药超标品种及频次情况见表 7-13。

表 7-13 各 MRL 标准下超标农药品种及频次

	中国国家标准	欧盟标准	日本标准	中国香港标准	美国标准	CAC 标准
超标农药品种	2	45	39	1	1	1
超标农药频次	7	181	176	8	3	1

7.2.2.1 按 MRL 中国国家标准衡量

按 MRL 中国国家标准衡量，共有 2 种农药超标，检出 7 频次，分别为剧毒农药甲拌磷，中毒农药毒死蜱。

按超标程度比较，菠菜中毒死蜱超标 4.4 倍，小白菜中甲拌磷超标 2.9 倍，芹菜中毒死蜱超标 1.8 倍，小白菜中毒死蜱超标 30%。检测结果见图 7-15 和附表 15。

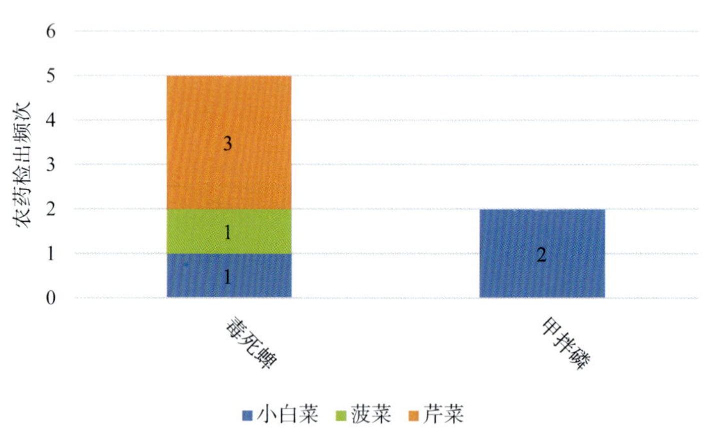

图 7-15 超过 MRL 中国国家标准农药品种及频次

7.2.2.2 按 MRL 欧盟标准衡量

按 MRL 欧盟标准衡量，共有 45 种农药超标，检出 181 频次，分别为剧毒农药甲拌磷，高毒农药水胺硫磷、兹克威和敌敌畏，中毒农药硫丹、氯氰菊酯、虫螨腈、异丙威、甲氰菊酯、噁霜灵、毒死蜱、棉铃威、氰戊菊酯、哒螨灵、仲丁威、甲萘威、苯醚氰菊酯、γ-氟氯氰菌酯和丙溴磷，低毒农药莠去津、芬螨酯、四氢吩胺、避蚊胺、3,5-二氯苯胺、炔螨特、西玛通、威杀灵、间羟基联苯、杀螨酯、扑草净、呋草黄、苯虫醚和己唑醇，微毒农药氟酰胺、霜霉威、解草腈、氟丙菊酯、腐霉利、萘乙酰胺、生物苄呋菊酯、氟乐灵、醚菌酯、百菌清、啶氧菌酯和烯虫酯。

按超标程度比较，大白菜中醚菌酯超标 202.6 倍，豇豆中仲丁威超标 50.6 倍，菠菜中 γ-氟氯氰菌酯超标 43.0 倍，香蕉中避蚊胺超标 34.1 倍，橘中杀螨酯超标 33.5 倍。检测结果见图 7-16 和附表 16。

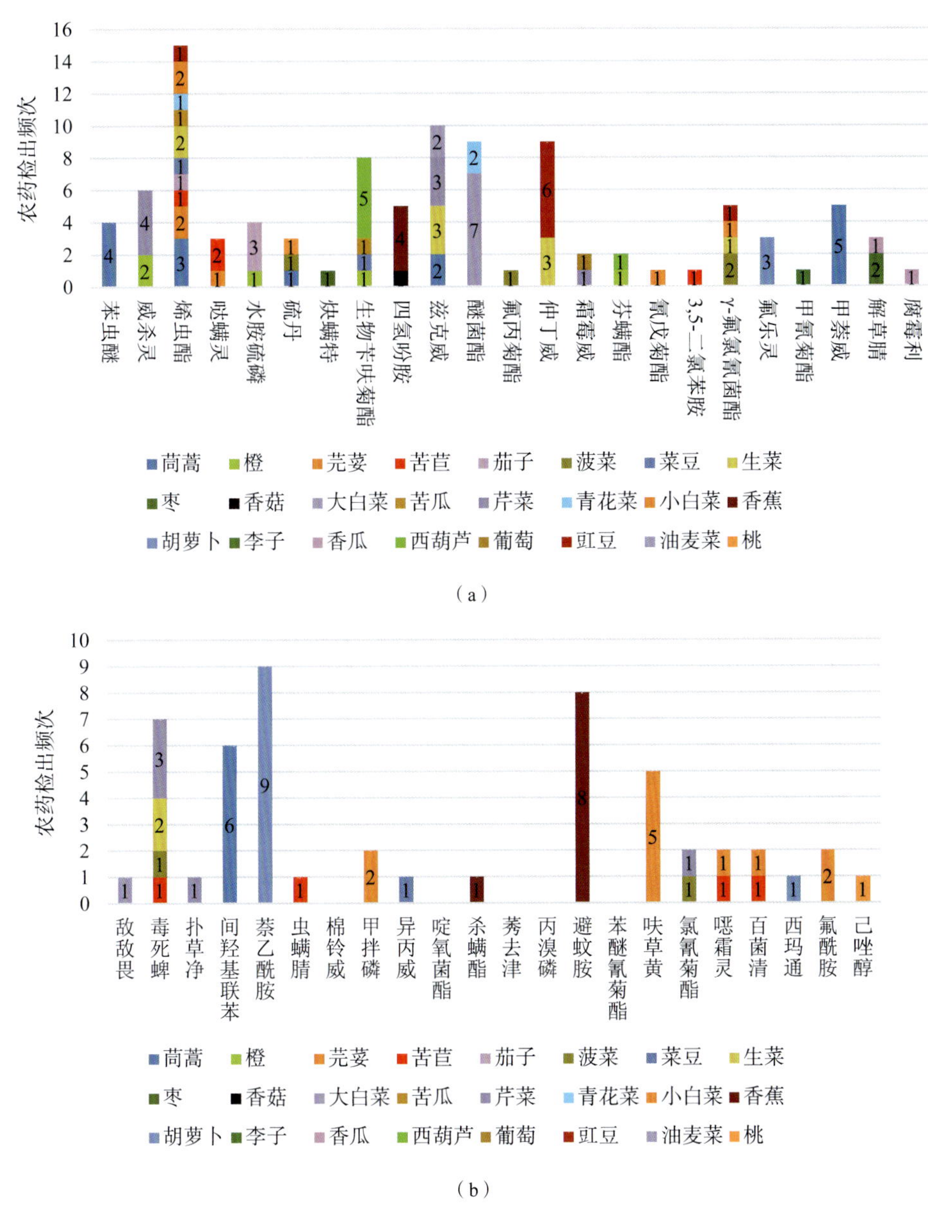

图 7-16　超过 MRL 欧盟标准农药品种及频次

7.2.2.3　按 MRL 日本标准衡量

按 MRL 日本标准衡量，共有 39 种农药超标，检出 176 频次，分别为剧毒农药特丁硫磷，高毒农药水胺硫磷和兹克威，中毒农药麦穗宁、氯氰菊酯、虫螨腈、除虫菊酯、异丙威、甲氰菊酯、三唑酮、毒死蜱、哒螨灵、仲丁威、二甲戊灵、联苯菊酯、苯醚氰菊酯、γ-氟氯氰菌酯和戊唑醇，低毒农药莠去津、芬螨酯、四氢吩胺、避蚊胺、3,5-二氯苯胺、螺螨酯、西玛通、炔螨特、威杀灵、间羟基联苯、杀螨酯、呋草黄和苯虫醚，微毒农药氟酰胺、霜霉威、解草腈、萘乙酰胺、生物苄呋菊酯、醚菌酯、啶氧菌酯和烯虫酯。

按超标程度比较，胡萝卜中萘乙酰胺超标 125.6 倍，菠菜中毒死蜱超标 53.0 倍，豇豆中仲丁威超标 50.6 倍，菠菜中 γ-氟氯氰菌酯超标 43.0 倍，香蕉中避蚊胺超标 34.1 倍。检测结果见图 7-17 和附表 17。

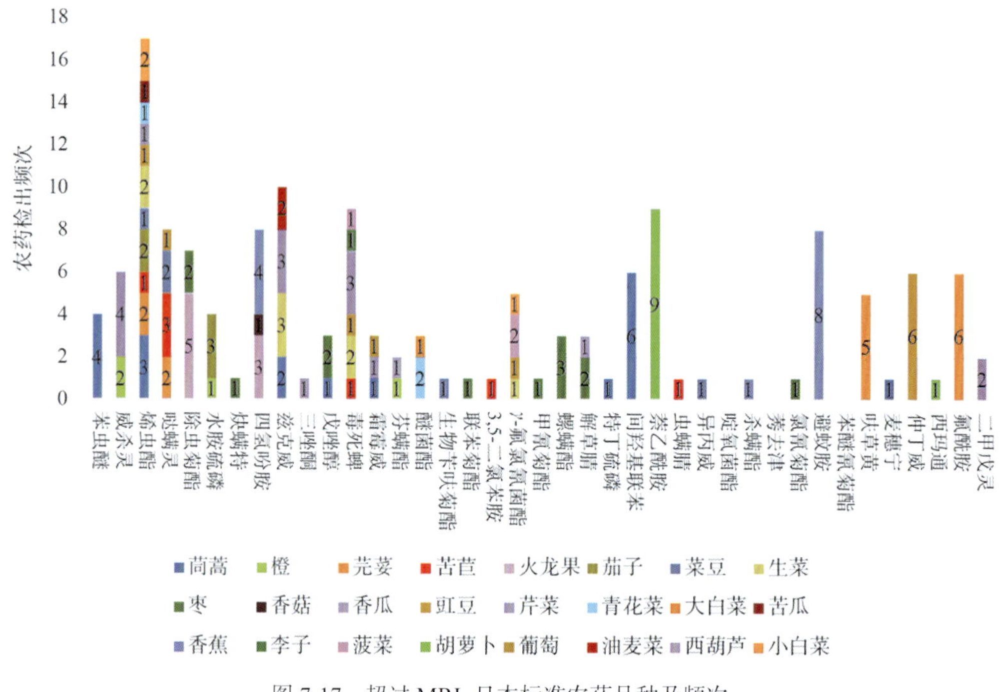

图 7-17 超过 MRL 日本标准农药品种及频次

7.2.2.4 按 MRL 中国香港标准衡量

按 MRL 中国香港标准衡量，有 1 种农药超标，检出 8 频次，为中毒农药毒死蜱。

按超标程度比较，菠菜中毒死蜱超标 4.4 倍，生菜中毒死蜱超标 3.2 倍，芹菜中毒死蜱超标 1.8 倍，豇豆中毒死蜱超标 60%，小白菜中毒死蜱超标 30%。检测结果见图 7-18 和附表 18。

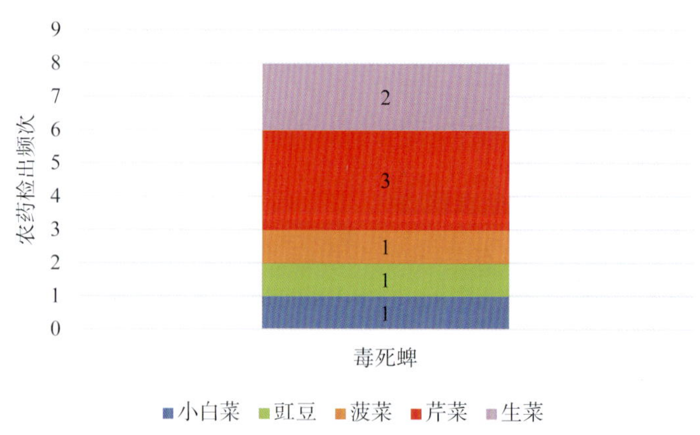

图 7-18 超过 MRL 中国香港标准农药品种及频次

7.2.2.5　按 MRL 美国标准衡量

按 MRL 美国标准衡量，有 1 种农药超标，检出 3 频次，为中毒农药毒死蜱。

按超标程度比较，苹果中毒死蜱超标 1.2 倍，桃中毒死蜱超标 20%。检测结果见图 7-19 和附表 19。

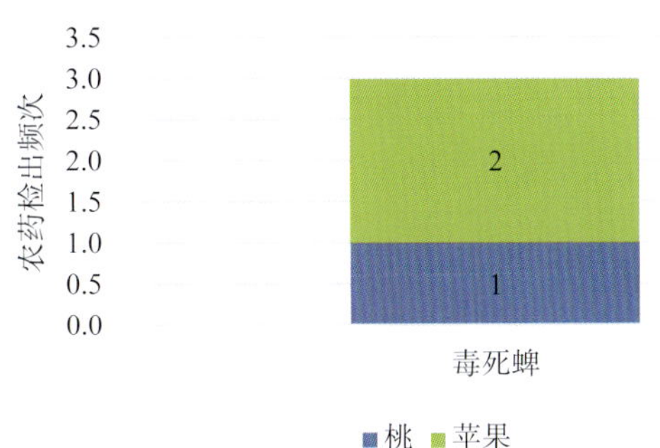

图 7-19　超过 MRL 美国标准农药品种及频次

7.2.2.6　按 MRL CAC 标准衡量

按 MRL CAC 标准衡量，有 1 种农药超标，检出 1 频次，为中毒农药氯氰菊酯。

按超标程度比较，菠菜中氯氰菊酯超标 70%。检测结果见图 7-20 和附表 20。

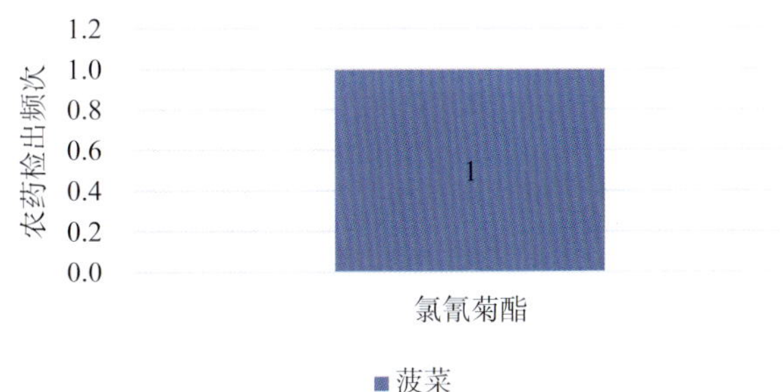

图 7-20　超过 MRL CAC 标准农药品种及频次

7.2.3　9 个采样点超标情况分析

7.2.3.1　按 MRL 中国国家标准衡量

按 MRL 中国国家标准衡量，有 4 个采样点的样品存在不同程度的超标农药检出，其中***超市（普阳街店）的超标率最高，为 8.1%，如表 7-14 和图 7-21 所示。

表 7-14　超过 MRL 中国国家标准水果蔬菜在不同采样点分布

	采样点	样品总数	超标数量	超标率（%）	行政区域
1	***超市（自由大路店）	37	1	2.7	南关区
2	***超市（绿园店）	37	2	5.4	绿园区

续表

	采样点	样品总数	超标数量	超标率（%）	行政区域
3	***超市（普阳街店）	37	3	8.1	绿园区
4	***超市（重庆路店）	33	1	3.0	朝阳区

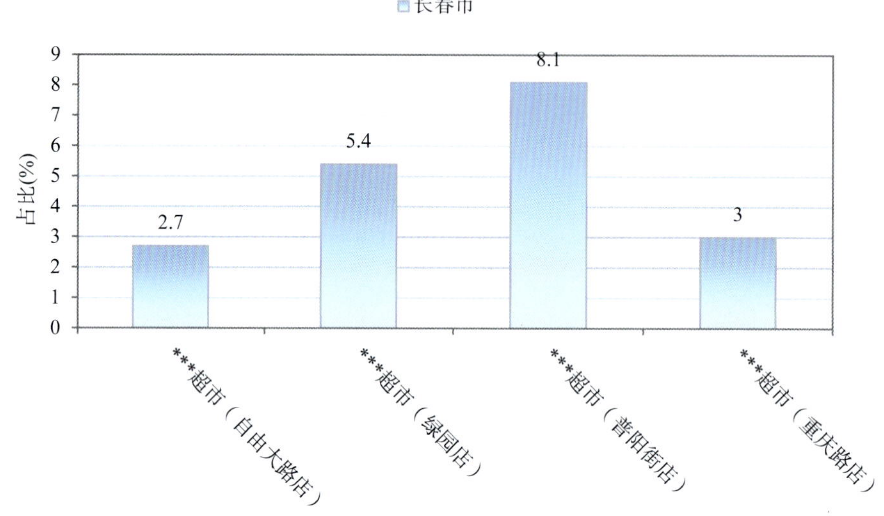

图 7-21　超过 MRL 中国国家标准水果蔬菜在不同采样点分布

7.2.3.2　按 MRL 欧盟标准衡量

按 MRL 欧盟标准衡量，所有采样点的样品存在不同程度的超标农药检出，其中***超市（普阳街店）的超标率最高，为 51.4%，如表 7-15 和图 7-22 所示。

表 7-15　超过 MRL 欧盟标准水果蔬菜在不同采样点分布

	采样点	样品总数	超标数量	超标率（%）	行政区域
1	***超市（长春店）	38	14	36.8	绿园区
2	***超市（普阳街店）	38	13	34.2	绿园区
3	***超市（东盛店）	37	17	45.9	二道区
4	***超市（自由大路店）	37	13	35.1	南关区
5	***超市（绿园店）	37	15	40.5	绿园区
6	***超市（普阳街店）	37	19	51.4	绿园区
7	***超市（红旗街万达店）	35	15	42.9	朝阳区
8	***超市（重庆路店）	33	11	33.3	朝阳区
9	***超市（锦江店）	23	10	43.5	绿园区

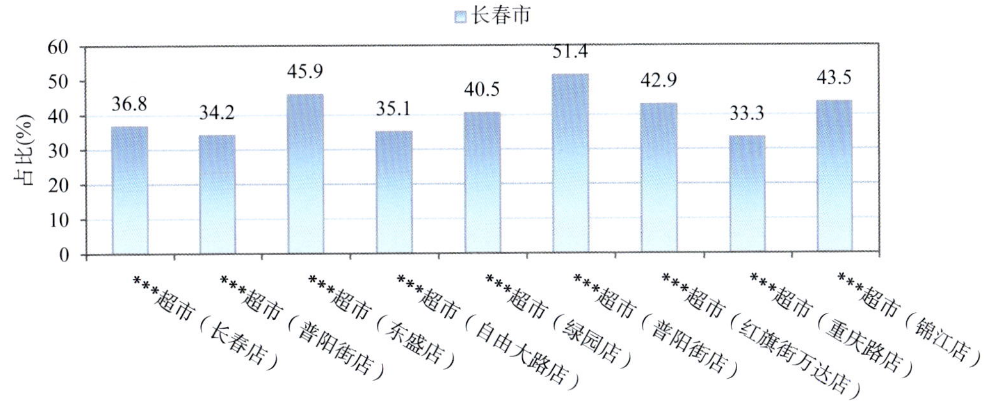

图 7-22　超过 MRL 欧盟标准水果蔬菜在不同采样点分布

7.2.3.3　按 MRL 日本标准衡量

按 MRL 日本标准衡量，所有采样点的样品存在不同程度的超标农药检出，其中***超市（锦江店）的超标率最高，为 47.8%，如表 7-16 和图 7-23 所示。

表 7-16　超过 MRL 日本标准水果蔬菜在不同采样点分布

	采样点	样品总数	超标数量	超标率（%）	行政区域
1	***超市（长春店）	38	12	31.6	绿园区
2	***超市（普阳街店）	38	11	28.9	绿园区
3	***超市（东盛店）	37	13	35.1	二道区
4	***超市（自由大路店）	37	13	35.1	南关区
5	***超市（绿园店）	37	12	32.4	绿园区
6	***超市（普阳街店）	37	14	37.8	绿园区
7	***超市（红旗街万达店）	35	15	42.9	朝阳区
8	***超市（重庆路店）	33	13	39.4	朝阳区
9	***超市（锦江店）	23	11	47.8	绿园区

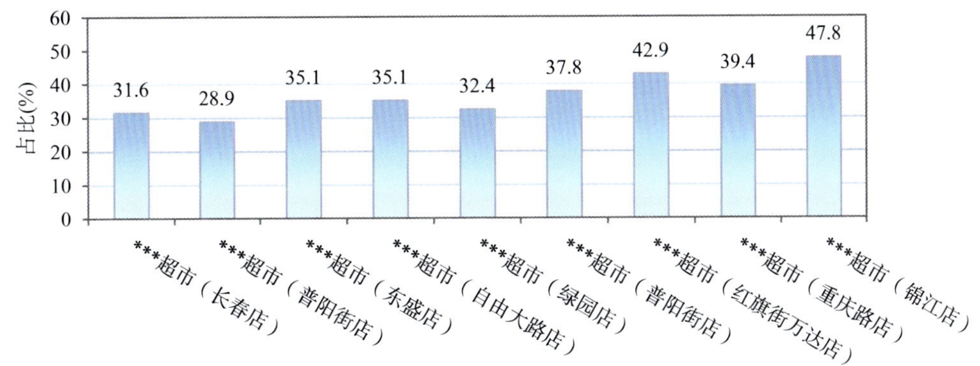

图 7-23　超过 MRL 日本标准水果蔬菜在不同采样点分布

7.2.3.4 按 MRL 中国香港标准衡量

按 MRL 中国香港标准衡量，有 6 个采样点的样品存在不同程度的超标农药检出，其中***超市（东盛店）和***超市（普阳街店）的超标率最高，均为 5.4%，如表 7-17 和图 7-24 所示。

表 7-17　超过 MRL 中国香港标准水果蔬菜在不同采样点分布

	采样点	样品总数	超标数量	超标率（%）	行政区域
1	***超市（东盛店）	37	2	5.4	二道区
2	***超市（自由大路店）	37	1	2.7	南关区
3	***超市（绿园店）	37	1	2.7	绿园区
4	***超市（普阳街店）	37	2	5.4	绿园区
5	***超市（红旗街万达店）	35	1	2.9	朝阳区
6	***超市（重庆路店）	33	1	3.0	朝阳区

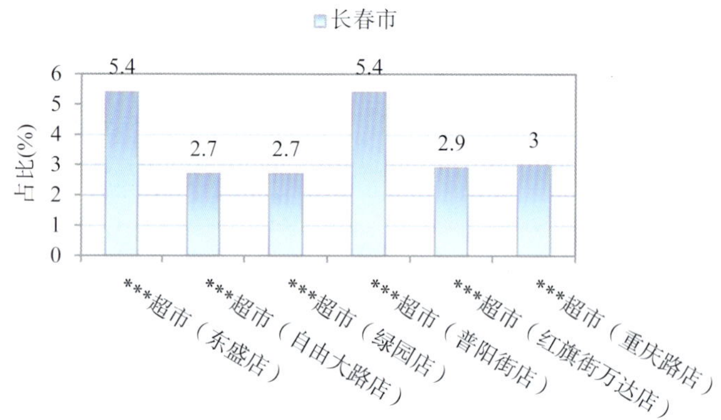

图 7-24　超过 MRL 中国香港标准水果蔬菜在不同采样点分布

7.2.3.5 按 MRL 美国标准衡量

按 MRL 美国标准衡量，有 2 个采样点的样品存在不同程度的超标农药检出，其中***超市（普阳街店）的超标率较高，为 5.3%，如表 7-18 和图 7-25 所示。

表 7-18　超过 MRL 美国标准水果蔬菜在不同采样点分布

	采样点	样品总数	超标数量	超标率（%）	行政区域
1	***超市（普阳街店）	38	2	5.3	绿园区
2	***超市（自由大路店）	37	1	2.7	南关区

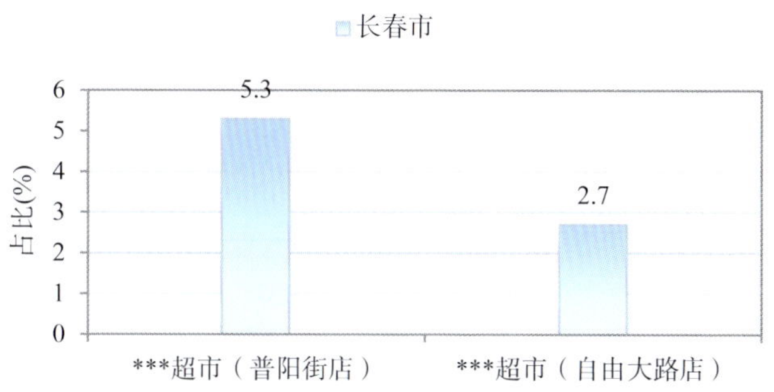

图 7-25　超过 MRL 美国标准水果蔬菜在不同采样点分布

7.2.3.6　按 MRL CAC 标准衡量

按 MRL CAC 标准衡量，有 1 个采样点的样品存在超标农药检出，超标率为 2.7%，如表 7-19 和图 7-26 所示。

表 7-19　超过 MRL CAC 标准水果蔬菜在不同采样点分布

	采样点	样品总数	超标数量	超标率（%）	行政区域
1	***超市（东盛店）	37	1	2.7	二道区

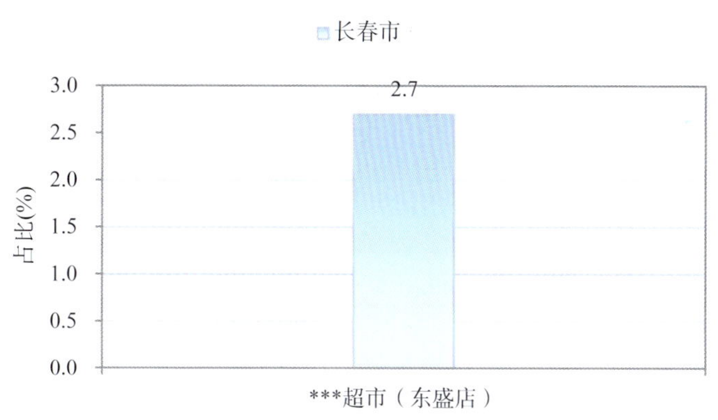

图 7-26　超过 MRL CAC 标准水果蔬菜在不同采样点分布

7.3　水果中农药残留分布

7.3.1　检出农药品种和频次排前 10 的水果

本次残留侦测的水果共 13 种，包括橙、火龙果、橘、梨、李子、猕猴桃、苹果、葡萄、桃、香瓜、香蕉、柚和枣。

根据检出农药品种及频次进行排名，将各项排名前 10 位的水果样品检出情况列表说明，详见表 7-20。

表 7-20　检出农药品种和频次排名前 10 的水果

检出农药品种排名前 10（品种）	①枣（14），②香瓜（14），③桃（13），④葡萄（12），⑤橙（10），⑥苹果（10），⑦香蕉（10），⑧橘（9），⑨梨（8），⑩李子（7）
检出农药频次排名前 10（频次）	①桃（40），②枣（33），③橙（29），④苹果（26），⑤梨（25），⑥香蕉（25），⑦香瓜（24），⑧火龙果（23），⑨葡萄（21），⑩橘（14）
检出禁用、高毒及剧毒农药品种排名前 10（品种）	①橙（1），②橘（1），③李子（1），④桃（1），⑤香瓜（1），⑥香蕉（1）
检出禁用、高毒及剧毒农药频次排名前 10（频次）	①桃（4），②橙（1），③橘（1），④香蕉（1），⑤李子（1），⑥香瓜（1）

7.3.2　超标农药品种和频次排前 10 的水果

鉴于 MRL 欧盟标准和日本标准的制定比较全面且覆盖率较高，我们参照 MRL 中国国家标准、欧盟标准和日本标准衡量水果样品中农残检出情况，将超标农药品种及频次排名前 10 的水果列表说明，详见表 7-21。

表 7-21　超标农药品种和频次排名前 10 的水果

超标农药品种排名前 10（农药品种数）	MRL 中国国家标准	
	MRL 欧盟标准	①橙（4），②香蕉（3），③香瓜（2），④桃（2），⑤枣（2），⑥葡萄（1），⑦李子（1），⑧梨（1），⑨橘（1），⑩火龙果（1）
	MRL 日本标准	①枣（7），②橙（3），③香蕉（3），④香瓜（2），⑤李子（2），⑥火龙果（2），⑦柚（1），⑧葡萄（1），⑨橘（1）
超标农药频次排名前 10（农药频次数）	MRL 中国国家标准	
	MRL 欧盟标准	①香蕉（13），②橙（5），③火龙果（3），④枣（3），⑤柚（2），⑥香瓜（2），⑦橘（2），⑧桃（2），⑨梨（2），⑩李子（1）
	MRL 日本标准	①香蕉（13），②枣（12），③火龙果（8），④橙（4），⑤柚（2），⑥香瓜（2），⑦李子（2），⑧橘（2），⑨葡萄（1）

通过对各品种水果样本总数及检出率进行综合分析发现，枣、香瓜和桃的残留污染最为严重，在此，我们参照 MRL 中国国家标准、欧盟标准和日本标准对这 3 种水果的农残检出情况进行进一步分析。

7.3.3　农药残留检出率较高的水果样品分析

7.3.3.1　枣

这次共检测 7 例枣样品，全部检出了农药残留，检出率为 100.0%，检出农药共计 14 种。其中螺螨酯、二苯胺、联苯菊酯、威杀灵和解草腈检出频次较高，分别检出了 5、4、4、4 和 3 次。枣中农药检出品种和频次见图 7-27，超标农药见图 7-28 和表 7-22。

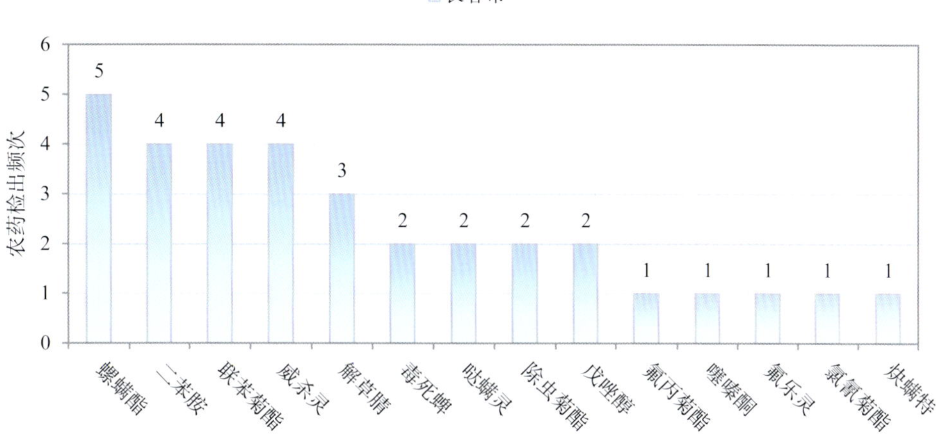

图 7-27 枣样品检出农药品种和频次分析

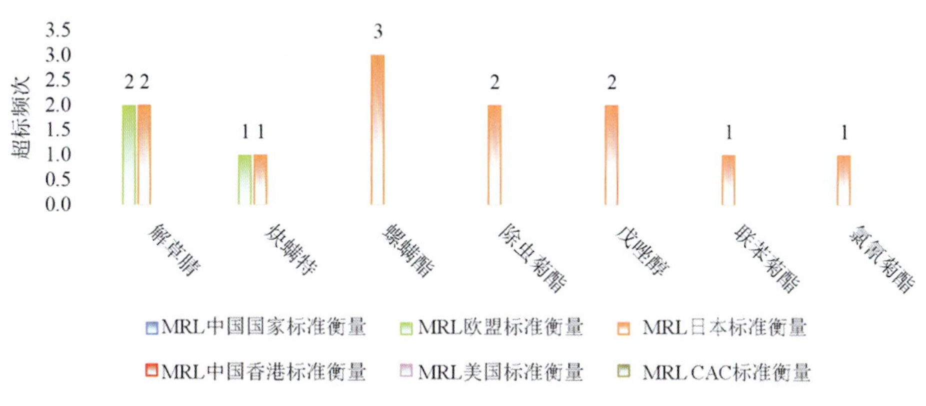

图 7-28 枣样品中超标农药分析

表 7-22 枣中农药残留超标情况明细表

样品总数			检出农药样品数	样品检出率（%）	检出农药品种总数
7			7	100	14
	超标农药品种	超标农药频次	按照 MRL 中国国家标准、欧盟标准和日本标准衡量超标农药名称及频次		
中国国家标准	0	0			
欧盟标准	2	3	解草腈（2），炔螨特（1）		
日本标准	7	12	螺螨酯（3），解草腈（2），除虫菊酯（2），戊唑醇（2），联苯菊酯（1），氯氰菊酯（1），炔螨特（1）		

7.3.3.2 香瓜

这次共检测 8 例香瓜样品，7 例样品中检出了农药残留，检出率为 87.5%，检出农药共计 14 种。其中除虫菊酯、威杀灵、生物苄呋菊酯、嘧霉胺和戊唑醇检出频次较高，分别检出了 7、3、2、2 和 1 次。香瓜中农药检出品种和频次见图 7-29，超标农药见图 7-30 和表 7-23。

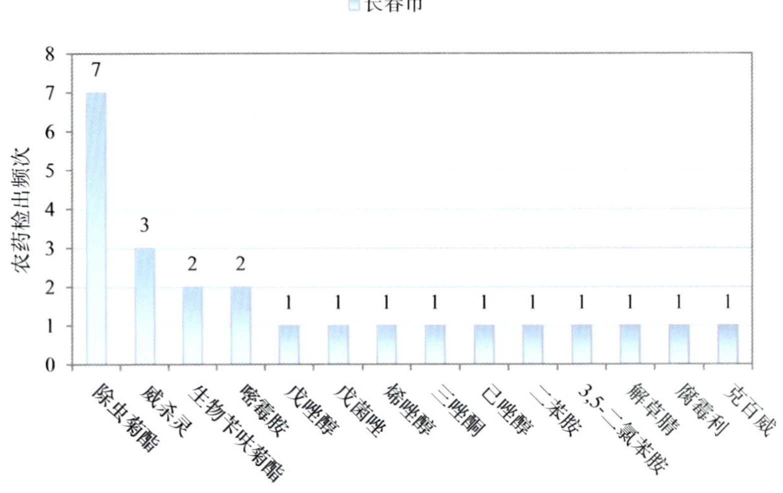

图 7-29 香瓜样品检出农药品种和频次分析

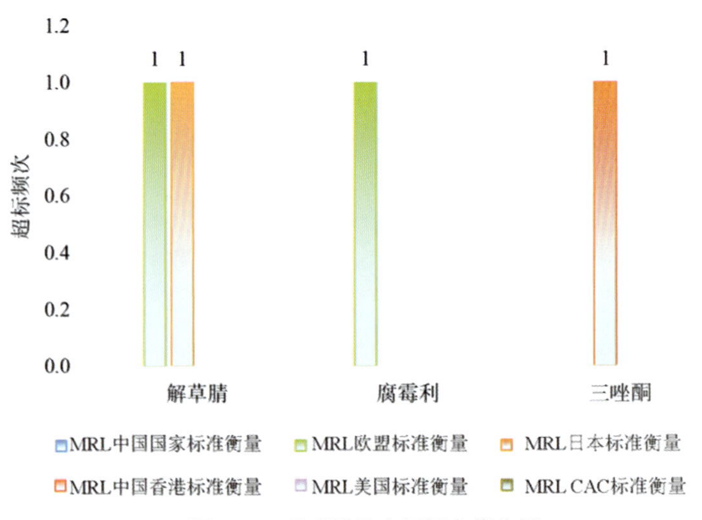

图 7-30 香瓜样品中超标农药分析

表 7-23 香瓜中农药残留超标情况明细表

样品总数			检出农药样品数	样品检出率（%）	检出农药品种总数
8			7	87.5	14
	超标农药品种	超标农药频次	按照 MRL 中国国家标准、欧盟标准和日本标准衡量超标农药名称及频次		
中国国家标准	0	0			
欧盟标准	2	2	解草腈（1），腐霉利（1）		
日本标准	2	2	三唑酮（1），解草腈（1）		

7.3.3.3　桃

这次共检测 10 例桃样品，9 例样品中检出了农药残留，检出率为 90.0%，检出农药共计 13 种。其中威杀灵、毒死蜱、除虫菊酯、硫丹和哒螨灵检出频次较高，分别检出了 9、7、5、4 和 3 次。桃中农药检出品种和频次见图 7-31，超标农药见图 7-32 和表 7-24。

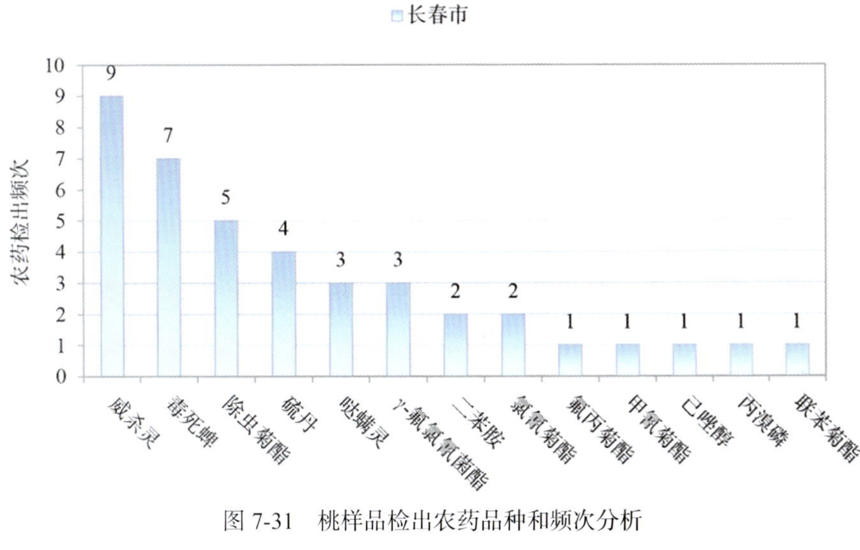

图 7-31　桃样品检出农药品种和频次分析

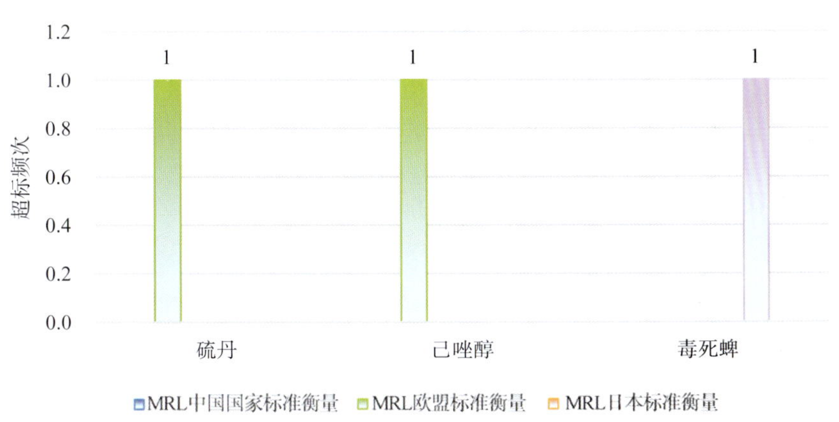

图 7-32　桃样品中超标农药分析

表 7-24　桃中农药残留超标情况明细表

样品总数			检出农药样品数	样品检出率（%）	检出农药品种总数
10			9	90	13
	超标农药品种	超标农药频次	按照 MRL 中国国家标准、欧盟标准和日本标准衡量超标农药名称及频次		
中国国家标准	0	0			
欧盟标准	2	2	硫丹（1），己唑醇（1）		
日本标准	0	0			

7.4 蔬菜中农药残留分布

7.4.1 检出农药品种和频次排前 10 的蔬菜

本次残留侦测的蔬菜共 25 种，包括菠菜、菜豆、大白菜、冬瓜、番茄、胡萝卜、黄瓜、豇豆、结球甘蓝、韭菜、苦瓜、苦苣、萝卜、茄子、芹菜、青花菜、生菜、甜椒、茼蒿、西葫芦、小白菜、樱桃番茄、油麦菜、紫甘蓝和小油菜。

根据检出农药品种及频次进行排名，将各项排名前 10 位的蔬菜样品检出情况列表说明，详见表 7-25。

表 7-25 检出农药品种和频次排名前 10 的蔬菜

检出农药品种排名前 10（品种）	①小油菜（16），②茼蒿（15），③芹菜（15），④小白菜（14），⑤生菜（12），⑥苦苣（11），⑦豇豆（11），⑧菠菜（10），⑨韭菜（9），⑩菜豆（9）
检出农药频次排名前 10（频次）	①茼蒿（46），②芹菜（32），③小油菜（28），④生菜（28），⑤小白菜（27），⑥菠菜（27），⑦豇豆（26），⑧胡萝卜（25），⑨苦苣（22），⑩甜椒（19）
检出禁用、高毒及剧毒农药品种排名前 10（品种）	①茼蒿（3），②小白菜（3），③菠菜（2），④茄子（2），⑤芹菜（2），⑥大白菜（1），⑦生菜（1），⑧胡萝卜（1），⑨油麦菜（1），⑩韭菜（1）
检出禁用、高毒及剧毒农药频次排名前 10（频次）	①茄子（6），②油麦菜（5），③茼蒿（5），④小白菜（5），⑤芹菜（4），⑥生菜（3），⑦小油菜（3），⑧菠菜（2），⑨韭菜（1），⑩大白菜（1）

7.4.2 超标农药品种和频次排前 10 的蔬菜

鉴于 MRL 欧盟标准和日本标准的制定比较全面且覆盖率较高，我们参照 MRL 中国国家标准、欧盟标准和日本标准衡量蔬菜样品中农残检出情况，将超标农药品种及频次排名前 10 的蔬菜列表说明，详见表 7-26。

表 7-26 超标农药品种和频次排名前 10 的蔬菜

超标农药品种排名前 10（农药品种数）	MRL 中国国家标准	①小白菜（2），②菠菜（1），③芹菜（1）
	MRL 欧盟标准	①苦苣（7），②芹菜（6），③茼蒿（6），④小白菜（6），⑤菠菜（5），⑥生菜（5），⑦豇豆（3），⑧胡萝卜（3），⑨菜豆（3），⑩小油菜（2）
	MRL 日本标准	①茼蒿（8），②芹菜（6），③苦苣（5），④豇豆（5），⑤生菜（4），⑥菜豆（4），⑦青花菜（2），⑧菠菜（2），⑨结球甘蓝（2），⑩韭菜（2）
超标农药频次排名前 10（农药频次数）	MRL 中国国家标准	①芹菜（3），②小白菜（3），③菠菜（1）
	MRL 欧盟标准	①茼蒿（21），②胡萝卜（13），③芹菜（13），④生菜（11），⑤豇豆（8），⑥小白菜（8），⑦苦苣（8），⑧大白菜（8），⑨结球甘蓝（8），⑩菠菜（6）
	MRL 日本标准	①茼蒿（19），②芹菜（14），③胡萝卜（10），④豇豆（10），⑤结球甘蓝（9），⑥生菜（8），⑦苦苣（7），⑧菜豆（5），⑨茄子（5），⑩韭菜（5）

通过对各品种蔬菜样本总数及检出率进行综合分析发现，小油菜、茼蒿和芹菜的残留污染最为严重，在此，我们参照MRL中国国家标准、欧盟标准和日本标准对这3种蔬菜的农残检出情况进行进一步分析。

7.4.3　农药残留检出率较高的蔬菜样品分析

7.4.3.1　小油菜

这次共检测8例小油菜样品，全部检出了农药残留，检出率为100.0%，检出农药共计16种。其中氟丙菊酯、苯醚氰菊酯、兹克威、γ-氟氯氰菌酯和二苯胺检出频次较高，分别检出了5、4、3、2和2次。小油菜中农药检出品种和频次见图7-33，超标农药见图7-34和表7-27。

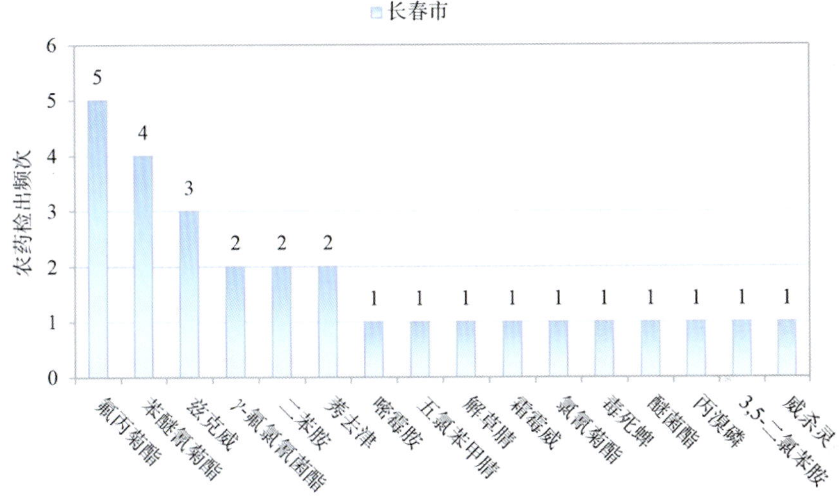

图7-33　小油菜样品检出农药品种和频次分析

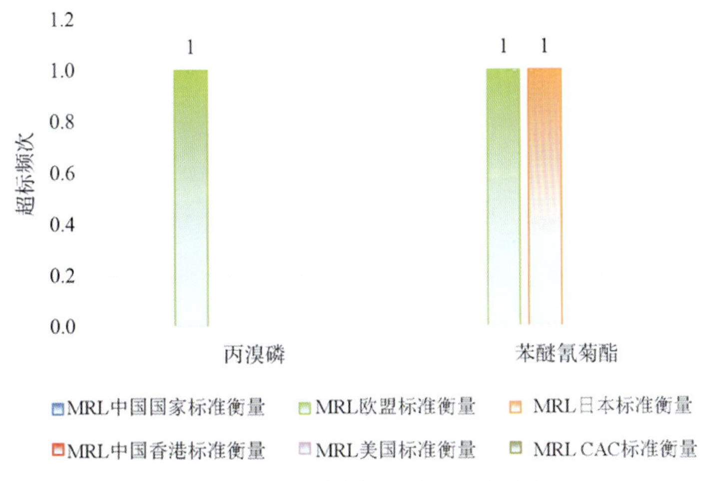

图7-34　小油菜样品中超标农药分析

表 7-27　小油菜中农药残留超标情况明细表

样品总数			检出农药样品数	样品检出率（%）	检出农药品种总数
8			8	100	16
	超标农药品种	超标农药频次	按照 MRL 中国国家标准、欧盟标准和日本标准衡量超标农药名称及频次		
中国国家标准	0	0			
欧盟标准	2	2	丙溴磷（1），苯醚氰菊酯（1）		
日本标准	1	1	苯醚氰菊酯（1）		

7.4.3.2　茼蒿

这次共检测 7 例茼蒿样品，全部检出了农药残留，检出率为 100.0%，检出农药共计 15 种。其中间羟基联苯、二苯胺、甲萘威、苯虫醚和毒死蜱检出频次较高，分别检出了 7、6、5、5 和 5 次。茼蒿中农药检出品种和频次见图 7-35，超标农药见图 7-36 和表 7-28。

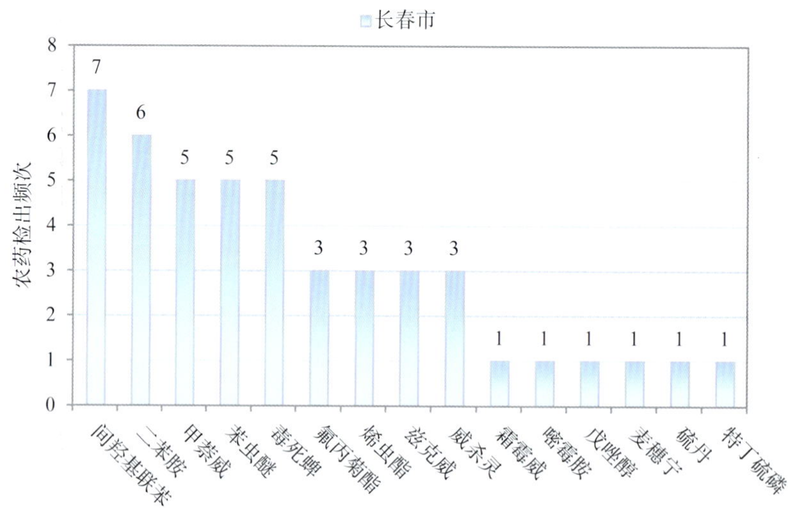

图 7-35　茼蒿样品检出农药品种和频次分析

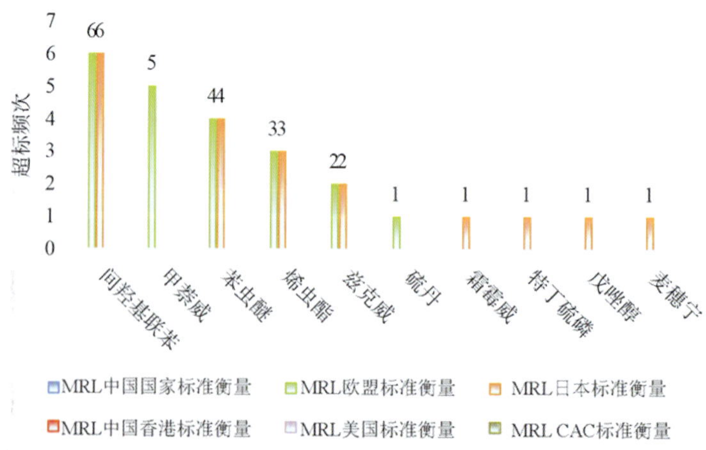

图 7-36　茼蒿样品中超标农药分析

表 7-28　茼蒿中农药残留超标情况明细表

样品总数			检出农药样品数	样品检出率（%）	检出农药品种总数
7			7	100	15
	超标农药品种	超标农药频次	按照 MRL 中国国家标准、欧盟标准和日本标准衡量超标农药名称及频次		
中国国家标准	0	0			
欧盟标准	6	21	间羟基联苯（6），甲萘威（5），苯虫醚（4），烯虫酯（3），兹克威（2），硫丹（1）		
日本标准	8	19	间羟基联苯（6），苯虫醚（4），烯虫酯（3），兹克威（2），霜霉威（1），特丁硫磷（1），戊唑醇（1），麦穗宁（1）		

7.4.3.3　芹菜

这次共检测 7 例芹菜样品，全部检出了农药残留，检出率为 100.0%，检出农药共计 15 种。其中威杀灵、二苯胺、毒死蜱、兹克威和二甲戊灵检出频次较高，分别检出了 6、5、4、3 和 2 次。芹菜中农药检出品种和频次见图 7-37，超标农药见图 7-38 和表 7-29。

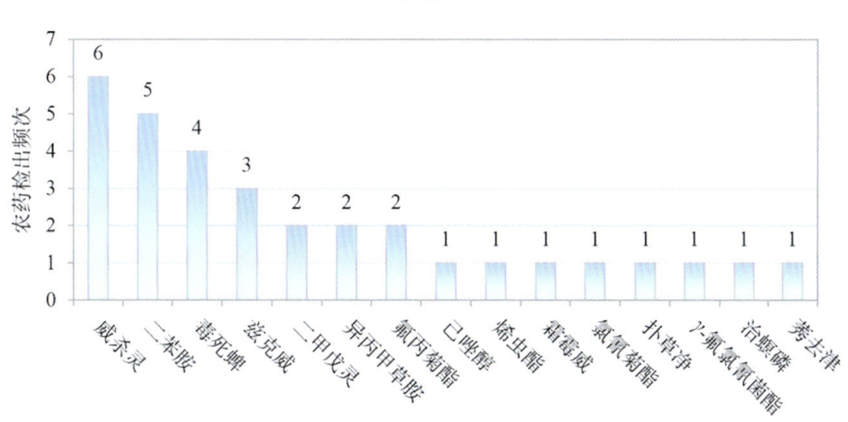

图 7-37　芹菜样品检出农药品种和频次分析

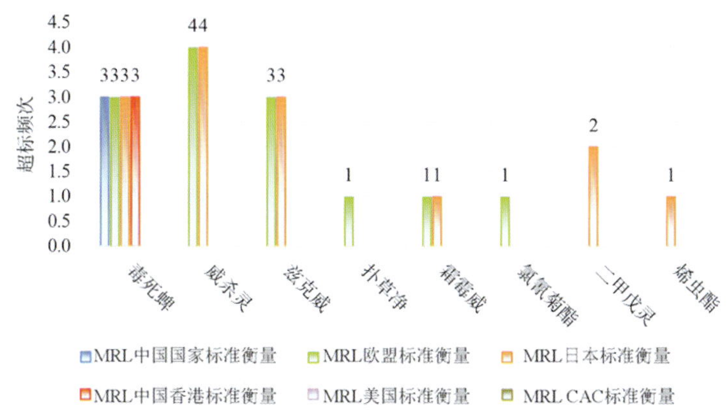

图 7-38　芹菜样品中超标农药分析

表 7-29　芹菜中农药残留超标情况明细表

样品总数			检出农药样品数	样品检出率（%）	检出农药品种总数
7			7	100	15
	超标农药品种	超标农药频次	按照 MRL 中国国家标准、欧盟标准和日本标准衡量超标农药名称及频次		
中国国家标准	1	3	毒死蜱（3）		
欧盟标准	6	13	威杀灵（4），毒死蜱（3），兹克威（3），扑草净（1），霜霉威（1），氯氰菊酯（1）		
日本标准	6	14	威杀灵（4），毒死蜱（3），兹克威（3），二甲戊灵（2），烯虫酯（1），霜霉威（1）		

7.5　初 步 结 论

7.5.1　长春市市售水果蔬菜按 MRL 中国国家标准和国际主要 MRL 标准衡量的合格率

本次侦测的 315 例样品中，32 例样品未检出任何残留农药，占样品总量的 10.2%，283 例样品检出不同水平、不同种类的残留农药，占样品总量的 89.8%。在这 283 例检出农药残留的样品中：

按照 MRL 中国国家标准衡量，有 276 例样品检出残留农药但含量没有超标，占样品总数的 87.6%，有 7 例样品检出了超标农药，占样品总数的 2.2%。

按照 MRL 欧盟标准衡量，有 156 例样品检出残留农药但含量没有超标，占样品总数的 49.5%，有 127 例样品检出了超标农药，占样品总数的 40.3%。

按照 MRL 日本标准衡量，有 169 例样品检出残留农药但含量没有超标，占样品总数的 53.7%，有 114 例样品检出了超标农药，占样品总数的 36.2%。

按照 MRL 中国香港标准衡量，有 275 例样品检出残留农药但含量没有超标，占样品总数的 87.3%，有 8 例样品检出了超标农药，占样品总数的 2.5%。

按照 MRL 美国标准衡量，有 280 例样品检出残留农药但含量没有超标，占样品总数的 88.9%，有 3 例样品检出了超标农药，占样品总数的 1.0%。

按照 MRL CAC 标准衡量，有 282 例样品检出残留农药但含量没有超标，占样品总数的 89.5%，有 1 例样品检出了超标农药，占样品总数的 0.3%。

7.5.2　长春市市售水果蔬菜中检出农药以中低微毒农药为主，占市场主体的 89.3%

这次侦测的 315 例样品包括蔬菜 25 种 198 例，水果 13 种 95 例，食用菌 2 种 16 例，调味料 1 种 6 例，共检出了 84 种农药，检出农药的毒性以中低微毒为主，详见表 7-30。

表 7-30　市场主体农药毒性分布

毒性	检出品种	占比（%）	检出频次	占比（%）
剧毒农药	2	2.4	3	0.4
高毒农药	7	8.3	34	4.2
中毒农药	29	34.5	231	28.5
低毒农药	30	35.7	386	47.7
微毒农药	16	19.0	156	19.3
中低微毒农药，品种占比 89.3%，频次占比 95.4%				

7.5.3　检出剧毒、高毒和禁用农药现象应该警醒

在此次侦测的 315 例样品中有 11 种蔬菜和 6 种水果的 42 例样品检出了 11 种 45 频次的剧毒和高毒或禁用农药，占样品总量的 13.3%。其中剧毒农药甲拌磷和特丁硫磷以及高毒农药兹克威、水胺硫磷和敌敌畏检出频次较高。

按 MRL 中国国家标准衡量，剧毒农药甲拌磷，检出 2 次，超标 2 次；高毒农药按超标程度比较，小白菜中甲拌磷超标 2.9 倍。

剧毒、高毒或禁用农药的检出情况及按照 MRL 中国国家标准衡量的超标情况见表 7-31。

表 7-31　剧毒、高毒或禁用农药的检出及超标明细

序号	农药名称	样品名称	检出频次	超标频次	最大超标倍数	超标率
1.1	甲拌磷*▲	小白菜	2	2	2.91	100.0%
2.1	特丁硫磷*▲	茼蒿	1	0		0.0%
3.1	敌敌畏◊	菠菜	1	0		0.0%
3.2	敌敌畏◊	大白菜	1	0		0.0%
3.3	敌敌畏◊	韭菜	1	0		0.0%
3.4	敌敌畏◊	李子	1	0		0.0%
4.1	克百威◊▲	香瓜	1	0		0.0%
5.1	猛杀威◊	香蕉	1	0		0.0%
6.1	三唑磷◊	小白菜	2	0		0.0%
7.1	水胺硫磷◊▲	茄子	5	0		0.0%
7.2	水胺硫磷◊▲	橙	1	0		0.0%
7.3	水胺硫磷◊▲	胡萝卜	1	0		0.0%
7.4	水胺硫磷◊▲	橘	1	0		0.0%
8.1	治螟磷◊▲	芹菜	1	0		0.0%
9.1	兹克威◊	油麦菜	5	0		0.0%
9.2	兹克威◊	芹菜	3	0		0.0%
9.3	兹克威◊	生菜	3	0		0.0%

续表

序号	农药名称	样品名称	检出频次	超标频次	最大超标倍数	超标率
9.4	兹克威◊	小油菜	3	0		0.0%
9.5	兹克威◊	茼蒿	3	0		0.0%
10.1	硫丹▲	桃	4	0		0.0%
10.2	硫丹▲	菠菜	1	0		0.0%
10.3	硫丹▲	茄子	1	0		0.0%
10.4	硫丹▲	茼蒿	1	0		0.0%
11.1	氰戊菊酯▲	小白菜	1	0		0.0%
合计			45	2		4.4%

注：超标倍数参照 MRL 中国国家标准衡量

这些超标的剧毒和高毒农药都是中国政府早有规定禁止在水果蔬菜中使用的，为什么还屡次被检出，应该引起警惕。

7.5.4　残留限量标准与先进国家或地区差距较大

810 频次的检出结果与我国公布的《食品中农药最大残留限量》（GB 2763—2014）对比，有 111 频次能找到对应的 MRL 中国国家标准，占 13.7%；还有 699 频次的侦测数据无相关 MRL 标准供参考，占 86.3%。

与国际上现行 MRL 标准对比发现：

有 810 频次能找到对应的 MRL 欧盟标准，占 100.0%；

有 810 频次能找到对应的 MRL 日本标准，占 100.0%；

有 199 频次能找到对应的 MRL 中国香港标准，占 24.6%；

有 147 频次能找到对应的 MRL 美国标准，占 18.1%；

有 92 频次能找到对应的 MRL CAC 标准，占 11.4%。

由上可见，MRL 中国国家标准与先进国家或地区标准还有很大差距，我们无标准，境外有标准，这就会导致我们在国际贸易中，处于受制于人的被动地位。

7.5.5　水果蔬菜单种样品检出 13~16 种农药残留，拷问农药使用的科学性

通过此次监测发现，枣、香瓜和桃是检出农药品种最多的 3 种水果，小油菜、茼蒿和芹菜是检出农药品种最多的 3 种蔬菜，从中检出农药品种及频次详见表 7-32。

表 7-32　单种样品检出农药品种及频次

样品名称	样品总数	检出农药样品数	检出率	检出农药品种数	检出农药（频次）
小油菜	8	8	100.0%	16	氟丙菊酯（5），苯醚氰菊酯（4），兹克威（3），γ-氟氯氰菌酯（2），二苯胺（2），莠去津（2），嘧霉胺（1），五氯苯甲腈（1），解草腈（1），霜霉威（1），氯氰菊酯（1），毒死蜱（1），醚菌酯（1），丙溴磷（1），3,5-二氯苯胺（1），威杀灵（1）

续表

样品名称	样品总数	检出农药样品数	检出率	检出农药品种数	检出农药（频次）
茼蒿	7	7	100.0%	15	间羟基联苯（7），二苯胺（6），甲萘威（5），苯虫醚（5），毒死蜱（5），氟丙菊酯（3），烯虫酯（3），兹克威（3），威杀灵（3），霜霉威（1），嘧霉胺（1），戊唑醇（1），麦穗宁（1），硫丹（1），特丁硫磷（1）
芹菜	7	7	100.0%	15	威杀灵（6），二苯胺（5），毒死蜱（4），兹克威（3），二甲戊灵（2），异丙甲草胺（2），氟丙菊酯（2），己唑醇（1），烯虫酯（1），霜霉威（1），氯氰菊酯（1），扑草净（1），γ-氟氯氰菌酯（1），治螟磷（1），莠去津（1）
枣	7	7	100.0%	14	螺螨酯（5），二苯胺（4），联苯菊酯（4），威杀灵（4），解草腈（3），毒死蜱（2），哒螨灵（2），除虫菊酯（2），戊唑醇（2），氟丙菊酯（1），噻嗪酮（1），氟乐灵（1），氯氰菊酯（1），炔螨特（1）
香瓜	8	7	87.5%	14	除虫菊酯（7），威杀灵（3），生物苄呋菊酯（2），嘧霉胺（2），戊唑醇（1），戊菌唑（1），烯唑醇（1），三唑酮（1），己唑醇（1），二苯胺（1），3,5-二氯苯胺（1），解草腈（1），腐霉利（1），克百威（1）
桃	10	9	90.0%	13	威杀灵（9），毒死蜱（7），除虫菊酯（5），硫丹（4），哒螨灵（3），γ-氟氯氰菌酯（3），二苯胺（2），氯氰菊酯（2），氟丙菊酯（1），甲氰菊酯（1），己唑醇（1），丙溴磷（1），联苯菊酯（1）

上述6种水果蔬菜，检出农药13~16种，是多种农药综合防治，还是未严格实施农业良好管理规范（GAP），抑或根本就是乱施药，值得我们思考。

第 8 章　GC-Q-TOF/MS 侦测长春市市售水果蔬菜农药残留膳食暴露风险及预警风险评估

8.1　农药残留风险评估方法

8.1.1　长春市农药残留检测数据分析与统计

庞国芳院士科研团队建立的农药残留高通量侦测技术以高分辨精确质量数（0.0001 *m/z* 为基准）为识别标准，采用 GC-Q-TOF/MS 技术对 499 种农药化学污染物进行检测。

科研团队于 2015 年 8 月在长春市所属 4 个区县的 9 个采样点，随机采集了 315 例水果蔬菜样品，采样点分布在超市和农贸市场，具体位置如图 8-1 所示。

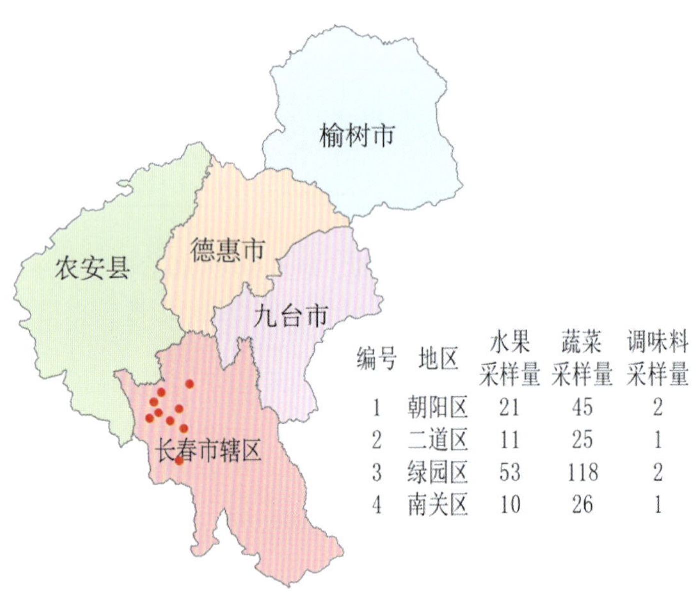

图 8-1　长春市所属 9 个采样点 315 例样品分布图

利用 GC-Q-TOF/MS 技术对 315 例样品中的农药残留进行侦测，检出残留农药 84 种，810 频次。检出农药残留水平如表 8-1 和图 8-2 所示。检出频次最高的前十种农药如表 8-2 所示。从检测结果中可以看出，在果蔬中农药残留普遍存在，且有些果蔬存在高浓度的农药残留，这些可能存在膳食暴露风险，对人体健康产生危害，因此，为了定量地评价果蔬中农药残留的风险程度，有必要对其进行风险评价。

表 8-1 检出农药的不同残留水平及其所占比例

残留水平（μg/kg）	检出频次	占比（%）
1~5（含）	408	50.4
5~10（含）	112	13.8
10~100（含）	223	27.5
100~1000（含）	60	7.4
>1000	7	0.9
合计	810	100

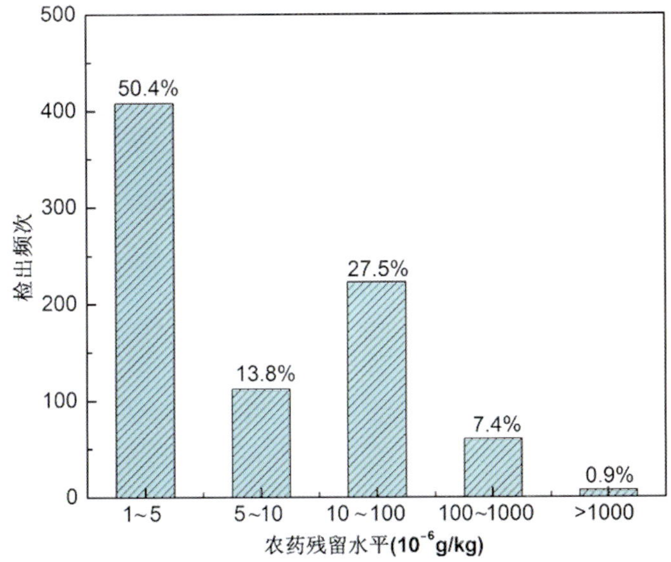

图 8-2 残留农药检出浓度频数分布

表 8-2 检出频次最高的前十种农药

序号	农药	检出频次（次）
1	威杀灵	145
2	二苯胺	109
3	毒死蜱	49
4	除虫菊酯	45
5	氟丙菊酯	38
6	醚菌酯	32
7	哒螨灵	26
8	烯虫酯	26
9	嘧霉胺	22
10	生物苄呋菊酯	20

8.1.2 农药残留风险评价模型

对长春市水果蔬菜中农药残留分别开展暴露风险评估和预警风险评估。膳食暴露风险评价利用食品安全指数模型对水果蔬菜中的残留农药对人体可能产生的危害程度进行评价，该模型结合残留监测和膳食暴露评估评价化学污染物的危害；预警风险评价模型运用风险系数（risk index，*R*），风险系数综合考虑了危害物的超标率、施检频率及其本身敏感性的影响，能直观而全面地反映出危害物在一段时间内的风险程度。

8.1.2.1 食品安全指数模型

为了加强食品安全管理，《中华人民共和国食品安全法》第二章第十七条规定"国家建立食品安全风险评估制度，运用科学方法，根据食品安全风险监测信息、科学数据以及有关信息，对食品、食品添加剂、食品相关产品中生物性、化学性和物理性危害因素进行风险评估"[1]，膳食暴露评估是食品危险度评估的重要组成部分，也是膳食安全性的衡量标准[2]。国际上最早研究膳食暴露风险评估的机构主要是 JMPR（FAO、WHO 农药残留联合会议），该组织自 1995 年就已制定了急性毒性物质的风险评估急性毒性农药残留摄入量的预测。1960 年美国规定食品中不得加入致癌物质进而提出零阈值理论，渐渐零阈值理论发展成在一定概率条件下可接受风险的概念[3]，后衍变为食品中每日允许最大摄入量（ADI），而农药残留法典委员会（CCPR）认为 ADI 不是独立风险评估的唯一标准[4]，1995 年 JMPR 开始研究农药急性膳食暴露风险评估，并对食品国际短期摄入量的计算方法进行了修正，亦对膳食暴露评估准则及评估方法进行了修正[5]，2002 年，在对世界上现行的食品安全评价方法，尤其是国际公认的 CAC 的评价方法、WHO GEMS/Food（全球环境监测系统/食品污染监测和评估规划）及 JECFA（FAO、WHO 食品添加剂联合专家委员会）和 JMPR 对食品安全风险评估工作研究的基础之上，检验检疫食品安全管理的研究人员提出了结合残留监控和膳食暴露评估，以食品安全指数（IFS）计算食品中各种化学污染物对消费者的健康危害程度[6]。IFS 是表示食品安全状态的新方法，可有效地评价某种农药的安全性，进而评价食品中各种农药化学污染物对消费者健康的整体危害程度[7, 8]。从理论上分析，IFS_c 可指出食品中的污染物 c 对消费者健康是否存在危害及危害的程度[9]。其优点在于操作简单且结果容易被接受和理解，不需要大量的数据来对结果进行验证，使用默认的标准假设或者模型即可[10, 11]。

1）IFS_c 的计算

IFS_c 计算公式如下：

$$IFS_c = \frac{EDI_c \times f}{SI_c \times bw} \tag{8-1}$$

式中，c 为所研究的农药；EDI_c 为农药 c 的实际日摄入量估算值，等于 $\sum(R_i \times F_i \times E_i \times P_i)$（$i$ 为食品种类；R_i 为食品 i 中农药 c 的残留水平，mg/kg；F_i 为食品 i 的估计日消费量，g/（人・天）；E_i 为食品 i 的可食用部分因子；P_i 为食品 i 的加工处理因子）；SI_c 为安全摄入量，可采用每日允许摄入量 ADI；bw 为人平均体重，kg；f 为校正因子，如果安全摄入量采用ADI，则f取1。

IFS_c≪1，农药c对食品安全没有影响；IFS_c≤1，农药c对食品安全的影响可以接受；IFS_c>1，农药c对食品安全的影响不可接受。

本次评价中：

IFS_c≤0.1，农药c对果蔬安全没有影响；

0.1<IFS_c≤1，农药c对果蔬安全的影响可以接受；

IFS_c>1，农药c对果蔬安全的影响不可接受。

本次评价中残留水平 R_i 取值为中国检验检疫科学院庞国芳院士课题组对长春市果蔬中的农药残留检测结果。估计日消费量 F_i 取值0.38 kg/（人·天），E_i=1，P_i=1，f=1，SI_c采用《食品安全国家标准　食品中农药最大残留限量》（GB 2763—2016）中ADI值（具体数值见表8-3），人平均体重（bw）取值60 kg。

2）计算IFS_c的平均值$\overline{IFS}$，判断农药对食品安全影响程度

以$\overline{IFS}$评价各种农药对人体健康危害的总程度，评价模型见公式（8-2）。

$$\overline{IFS}=\frac{\sum_{i=1}^{n}IFS_c}{n} \tag{8-2}$$

$\overline{IFS}$≪1，所研究消费者人群的食品安全状态很好；$\overline{IFS}$≤1，所研究消费者人群的食品安全状态可以接受；$\overline{IFS}$>1，所研究消费者人群的食品安全状态不可接受。

本次评价中：

$\overline{IFS}$≤0.1，所研究消费者人群的果蔬安全状态很好；

0.1<$\overline{IFS}$≤1，所研究消费者人群的果蔬安全状态可以接受；

$\overline{IFS}$>1，所研究消费者人群的果蔬安全状态不可接受。

表8-3　长春市果蔬中残留农药ADI值

序号	农药	ADI	序号	农药	ADI	序号	农药	ADI
1	百菌清	0.02	12	二甲戊灵	0.03	23	联苯菊酯	0.01
2	丙溴磷	0.03	13	氟乐灵	0.025	24	硫丹	0.006
3	虫螨腈	0.03	14	氟酰胺	0.09	25	螺螨酯	0.01
4	哒螨灵	0.01	15	腐霉利	0.1	26	氯氰菊酯	0.02
5	敌敌畏	0.004	16	己唑醇	0.005	27	醚菌酯	0.4
6	丁苯吗啉	0.003	17	甲拌磷	0.0007	28	嘧菌酯	0.2
7	啶氧菌酯	0.09	18	甲萘威	0.008	29	嘧霉胺	0.2
8	毒死蜱	0.01	19	甲氰菊酯	0.03	30	扑草净	0.04
9	多效唑	0.1	20	甲霜灵	0.08	31	氰戊菊酯	0.02
10	噁霜灵	0.01	21	克百威	0.001	32	炔螨特	0.01
11	二苯胺	0.08	22	喹螨醚	0.005	33	噻菌灵	0.1

续表

序号	农药	ADI	序号	农药	ADI	序号	农药	ADI
34	噻嗪酮	0.009	51	莠去津	0.02	68	苯虫醚	—
35	三唑磷	0.001	52	治螟磷	0.001	69	杀螨酯	—
36	三唑酮	0.03	53	仲丁灵	0.2	70	双苯酰草胺	—
37	生物苄呋菊酯	0.03	54	仲丁威	0.06	71	五氯苯胺	—
38	霜霉威	0.4	55	威杀灵	—	72	呋草黄	—
39	水胺硫磷	0.003	56	氟丙菊酯	—	73	烯虫酯	—
40	特丁硫磷	0.0006	57	灭除威	—	74	麦穗宁	—
41	肟菌酯	0.04	58	萘乙酰胺	—	75	仲草丹	—
42	戊菌唑	0.03	59	除虫菊酯	—	76	甲醚菊酯	—
43	戊唑醇	0.03	60	兹克威	—	77	草完隆	—
44	西草净	0.025	61	γ-氟氯氰菌酯	—	78	五氯苯甲腈	—
45	西玛津	0.018	62	四氢吩胺	—	79	新燕灵	—
46	烯唑醇	0.005	63	解草腈	—	80	芬螨酯	—
47	乙硫磷	0.002	64	3,5-二氯苯胺	—	81	戊草丹	—
48	乙霉威	0.004	65	避蚊胺	—	82	西玛通	—
49	异丙甲草胺	0.1	66	苯醚氰菊酯	—	83	猛杀威	—
50	异丙威	0.002	67	间羟基联苯	—	84	棉铃威	—

注：“—”表示国家标准中无 ADI 值规定；ADI 值单位为 mg/kg bw

8.1.2.2　预警风险评价模型

2003 年，我国检验检疫食品安全管理的研究人员根据 WTO 的有关原则和我国的具体规定，结合危害物本身的敏感性、风险程度及其相应的施检频率，首次提出了食品中危害物风险系数 R 的概念[12]。R 是衡量一个危害物的风险程度大小最直观的参数，即在一定时期内其超标率或阳性检出率的高低，但受其施检测率的高低及其本身的敏感性（受关注程度）影响。该模型综合考察了农药在蔬菜中的超标率、施检频率及其本身敏感性，能直观而全面地反映出农药在一段时间内的风险程度[13]。

1）R 计算方法

危害物的风险系数综合考虑了危害物的超标率或阳性检出率、施检频率和其本身的敏感性影响，并能直观而全面地反映出危害物在一段时间内的风险程度。风险系数 R 的计算公式如式（8-3）：

$$R = aP + \frac{b}{F} + S \tag{8-3}$$

式中，P 为该种危害物的超标率；F 为危害物的施检频率；S 为危害物的敏感因子；a，b 分别为相应的权重系数。

本次评价中 F=1；S=1；a=100；b=0.1，对参数 P 进行计算，计算时首先判断是否为禁药，如果为非禁药，P=超标的样品数（检测出的含量高于食品最大残留限量标准值，即 MRL）除以总样品数（包括超标、不超标、未检出）；如果为禁药，则检出即为超标，P=能检出的样品数除以总样品数。判断长春市果蔬农药残留是否超标的标准限值 MRL 分别以 MRL 中国国家标准[14]和 MRL 欧盟标准作为对照，具体值列于本报告附表一中。

2）判断风险程度

$R \leqslant 1.5$，受检农药处于低度风险；

$1.5 < R \leqslant 2.5$，受检农药处于中度风险；

$R > 2.5$，受检农药处于高度风险。

8.1.2.3 食品膳食暴露风险和预警风险评价应用程序的开发

1）应用程序开发的步骤

为成功开发膳食暴露风险和预警风险评价应用程序，与软件工程师多次沟通讨论，逐步提出并描述清楚计算需求，开发了初步应用程序。在软件应用过程中，根据风险评价拟得到结果的变化，计算需求发生变更，这些变化给软件工程师进行需求分析带来一定的困难，经过各种细节的沟通，需求分析得到明确后，开始进行解决方案的设计，在保证需求的完整性、一致性的前提下，编写代码，最后设计出风险评价专用计算软件。软件开发基本步骤见图 8-3。

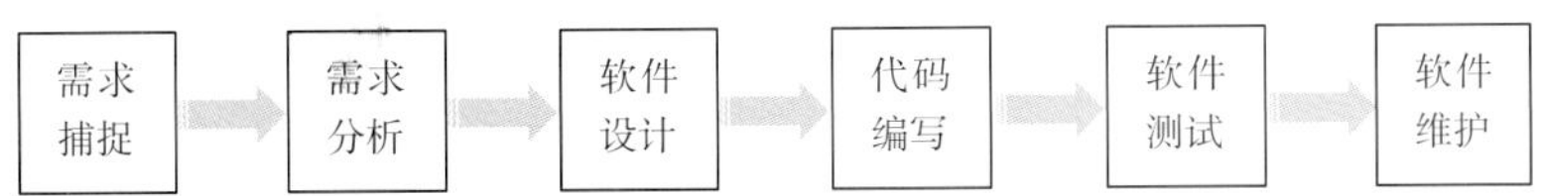

图 8-3 专用程序开发总体步骤

2）膳食暴露风险评价专业程序开发的基本要求

首先直接利用公式（8-1），分别计算 LC-Q-TOF/MS 和 GC-Q-TOF/MS 仪器检出的各果蔬样品中每种农药 IFS_c，将结果列出。为考察超标农药和禁用农药的使用安全性，分别以我国《食品安全国家标准 食品中农药最大残留限量》（GB 2763—2016）和欧盟食品中农药最大残留限量（以下简称 MRL 中国国家标准和 MRL 欧盟标准）为标准，对检出的禁药和超标的非禁药 IFS_c 单独进行评价；按 IFS_c 大小列表，并找出 IFS_c 值排名前 20 的样本重点关注。

对不同果蔬 i 中每一种检出的农药 c 的安全指数进行计算，多个样品时求平均值。若监测数据为该市多个月的数据，则逐月、逐季度分别列出每个月、每个季度内每一种果蔬 i 对应的每一种农药 c 的 IFS_c。

按农药种类，计算整个监测时间段内每种农药的 IFS_c，不区分果蔬。若检测数据为该市多个月的数据，则需分别计算每个月、每个季度内每种农药的 IFS_c。

3）预警风险评价专业程序开发的基本要求

分别以 MRL 中国国家标准和 MRL 欧盟标准，按公式（8-3）逐个计算不同果蔬、不同农药的风险系数，禁药和非禁药分别列表。

为清楚了解各种农药的预警风险，不分时间，不分果蔬，按禁用农药和非禁药分类，分别计算各种检出农药全部检测时段内风险系数。由于有 MRL 中国国家标准的农药种类太少，无法计算超标数，非禁药的风险系数只以 MRL 欧盟标准为标准进行计算。若检测数据为多个月的，则按月计算每个月、每个季度内每种禁用农药残留的风险系数和以 MRL 欧盟标准为标准的非禁药残留的风险系数。

4）风险程度评价专业应用程序的开发方法

采用 Python 计算机程序设计语言，Python 是一个高层次地结合了解释性、编译性、互动性和面向对象的脚本语言。风险评价专用程序主要功能包括：分别读入每例样品 LC-Q-TOF/MS 和 GC-Q-TOF/MS 农药残留检测数据，根据风险评价工作要求，依次对不同农药、不同食品、不同时间、不同采样点的 IFS_c 值和 R 值分别进行数据计算，筛选出禁用农药、超标农药（分别与 MRL 中国国家标准、MRL 欧盟标准限值进行对比）单独重点分析，再分别对各农药、各果蔬种类分类处理，设计出计算和排序程序，编写计算机代码，最后将生成的膳食暴露风险评价和超标风险评价定量计算结果列入设计好的各个表格中，并定性判断风险对目标的影响程度，直接用文字描述风险发生的高低，如“不可接受”“可以接受”“没有影响”“高度风险”“中度风险”“低度风险”。

8.2 长春市果蔬农药残留膳食暴露风险评估

8.2.1 果蔬样品中农药残留安全指数分析

基于 2015 年 8 月农药残留检测数据，发现在 315 例样品中检出农药 810 频次，计算样品中每种残留农药的安全指数 IFS_c，并分析农药对样品安全的影响程度，结果详见附表，农药残留对样品安全影响程度频次分布情况如图 8-4 所示。

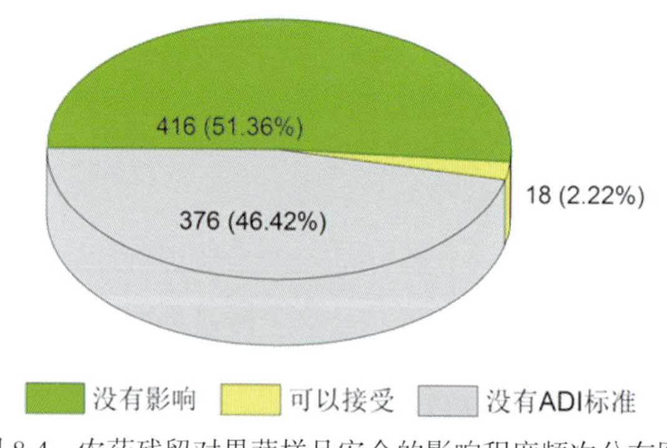

图 8-4 农药残留对果蔬样品安全的影响程度频次分布图

由图 8-4 可以看出，农药残留对样品安全的影响可以接受的频次为 18，占 2.22%；农药残留对样品安全的没有影响的频次为 416，占 51.36%。残留农药对安全影响前十名的样品如表 8-4 所示。

表 8-4 果蔬样品中安全指数排名前十的残留农药列表

序号	样品编号	采样点	基质	农药	含量（mg/kg）	IFS_c	影响程度
1	20150818-220100-QHDCIQ-DJ-06A	***超市（红旗街万达店）	菜豆	异丙威	0.221	0.6998	可以接受
2	20150818-220100-QHDCIQ-BO-01A	***超市（普阳街店）	菠菜	硫丹	0.5416	0.5717	可以接受
3	20150819-220100-QHDCIQ-BO-07A	***超市（东盛店）	菠菜	氯氰菊酯	1.1933	0.3779	可以接受
4	20150819-220100-QHDCIQ-PB-09A	***超市（绿园店）	小白菜	甲拌磷	0.0391	0.3538	可以接受
5	20150818-220100-QHDCIQ-BO-02A	***超市（普阳街店）	菠菜	毒死蜱	0.5402	0.3421	可以接受
6	20150818-220100-QHDCIQ-TH-06A	***超市（红旗街万达店）	茼蒿	硫丹	0.2871	0.3031	可以接受
7	20150818-220100-QHDCIQ-PB-02A	***超市（普阳街店）	小白菜	甲拌磷	0.033	0.2986	可以接受
8	20150818-220100-QHDCIQ-PE-04A	***超市（锦江店）	梨	螺螨酯	0.4258	0.2697	可以接受
9	20150818-220100-QHDCIQ-KJ-02A	***超市（普阳街店）	苦苣	噁霜灵	0.4223	0.2675	可以接受
10	20150818-220100-QHDCIQ-LE-06A	***超市（红旗街万达店）	生菜	毒死蜱	0.4186	0.2651	可以接受

此次检测，发现部分样品检出禁用农药，为了明确残留的禁用农药对样品安全的影响，分析检出禁药残留的样品安全指数，结果如图 8-5 所示，检出禁用农药 21 频次，农药残留对样品安全的影响可以接受的频次为 6，占 28.57%；农药残留对样品安全没有影响的频次为 15，占 71.43%。

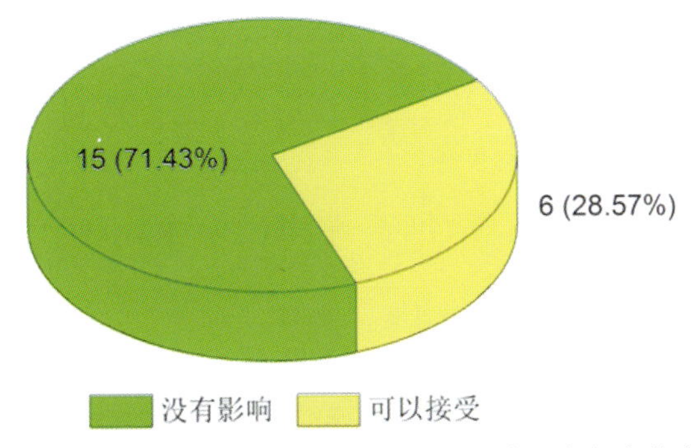

图 8-5 禁用农药残留对果蔬样品安全的影响程度频次分布图

表 8-5　果蔬样品中安全指数排名前十的残留禁用农药列表

序号	样品编号	采样点	基质	农药	含量（mg/kg）	IFS_c	影响程度
1	20150818-220100-QHDCIQ-BO-01A	***超市（普阳街店）	菠菜	硫丹	0.5416	0.5717	可以接受
2	20150819-220100-QHDCIQ-PB-09A	***超市（绿园店）	小白菜	甲拌磷	0.0391	0.3538	可以接受
3	20150818-220100-QHDCIQ-TH-06A	***超市（红旗街万达店）	茼蒿	硫丹	0.2871	0.3031	可以接受
4	20150818-220100-QHDCIQ-PB-02A	***超市（普阳街店）	小白菜	甲拌磷	0.0330	0.2986	可以接受
5	20150818-220100-QHDCIQ-PH-02A	***超市（普阳街店）	桃	硫丹	0.2380	0.2512	可以接受
6	20150818-220100-QHDCIQ-EP-04A	***超市（锦江店）	茄子	水胺硫磷	0.1094	0.2310	可以接受
7	20150819-220100-QHDCIQ-EP-07A	***超市（东盛店）	茄子	水胺硫磷	0.0393	0.0830	没有影响
8	20150818-220100-QHDCIQ-EP-02A	***超市（普阳街店）	茄子	水胺硫磷	0.0386	0.0815	没有影响
9	20150818-220100-QHDCIQ-TH-01A	***超市（普阳街店）	茼蒿	特丁硫磷	0.0054	0.0570	没有影响
10	20150818-220100-QHDCIQ-XG-06A	***超市（红旗街万达店）	香瓜	克百威	0.0063	0.0399	没有影响

此外，本次检测发现部分样品中非禁用农药残留量超过 MRL 中国国家标准和欧盟标准，为了明确超标的非禁药对样品安全的影响，分析非禁药残留超标的样品安全指数。

果蔬样品中超标的非禁用农药对样品安全的影响程度频次分布情况如表 8-6，可以看出检出超过 MRL 中国国家标准的非禁用农药共 7 频次，农药残留对样品安全的影响可以接受的频次为 2，占 28.57%；农药残留对样品安全没有影响的频次为 5，占 71.43%。

表 8-6　果蔬样品中残留超标的非禁用农药安全指数表（MRL 中国国家标准）

序号	样品编号	采样点	基质	农药	含量（mg/kg）	中国国家标准	超标倍数	IFS_c	影响程度
1	20150818-220100-QHDCIQ-BO-02A	***超市（普阳街店）	菠菜	毒死蜱	0.5402	0.1	5.40	0.3421	可以接受
2	20150818-220100-QHDCIQ-LE-06A	***超市（红旗街万达店）	生菜	毒死蜱	0.4186	0.1	4.19	0.2651	可以接受
3	20150819-220100-QHDCIQ-CE-09A	***超市（绿园店）	芹菜	毒死蜱	0.1377	0.05	2.75	0.0872	没有影响
4	20150818-220100-QHDCIQ-PB-05A	***超市（重庆路店）	小白菜	毒死蜱	0.1340	0.1	1.34	0.0849	没有影响
5	20150819-220100-QHDCIQ-LE-07A	***超市（东盛店）	生菜	毒死蜱	0.1232	0.1	1.23	0.0780	没有影响
6	20150818-220100-QHDCIQ-CE-02A	***超市（普阳街店）	芹菜	毒死蜱	0.0946	0.05	1.89	0.0599	没有影响
7	20150819-220100-QHDCIQ-CE-08A	***超市（自由大路店）	芹菜	毒死蜱	0.0769	0.05	1.54	0.0487	没有影响

由图 8-6 可以看出检出超过 MRL 欧盟标准的非禁用农药共 171 频次，其中农药残留对样品安全的影响可以接受的频次为 9，占 5.26%；农药残留对样品安全没有影响的频次为 73，占 42.69%。表 8-7 为果蔬样品中安全指数排名前十的残留超标非禁用农药列表。

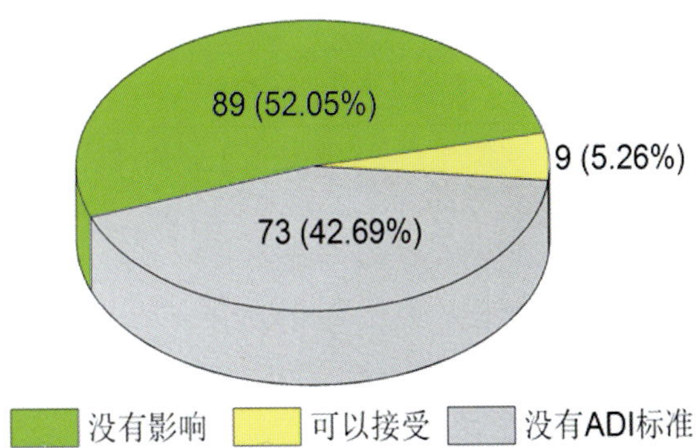

图 8-6　残留超标的非禁用农药对果蔬样品安全的影响程度频次分布图（MRL 欧盟标准）

表 8-7　果蔬样品中安全指数排名前十的残留超标非禁用农药列表（MRL 欧盟标准）

序号	样品编号	采样点	基质	农药	含量（mg/kg）	欧盟标准	超标倍数	IFS_c	影响程度
1	20150818-220100-QHDCIQ-DJ-06A	***超市（红旗街万达店）	菜豆	异丙威	0.221	0.01	21.10	0.6998	可以接受
2	20150819-220100-QHDCIQ-BO-07A	***超市（东盛店）	菠菜	氯氰菊酯	1.1933	0.7	0.70	0.3779	可以接受
3	20150818-220100-QHDCIQ-BO-02A	***超市（普阳街店）	菠菜	毒死蜱	0.5402	0.05	9.80	0.3421	可以接受
4	20150818-220100-QHDCIQ-KJ-02A	***超市（普阳街店）	苦苣	嘧霜灵	0.4223	0.05	7.45	0.2675	可以接受
5	20150818-220100-QHDCIQ-LE-06A	***超市（红旗街万达店）	生菜	毒死蜱	0.4186	0.05	7.37	0.2651	可以接受
6	20150819-220100-QHDCIQ-TH-08A	***超市（自由大路店）	茼蒿	甲萘威	0.2138	0.01	20.38	0.1693	可以接受
7	20150819-220100-QHDCIQ-PB-07A	***超市（东盛店）	小白菜	嘧霜灵	0.2006	0.01	19.06	0.127	可以接受
8	20150819-220100-QHDCIQ-KJ-09A	***超市（绿园店）	苦苣	哒螨灵	0.1624	0.05	2.25	0.1029	可以接受
9	20150818-220100-QHDCIQ-TH-03A	***超市（长春店）	茼蒿	甲萘威	0.13	0.01	12.00	0.1029	可以接受
10	20150819-220100-QHDCIQ-CE-09A	***超市（绿园店）	芹菜	毒死蜱	0.1377	0.05	1.75	0.0872	没有影响

在 315 例样品中，32 例样品未检测出农药残留，283 例样品中检测出农药残留，计算每例有农药检出的样品的$\overline{\mathrm{IFS}}$值，进而分析样品的安全状态结果如图 8-7 所示（未检出农药的样品安全状态视为很好）。可以看出，2.86%的样品安全状态可以接受，79.05%的样品安全状态很好。表 8-8 为$\overline{\mathrm{IFS}}$值排名前十的果蔬样品列表。

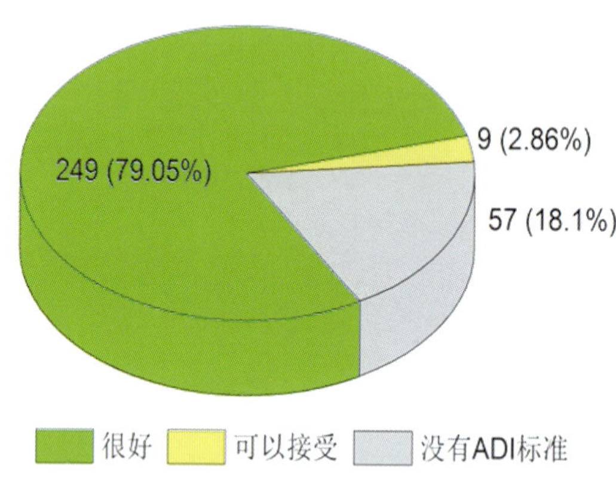

图 8-7　果蔬样品安全状态分布图

表 8-8　$\overline{\mathrm{IFS}}$值排名前十的果蔬样品列表

序号	样品编号	采样点	基质	$\overline{\mathrm{IFS}}$	安全状态
1	20150818-220100-QHDCIQ-DJ-06A	***超市（红旗街万达店）	菜豆	0.3728	可以接受
2	20150819-220100-QHDCIQ-BO-07A	***超市（东盛店）	菠菜	0.1899	可以接受
3	20150818-220100-QHDCIQ-BO-02A	***超市（普阳街店）	菠菜	0.1769	可以接受
4	20150819-220100-QHDCIQ-TH-08A	***超市（自由大路店）	茼蒿	0.1693	可以接受
5	20150818-220100-QHDCIQ-BO-01A	***超市（普阳街店）	菠菜	0.1491	可以接受
6	20150818-220100-QHDCIQ-LE-06A	***超市（红旗街万达店）	生菜	0.1326	可以接受
7	20150818-220100-QHDCIQ-PB-01A	***超市（普阳街店）	小白菜	0.1278	可以接受
8	20150818-220100-QHDCIQ-PB-02A	***超市（普阳街店）	小白菜	0.1122	可以接受
9	20150819-220100-QHDCIQ-KJ-09A	***超市（绿园店）	苦苣	0.1029	可以接受
10	20150818-220100-QHDCIQ-PE-04A	***超市（锦江店）	梨	0.0939	很好

8.2.2　单种果蔬中农药残留安全指数分析

本次检测的果蔬共计 41 种，41 种果蔬中均有农药残留，共检测出 84 种残留农药，其中 54 种农药存在 ADI 标准。计算每种果蔬中农药的 $\mathrm{IFS_c}$ 值，结果如图 8-8 所示。

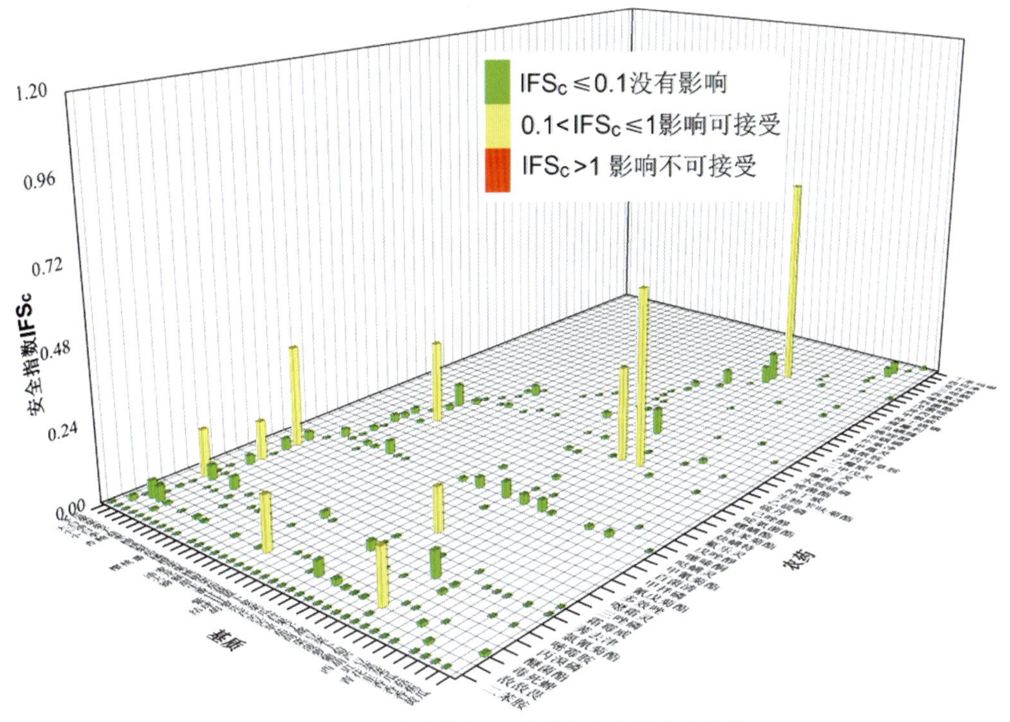

图 8-8　41 种果蔬中 54 种残留农药的安全指数

分析发现没有果蔬中农药的残留对食品安全影响不可接受，如表 8-9 所示。

表 8-9　单种果蔬中安全指数表排名前十的残留农药列表

序号	基质	农药	检出频次	检出率	IFS_c>1 的频次	IFS_c>1 的比例	IFS_c	影响程度
1	菜豆	异丙威	1	11.11%	0	0.00%	0.6998	可以接受
2	菠菜	硫丹	1	14.29%	0	0.00%	0.5717	可以接受
3	小白菜	甲拌磷	2	25.00%	0	0.00%	0.3262	可以接受
4	茼蒿	硫丹	1	14.29%	0	0.00%	0.3031	可以接受
5	梨	螺螨酯	1	11.11%	0	0.00%	0.2697	可以接受
6	菠菜	毒死蜱	2	28.57%	0	0.00%	0.1727	可以接受
7	生菜	毒死蜱	2	25.00%	0	0.00%	0.1716	可以接受
8	小油菜	氯氰菊酯	1	12.50%	0	0.00%	0.1539	可以接受
9	苦苣	噁霜灵	2	28.57%	0	0.00%	0.1406	可以接受
10	小白菜	噁霜灵	1	12.50%	0	0.00%	0.1270	可以接受

本次检测中，41 种果蔬和 84 种残留农药（包括没有 ADI）共涉及 346 个分析样本，农药对果蔬安全的影响程度分布情况如图 8-9 所示。

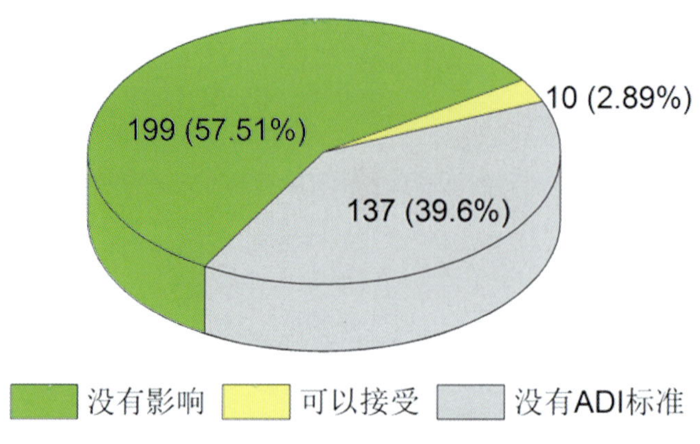

图 8-9　346 个分析样本的影响程度分布图

此外，分别计算 41 种果蔬中所有检出农药 IFS_c 的平均值$\overline{IFS}$，分析每种果蔬的安全状态，结果如图 8-10 所示，分析发现，2 种果蔬（4.88%）的安全状态可接受，39 种（95.12%）果蔬的安全状态很好。

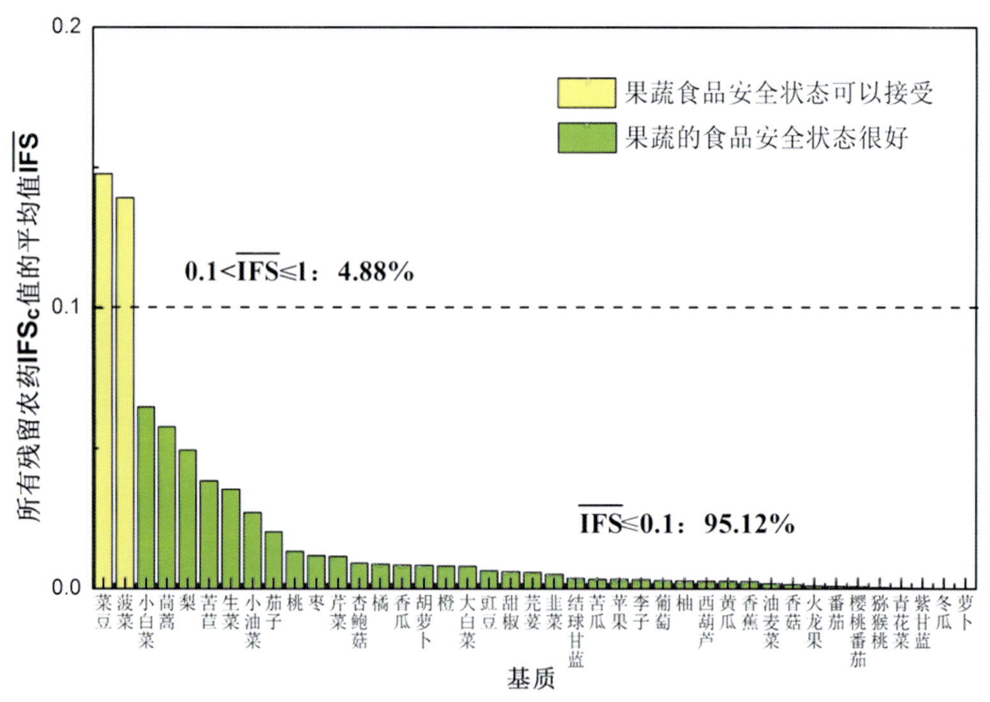

图 8-10　41 种果蔬的$\overline{IFS}$值和安全状态

8.2.3　所有果蔬中农药残留安全指数分析

计算所有果蔬中 54 种残留农药的 IFS_c 值，结果如图 8-11 及表 8-10 所示。

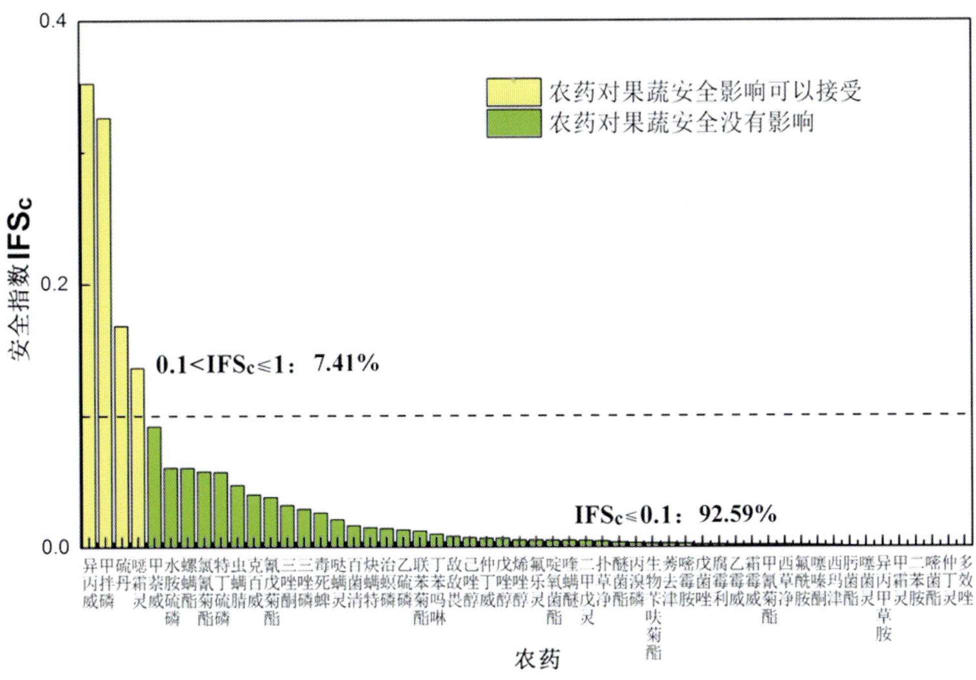

图 8-11　果蔬中 54 种残留农药的安全指数

分析发现，所有农药对果蔬的影响均在没有影响和可接受的范围内，其中 7.41%的农药对果蔬安全的影响可以接受，92.59%的农药对果蔬安全没有影响。

表 8-10　果蔬中 54 种残留农药的安全指数表

序号	农药	检出频次	检出率	IFS_c	影响程度	序号	农药	检出频次	检出率	IFS_c	影响程度
1	异丙威	2	0.63%	0.3524	可以接受	15	毒死蜱	49	15.56%	0.0259	没有影响
2	甲拌磷	2	0.63%	0.3262	可以接受	16	哒螨灵	26	8.25%	0.0207	没有影响
3	硫丹	7	2.22%	0.168	可以接受	17	百菌清	2	0.63%	0.0162	没有影响
4	噁霜灵	3	0.95%	0.1361	可以接受	18	炔螨特	3	0.95%	0.0147	没有影响
5	甲萘威	5	1.59%	0.0914	没有影响	19	治螟磷	1	0.32%	0.0139	没有影响
6	水胺硫磷	8	2.54%	0.0602	没有影响	20	乙硫磷	1	0.32%	0.013	没有影响
7	螺螨酯	6	1.90%	0.06	没有影响	21	联苯菊酯	5	1.59%	0.0121	没有影响
8	氯氰菊酯	17	5.40%	0.0573	没有影响	22	丁苯吗啉	1	0.32%	0.0097	没有影响
9	特丁硫磷	1	0.32%	0.057	没有影响	23	敌敌畏	4	1.27%	0.0082	没有影响
10	虫螨腈	1	0.32%	0.047	没有影响	24	己唑醇	6	1.90%	0.007	没有影响
11	克百威	1	0.32%	0.0399	没有影响	25	仲丁威	12	3.81%	0.0066	没有影响
12	氰戊菊酯	1	0.32%	0.0378	没有影响	26	戊唑醇	5	1.59%	0.0065	没有影响
13	三唑酮	1	0.32%	0.0318	没有影响	27	烯唑醇	3	0.95%	0.0053	没有影响
14	三唑磷	2	0.63%	0.0288	没有影响	28	氟乐灵	5	1.59%	0.0052	没有影响

续表

序号	农药	检出频次	检出率	IFS_c	影响程度	序号	农药	检出频次	检出率	IFS_c	影响程度
29	啶氧菌酯	2	0.63%	0.0051	没有影响	42	甲氰菊酯	2	0.63%	0.0016	没有影响
30	喹螨醚	1	0.32%	0.0051	没有影响	43	西草净	1	0.32%	0.0016	没有影响
31	二甲戊灵	14	4.44%	0.0047	没有影响	44	氟酰胺	6	1.90%	0.0014	没有影响
32	扑草净	1	0.32%	0.0044	没有影响	45	噻嗪酮	1	0.32%	0.0012	没有影响
33	醚菌酯	32	10.16%	0.0035	没有影响	46	西玛津	1	0.32%	0.001	没有影响
34	丙溴磷	2	0.63%	0.0031	没有影响	47	肟菌酯	1	0.32%	0.0005	没有影响
35	生物苄呋菊酯	20	6.35%	0.0027	没有影响	48	噻菌灵	6	1.90%	0.0004	没有影响
36	莠去津	12	3.81%	0.0027	没有影响	49	异丙甲草胺	3	0.95%	0.0004	没有影响
37	嘧霉胺	22	6.98%	0.0026	没有影响	50	甲霜灵	2	0.63%	0.0004	没有影响
38	戊菌唑	4	1.27%	0.0019	没有影响	51	二苯胺	109	34.60%	0.0002	没有影响
39	腐霉利	2	0.63%	0.0019	没有影响	52	嘧菌酯	1	0.32%	0.0002	没有影响
40	乙霉威	1	0.32%	0.0017	没有影响	53	仲丁灵	2	0.63%	0.0001	没有影响
41	霜霉威	5	1.59%	0.0017	没有影响	54	多效唑	1	0.32%	0.0001	没有影响

8.3 长春市果蔬农药残留预警风险评估

基于长春市果蔬中农药残留 GC-Q-TOF/MS 侦测数据，参照中华人民共和国国家标准 GB 2763—2016 和欧盟农药最大残留限量（MRL）标准分析农药残留的超标情况，并计算农药残留风险系数。分析每种果蔬中农药残留的风险程度。

8.3.1 单种果蔬中农药残留风险系数分析

8.3.1.1 种果蔬中禁用农药残留风险系数分析

检出的 84 种残留农药中有 7 种为禁用农药，在 10 种果蔬中检测出禁药残留，计算单种果蔬中禁药的检出率，根据检出率计算风险系数 R，进而分析单种果蔬中每种禁药残留的风险程度，结果如图 8-12 和表 8-11 所示。本次分析涉及样本 13 个，可以看出 13 个样本中禁药残留均处于高度风险。

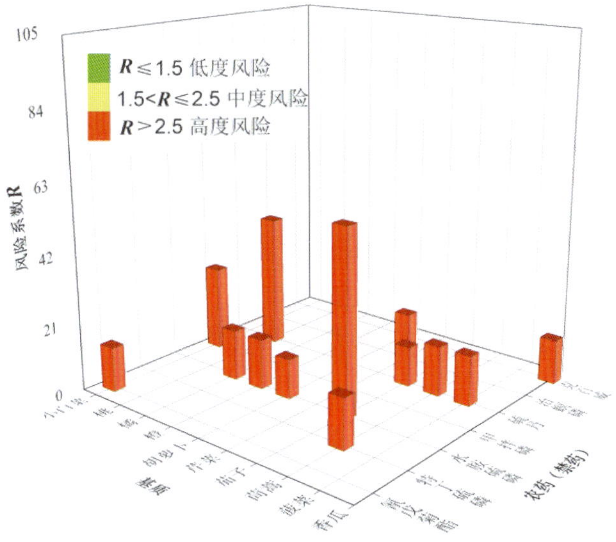

图 8-12 10 种果蔬中 7 种禁用农药残留的风险系数

表 8-11 10 种果蔬中 7 种禁用农药残留的风险系数表

序号	基质	农药	检出频次	检出率	风险系数 R	风险程度
1	茄子	水胺硫磷	5	55.56%	56.7	高度风险
2	桃	硫丹	4	40.00%	41.1	高度风险
3	小白菜	甲拌磷	2	25.00%	26.1	高度风险
4	菠菜	硫丹	1	14.29%	15.4	高度风险
5	茼蒿	硫丹	1	14.29%	15.4	高度风险
6	橙	水胺硫磷	1	14.29%	15.4	高度风险
7	橘	水胺硫磷	1	14.29%	15.4	高度风险
8	茼蒿	特丁硫磷	1	14.29%	15.4	高度风险
9	芹菜	治螟磷	1	14.29%	15.4	高度风险
10	香瓜	克百威	1	12.50%	13.6	高度风险
11	小白菜	氰戊菊酯	1	12.50%	13.6	高度风险
12	茄子	硫丹	1	11.11%	12.2	高度风险
13	胡萝卜	水胺硫磷	1	11.11%	12.2	高度风险

8.3.1.2 基于 MRL 中国国家标准的单种果蔬中非禁用农药残留风险系数分析

参照中华人民共和国国家标准 GB 2763—2016 中农药残留限量计算每种果蔬中每种非禁用农药的超标率，进而计算其风险系数，根据风险系数大小判断残留农药的预警风险程度，果蔬中非禁用农药残留风险程度分布情况如图 8-13 所示。

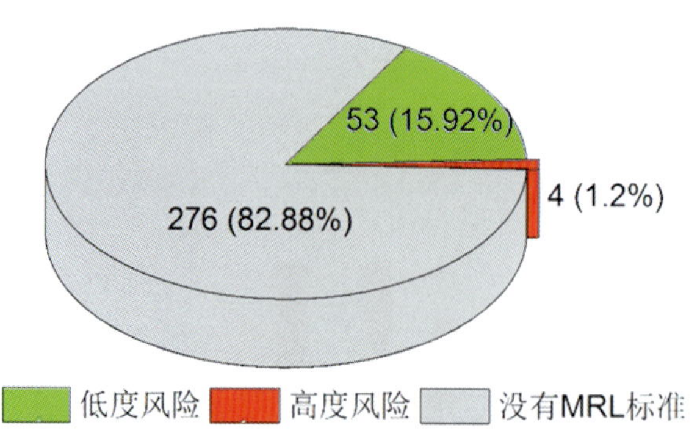

图 8-13　果蔬中非禁用农药残留风险程度分布图（MRL 中国国家标准）

本次分析中，发现在 41 种果蔬中检出 77 种残留非禁用农药，涉及样本 333 个，在 333 个样本中，1.2%处于高度风险，15.92%处于低度风险，此外发现有 276 个样本没有 MRL 中国国家标准值，无法判断其风险程度，有 MRL 中国国家标准值的 57 个样本涉及 23 种果蔬中的 23 种非禁用农药，其风险系数 R 值如图 8-14 所示。表 8-12 为非禁用农药残留处于高度风险的果蔬列表。

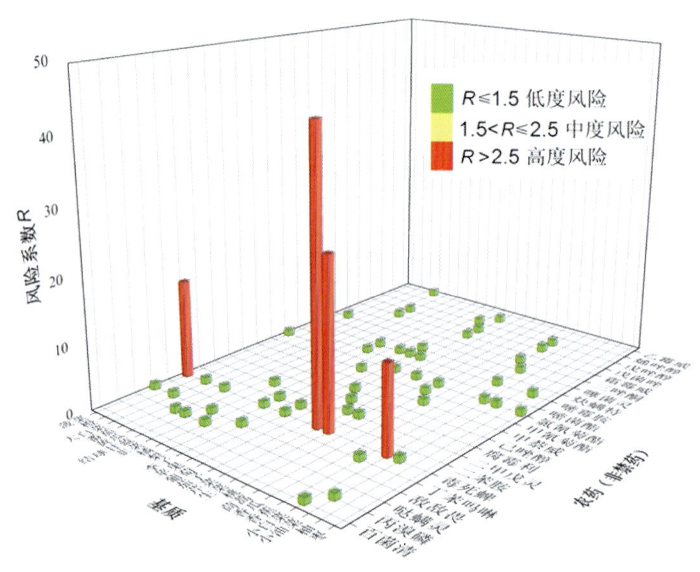

图 8-14　23 种果蔬中 23 种非禁用农药残留的风险系数（MRL 中国国家标准）

表 8-12　单种果蔬中处于高度风险的非禁用农药残留的风险系数表（MRL 中国国家标准）

序号	基质	农药	超标频次	超标率 P	风险系数 R
1	芹菜	毒死蜱	3	42.86%	44.0
2	生菜	毒死蜱	2	25.00%	26.1
3	菠菜	毒死蜱	1	14.29%	15.4
4	小白菜	毒死蜱	1	12.50%	13.6

8.3.1.3 基于MRL欧盟标准的单种果蔬中非禁用农药残留风险系数分析

参照 MRL 欧盟标准计算每种果蔬中每种非禁用农药的超标率，进而计算其风险系数，根据风险系数大小判断残留农药的预警风险程度，果蔬中非禁用农药残留风险程度分布情况如图 8-15 所示。

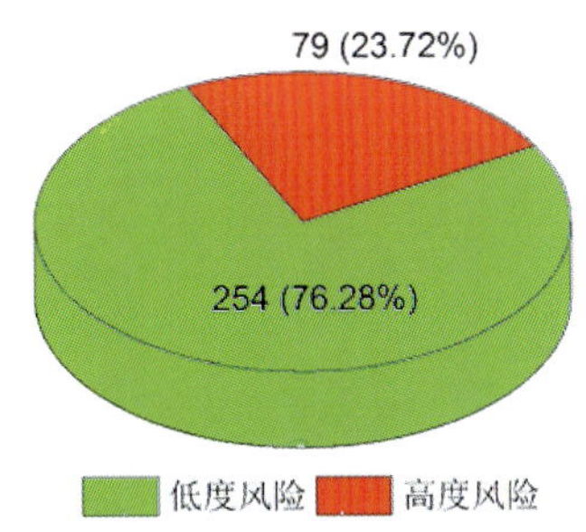

图 8-15 果蔬中非禁用农药残留风险程度分布图（MRL 欧盟标准）

本次分析中，发现在 41 种果蔬中检出 77 种残留非禁用农药，涉及样本 333 个，在 333 个样本中，23.72%处于高度风险，涉及 34 种果蔬中的 41 种农药，76.28%处于低度风险，涉及 41 种果蔬中的 61 种农药。所有果蔬中的每种非禁用农药的风险系数 *R* 值如图 8-16 所示。农药残留处于高度风险的果蔬风险系数如图 8-17 和表 8-13 所示。

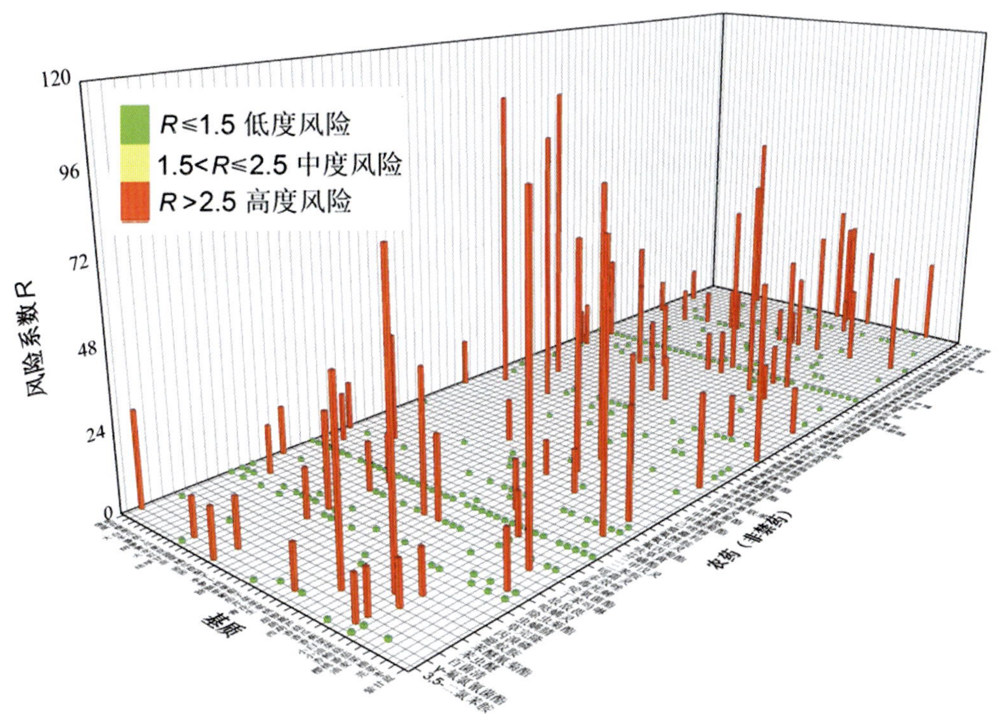

图 8-16 41 种果蔬中 77 种非禁用农药残留的风险系数（MRL 欧盟标准）

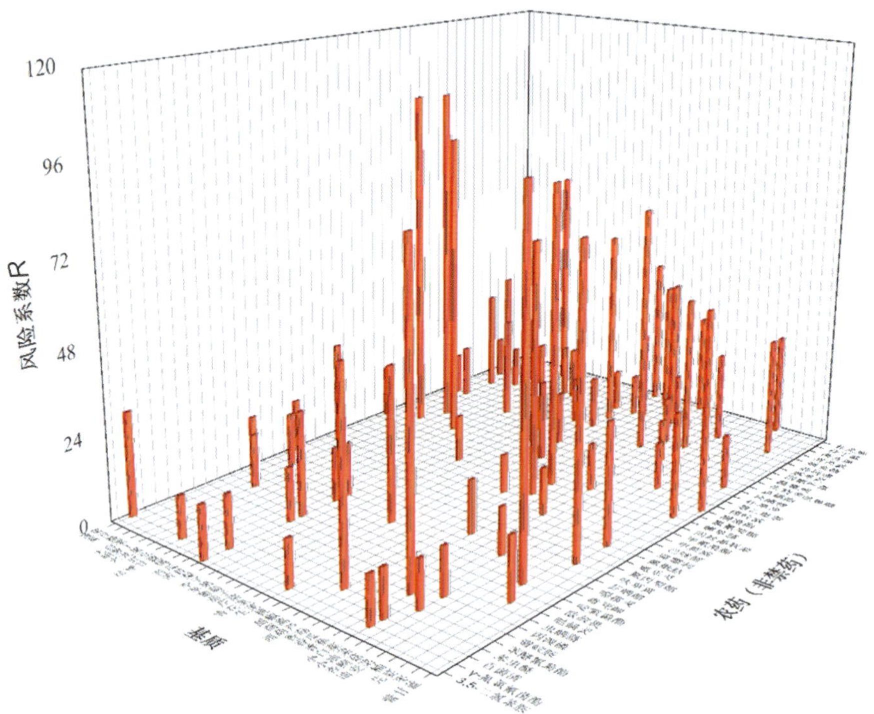

图 8-17　单种果蔬中处于高度风险的非禁用农药残留的风险系数（MRL 欧盟标准）

表 8-13　单种果蔬中处于高度风险的非禁用农药残留的风险系数表（MRL 欧盟标准）

序号	基质	农药	超标频次	超标率 P	风险系数 R
1	柚	啶氧菌酯	2	100.00%	101.1
2	大白菜	醚菌酯	7	100.00%	101.1
3	胡萝卜	萘乙酰胺	9	100.00%	101.1
4	香蕉	避蚊胺	8	88.89%	90.0
5	结球甘蓝	醚菌酯	8	88.89%	90.0
6	茼蒿	间羟基联苯	6	85.71%	86.8
7	芫荽	呋草黄	5	83.33%	84.4
8	茼蒿	甲萘威	5	71.43%	72.5
9	西葫芦	生物苄呋菊酯	5	71.43%	72.5
10	豇豆	仲丁威	6	66.67%	67.8
11	茼蒿	苯虫醚	4	57.14%	58.2
12	芹菜	威杀灵	4	57.14%	58.2
13	紫甘蓝	醚菌酯	5	55.56%	56.7
14	香蕉	四氢吩胺	4	44.44%	45.5
15	芹菜	毒死蜱	3	42.86%	44.0

续表

序号	基质	农药	超标频次	超标率 *P*	风险系数 *R*
16	茼蒿	烯虫酯	3	42.86%	44.0
17	芹菜	兹克威	3	42.86%	44.0
18	火龙果	四氢吩胺	3	37.50%	38.6
19	生菜	仲丁威	3	37.50%	38.6
20	生菜	兹克威	3	37.50%	38.6
21	胡萝卜	氟乐灵	3	33.33%	34.4
22	芫荽	氟酰胺	2	33.33%	34.4
23	芫荽	烯虫酯	2	33.33%	34.4
24	菠菜	γ-氟氯氰菌酯	2	28.57%	29.7
25	苦苣	哒螨灵	2	28.57%	29.7
26	枣	解草腈	2	28.57%	29.7
27	橘	杀螨酯	2	28.57%	29.7
28	橙	威杀灵	2	28.57%	29.7
29	茼蒿	兹克威	2	28.57%	29.7
30	油麦菜	兹克威	2	28.57%	29.7
31	生菜	毒死蜱	2	25.00%	26.1
32	生菜	烯虫酯	2	25.00%	26.1
33	小白菜	烯虫酯	2	25.00%	26.1
34	青花菜	醚菌酯	2	22.22%	23.3
35	梨	生物苄呋菊酯	2	22.22%	23.3
36	芫荽	哒螨灵	1	16.67%	17.8
37	苦苣	3,5-二氯苯胺	1	14.29%	15.4
38	苦苣	百菌清	1	14.29%	15.4
39	苦苣	虫螨腈	1	14.29%	15.4
40	大白菜	敌敌畏	1	14.29%	15.4
41	菠菜	毒死蜱	1	14.29%	15.4
42	苦苣	毒死蜱	1	14.29%	15.4
43	苦苣	噁霜灵	1	14.29%	15.4
44	橙	芬螨酯	1	14.29%	15.4
45	西葫芦	芬螨酯	1	14.29%	15.4
46	菠菜	氟丙菊酯	1	14.29%	15.4
47	菠菜	氯氰菊酯	1	14.29%	15.4
48	芹菜	氯氰菊酯	1	14.29%	15.4
49	芹菜	扑草净	1	14.29%	15.4
50	枣	炔螨特	1	14.29%	15.4
51	橙	生物苄呋菊酯	1	14.29%	15.4

续表

序号	基质	农药	超标频次	超标率 P	风险系数 R
52	苦瓜	生物苄呋菊酯	1	14.29%	15.4
53	芹菜	霜霉威	1	14.29%	15.4
54	苦瓜	烯虫酯	1	14.29%	15.4
55	苦苣	烯虫酯	1	14.29%	15.4
56	生菜	γ-氟氯氰菌酯	1	12.50%	13.6
57	小白菜	γ-氟氯氰菌酯	1	12.50%	13.6
58	小白菜	百菌清	1	12.50%	13.6
59	小油菜	苯醚氰菊酯	1	12.50%	13.6
60	小油菜	丙溴磷	1	12.50%	13.6
61	小白菜	噁霜灵	1	12.50%	13.6
62	香瓜	腐霉利	1	12.50%	13.6
63	李子	甲氰菊酯	1	12.50%	13.6
64	香瓜	解草腈	1	12.50%	13.6
65	杏鲍菇	棉铃威	1	12.50%	13.6
66	葡萄	霜霉威	1	12.50%	13.6
67	香菇	四氢吩胺	1	12.50%	13.6
68	豇豆	γ-氟氯氰菌酯	1	11.11%	12.2
69	苹果	炔螨特	1	11.11%	12.2
70	香蕉	杀螨酯	1	11.11%	12.2
71	菜豆	生物苄呋菊酯	1	11.11%	12.2
72	胡萝卜	西玛通	1	11.11%	12.2
73	菜豆	烯虫酯	1	11.11%	12.2
74	豇豆	烯虫酯	1	11.11%	12.2
75	茄子	烯虫酯	1	11.11%	12.2
76	青花菜	烯虫酯	1	11.11%	12.2
77	菜豆	异丙威	1	11.11%	12.2
78	甜椒	莠去津	1	11.11%	12.2
79	桃	己唑醇	1	10.00%	11.1

8.3.2 所有果蔬中农药残留风险系数分析

8.3.2.1 所有果蔬中禁用农药残留风险系数分析

在检出的 84 种农药中有 7 种禁用农药，计算每种禁用农药残留的风险系数，结果如表 8-14 所示，在 7 种禁用农药中，2 种农药残留处于高度风险，1 种农药残留处于中度风险，4 种农药残留处于低度风险。

表 8-14　果蔬中 7 种禁用农药残留的风险系数表

序号	农药	检出频次	检出率	风险系数 R	风险程度
1	水胺硫磷	8	2.54%	3.6	高度风险
2	硫丹	7	2.22%	3.3	高度风险
3	甲拌磷	2	0.63%	1.7	中度风险
4	氰戊菊酯	1	0.32%	1.4	低度风险
5	特丁硫磷	1	0.32%	1.4	低度风险
6	治螟磷	1	0.32%	1.4	低度风险
7	克百威	1	0.32%	1.4	低度风险

8.3.2.2　所有果蔬中非禁用农药残留风险系数分析

参照 MRL 欧盟标准计算所有果蔬中每种农药残留的风险系数，结果如图 8-18 和表 8-15 所示。在检出的 77 种非禁用农药中，14 种农药（18.18%）残留处于高度风险，13 种农药（16.88%）残留处于中度风险，50 种农药（64.94%）残留处于低度风险。

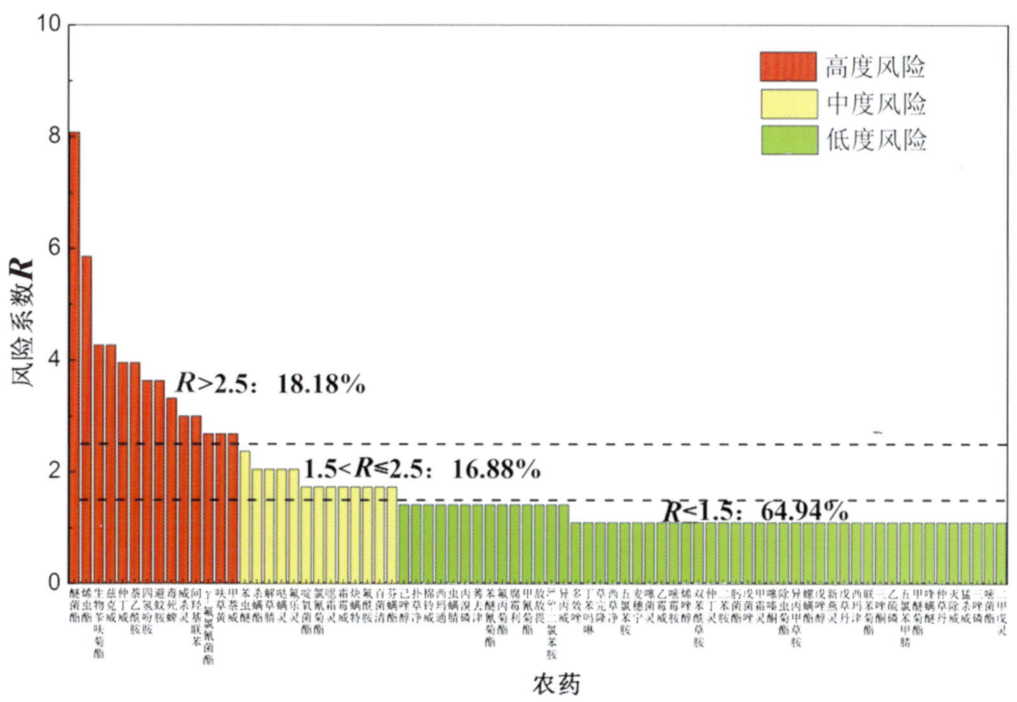

图 8-18　果蔬中 77 种非禁用农药残留的风险系数

表 8-15　果蔬中 77 种非禁用农药残留的风险系数表

序号	农药	超标频次	超标率 *P*	风险系数 *R*	风险程度
1	醚菌酯	22	6.98%	8.1	高度风险
2	烯虫酯	15	4.76%	5.9	高度风险
3	生物苄呋菊酯	10	3.17%	4.3	高度风险
4	兹克威	10	3.17%	4.3	高度风险
5	仲丁威	9	2.86%	4.0	高度风险
6	萘乙酰胺	9	2.86%	4.0	高度风险
7	四氢吩胺	8	2.54%	3.6	高度风险
8	避蚊胺	8	2.54%	3.6	高度风险
9	毒死蜱	7	2.22%	3.3	高度风险
10	威杀灵	6	1.90%	3.0	高度风险
11	间羟基联苯	6	1.90%	3.0	高度风险
12	γ-氟氯氰菌酯	5	1.59%	2.7	高度风险
13	呋草黄	5	1.59%	2.7	高度风险
14	甲萘威	5	1.59%	2.7	高度风险
15	苯虫醚	4	1.27%	2.4	中度风险
16	杀螨酯	3	0.95%	2.1	中度风险
17	解草腈	3	0.95%	2.1	中度风险
18	哒螨灵	3	0.95%	2.1	中度风险
19	氟乐灵	3	0.95%	2.1	中度风险
20	啶氧菌酯	2	0.63%	1.7	中度风险
21	氯氰菊酯	2	0.63%	1.7	中度风险
22	噁霜灵	2	0.63%	1.7	中度风险
23	霜霉威	2	0.63%	1.7	中度风险
24	炔螨特	2	0.63%	1.7	中度风险
25	氟酰胺	2	0.63%	1.7	中度风险
26	百菌清	2	0.63%	1.7	中度风险
27	芬螨酯	2	0.63%	1.7	中度风险
28	己唑醇	1	0.32%	1.4	低度风险
29	扑草净	1	0.32%	1.4	低度风险
30	棉铃威	1	0.32%	1.4	低度风险
31	西玛通	1	0.32%	1.4	低度风险
32	虫螨腈	1	0.32%	1.4	低度风险
33	丙溴磷	1	0.32%	1.4	低度风险
34	莠去津	1	0.32%	1.4	低度风险

续表

序号	农药	超标频次	超标率 P	风险系数 R	风险程度
35	苯醚氰菊酯	1	0.32%	1.4	低度风险
36	氟丙菊酯	1	0.32%	1.4	低度风险
37	腐霉利	1	0.32%	1.4	低度风险
38	甲氰菊酯	1	0.32%	1.4	低度风险
39	敌敌畏	1	0.32%	1.4	低度风险
40	3,5-二氯苯胺	1	0.32%	1.4	低度风险
41	异丙威	1	0.32%	1.4	低度风险
42	多效唑	0	0.00%	1.1	低度风险
43	丁苯吗啉	0	0.00%	1.1	低度风险
44	草完隆	0	0.00%	1.1	低度风险
45	西草净	0	0.00%	1.1	低度风险
46	五氯苯胺	0	0.00%	1.1	低度风险
47	麦穗宁	0	0.00%	1.1	低度风险
48	噻菌灵	0	0.00%	1.1	低度风险
49	乙霉威	0	0.00%	1.1	低度风险
50	嘧霉胺	0	0.00%	1.1	低度风险
51	烯唑醇	0	0.00%	1.1	低度风险
52	双苯酰草胺	0	0.00%	1.1	低度风险
53	仲丁灵	0	0.00%	1.1	低度风险
54	二苯胺	0	0.00%	1.1	低度风险
55	肟菌酯	0	0.00%	1.1	低度风险
56	戊菌唑	0	0.00%	1.1	低度风险
57	甲霜灵	0	0.00%	1.1	低度风险
58	噻嗪酮	0	0.00%	1.1	低度风险
59	除虫菊酯	0	0.00%	1.1	低度风险
60	异丙甲草胺	0	0.00%	1.1	低度风险
61	螺螨酯	0	0.00%	1.1	低度风险
62	戊唑醇	0	0.00%	1.1	低度风险
63	新燕灵	0	0.00%	1.1	低度风险
64	戊草丹	0	0.00%	1.1	低度风险
65	西玛津	0	0.00%	1.1	低度风险
66	联苯菊酯	0	0.00%	1.1	低度风险
67	三唑酮	0	0.00%	1.1	低度风险
68	乙硫磷	0	0.00%	1.1	低度风险

续表

序号	农药	超标频次	超标率 P	风险系数 R	风险程度
69	五氯苯甲腈	0	0.00%	1.1	低度风险
70	甲醚菊酯	0	0.00%	1.1	低度风险
71	喹螨醚	0	0.00%	1.1	低度风险
72	仲草丹	0	0.00%	1.1	低度风险
73	灭除威	0	0.00%	1.1	低度风险
74	猛杀威	0	0.00%	1.1	低度风险
75	三唑磷	0	0.00%	1.1	低度风险
76	嘧菌酯	0	0.00%	1.1	低度风险
77	二甲戊灵	0	0.00%	1.1	低度风险

8.4 长春市果蔬农药残留风险评估结论与建议

农药残留是影响果蔬安全和质量的主要因素，也是我国食品安全领域备受关注的敏感话题和亟待解决的重大问题之一[15,16]。各种水果蔬菜均存在不同程度的农药残留现象，本报告主要针对长春市各类水果蔬菜存在的农药残留问题，基于 2015 年 8 月对长春市 315 例果蔬样品农药残留得出的 810 个检测结果，分别采用食品安全指数和风险系数两类方法，开展果蔬中农药残留的膳食暴露风险和预警风险评估。

本报告力求通用简单地反映食品安全中的主要问题且为管理部门和大众容易接受，为政府及相关管理机构建立科学的食品安全信息发布和预警体系提供科学的规律与方法，加强对农药残留的预警和食品安全重大事件的预防，控制食品风险。水果蔬菜样品取自超市和农贸市场，符合大众的膳食来源，风险评价时更具有代表性和可信度。

8.4.1 长春市果蔬中农药残留膳食暴露风险评价结论

1）果蔬中农药残留安全状态评价结论

采用食品安全指数模型，对 2015 年 8 月期间长春市果蔬食品农药残留膳食暴露风险进行评价，根据 IFS_c 的计算结果发现，果蔬中农药的$\overline{IFS}$为 0.0317，说明长春市果蔬总体处于很好的安全状态，但部分禁用农药、高残留农药在蔬菜、水果中仍有检出，导致膳食暴露风险的存在，成为不安全因素。

2）单种果蔬中农药残留膳食暴露风险不可接受情况评价结论

单种果蔬中农药残留安全指数分析结果显示，在单种果蔬中未发现膳食暴露风险不可接受的残留农药，检测出的残留农药对单种果蔬安全的影响均在可以接受和没有影响的范围内，说明长春市的果蔬中虽检出农药残留，但残留农药不会造成膳食暴露风险或造成的膳食暴露风险可以接受。

3）禁用农药残留膳食暴露风险评价

本次检测发现部分果蔬样品中有禁用农药检出，检出禁用农药 7 种为水胺硫磷、硫丹、甲拌磷、特丁硫磷、治螟磷、克百威和氰戊菊酯，检出频次为 21，果蔬样品中的禁用农药 IFS_c 计算结果表明，禁用农药残留的膳食暴露风险均在可以接受和没有影响的范围内，可以接受的频次为 6，占 28.57%，没有风险的频次为 15，占 71.43%。虽然残留禁用农药没有造成不可接受的膳食暴露风险，但为何在国家明令禁止禁用农药喷洒的情况下，还能在多种果蔬中多次检出禁用农药残留，这应该引起相关部门的高度警惕，应该在禁止禁用农药喷洒的同时，严格管控禁用农药的生产和售卖，从根本上杜绝安全隐患。

8.4.2 长春市果蔬中农药残留预警风险评价结论

1）单种果蔬中禁用农药残留的预警风险评价结论

本次检测过程中，在 10 种果蔬中检测出 7 种禁用农药，禁用农药种类为：水胺硫磷、硫丹、甲拌磷、特丁硫磷、治螟磷、克百威和氰戊菊酯，果蔬种类为：茄子、桃、小白菜、菠菜、茼蒿、橙、橘、芹菜、香瓜和胡萝卜，果蔬中禁用农药的风险系数分析结果显示，7 种禁用农药在 10 种果蔬中的残留均处于高度风险，说明在单种果蔬中禁用农药的残留，会导致较高的预警风险。

2）单种果蔬中非禁用农药残留的预警风险评价结论

以 MRL 中国国家标准为标准，计算果蔬中非禁用农药风险系数情况下，333 个样本中，4 个处于高度风险（1.2%），53 个处于低度风险（15.92%），276 个样本没有 MRL 中国国家标准（82.88%）。以 MRL 欧盟标准为标准，计算果蔬中非禁用农药风险系数情况下，发现有 79 个处于高度风险（23.72%），254 个处于低度风险（76.28%）。利用两种农药 MRL 标准评价的结果差异显著，可以看出 MRL 欧盟标准比中国国家标准更加严格和完善，过于宽松的 MRL 中国国家标准值能否有效保障人体的健康有待研究。

8.4.3 加强长春市果蔬食品安全建议

我国食品安全风险评价体系仍不够健全，相关制度不够完善，多年来，由于农药用药次数多、用药量大或用药间隔时间短，产品残留量大，农药残留所带来的食品安全问题突出，给人体健康带来了直接或间接的危害，据估计，美国与农药有关的癌症患者数约占全国癌症患者总数的 50%，中国更高。同样，农药对其他生物也会形成直接杀伤和慢性危害，植物中的农药可经过食物链逐级传递并不断蓄积，对人和动物构成潜在威胁，并影响生态系统。

基于本次农药残留检测与风险评价结果，提出以下几点建议：

1）加快完善食品安全标准

我国食品标准中对部分农药每日允许摄入量 ADI 的规定仍缺乏，本次评价基础检测数据中涉及的 84 个品种中，64.3%有规定，仍有 35.7%尚无规定值。

我国食品中农药最大残留限量的规定严重缺乏，欧盟 MRL 标准值齐全，与欧盟相比，我国对不同果蔬中不同农药 MRL 已有规定值的数量仅占欧盟的 19.1%，缺少 80.9%，急需进行完善（表 8-16）。

表 8-16　中国与欧盟的 ADI 和 MRL 标准限值的对比分析

分类		中国 ADI	MRL 中国国家标准	MRL 欧盟标准
标准限值（个）	有	54	66	346
	无	30	280	0
总数（个）		84	346	346
无标准限值比例		35.7%	80.9%	0

此外，MRL 中国国家标准限值普遍高于欧盟标准限值，根据对涉及的 346 个品种中我国已有的 66 个限量标准进行统计来看，43 个农药的中国 MRL 高于欧盟 MRL，占 65.2%。过高的 MRL 值难以保障人体健康，建议继续加强对限值基准和标准进行科学的定量研究，将农产品中的危险性减少到尽可能低的水平。

2）加强农药的源头控制和分类监管

在长春市某些果蔬中仍有禁用农药检出，利用 GC-Q-TOF/MS 检测出 7 种禁用农药，检出频次为 21 次，残留禁用农药均存在较大的膳食暴露风险和预警风险。早已列入黑名单的禁用农药并未真正退出，有些药物由于价格便宜、工艺简单，此类高毒农药一直生产和使用。建议在我国采取严格有效的控制措施，进行禁用农药的源头控制。

对于非禁用农药，在我国作为“田间地头”最典型单位的县级蔬果产地中，农药残留的检测几乎缺失。建议根据农药的毒性，对高毒、剧毒、中毒农药实现分类管理，减少使用高毒和剧毒高残留农药，进行分类监管。

3）加强残留农药的生物修复及降解新技术

市售果蔬中残留农药品种多、频次高、禁用农药多次检出这一现状，说明了我国的田间土壤和水体因农药长期、频繁、不合理的使用而遭到严重污染。为此，建议有关部门出台相关政策，鼓励高校及科研院所积极开展分子生物学、酶学等研究，加强土壤、水体中残留农药的生物修复及降解新技术研究，并加大农药使用监管力度，以控制农药的面源污染问题。

4）加强对禁药和高风险农药的管控并建立风险预警系统分析平台

本评价结果提示，在果蔬尤其是蔬菜用药中，应结合农药的使用周期、生物毒性和降解特性，加强对禁用农药和高风险农药的管控。

在本工作基础上，根据蔬菜残留危害，可进一步针对其成因提出和采取严格管理、大力推广无公害蔬菜种植与生产、健全食品安全控制技术体系、加强蔬菜食品质量检测体系建设和积极推行蔬菜食品质量追溯制度等相应对策。建立和完善食品安全综合评价指数与风险监测预警系统，建议依托科研院所、高校科研实力，建立风险预警系统分析平台，对食品安全进行实时、全面的监控与分析，为长春市食品安全科学监管与决策提供新的技术支持，可实现各类检验数据的信息化系统管理，并减少食品安全事故的发生。

哈尔滨市

第 9 章　LC-Q-TOF/MS 侦测哈尔滨市 289 例市售水果蔬菜样品农药残留报告

从哈尔滨市所属 8 个区县，随机采集了 289 例水果蔬菜样品，使用液相色谱-四极杆飞行时间质谱（LC-Q-TOF/MS）对 537 种农药化学污染物进行示范侦测（7 种负离子模式 ESI⁻未涉及）。

9.1　样品种类、数量与来源

9.1.1　样品采集与检测

为了真实反映百姓餐桌上水果蔬菜中农药残留污染状况，本次所有检测样品均由检验人员于 2013 年 8 月至 9 月期间，从哈尔滨市所属 15 个采样点，包括 15 个超市，以随机购买方式采集，总计 15 批 289 例样品，从中检出农药 51 种，588 频次。采样及监测概况见图 9-1 及表 9-1，样品及采样点明细见表 9-2 及表 9-3（侦测原始数据见附表 1）。

图 9-1　哈尔滨市所属 15 个采样点 289 例样品分布图

表 9-1　农药残留监测总体概况

采样地区	哈尔滨市所属 8 个区县
采样点（超市+农贸市场）	15
样本总数	289

续表

采样地区	哈尔滨市所属 8 个区县
检出农药品种/频次	51/588
各采样点样本农药残留检出率范围	55.6%~76.5%

表 9-2　样品分类及数量

样品分类	样品名称（数量）	数量小计
1. 食用菌		15
1）蘑菇类	蘑菇（15）	15
2. 水果		77
1）仁果类水果	苹果（15），梨（13）	28
2）核果类水果	桃（13）	13
3）浆果和其他小型水果	葡萄（12）	12
4）瓜果类水果	西瓜（7）	7
5）热带和亚热带水果	菠萝（8）	8
6）柑橘类水果	橙（9）	9
3. 蔬菜		197
1）豆类蔬菜	菜豆（13）	13
2）鳞茎类蔬菜	韭菜（9）	9
3）叶菜类蔬菜	芹菜（8），菠菜（11），茼蒿（9），大白菜（14），生菜（13）	55
4）芸薹属类蔬菜	结球甘蓝（13），青花菜（11）	24
5）瓜类蔬菜	黄瓜（15），西葫芦（13），冬瓜（13）	41
6）茄果类蔬菜	番茄（26），甜椒（15），茄子（14）	55
合计	1. 食用菌 1 种 2. 水果 7 种 3. 蔬菜 15 种	289

表 9-3　哈尔滨市采样点信息

采样点序号	行政区域	采样点
超市（15）		
1	南岗区	***超市（南岗区）
2	南岗区	***超市（南岗区）
3	呼兰区	***超市（呼兰区店）
4	呼兰区	***超市（呼兰店）
5	平房区	***超市（平房区）
6	平房区	***超市（平房区店）

续表

采样点序号	行政区域	采样点
7	松北区	***超市（松北区店）
8	松北区	***超市
9	道外区	***超市（道外区）
10	道外区	***超市（道外区）
11	道里区	***超市
12	道里区	***超市
13	阿城区	***超市
14	香坊区	***超市（香坊区店）
15	香坊区	***超市（香坊区店）

9.1.2　检测结果

这次使用的检测方法是庞国芳院士团队最新研发的不需使用标准品对照，而以高分辨精确质量数（0.0001 *m/z*）为基准的 LC-Q-TOF/MS 检测技术，对于 289 例样品，每个样品均侦测了 537 种农药化学污染物的残留现状。通过本次侦测，在 289 例样品中共计检出农药化学污染物 51 种，检出 588 频次。

9.1.2.1　各采样点样品检出情况

统计分析发现 15 个采样点中，被测样品的农药检出率范围为 55.6%~76.5%。其中，***超市（平房区店）的检出率最高，为 76.5%。***超市的检出率最低，为 55.6%，见图 9-2。

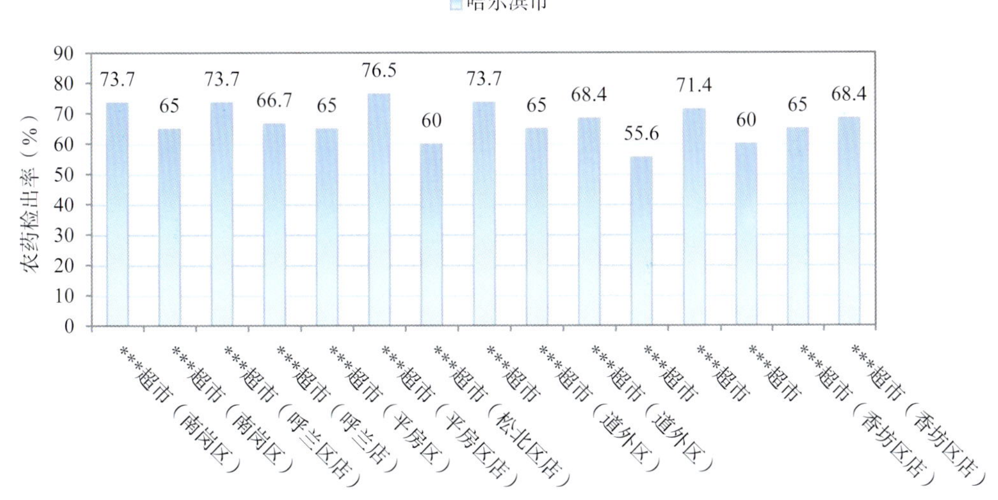

图 9-2　各采样点样品中的农药检出率

9.1.2.2 检出农药的品种总数与频次

统计分析发现，对于 289 例样品中 537 种农药化学污染物的侦测，共检出农药 588 频次，涉及农药 51 种，结果如图 9-3 所示。其中多菌灵检出频次最高，共检出 76 次。检出频次排名前 10 的农药如下：①多菌灵（76）；②烯酰吗啉（43）；③苯醚甲环唑（42）；④吡虫啉（39）；⑤噁霜灵（38）；⑥甲霜灵（33）；⑦嘧霉胺（30）；⑧啶虫脒（24）；⑨嘧菌酯（24）；⑩哒螨灵（18）。

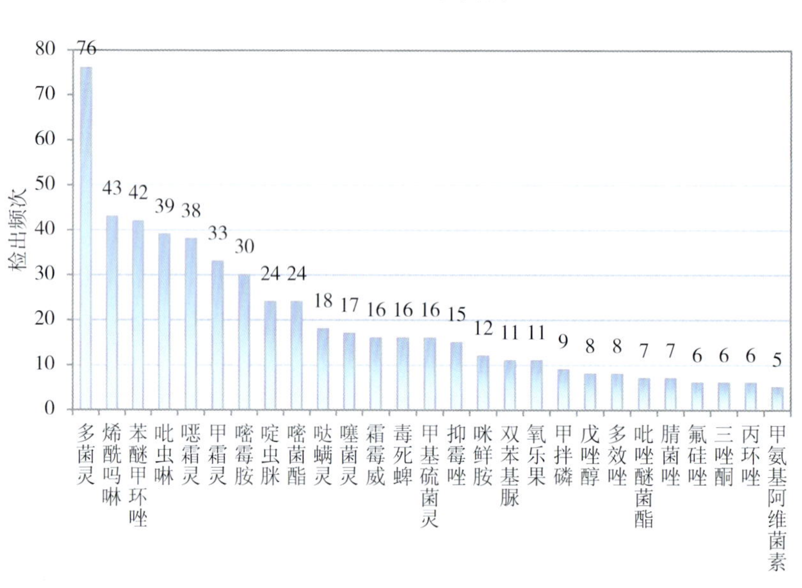

图 9-3 检出农药品种及频次（仅列出 5 频次及以上的数据）

由图 9-4 可见，葡萄、芹菜和桃这 3 种果蔬样品中检出的农药品种数较高，均超过 20 种，其中，葡萄检出农药品种最多，为 27 种。由图 9-5 可见，葡萄、桃和芹菜这 3 种果蔬样品中的农药检出频次较高，均超过 50 次，其中，葡萄检出农药频次最高，为 74 次。

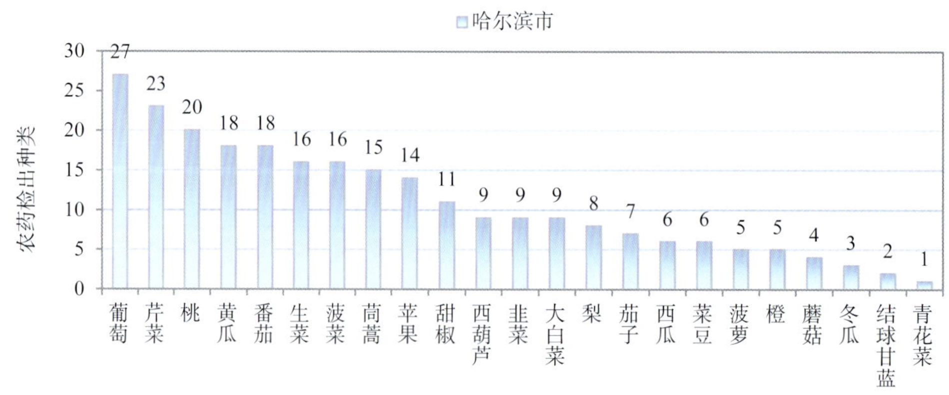

图 9-4 单种水果蔬菜检出农药的种类数（仅列出检出农药 1 种及以上的数据）

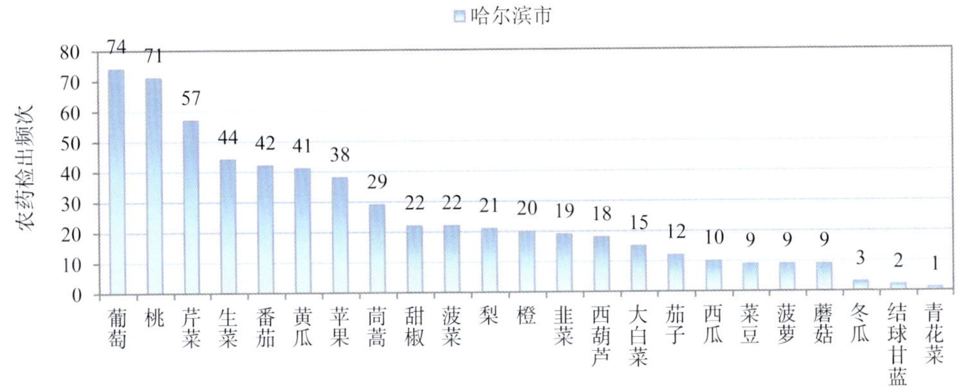

图 9-5 单种水果蔬菜检出农药频次（仅列出检出农药 1 频次及以上的数据）

9.1.2.3 单例样品农药检出种类与占比

对单例样品检出农药种类和频次进行统计发现，未检出农药的样品占总样品数的 32.9%，检出 1 种农药的样品占总样品数的 20.4%，检出 2~5 种农药的样品占总样品数的 37.7%，检出 6~10 种农药的样品占总样品数的 7.6%，检出大于 10 种农药的样品占总样品数的 1.4%。每例样品中平均检出农药为 2.0 种，数据见表 9-4 及图 9-6。

表 9-4 单例样品检出农药品种占比

检出农药品种数	样品数量/占比（%）
未检出	95/32.9
1 种	59/20.4
2~5 种	109/37.7
6~10 种	22/7.6
大于 10 种	4/1.4
单例样品平均检出农药品种	2.0 种

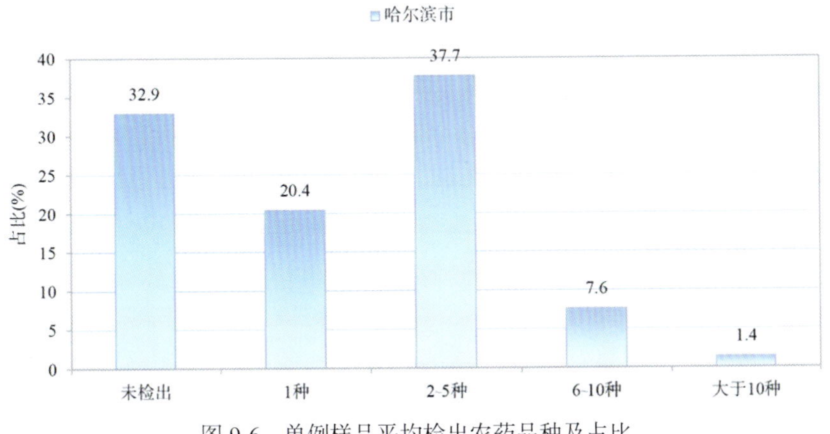

图 9-6 单例样品平均检出农药品种及占比

9.1.2.4 检出农药类别与占比

所有检出农药按功能分类，包括杀菌剂、杀虫剂、植物生长调节剂、除草剂共 4 类。其中杀菌剂与杀虫剂为主要检出的农药类别，分别占总数的 47.1%和 43.1%，见表 9-5 及图 9-7。

表 9-5 检出农药所属类别及占比

农药类别	数量/占比（%）
杀菌剂	24/47.1
杀虫剂	22/43.1
植物生长调节剂	3/5.9
除草剂	2/3.9

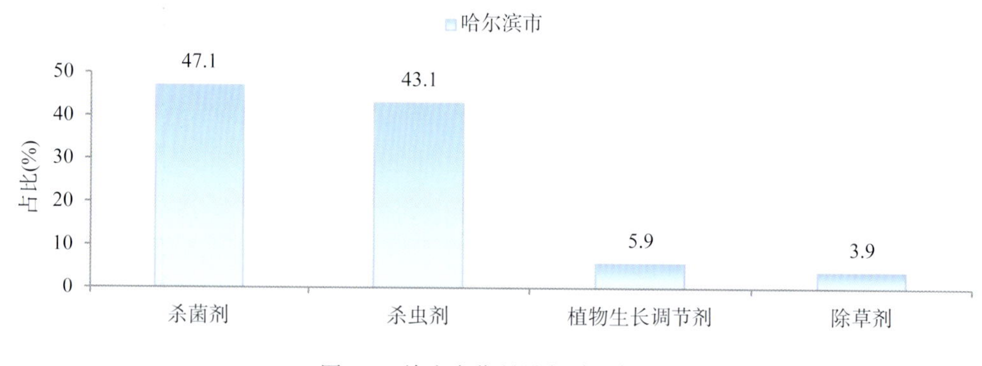

图 9-7 检出农药所属类别和占比

9.1.2.5 检出农药的残留水平

按检出农药残留水平进行统计，残留水平在 1~5 μg/kg（含）的农药占总数的 43.5%，在 5~10 μg/kg（含）的农药占总数的 14.1%，在 10~100 μg/kg（含）的农药占总数的 35.4%，在 100~1000 μg/kg（含）的农药占总数的 6.6%，＞1000 μg/kg 的农药占总数的 0.3%。

由此可见，这次检测的 15 批 289 例水果蔬菜样品中农药多数处于较低残留水平。结果见表 9-6 及图 9-8，数据见附表 2。

表 9-6 农药残留水平及占比

残留水平（μg/kg）	检出频次数/占比（%）
1~5（含）	256/43.5
5~10（含）	83/14.1
10~100（含）	208/35.4
100~1000（含）	39/6.6
＞1000	2/0.3

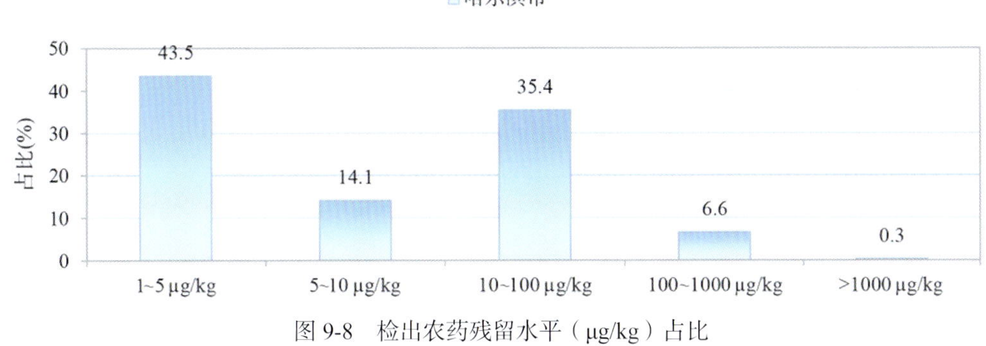

图 9-8　检出农药残留水平（μg/kg）占比

9.1.2.6　检出农药的毒类别、检出频次和超标频次及占比

对这次检出的 51 种 588 频次的农药，按剧毒、高毒、中毒、低毒和微毒这五个毒性类别进行分类，从中可以看出，哈尔滨市目前普遍使用的农药为中低微毒农药，品种占 88.2%，频次占 95.2%。结果见表 9-7 及图 9-9。

表 9-7　检出农药毒性类别及占比

毒性分类	农药品种/占比（%）	检出频次/占比（%）	超标频次/超标率（%）
剧毒农药	1/2.0	9/1.5	5/55.6
高毒农药	5/9.8	19/3.2	5/26.3
中毒农药	22/43.1	296/50.3	2/0.7
低毒农药	15/29.4	121/20.6	0/0.0
微毒农药	8/15.7	143/24.3	0/0.0

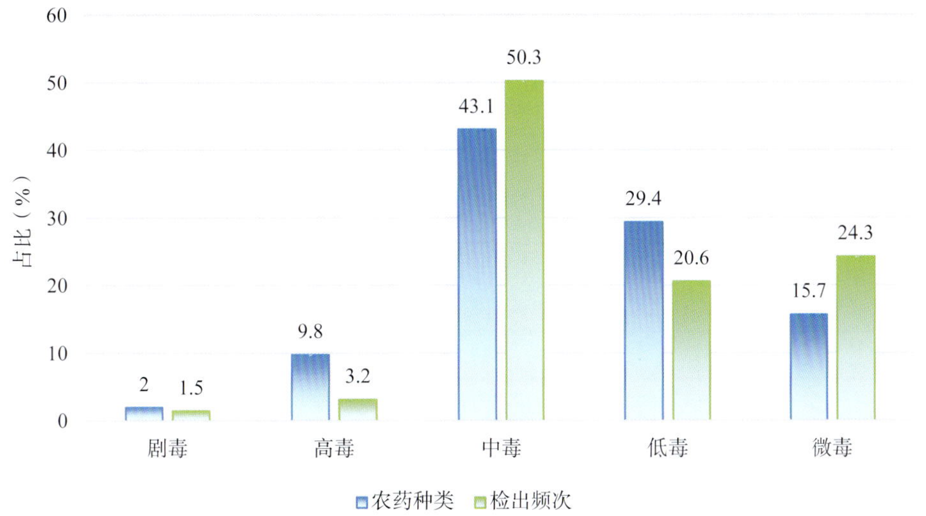

图 9-9　检出农药的毒性分类和占比

9.1.2.7　检出剧毒/高毒类农药的品种和频次

值得特别关注的是，在此次侦测的 289 例样品中有 8 种蔬菜 2 种水果的 24 例样品检出了 6 种 28 频次的剧毒和高毒农药，占样品总量的 8.3%，详见图 9-10、表 9-8 及表 9-9。

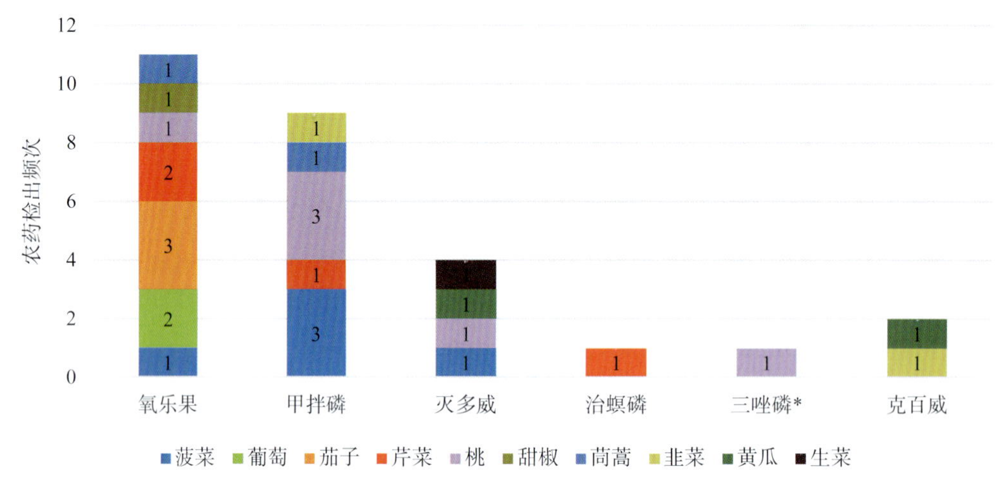

图 9-10　检出剧毒/高毒农药的样品情况

*表示允许在水果和蔬菜上使用的农药

表 9-8　剧毒农药检出情况

序号	农药名称	检出频次	超标频次	超标率
从 1 种水果中检出 1 种剧毒农药，共计检出 3 次				
1	甲拌磷*	3	0	0.0%
小计		3	0	超标率：0.0%
从 4 种蔬菜中检出 1 种剧毒农药，共计检出 6 次				
1	甲拌磷*	6	5	83.3%
小计		6	5	超标率：83.3%
合计		9	5	超标率：55.6%

表 9-9　高毒农药检出情况

序号	农药名称	检出频次	超标频次	超标率
从 2 种水果中检出 3 种高毒农药，共计检出 5 次				
1	氧乐果	3	1	33.3%
2	三唑磷	1	0	0.0%
3	灭多威	1	0	0.0%
小计		5	1	超标率：20.0%

续表

序号	农药名称	检出频次	超标频次	超标率
从 8 种蔬菜中检出 4 种高毒农药，共计检出 14 次				
1	氧乐果	8	4	50.0%
2	灭多威	3	0	0.0%
3	克百威	2	0	0.0%
4	治螟磷	1	0	0.0%
小计		14	4	超标率：28.6%
合计		19	5	超标率：26.3%

在检出的剧毒和高毒农药中，有 5 种是我国早已禁止在果树和蔬菜上使用的，分别是：克百威、甲拌磷、治螟磷、灭多威和氧乐果。禁用农药的检出情况见表 9-10。

表 9-10　禁用农药检出情况

序号	农药名称	检出频次	超标频次	超标率
从 2 种水果中检出 3 种禁用农药，共计检出 7 次				
1	甲拌磷*	3	0	0.0%
2	氧乐果	3	1	33.3%
3	灭多威	1	0	0.0%
小计		7	1	超标率：14.3%
从 8 种蔬菜中检出 5 种禁用农药，共计检出 20 次				
1	氧乐果	8	4	50.0%
2	甲拌磷*	6	5	83.3%
3	灭多威	3	0	0.0%
4	克百威	2	0	0.0%
5	治螟磷	1	0	0.0%
小计		20	9	超标率：45.0%
合计		27	10	超标率：37.0%

注：超标结果参考 MRL 中国国家标准计算

此次抽检的果蔬样品中，有 1 种水果 4 种蔬菜检出了剧毒农药，分别是：桃中检出甲拌磷 3 次；芹菜中检出甲拌磷 1 次；茼蒿中检出甲拌磷 1 次；菠菜中检出甲拌磷 3 次；韭菜中检出甲拌磷 1 次。

样品中检出剧毒和高毒农药残留水平超过 MRL 中国国家标准的频次为 10 次，其中，葡萄检出氧乐果超标 1 次；芹菜检出氧乐果超标 1 次；检出甲拌磷超标 1 次；茄子检出氧乐果超标 3 次；茼蒿检出甲拌磷超标 1 次；菠菜检出甲拌磷超标 2 次，韭菜检出甲拌磷超标 1 次。本次检出结果表明，高毒、剧毒农药的使用现象依旧存在，详见表 9-11。

表 9-11　各样本中检出剧毒/高毒农药情况

样品名称	农药名称	检出频次	超标频次	检出浓度（μg/kg）
水果 2 种				
桃	三唑磷	1	0	1.2
桃	氧乐果▲	1	0	2.6
桃	灭多威▲	1	0	2.2
桃	甲拌磷*▲	3	0	1.1，9.3，3.4
葡萄	氧乐果▲	2	1	34.1[a]，4.3
小计		8	1	超标率：12.5%
蔬菜 8 种				
甜椒	氧乐果▲	1	0	3.0
生菜	灭多威▲	1	0	19.5
芹菜	氧乐果▲	2	1	2.1，99.0[a]
芹菜	治螟磷▲	1	0	3.5
芹菜	甲拌磷*▲	1	1	113.5[a]
茄子	氧乐果▲	3	3	20.7[a]，42.5[a]，48.0[a]
茼蒿	氧乐果▲	1	0	1.7
茼蒿	甲拌磷*▲	1	1	12.4[a]
菠菜	氧乐果▲	1	0	4.9
菠菜	灭多威▲	1	0	37.1
菠菜	甲拌磷*▲	3	2	16.2[a]，1.6，49.4[a]
韭菜	克百威▲	1	0	19.5
韭菜	甲拌磷*▲	1	1	53.0[a]
黄瓜	克百威▲	1	0	11.1
黄瓜	灭多威▲	1	0	4.1
小计		20	9	超标率：45.0%
合计		28	10	超标率：35.7%

9.2　农药残留检出水平与最大残留限量标准对比分析

我国于 2014 年 3 月 20 日正式颁布并于 2014 年 8 月 1 日正式实施食品农药残留限量国家标准《食品中农药最大残留限量》（GB 2763—2014）。该标准包括 371 个农药条目，涉及最大残留限量（MRL）标准 3653 项。将 588 频次检出农药的浓度水平与 3653 项 MRL 国家标准进行核对，其中只有 286 频次的农药找到了对应的 MRL 标准，占 48.6%，还有 302 频次的侦测数据则无相关 MRL 标准供参考，占 51.4%。

将此次侦测结果与国际上现行 MRL 标准对比发现，在 588 频次的检出结果中有 588 频次的结果找到了对应的 MRL 欧盟标准，占 100.0%；其中，558 频次的结果有明确对应的 MRL 标准，占 94.9%，其余 30 频次按照欧盟一律标准判定，占 5.1%；有 588 频次的结果找到了对应的 MRL 日本标准，占 100.0%；其中，493 频次的结果有明确对应的 MRL 标准，占 83.8%，其余 95 频次按照日本一律标准判定，占 16.2%；有 355 频次的结果找到了对应的 MRL 中国香港标准，占 60.4%；有 304 频次的结果找到了对应的 MRL 美国标准，占 51.7%；有 302 频次的结果找到了对应的 MRL CAC 标准，占 51.4%（见图 9-11 和图 9-12，数据见附表 3 至附表 8）。

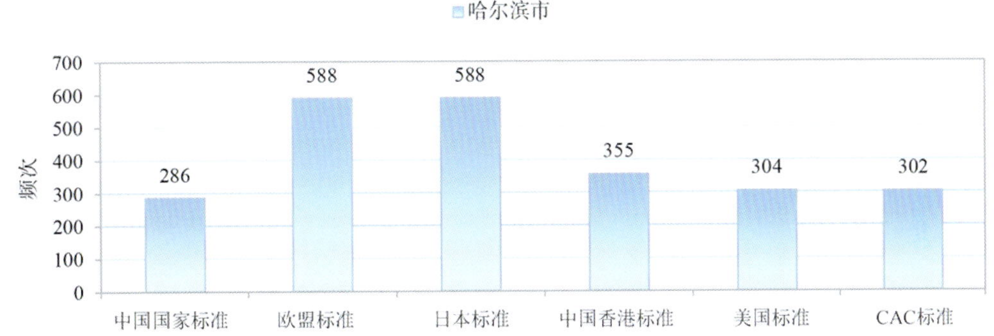

图 9-11　588 频次检出农药可用 MRL 中国国家标准、欧盟标准、日本标准、中国香港标准、美国标准、CAC 标准判定衡量的数量

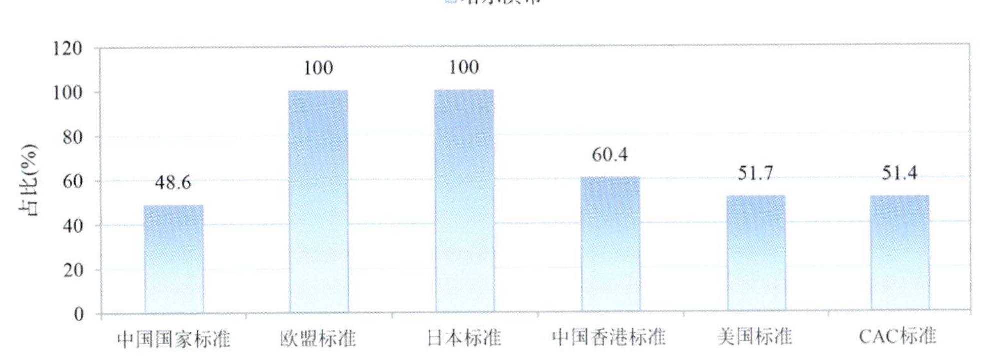

图 9-12　588 频次检出农药可用 MRL 中国国家标准、欧盟标准、日本标准、中国香港标准、美国标准、CAC 标准判定衡量的占比

9.2.1　超标农药样品分析

本次侦测的 289 例样品中，95 例样品未检出任何残留农药，占样品总量的 32.9%，194 例样品检出不同水平、不同种类的残留农药，占样品总量的 67.1%。在此，我们将本次侦测的农残检出情况与 MRL 中国国家标准、欧盟标准、日本标准、中国香港标准、美国标准和 CAC 标准这 6 大国际主流标准进行对比分析，样品农残检出与超标情况见表 9-12、图 9-13 和图 9-14，详细数据见附表 9 至附表 14。

表 9-12　各 MRL 标准下样本农残检出与超标数量及占比

	中国国家标准 数量/占比（%）	欧盟标准 数量/占比（%）	日本标准 数量/占比（%）	中国香港标准 数量/占比（%）	美国标准 数量/占比（%）	CAC 标准 数量/占比（%）
未检出	95/32.9	95/32.9	95/32.9	95/32.9	95/32.9	95/32.9
检出未超标	183/63.3	155/53.6	166/57.4	191/66.1	190/65.7	193/66.8
检出超标	11/3.8	39/13.5	28/9.7	3/1.0	4/1.4	1/0.3

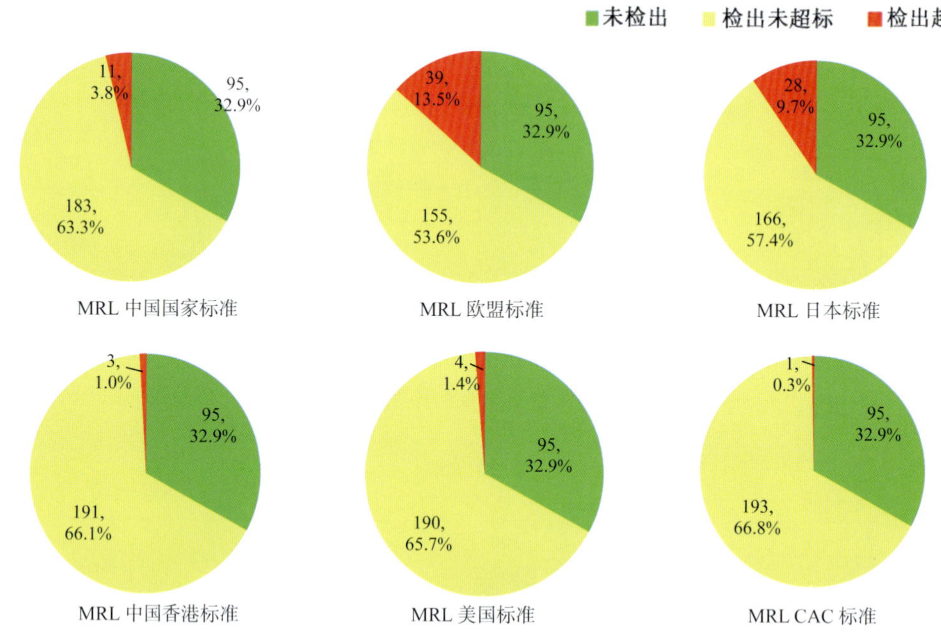

图 9-13　检出和超标样品比例情况

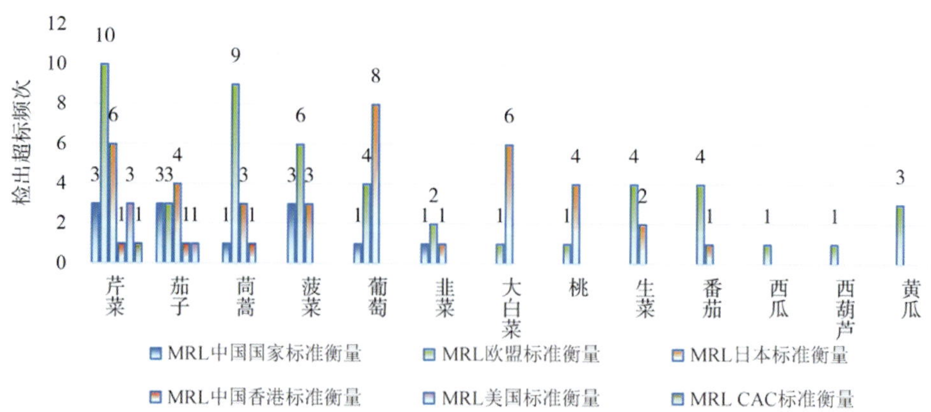

图 9-14　超过 MRL 中国国家标准、欧盟标准、日本标准、中国香港标准、美国标准、CAC 标准判定结果在水果蔬菜中的分布

9.2.2　超标农药种类分析

按照 MRL 中国国家标准、欧盟标准、日本标准、中国香港标准、美国标准和 CAC 标准这 6 大国际主流标准衡量，本次侦测检出的农药超标品种及频次情况见表 9-13。

表 9-13　各 MRL 标准下超标农药品种及频次

	中国国家标准	欧盟标准	日本标准	中国香港标准	美国标准	CAC 标准
超标农药品种	3	18	15	1	1	1
超标农药频次	12	49	38	3	4	1

9.2.2.1　按 MRL 中国国家标准衡量

按 MRL 中国国家标准衡量，共有 3 种农药超标，检出 12 频次，分别为剧毒农药甲拌磷，高毒农药氧乐果，中毒农药毒死蜱。

按超标程度比较，芹菜中甲拌磷超标 10.3 倍，芹菜中毒死蜱超标 7.6 倍，菠菜中毒死蜱超标 6.6 倍，韭菜中甲拌磷超标 4.3 倍，芹菜中氧乐果超标 4.0 倍。检测结果见图 9-15 和附表 15。

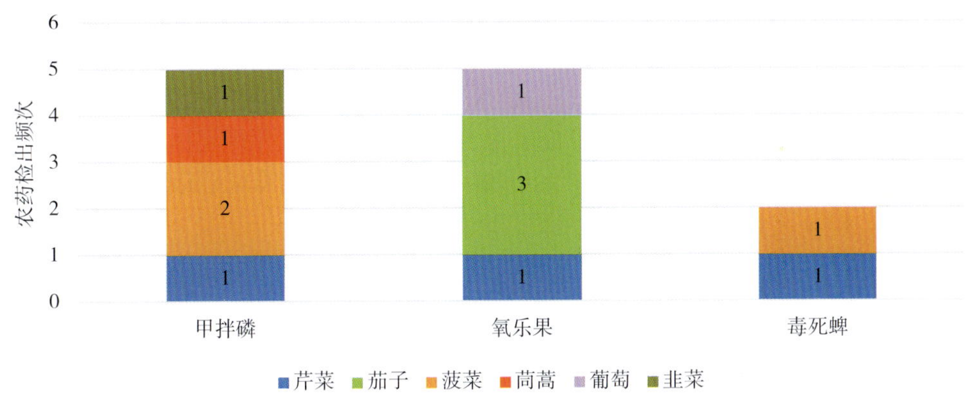

图 9-15　超过 MRL 中国国家标准农药品种及频次

9.2.2.2　按 MRL 欧盟标准衡量

按 MRL 欧盟标准衡量，共有 18 种农药超标，检出 49 频次，分别为剧毒农药甲拌磷，高毒农药克百威和氧乐果，中毒农药咪鲜胺、多效唑、毒死蜱、噁霜灵、啶虫脒、氟硅唑、腈菌唑、哒螨灵和丙溴磷，低毒农药嘧霉胺、胺菊酯和马拉硫磷，微毒农药多菌灵、缬霉威和霜霉威。

按超标程度比较，芹菜中嘧霉胺超标 413.8 倍，葡萄中霜霉威超标 19.8 倍，菠菜中毒死蜱超标 14.1 倍，生菜中多效唑超标 11.6 倍，芹菜中甲拌磷超标 10.3 倍。检测结果见图 9-16 和附表 16。

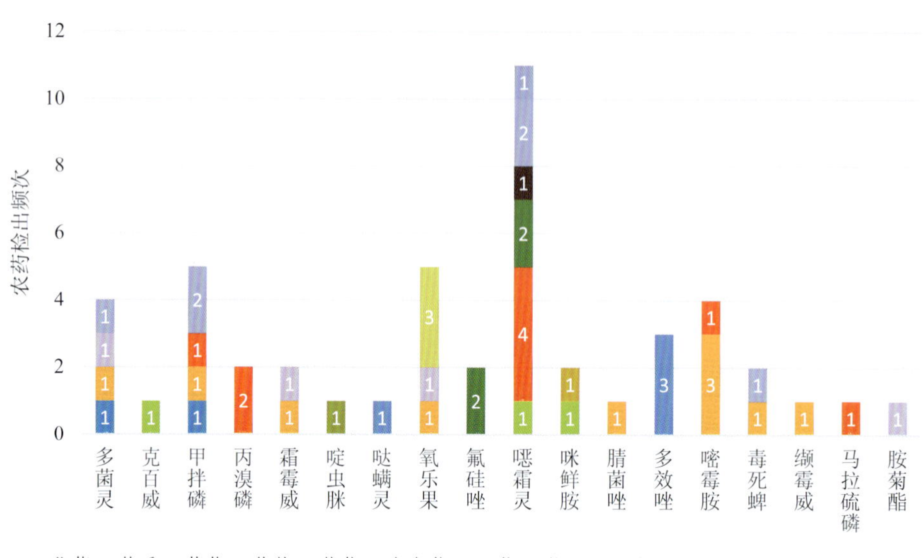

图 9-16　超过 MRL 欧盟标准农药品种及频次

9.2.2.3　按 MRL 日本标准衡量

按 MRL 日本标准衡量，共有 15 种农药超标，检出 38 频次，分别为中毒农药咪鲜胺、甲哌、多效唑、毒死蜱、苯醚甲环唑、氟硅唑、腈菌唑和哒螨灵，低毒农药烯酰吗啉、嘧霉胺、胺菊酯和马拉硫磷，微毒农药缬霉威、甲基硫菌灵和霜霉威。

按超标程度比较，芹菜中嘧霉胺超标 413.8 倍，菠菜中毒死蜱超标 74.7 倍，茼蒿中烯酰吗啉超标 27.3 倍，生菜中多效唑超标 24.1 倍，葡萄中霜霉威超标 19.8 倍。检测结果见图 9-17 和附表 17。

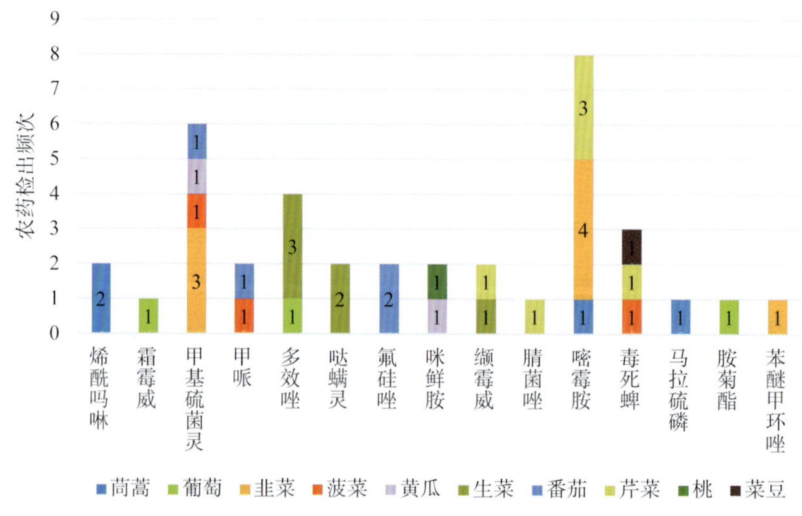

图 9-17　超过 MRL 日本标准农药品种及频次

9.2.2.4　按 MRL 中国香港标准衡量

按 MRL 中国香港标准衡量，有 1 种农药超标，检出 3 频次，为中毒农药毒死蜱。

按超标程度比较，芹菜中毒死蜱超标 7.6 倍，菠菜中毒死蜱超标 6.6 倍，菜豆中毒死蜱超标 1.4 倍。检测结果见图 9-18 和附表 18。

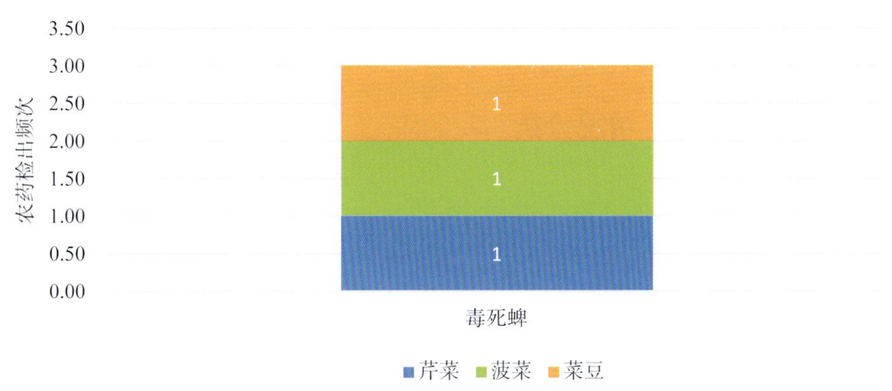

图 9-18　超过 MRL 中国香港标准农药品种及频次

9.2.2.5　按 MRL 美国标准衡量

按 MRL 美国标准衡量，有 1 种农药超标，检出 4 频次，为中毒农药毒死蜱。

按超标程度比较，桃中毒死蜱超标 2.4 倍，梨中毒死蜱超标 10%。检测结果见图 9-19 和附表 19。

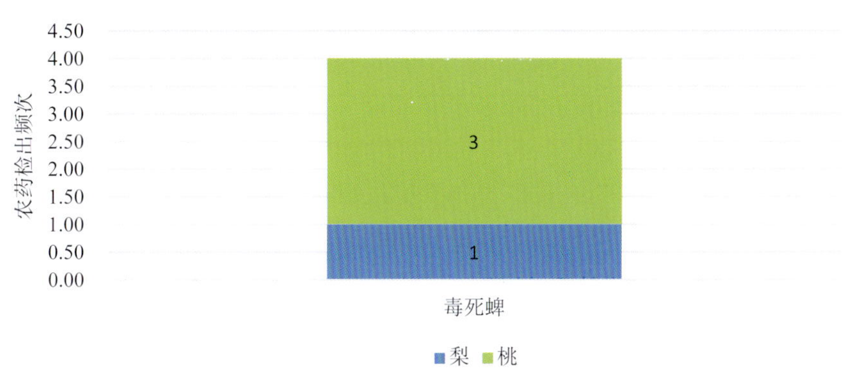

图 9-19　超过 MRL 美国标准农药品种及频次

9.2.2.6　按 MRL CAC 标准衡量

按 MRL CAC 标准衡量，有 1 种农药超标，检出 1 频次，为中毒农药毒死蜱。

按超标程度比较，菜豆中毒死蜱超标 1.4 倍。检测结果见图 9-20 和附表 20。

图 9-20 超过 MRL CAC 标准农药品种及频次

9.2.3 15 个采样点超标情况分析

9.2.3.1 按 MRL 中国国家标准衡量

按 MRL 中国国家标准衡量，有 8 个采样点的样品存在不同程度的超标农药检出，其中***超市（香坊区店）的超标率最高，为 15.0%，如图 9-21 和表 9-14 所示。

表 9-14 超过 MRL 中国国家标准水果蔬菜在不同采样点分布

	采样点	样品总数	超标数量	超标率（%）	行政区域
1	***超市（南岗区）	20	1	5.0	南岗区
2	***超市（松北区店）	20	2	10.0	松北区
3	***超市（道外区）	20	1	5.0	道外区
4	***超市（平房区）	20	1	5.0	平房区
5	***超市（香坊区店）	20	3	15.0	香坊区
6	***超市（南岗区）	19	1	5.3	南岗区
7	***超市（香坊区店）	19	1	5.3	香坊区
8	***超市	18	1	5.6	道里区

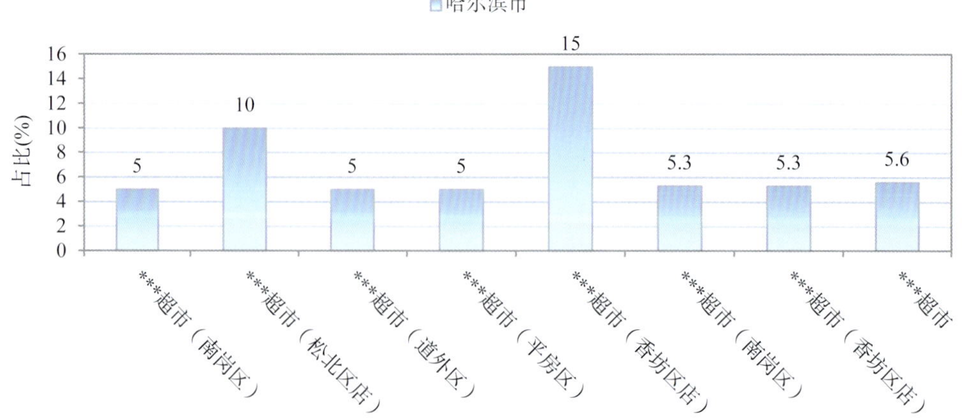

图 9-21 超过 MRL 中国国家标准水果蔬菜在不同采样点分布

9.2.3.2　按 MRL 欧盟标准衡量

按 MRL 欧盟标准衡量，所有采样点的样品存在不同程度的超标农药检出，其中***超市（松北区店）的超标率最高，为 25.0%，如表 9-15 和图 9-22 所示。

表 9-15　超过 MRL 欧盟标准水果蔬菜在不同采样点分布

	采样点	样品总数	超标数量	超标率（%）	行政区域
1	***超市	21	2	9.5	道里区
2	***超市（南岗区）	20	2	10.0	南岗区
3	***超市（松北区店）	20	5	25.0	松北区
4	***超市（道外区）	20	4	20.0	道外区
5	***超市	20	1	5.0	阿城区
6	***超市（平房区）	20	3	15.0	平房区
7	***超市（香坊区店）	20	4	20.0	香坊区
8	***超市（呼兰区店）	19	4	21.1	呼兰区
9	***超市（道外区）	19	2	10.5	道外区
10	***超市（南岗区）	19	1	5.3	南岗区
11	***超市（香坊区店）	19	3	15.8	香坊区
12	***超市	19	2	10.5	松北区
13	***超市	18	2	11.1	道里区
14	***超市（呼兰店）	18	2	11.1	呼兰区
15	***超市（平房区店）	17	2	11.8	平房区

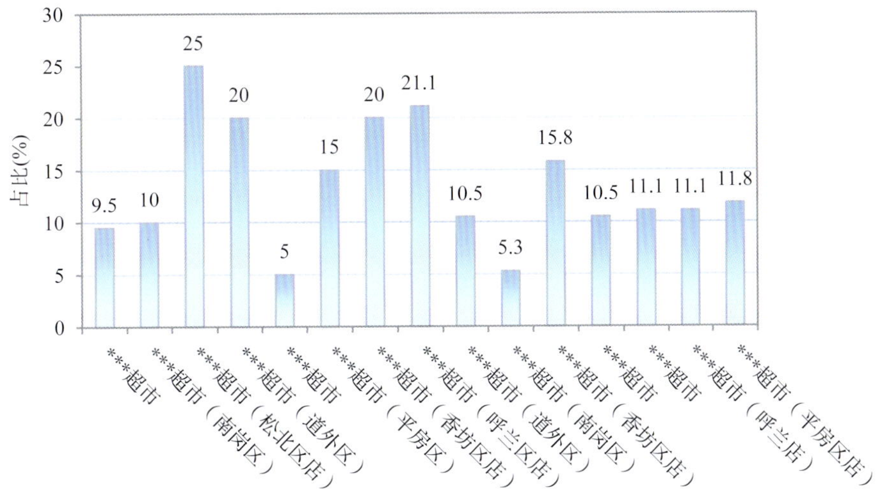

图 9-22　超过 MRL 欧盟标准水果蔬菜在不同采样点分布

9.2.3.3 按 MRL 日本标准衡量

按 MRL 日本标准衡量，有 13 个采样点的样品存在不同程度的超标农药检出，其中***超市（呼兰区店）和***超市（香坊区店）的超标率最高，为 15.8%，如表 9-16 和图 9-23 所示。

表 9-16 超过 MRL 日本标准水果蔬菜在不同采样点分布

	采样点	样品总数	超标数量	超标率（%）	行政区域
1	***超市	21	2	9.5	道里区
2	***超市（南岗区）	20	1	5.0	南岗区
3	***超市（松北区店）	20	3	15.0	松北区
4	***超市（道外区）	20	2	10.0	道外区
5	***超市	20	2	10.0	阿城区
6	***超市（平房区）	20	2	10.0	平房区
7	***超市（香坊区店）	20	3	15.0	香坊区
8	***超市（呼兰区店）	19	3	15.8	呼兰区
9	***超市（南岗区）	19	2	10.5	南岗区
10	***超市（香坊区店）	19	3	15.8	香坊区
11	***超市	19	1	5.3	松北区
12	***超市（呼兰店）	18	2	11.1	呼兰区
13	***超市（平房区店）	17	2	11.8	平房区

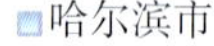

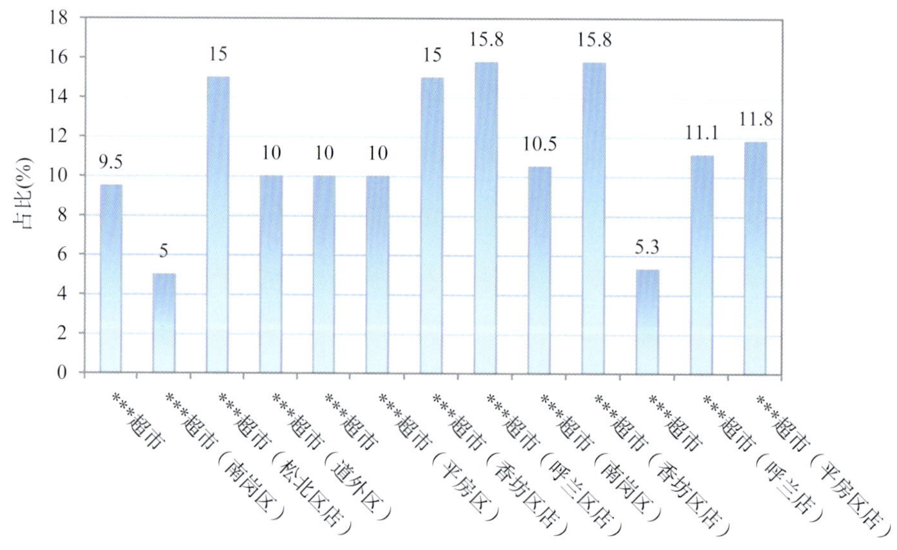

图 9-23 超过 MRL 日本标准水果蔬菜在不同采样点分布

9.2.3.4　按 MRL 中国香港标准衡量

按 MRL 中国香港标准衡量，有 3 个采样点的样品存在不同程度的超标农药检出，其中***超市（南岗区）和***超市（香坊区店）的超标率最高，为 5.3%，如表 9-17 和图 9-24 所示。

表 9-17　超过 MRL 中国香港标准水果蔬菜在不同采样点分布

	采样点	样品总数	超标数量	超标率（%）	行政区域
1	***超市（平房区）	20	1	5.0	平房区
2	***超市（南岗区）	19	1	5.3	南岗区
3	***超市（香坊区店）	19	1	5.3	香坊区

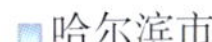

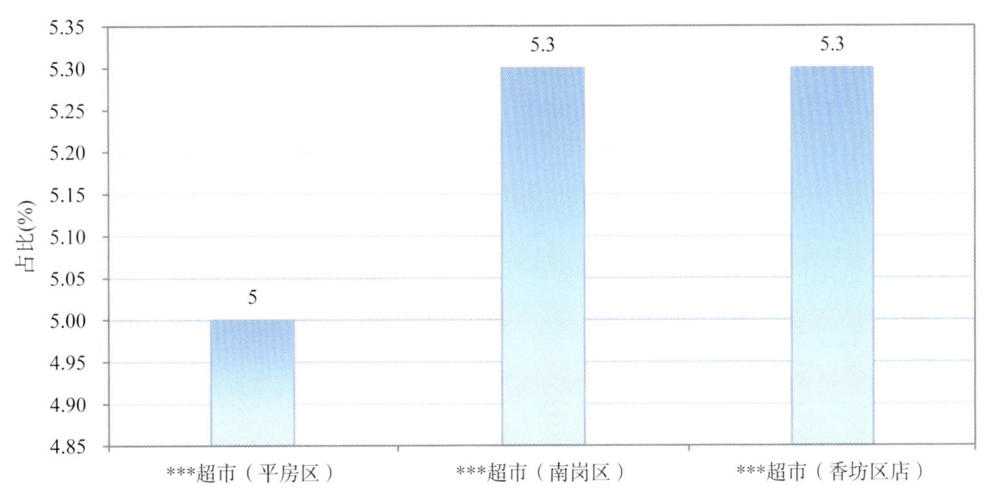

图 9-24　超过 MRL 中国香港标准水果蔬菜在不同采样点分布

9.2.3.5　按 MRL 美国标准衡量

按 MRL 美国标准衡量，有 4 个采样点的样品存在不同程度的超标农药检出，其中***超市（平房区店）的超标率最高，为 5.9%，如表 9-18 和图 9-25 所示。

表 9-18　超过 MRL 美国标准水果蔬菜在不同采样点分布

	采样点	样品总数	超标数量	超标率（%）	行政区域
1	***超市（南岗区）	20	1	5.0	南岗区
2	***超市（呼兰区店）	19	1	5.3	呼兰区
3	***超市（道外区）	19	1	5.3	道外区
4	***超市（平房区店）	17	1	5.9	平房区

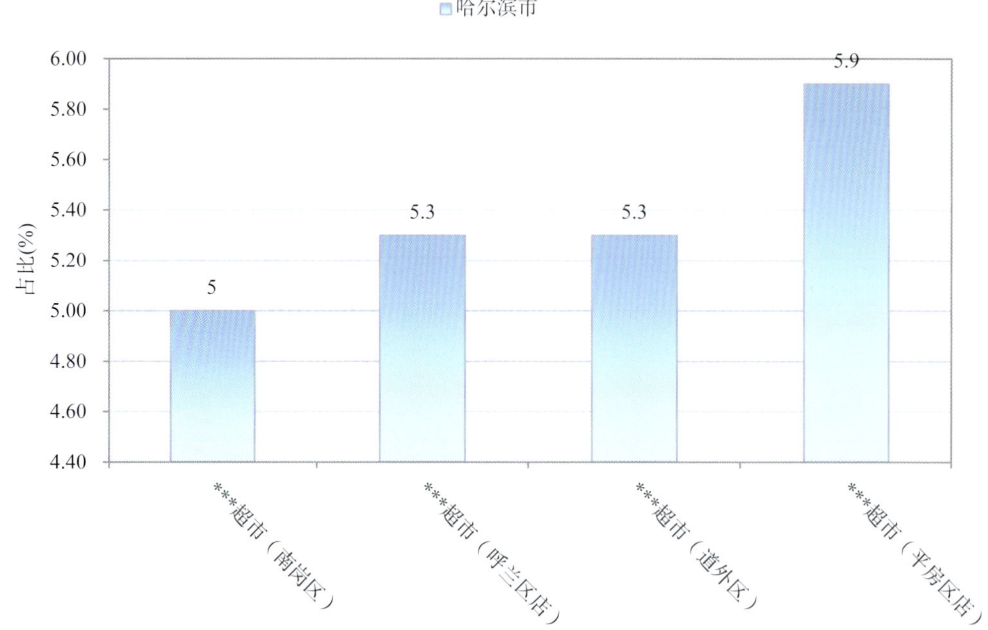

图 9-25　超过 MRL 美国标准水果蔬菜在不同采样点分布

9.2.3.6　按 MRL CAC 标准衡量

按 MRL CAC 标准衡量，有 1 个采样点的样品存在不同程度的超标农药检出，超标率为 5.3%，如表 9-19 和图 9-26 所示。

表 9-19　超过 MRL CAC 标准水果蔬菜在不同采样点分布

	采样点	样品总数	超标数量	超标率（%）	行政区域
1	***超市（香坊区店）	19	1	5.3	香坊区

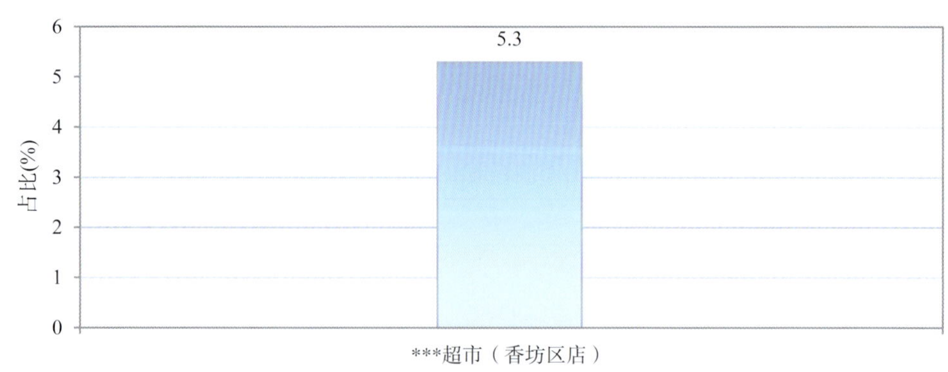

图 9-26　超过 MRL CAC 标准水果蔬菜在不同采样点分布

9.3 水果中农药残留分布

9.3.1 检出农药品种和频次排前 10 的水果

本次残留侦测的水果共 7 种，包括桃、西瓜、苹果、葡萄、梨、橙和菠萝。

根据检出农药品种及频次进行排名，将各项排名前 10 位的水果样品检出情况列表说明，详见表 9-20。

表 9-20 检出农药品种和频次排名前 10 的水果

检出农药品种排名前 10（品种）	①葡萄（27），②桃（20），③苹果（14），④梨（8），⑤西瓜（6），⑥橙（5），⑦菠萝（5）
检出农药频次排名前 10（频次）	①葡萄（74），②桃（71），③苹果（38），④梨（21），⑤橙（20），⑥西瓜（10），⑦菠萝（9）
检出禁用、高毒及剧毒农药品种排名前 10（品种）	①桃（4），②葡萄（1）
检出禁用、高毒及剧毒农药频次排名前 10（频次）	①桃（6），②葡萄（2）

9.3.2 超标农药品种和频次排前 10 的水果

鉴于 MRL 欧盟标准和日本标准的制定比较全面且覆盖率较高，我们参照 MRL 中国国家标准、欧盟标准和日本标准衡量水果样品中农残检出情况，将超标农药品种及频次排名前 10 的水果列表说明，详见表 9-21。

表 9-21 超标农药品种和频次排名前 10 的水果

超标农药品种排名前 10（农药品种数）	MRL 中国国家标准	①葡萄（1）
	MRL 欧盟标准	①葡萄（4），②西瓜（1），③桃（1）
	MRL 日本标准	①葡萄（3），②桃（1）
超标农药频次排名前 10（农药频次数）	MRL 中国国家标准	①葡萄（1）
	MRL 欧盟标准	①葡萄（4），②西瓜（1），③桃（1）
	MRL 日本标准	①葡萄（3），②桃（1）

通过对各品种水果样本总数及检出率进行综合分析发现，葡萄、桃和苹果的残留污染最为严重，在此，我们参照 MRL 中国国家标准、欧盟标准和日本标准对这 3 种水果的农残检出情况进行进一步分析。

9.3.3 农药残留检出率较高的水果样品分析

9.3.3.1 葡萄

这次共检测 12 例葡萄样品，11 例样品中检出了农药残留，检出率为 91.7%，检出农药共计 27 种。其中苯醚甲环唑、烯酰吗啉、嘧菌酯、嘧霉胺和吡唑醚菌酯检出频次较高，分别检出了 10、9、8、7 和 6 次。葡萄中农药检出品种和频次见图 9-27，超标农药见图 9-28 和表 9-22。

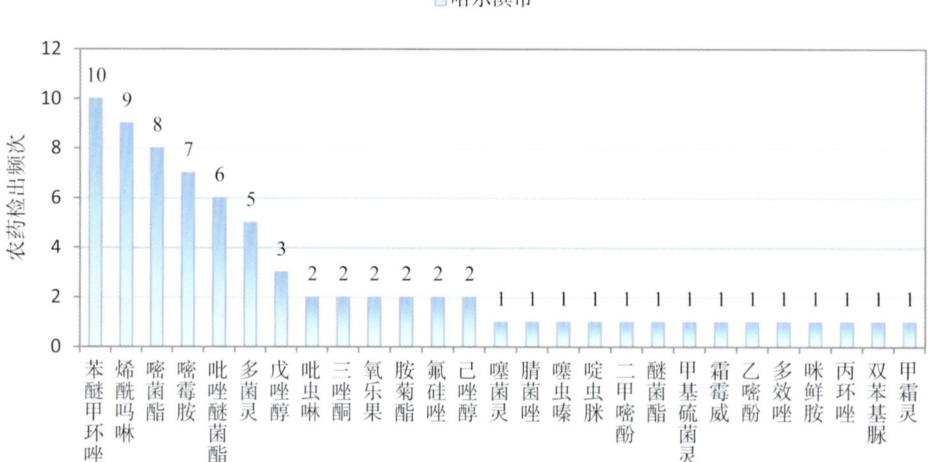

图 9-27　葡萄样品检出农药品种和频次分析

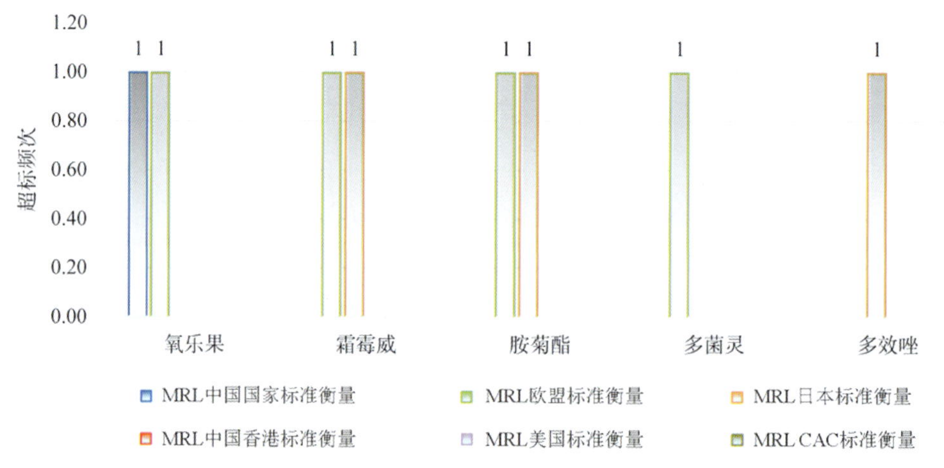

图 9-28　葡萄样品中超标农药分析

表 9-22　葡萄中农药残留超标情况明细表

样品总数			检出农药样品数	样品检出率（%）	检出农药品种总数
12			11	91.7	27
	超标农药品种	超标农药频次	按照 MRL 中国国家标准、欧盟标准和日本标准衡量超标农药名称及频次		
中国国家标准	1	1	氧乐果（1）		
欧盟标准	4	4	霜霉威（1），胺菊酯（1），氧乐果（1），多菌灵（1）		
日本标准	3	3	多效唑（1），胺菊酯（1），霜霉威（1）		

9.3.3.2　桃

这次共检测 13 例桃样品，全部检出了农药残留，检出率为 100.0%，检出农药共计 20 种。其中多菌灵、苯醚甲环唑、哒螨灵、毒死蜱和吡虫啉检出频次较高，分别检出了 12、12、10、7 和 6 次。桃中农药检出品种和频次见图 9-29，超标农药见图 9-30 和表 9-23。

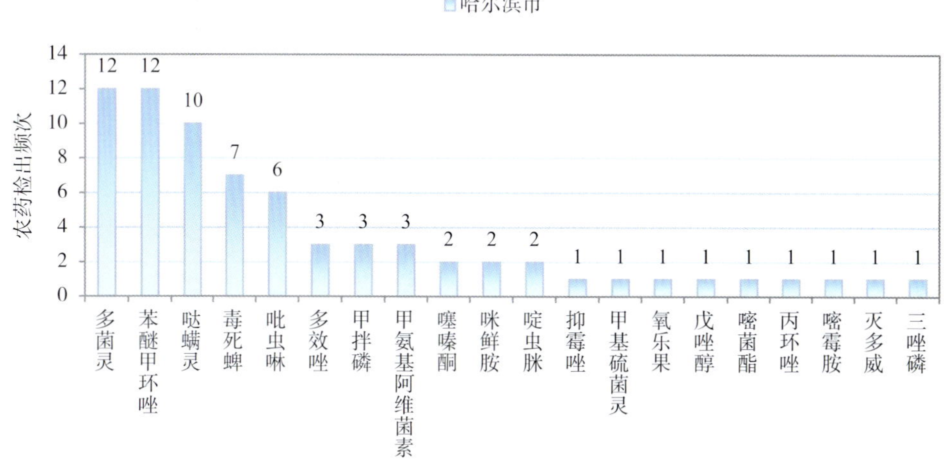

图 9-29　桃样品检出农药品种和频次分析

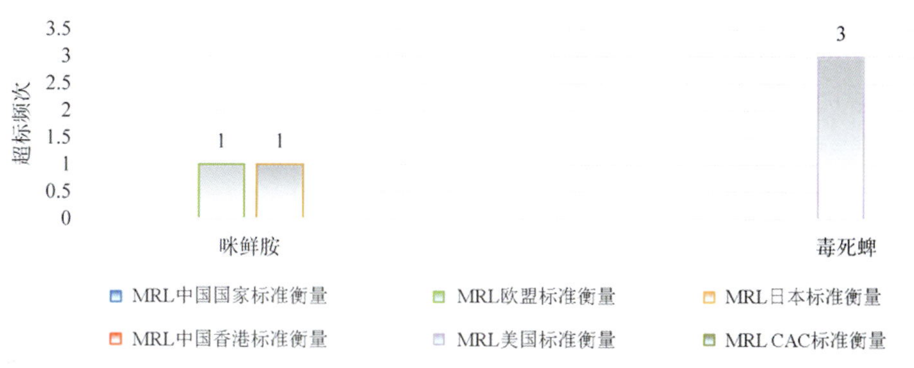

图 9-30　桃样品中超标农药分析

表 9-23　桃中农药残留超标情况明细表

样品总数			检出农药样品数	样品检出率（%）	检出农药品种总数
13			13	100	20
	超标农药品种	超标农药频次	按照 MRL 中国国家标准、欧盟标准和日本标准衡量超标农药名称及频次		
中国国家标准	0	0			
欧盟标准	1	1	咪鲜胺（1）		
日本标准	1	1	咪鲜胺（1）		

9.3.3.3 苹果

这次共检测 15 例苹果样品，全部检出了农药残留，检出率为 100.0%，检出农药共计 14 种。其中多菌灵、啶虫脒、吡虫啉、戊唑醇和抑霉唑检出频次较高，分别检出了 15、6、2、2 和 2 次。苹果中农药检出品种和频次见图 9-31，超标农药见表 9-24。

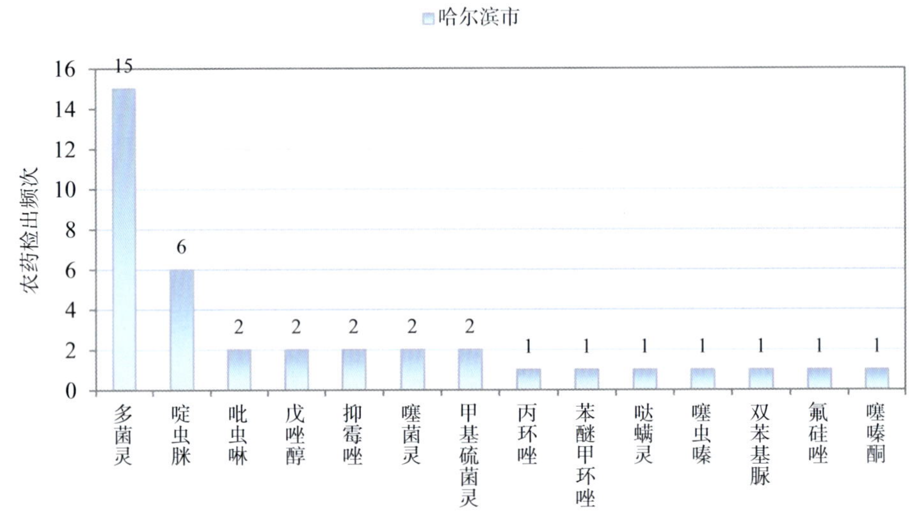

图 9-31 苹果样品检出农药品种和频次分析

表 9-24 苹果中农药残留超标情况明细表

样品总数			检出农药样品数	样品检出率（%）	检出农药品种总数
15			15	100	14
	超标农药品种	超标农药频次	按照 MRL 中国国家标准、欧盟标准和日本标准衡量超标农药名称及频次		
中国国家标准	0	0			
欧盟标准	0	0			
日本标准	0	0			

9.4 蔬菜中农药残留分布

9.4.1 检出农药品种和频次排前 10 的蔬菜

本次残留侦测的蔬菜共 15 种，包括芹菜、黄瓜、韭菜、结球甘蓝、番茄、菠菜、甜椒、西葫芦、青花菜、茄子、冬瓜、茼蒿、大白菜、菜豆和生菜。

根据检出农药品种及频次进行排名，将各项排名前 10 位的蔬菜样品检出情况列表说明，详见表 9-25。

表 9-25 检出农药品种和频次排名前 10 的蔬菜

检出农药品种排名前 10（品种）	①芹菜（23），②黄瓜（18），③番茄（18），④菠菜（16），⑤生菜（16），⑥茼蒿（15），⑦甜椒（11），⑧西葫芦（9），⑨大白菜（9），⑩韭菜（9）
检出农药频次排名前 10（频次）	①芹菜（57），②生菜（44），③番茄（42），④黄瓜（41），⑤茼蒿（29），⑥菠菜（22），⑦甜椒（22），⑧韭菜（19），⑨西葫芦（18），⑩大白菜（15）
检出禁用、高毒及剧毒农药品种排名前 10（品种）	①芹菜（3），②菠菜（3），③韭菜（2），④茼蒿（2），⑤黄瓜（2），⑥甜椒（1），⑦茄子（1），⑧生菜（1）
检出禁用、高毒及剧毒农药频次排名前 10（频次）	①菠菜（5），②芹菜（4），③茄子（3），④韭菜（2），⑤茼蒿（2），⑥黄瓜（2），⑦甜椒（1），⑧生菜（1）

9.4.2 超标农药品种和频次排前 10 的蔬菜

鉴于 MRL 欧盟标准和日本标准的制定比较全面且覆盖率较高，我们参照 MRL 中国国家标准、欧盟标准和日本标准衡量蔬菜样品中农残检出情况，将超标农药品种及频次排名前 10 的蔬菜列表说明，详见表 9-26。

表 9-26 超标农药品种和频次排名前 10 的蔬菜

超标农药品种排名前 10（农药品种数）	MRL 中国国家标准	①芹菜（3），②菠菜（2），③韭菜（1），④茼蒿（1），⑤茄子（1）
	MRL 欧盟标准	①芹菜（8），②茼蒿（5），③菠菜（4），④黄瓜（3），⑤韭菜（2），⑥番茄（2），⑦生菜（2），⑧西葫芦（1），⑨大白菜（1），⑩茄子（1）
	MRL 日本标准	①芹菜（4），②韭菜（3），③茼蒿（3），④番茄（3），⑤菠菜（3），⑥生菜（3），⑦黄瓜（2），⑧菜豆（1）
超标农药频次排名前 10（农药频次数）	MRL 中国国家标准	①菠菜（3），②芹菜（3），③茄子（3），④韭菜（1），⑤茼蒿（1）
	MRL 欧盟标准	①芹菜（10），②茼蒿（9），③菠菜（6），④番茄（4），⑤生菜（4），⑥黄瓜（3），⑦茄子（3），⑧韭菜（2），⑨西葫芦（1），⑩大白菜（1）
	MRL 日本标准	①韭菜（8），②芹菜（6），③生菜（6），④番茄（4），⑤茼蒿（4），⑥菠菜（3），⑦黄瓜（2），⑧菜豆（1）

通过对各品种蔬菜样本总数及检出率进行综合分析发现，芹菜、番茄和黄瓜的残留污染最为严重，在此，我们参照 MRL 中国国家标准、欧盟标准和日本标准对这 3 种蔬菜的农残检出情况进行进一步分析。

9.4.3 农药残留检出率较高的蔬菜样品分析

9.4.3.1 芹菜

这次共检测 8 例芹菜样品，全部检出了农药残留，检出率为 100.0%，检出农药共计 23 种。其中苯醚甲环唑、烯酰吗啉、多菌灵、噁霜灵和嘧菌酯检出频次较高，分别检出了 7、5、5、4 和 4 次。芹菜中农药检出品种和频次见图 9-32，超标农药见图 9-33 和表 9-27。

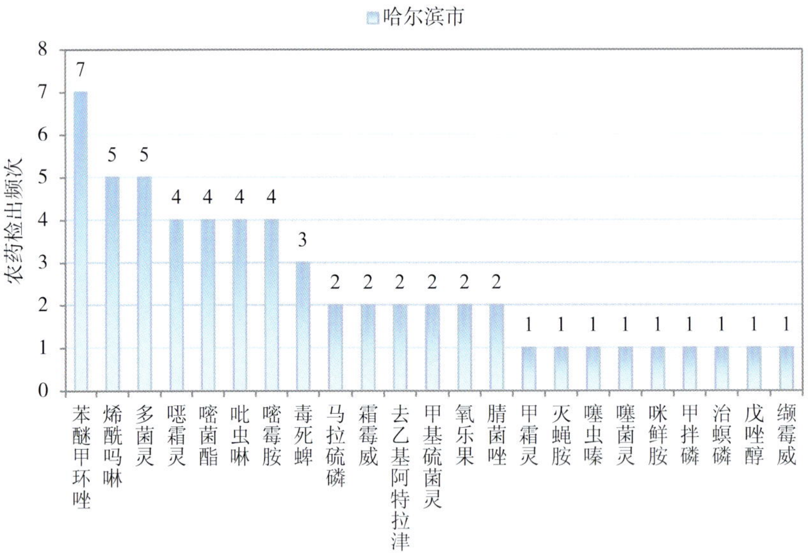

图 9-32　芹菜样品检出农药品种和频次分析

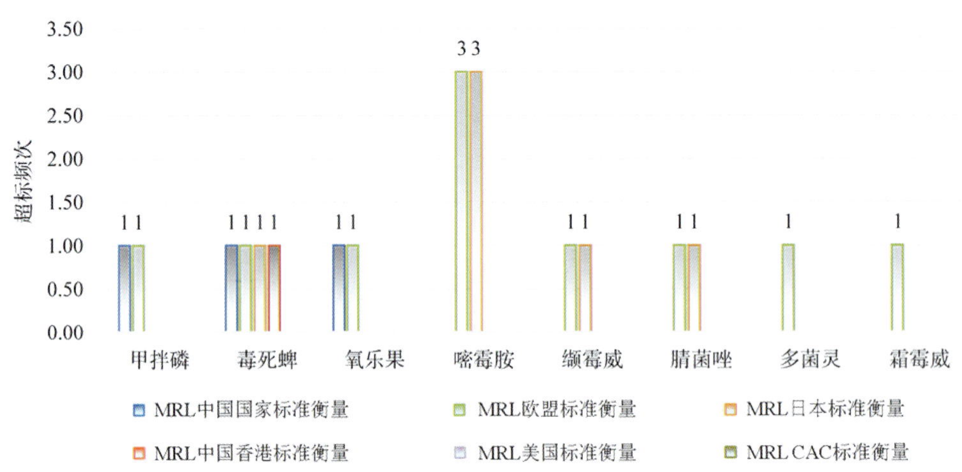

图 9-33　芹菜样品中超标农药分析

表 9-27　芹菜中农药残留超标情况明细表

样品总数			检出农药样品数	样品检出率（%）	检出农药品种总数
8			8	100	23
	超标农药品种	超标农药频次	按照 MRL 中国国家标准、欧盟标准和日本标准衡量超标农药名称及频次		
中国国家标准	3	3	甲拌磷（1），毒死蜱（1），氧乐果（1）		
欧盟标准	8	10	嘧霉胺（3），缬霉威（1），毒死蜱（1），腈菌唑（1），多菌灵（1），氧乐果（1），霜霉威（1），甲拌磷（1）		
日本标准	4	6	嘧霉胺（3），缬霉威（1），毒死蜱（1），腈菌唑（1）		

9.4.3.2　番茄

这次共检测 26 例番茄样品，18 例样品中检出了农药残留，检出率为 69.2%，检出农药共计 18 种。其中烯酰吗啉、苯醚甲环唑、嘧菌酯、噁霜灵和甲基硫菌灵检出频次较高，分别检出了 8、4、4、4 和 4 次。番茄中农药检出品种和频次见图 9-34，超标农药见图 9-35 和表 9-28。

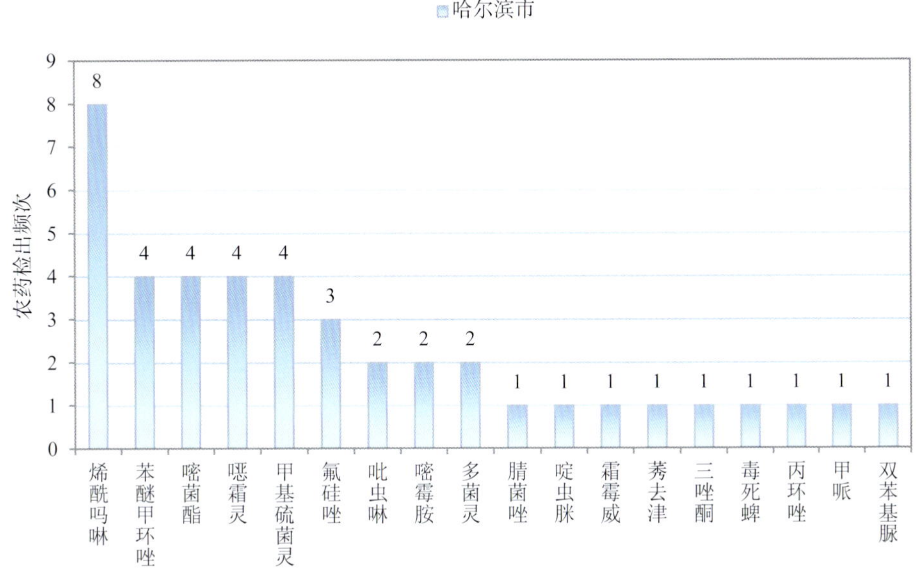

图 9-34　番茄样品检出农药品种和频次分析

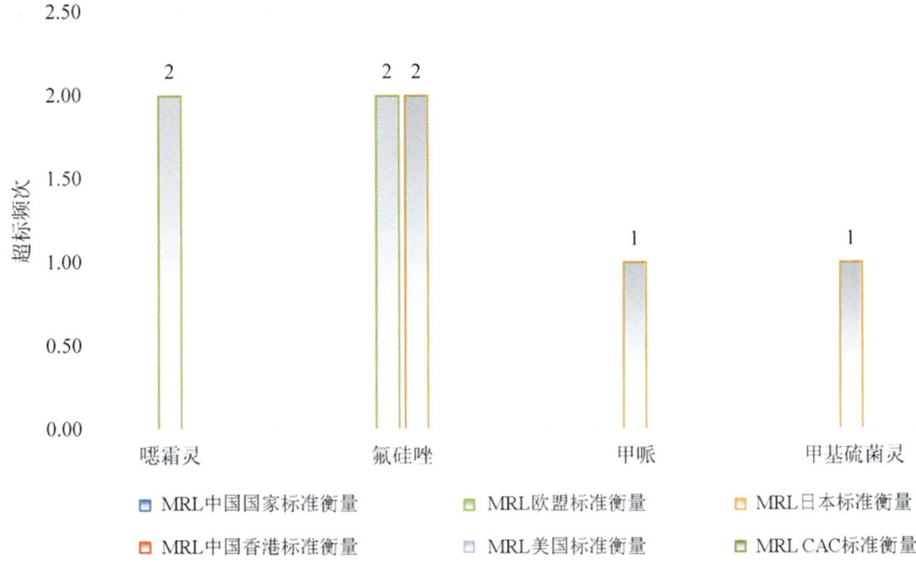

图 9-35　番茄样品中超标农药分析

表 9-28 番茄中农药残留超标情况明细表

样品总数			检出农药样品数	样品检出率（%）	检出农药品种总数
26			18	69.2	18
	超标农药品种	超标农药频次	按照 MRL 中国国家标准、欧盟标准和日本标准衡量超标农药名称及频次		
中国国家标准	0	0			
欧盟标准	2	4	噁霜灵（2），氟硅唑（2）		
日本标准	3	4	氟硅唑（2），甲哌（1），甲基硫菌灵（1）		

9.4.3.3 黄瓜

这次共检测 15 例黄瓜样品，12 例样品中检出了农药残留，检出率为 80.0%，检出农药共计 18 种。其中甲霜灵、霜霉威、吡虫啉、咪鲜胺和啶虫脒检出频次较高，分别检出了 7、6、3、3 和 3 次。黄瓜中农药检出品种和频次见图 9-36，超标农药见图 9-37 和表 9-29。

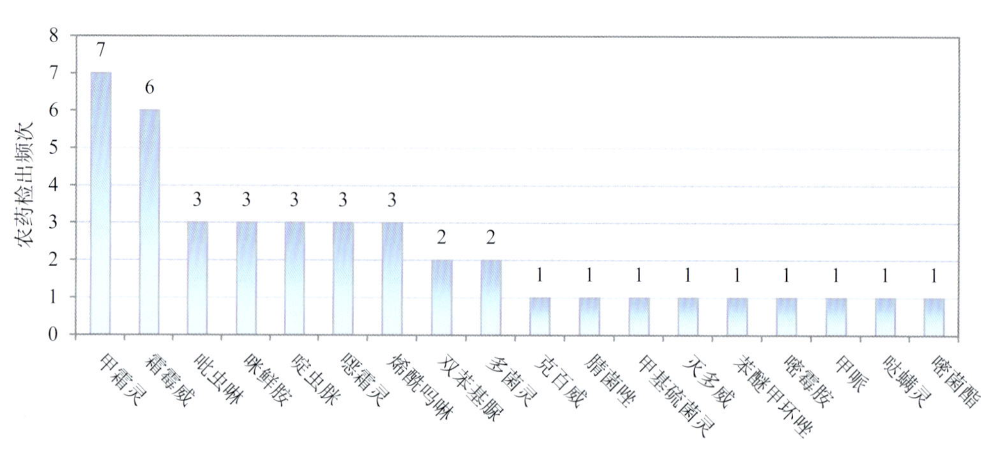

图 9-36 黄瓜样品检出农药品种和频次分析

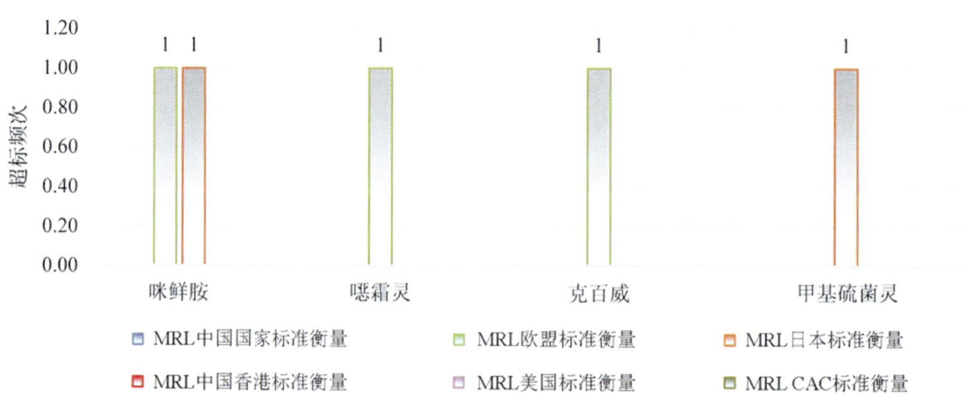

图 9-37 黄瓜样品中超标农药分析

表 9-29　黄瓜中农药残留超标情况明细表

样品总数			检出农药样品数	样品检出率（%）	检出农药品种总数
15			12	80	18
	超标农药品种	超标农药频次	按照 MRL 中国国家标准、欧盟标准和日本标准衡量超标农药名称及频次		
中国国家标准	0	0			
欧盟标准	3	3	咪鲜胺（1），噁霜灵（1），克百威（1）		
日本标准	2	2	甲基硫菌灵（1），咪鲜胺（1）		

9.5　初 步 结 论

9.5.1　哈尔滨市市售水果蔬菜按 MRL 中国国家标准和国际主要 MRL 标准衡量的合格率

本次侦测的 289 例样品中，95 例样品未检出任何残留农药，占样品总量的 32.9%，194 例样品检出不同水平、不同种类的残留农药，占样品总量的 67.1%。在这 194 例检出农药残留的样品中：

按照 MRL 中国国家标准衡量，有 183 例样品检出残留农药但含量没有超标，占样品总数的 63.3%，有 11 例样品检出了超标农药，占样品总数的 3.8%。

按照 MRL 欧盟标准衡量，有 155 例样品检出残留农药但含量没有超标，占样品总数的 53.6%，有 39 例样品检出了超标农药，占样品总数的 13.5%。

按照 MRL 日本标准衡量，有 166 例样品检出残留农药但含量没有超标，占样品总数的 57.4%，有 28 例样品检出了超标农药，占样品总数的 9.7%。

按照 MRL 中国香港标准衡量，有 191 例样品检出残留农药但含量没有超标，占样品总数的 66.1%，有 3 例样品检出了超标农药，占样品总数的 1.0%。

按照 MRL 美国标准衡量，有 190 例样品检出残留农药但含量没有超标，占样品总数的 65.7%，有 4 例样品检出了超标农药，占样品总数的 1.4%。

按照 MRL CAC 标准衡量，有 193 例样品检出残留农药但含量没有超标，占样品总数的 66.8%，有 1 例样品检出了超标农药，占样品总数的 0.3%。

9.5.2　哈尔滨市市售水果蔬菜中检出农药以中低微毒农药为主，占市场主体的 88.2%

这次侦测的 289 例样品包括食用菌 1 种 15 例，水果 7 种 77 例，蔬菜 15 种 197 例，共检出了 51 种农药，检出农药的毒性以中低微毒为主，详见表 9-30。

表 9-30 市场主体农药毒性分布

毒性	检出品种	占比	检出频次	占比
剧毒农药	1	2.0%	9	1.5%
高毒农药	5	9.8%	19	3.2%
中毒农药	22	43.1%	296	50.3%
低毒农药	15	29.4%	121	20.6%
微毒农药	8	15.7%	143	24.3%
中低微毒农药，品种占比 88.2%，频次占比 95.2%				

9.5.3 检出剧毒、高毒和禁用农药现象应该警醒

在此次侦测的 289 例样品中有 8 种蔬菜和 2 种水果的 24 例样品检出了 6 种 28 频次的剧毒和高毒或禁用农药，占样品总量的 8.3%。其中剧毒农药甲拌磷以及高毒农药氧乐果、灭多威和克百威检出频次较高。

按 MRL 中国国家标准衡量，剧毒农药甲拌磷，检出 9 次，超标 5 次；高毒农药氧乐果，检出 11 次，超标 5 次；按超标程度比较，芹菜中甲拌磷超标 10.3 倍，韭菜中甲拌磷超标 4.3 倍，芹菜中氧乐果超标 4.0 倍，菠菜中甲拌磷超标 3.9 倍，茄子中氧乐果超标 1.4 倍。

剧毒、高毒或禁用农药的检出情况及按照 MRL 中国国家标准衡量的超标情况见表 9-31。

表 9-31 剧毒、高毒或禁用农药的检出及超标明细

序号	农药名称	样品名称	检出频次	超标频次	最大超标倍数	超标率
1.1	甲拌磷*▲	菠菜	3	2	3.94	66.7%
1.2	甲拌磷*▲	桃	3	0	0	0.0%
1.3	甲拌磷*▲	芹菜	1	1	10.35	100.0%
1.4	甲拌磷*▲	韭菜	1	1	4.3	100.0%
1.5	甲拌磷*▲	茼蒿	1	1	0.24	100.0%
2.1	三唑磷◊	桃	1	0	0	0.0%
3.1	克百威◊▲	韭菜	1	0	0	0.0%
3.2	克百威◊▲	黄瓜	1	0	0	0.0%
4.1	氧乐果◊▲	茄子	3	3	1.4	100.0%
4.2	氧乐果◊▲	芹菜	2	1	3.95	50.0%
4.3	氧乐果◊▲	葡萄	2	1	0.705	50.0%
4.4	氧乐果◊▲	桃	1	0	0	0.0%
4.5	氧乐果◊▲	甜椒	1	0	0	0.0%
4.6	氧乐果◊▲	茼蒿	1	0	0	0.0%

续表

序号	农药名称	样品名称	检出频次	超标频次	最大超标倍数	超标率
4.7	氧乐果◊▲	菠菜	1	0	0	0.0%
5.1	治螟磷◊▲	芹菜	1	0	0	0.0%
6.1	灭多威◊▲	桃	1	0	0	0.0%
6.2	灭多威◊▲	生菜	1	0	0	0.0%
6.3	灭多威◊▲	菠菜	1	0	0	0.0%
6.4	灭多威◊▲	黄瓜	1	0	0	0.0%
合计			28	10		35.7%

注：超标倍数参照 MRL 中国国家标准衡量

这些超标的剧毒和高毒农药都是中国政府早有规定禁止在水果蔬菜中使用的，为什么还屡次被检出，应该引起警惕。

9.5.4 残留限量标准与先进国家或地区差距较大

588 频次的检出结果与我国公布的《食品中农药最大残留限量》(GB 2763—2014)对比，有 286 频次能找到对应的 MRL 中国国家标准，占 48.6%；还有 302 频次的侦测数据无相关 MRL 标准供参考，占 51.4%。

与国际上现行 MRL 标准对比发现：

有 588 频次能找到对应的 MRL 欧盟标准，占 100.0%；

有 588 频次能找到对应的 MRL 日本标准，占 100.0%；

有 355 频次能找到对应的 MRL 中国香港标准，占 60.4%；

有 304 频次能找到对应的 MRL 美国标准，占 51.7%；

有 302 频次能找到对应的 MRL CAC 标准，占 51.4%。

由上可见，MRL 中国国家标准与先进国家或地区标准还有很大差距，我们无标准，境外有标准，这就会导致我们在国际贸易中，处于受制于人的被动地位。

9 5.5 水果蔬菜单种样品检出 14~27 种农药残留，拷问农药使用的科学性

通过此次监测发现，葡萄、桃和苹果是检出农药品种最多的 3 种水果，芹菜、黄瓜和番茄是检出农药品种最多的 3 种蔬菜，从中检出农药品种及频次详见表 9-32。

表 9-32 单种样品检出农药品种及频次

样品名称	样品总数	检出农药样品数	检出率	检出农药品种数	检出农药（频次）
芹菜	8	8	100.0%	23	苯醚甲环唑（7），烯酰吗啉（5），多菌灵（5），噁霜灵（4），嘧菌酯（4），吡虫啉（4），嘧霉胺（4），毒死蜱（3），马拉硫磷（2），霜霉威（2），去乙基阿特拉津（2），甲基硫菌灵（2），氧乐果（2），腈菌唑（2），甲霜灵（1），灭蝇胺（1），噻虫嗪（1），噻菌灵（1），咪鲜胺（1），甲拌磷（1），治螟磷（1），戊唑醇（1），缬霉威（1）

续表

样品名称	样品总数	检出农药样品数	检出率	检出农药品种数	检出农药（频次）
黄瓜	15	12	80.0%	18	甲霜灵（7），霜霉威（6），吡虫啉（3），咪鲜胺（3），啶虫脒（3），噁霜灵（3），烯酰吗啉（3），双苯基脲（2），多菌灵（2），克百威（1），腈菌唑（1），甲基硫菌灵（1），灭多威（1），苯醚甲环唑（1），嘧霉胺（1），甲哌（1），哒螨灵（1），嘧菌酯（1）
番茄	26	18	69.2%	18	烯酰吗啉（8），苯醚甲环唑（4），嘧菌酯（4），噁霜灵（4），甲基硫菌灵（4），氟硅唑（3），吡虫啉（2），嘧霉胺（2），多菌灵（2），腈菌唑（1），啶虫脒（1），霜霉威（1），莠去津（1），三唑酮（1），毒死蜱（1），丙环唑（1），甲哌（1），双苯基脲（1）
葡萄	12	11	91.7%	27	苯醚甲环唑（10），烯酰吗啉（9），嘧菌酯（8），嘧霉胺（7），吡唑醚菌酯（6），多菌灵（5），戊唑醇（3），吡虫啉（2），三唑酮（2），氧乐果（2），胺菊酯（2），氟硅唑（2），己唑醇（2），噻菌灵（1），腈菌唑（1），噻虫嗪（1），啶虫脒（1），二甲嘧酚（1），醚菌酯（1），甲基硫菌灵（1），霜霉威（1），乙嘧酚（1），多效唑（1），咪鲜胺（1），丙环唑（1），双苯基脲（1），甲霜灵（1）
桃	13	13	100.0%	20	多菌灵（12），苯醚甲环唑（12），哒螨灵（10），毒死蜱（7），吡虫啉（6），多效唑（3），甲拌磷（3），甲氨基阿维菌素（3），噻嗪酮（2），咪鲜胺（2），啶虫脒（2），抑霉唑（1），甲基硫菌灵（1），氧乐果（1），戊唑醇（1），嘧菌酯（1），丙环唑（1），嘧霉胺（1），灭多威（1），三唑磷（1）
苹果	15	15	100.0%	14	多菌灵（15），啶虫脒（6），吡虫啉（2），戊唑醇（2），抑霉唑（2），噻菌灵（2），甲基硫菌灵（2），丙环唑（1），苯醚甲环唑（1），哒螨灵（1），噻虫嗪（1），双苯基脲（1），氟硅唑（1），噻嗪酮（1）

上述 6 种水果蔬菜，检出农药 14~27 种，是多种农药综合防治，还是未严格实施农业良好管理规范（GAP），抑或根本就是乱施药，值得我们思考。

第 10 章　LC-Q-TOF/MS 侦测哈尔滨市市售水果蔬菜农药残留膳食暴露风险及预警风险评估报告

10.1　农药残留风险评估方法

10.1.1　哈尔滨市农药残留检测数据分析与统计

庞国芳院士科研团队建立的农药残留高通量侦测技术以高分辨精确质量数（0.0001 *m/z* 为基准）为识别标准，采用 LC-Q-TOF/MS 技术对 537 种农药化学污染物进行检测。

科研团队于 2013 年 8 月~2013 年 9 月在哈尔滨市所属 8 个区县的 15 个采样点，随机采集了 289 例水果蔬菜样品，采样点分布在超市和农贸市场，具体位置如图 10-1 所示，各月内果蔬样品采集数量如表 10-1 所示。

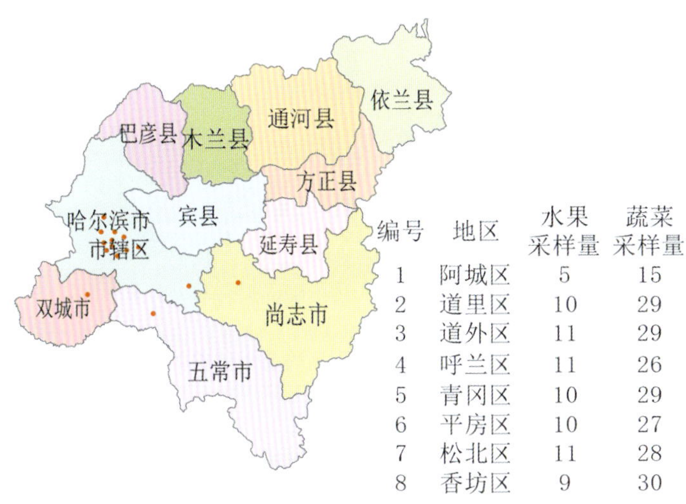

图 10-1　哈尔滨市所属 15 个采样点 289 例样品分布图

表 10-1　哈尔滨市各月内果蔬样品采集情况

时间	样品数（例）
2013 年 8 月	134
2013 年 9 月	155

利用 LC-Q-TOF/MS 技术对 289 例样品中的农药残留进行侦测，检出残留农药 51 种，588 频次。检出农药残留水平如表 10-2 和图 10-2 所示。检出频次最高的前十种农药如表

10-3 所示。从检测结果中可以看出，在果蔬中农药残留普遍存在，且有些果蔬存在高浓度的农药残留，这些可能存在膳食暴露风险，对人体健康产生危害，因此，为了定量地评价果蔬中农药残留的风险程度，有必要对其进行风险评价。

表 10-2　检出农药的不同残留水平及其所占比例

残留水平（μg/kg）	检出频次	占比（%）
1~5（含）	256	43.5
5~10（含）	83	14.1
10~100（含）	208	35.4
100~1000（含）	39	6.6
>1000	2	0.3
合计	588	100

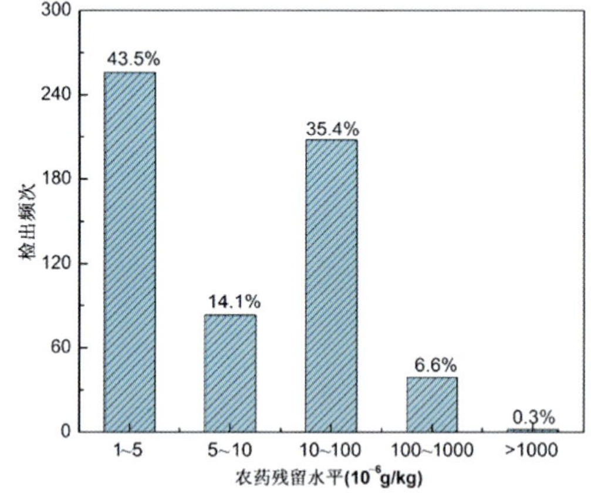

图 10-2　残留农药检出浓度频数分布

表 10-3　检出频次最高的前十种农药

序号	农药	检出频次（次）
1	多菌灵	76
2	烯酰吗啉	43
3	苯醚甲环唑	42
4	吡虫啉	39
5	噁霜灵	38
6	甲霜灵	33
7	嘧霉胺	30
8	啶虫脒	24
9	嘧菌酯	24
10	哒螨灵	18

10.1.2 农药残留风险评价模型

对哈尔滨市水果蔬菜中农药残留分别开展暴露风险评估和预警风险评估。膳食暴露风险评价利用食品安全指数模型对水果蔬菜中的残留农药对人体可能产生的危害程度进行评价，该模型结合残留监测和膳食暴露评估评价化学污染物的危害；预警风险评价模型运用风险系数（risk index，*R*），风险系数综合考虑了危害物的超标率、施检频率及其本身敏感性的影响，能直观而全面地反映出危害物在一段时间内的风险程度。

10.1.2.1 食品安全指数模型

为了加强食品安全管理，《中华人民共和国食品安全法》第二章第十七条规定“国家建立食品安全风险评估制度，运用科学方法，根据食品安全风险监测信息、科学数据以及有关信息，对食品、食品添加剂、食品相关产品中生物性、化学性和物理性危害因素进行风险评估”[1]，膳食暴露评估是食品危险度评估的重要组成部分，也是膳食安全性的衡量标准[2]。国际上最早研究膳食暴露风险评估的机构主要是 JMPR（FAO、WHO 农药残留联合会议），该组织自 1995 年就已制定了急性毒性物质的风险评估急性毒性农药残留摄入量的预测。1960 年美国规定食品中不得加入致癌物质进而提出零阈值理论，渐渐零阈值理论发展成在一定概率条件下可接受风险的概念[3]，后衍变为食品中每日允许最大摄入量（ADI），而农药残留法典委员会（CCPR）认为 ADI 不是独立风险评估的唯一标准[4]，1995 年 JMPR 开始研究农药急性膳食暴露风险评估，并对食品国际短期摄入量的计算方法进行了修正，亦对膳食暴露评估准则及评估方法进行了修正[5]，2002 年，在对世界上现行的食品安全评价方法，尤其是国际公认的 CAC 的评价方法、WHO GEMS/Food（全球环境监测系统/食品污染监测和评估规划）及 JECFA（FAO、WHO 食品添加剂联合专家委员会）和 JMPR 对食品安全风险评估工作研究的基础之上，检验检疫食品安全管理的研究人员提出了结合残留监控和膳食暴露评估，以食品安全指数（IFS）计算食品中各种化学污染物对消费者的健康危害程度[6]。IFS 是表示食品安全状态的新方法，可有效地评价某种农药的安全性，进而评价食品中各种农药化学污染物对消费者健康的整体危害程度[7, 8]。从理论上分析，IFS_c 可指出食品中的污染物 c 对消费者健康是否存在危害及危害的程度[9]。其优点在于操作简单且结果容易被接受和理解，不需要大量的数据来对结果进行验证，使用默认的标准假设或者模型即可[10, 11]。

1）IFS_c 的计算

IFS_c 计算公式如下：

$$IFS_c = \frac{EDI_c \times f}{SI_c \times bw} \tag{10-1}$$

式中，c 为所研究的农药；EDI_c 为农药 c 的实际日摄入量估算值，等于 $\sum(R_i \times F_i \times E_i \times P_i)$（*i* 为食品种类；$R_i$ 为食品 *i* 中农药 c 的残留水平，mg/kg；F_i 为食品 *i* 的估计日消费量，g/（人·天）；E_i 为食品 *i* 的可食用部分因子；P_i 为食品 *i* 的加工处理因子）；SI_c 为安全摄入量，可采用每日允许摄入量 ADI；bw 为人平均体重，kg；f 为校正因子，如果安全摄入量采用 ADI，则 f 取 1。

IFS_c≪1，农药 c 对食品安全没有影响；IFS_c≤1，农药 c 对食品安全的影响可以接受；IFS_c＞1，农药 c 对食品安全的影响不可接受。

本次评价中：

IFS_c≤0.1，农药 c 对果蔬安全没有影响；

0.1＜IFS_c≤1，农药 c 对果蔬安全的影响可以接受；

IFS_c＞1，农药 c 对果蔬安全的影响不可接受。

本次评价中残留水平 R_i 取值为中国检验检疫科学研究院庞国芳院士课题组对哈尔滨市果蔬的农药残留检测结果，估计日消费量 F_i 取值 0.38 kg/（人・天），E_i=1，P_i=1，f=1，SI_c 采用《食品安全国家标准　食品中农药最大残留限量》（GB 2763—2016）中 ADI 值（具体数值见表 10-4），人平均体重（bw）取值 60 kg。

表 10-4　哈尔滨市果蔬中残留农药 ADI 值

序号	农药	ADI	序号	农药	ADI	序号	农药	ADI
1	苯醚甲环唑	0.01	18	甲基硫菌灵	0.08	35	三唑酮	0.03
2	吡虫啉	0.06	19	甲霜灵	0.08	36	莎稗磷	0.001
3	吡唑醚菌酯	0.03	20	腈菌唑	0.03	37	霜霉威	0.4
4	丙环唑	0.07	21	克百威	0.001	38	戊唑醇	0.03
5	丙溴磷	0.03	22	马拉硫磷	0.3	39	烯酰吗啉	0.2
6	虫酰肼	0.02	23	咪鲜胺	0.01	40	辛硫磷	0.004
7	哒螨灵	0.01	24	醚菌酯	0.4	41	氧乐果	0.0003
8	啶虫脒	0.07	25	嘧菌酯	0.2	42	乙嘧酚	0.035
9	毒死蜱	0.01	26	嘧霉胺	0.2	43	抑霉唑	0.03
10	多菌灵	0.03	27	灭多威	0.02	44	莠去津	0.02
11	多效唑	0.1	28	灭蝇胺	0.06	45	治螟磷	0.001
12	噁霜灵	0.01	29	扑草净	0.04	46	胺菊酯	—
13	氟硅唑	0.007	30	噻虫啉	0.01	47	二甲嘧酚	—
14	氟环唑	0.02	31	噻虫嗪	0.08	48	甲哌	—
15	己唑醇	0.005	32	噻菌灵	0.1	49	去乙基阿特拉津	—
16	甲氨基阿维菌素	0.0005	33	噻嗪酮	0.009	50	双苯基脲	—
17	甲拌磷	0.0007	34	三唑磷	0.001	51	缬霉威	—

注：“—”表示国家标准中无 ADI 值规定；ADI 值单位为 mg/kg bw

2）计算 IFS_c 的平均值 $\overline{IFS}$，判断农药对食品安全影响程度

以 $\overline{IFS}$ 评价各种农药对人体健康危害的总程度，评价模型见公式（10-2）。

$$\overline{\mathrm{IFS}}=\frac{\sum_{i=1}^{n}\mathrm{IFS_c}}{n} \tag{10-2}$$

$\overline{\mathrm{IFS}}\ll 1$，所研究消费者人群的食品安全状态很好；$\overline{\mathrm{IFS}}\leqslant 1$，所研究消费者人群的食品安全状态可以接受；$\overline{\mathrm{IFS}}>1$，所研究消费者人群的食品安全状态不可接受。

本次评价中：

$\overline{\mathrm{IFS}}\leqslant 0.1$，所研究消费者人群的果蔬安全状态很好；

$0.1<\overline{\mathrm{IFS}}\leqslant 1$，所研究消费者人群的果蔬安全状态可以接受；

$\overline{\mathrm{IFS}}>1$，所研究消费者人群的果蔬安全状态不可接受。

10.1.2.2　预警风险评价模型

2003 年，我国检验检疫食品安全管理的研究人员根据 WTO 的有关原则和我国的具体规定，结合危害物本身的敏感性、风险程度及其相应的施检频率，首次提出了食品中危害物风险系数 R 的概念[12]。R 是衡量一个危害物的风险程度大小最直观的参数，即在一定时期内其超标率或阳性检出率的高低,但受其施检测率的高低及其本身的敏感性(受关注程度)影响。该模型综合考察了农药在蔬菜中的超标率、施检频率及其本身敏感性，能直观而全面地反映出农药在一段时间内的风险程度[13]。

1）R 计算方法

危害物的风险系数综合考虑了危害物的超标率或阳性检出率、施检频率和其本身的敏感性影响，并能直观而全面地反映出危害物在一段时间内的风险程度。风险系数 R 的计算公式如式（10-3）：

$$R = aP + \frac{b}{F} + S \tag{10-3}$$

式中，P 为该种危害物的超标率；F 为危害物的施检频率；S 为危害物的敏感因子；a，b 分别为相应的权重系数。

本次评价中 $F=1$；$S=1$；$a=100$；$b=0.1$，对参数 P 进行计算，计算时首先判断是否为禁药，如果为非禁药，P=超标的样品数（检测出的含量高于食品最大残留限量标准值，即 MRL）除以总样品数（包括超标、不超标、未检出）；如果为禁药，则检出即为超标，P=能检出的样品数除以总样品数。判断哈尔滨市果蔬农药残留是否超标的标准限值 MRL 分别以 MRL 中国国家标准[14]和 MRL 欧盟标准作为对照，具体值列于本报告附表一中。

2）判断风险程度

$R\leqslant 1.5$，受检农药处于低度风险；

$1.5<R\leqslant 2.5$，受检农药处于中度风险；

$R>2.5$，受检农药处于高度风险。

10.1.2.3　食品膳食暴露风险和预警风险评价应用程序的开发

1）应用程序开发的步骤

为成功开发膳食暴露风险和预警风险评价应用程序，与软件工程师多次沟通讨论，逐步提出并描述清楚计算需求，开发了初步应用程序。在软件应用过程中，根据风险评价拟得到结果的变化，计算需求发生变更，这些变化给软件工程师进行需求分析带来一定的困难，经过各种细节的沟通，需求分析得到明确后，开始进行解决方案的设计，在保证需求的完整性、一致性的前提下，编写代码，最后设计出风险评价专用计算软件。软件开发基本步骤见图 10-3。

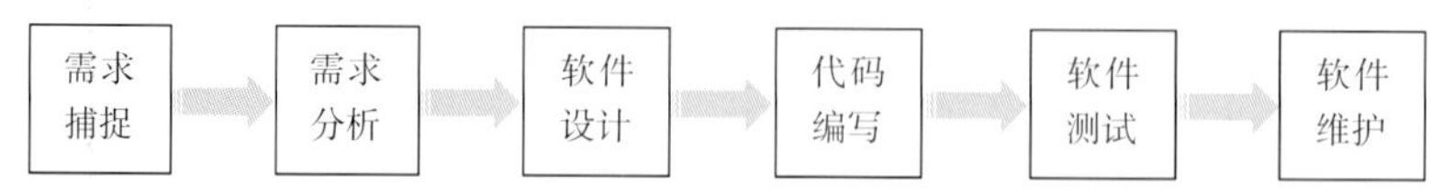

图 10-3　专用程序开发总体步骤

2）膳食暴露风险评价专业程序开发的基本要求

首先直接利用公式（10-1），分别计算 LC-Q-TOF/MS 和 GC-Q-TOF/MS 仪器检出的各果蔬样品中每种农药 IFS_c，将结果列出。为考察超标农药和禁用农药的使用安全性，分别以我国《食品安全国家标准　食品中农药最大残留限量》（GB 2763—2016）和欧盟食品中农药最大残留限量（以下简称 MRL 中国国家标准和 MRL 欧盟标准）为标准，对检出的禁药和超标的非禁药 IFS_c 单独进行评价；按 IFS_c 大小列表，并找出 IFS_c 值排名前 20 的样本重点关注。

对不同果蔬 *i* 中每一种检出的农药 c 的安全指数进行计算，多个样品时求平均值。若监测数据为该市多个月的数据，则逐月、逐季度分别列出每个月、每个季度内每一种果蔬 *i* 对应的每一种农药 c 的 IFS_c。

按农药种类，计算整个监测时间段内每种农药的 IFS_c，不区分果蔬。若检测数据为该市多个月的数据，则需分别计算每个月、每个季度内每种农药的 IFS_c。

3）预警风险评价专业程序开发的基本要求

分别以 MRL 中国国家标准和 MRL 欧盟标准，按公式（10-3）逐个计算不同果蔬、不同农药的风险系数，禁药和非禁药分别列表。

为清楚了解各种农药的预警风险，不分时间，不分果蔬，按禁用农药和非禁药分类，分别计算各种检出农药全部检测时段内风险系数。由于有 MRL 中国国家标准的农药种类太少，无法计算超标数，非禁药的风险系数只以 MRL 欧盟标准为标准进行计算。若检测数据为多个月的，则按月计算每个月、每个季度内每种禁用农药残留的风险系数和以 MRL 欧盟标准为标准的非禁药残留的风险系数。

4）风险程度评价专业应用程序的开发方法

采用 Python 计算机程序设计语言，Python 是一个高层次地结合了解释性、编译性、互动性和面向对象的脚本语言。风险评价专用程序主要功能包括：分别读入每例样品 LC-Q-TOF/MS 和 GC-Q-TOF/MS 农药残留检测数据，根据风险评价工作要求，依次对不同农药、不同食品、不同时间、不同采样点的 IFS_c 值和 *R* 值分别进行数据计算，筛选出禁用农药、超标农药（分别与 MRL 中国国家标准、MRL 欧盟标准限值进行对比）单独重点分析，再分别对各农药、各果蔬种类分类处理，设计出计算和排序程序，编写计算机代码，最后将生成的膳食暴露风险评价和超标风险评价定量计算结果列入设计好的各个表格中，并定性判断风险对目标的影响程度，直接用文字描述风险发生的高低，如“不可接受”“可以接受”“没有影响”“高度风险”“中度风险”“低度风险”。

10.2　哈尔滨市果蔬农药残留膳食暴露风险评估

10.2.1　果蔬样品中农药残留安全指数分析

基于农药残留检测数据，发现在 289 例样品中检出农药 588 频次，计算样品中每种残留农药的安全指数 IFS_c，并分析农药对样品安全的影响程度，结果详见附表一，农药残留对样品安全影响程度频次分布情况如图 10-4 所示。

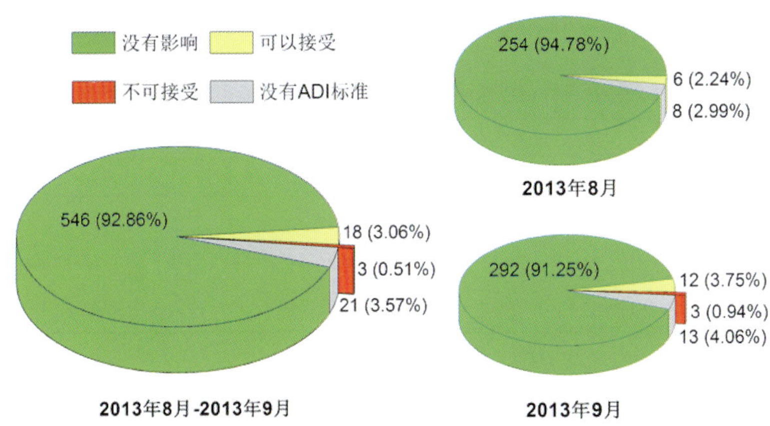

图 10-4　农药残留对果蔬样品安全的影响程度频次分布图

由图 10-4 可以看出，农药残留对样品安全的影响不可接受的频次为 3，占 0.51%；农药残留对样品安全的影响可以接受的频次为 18，占 3.06%；农药残留对样品安全的没有影响的频次为 546，占 92.86%。两个月内检出农药频次排序为：9 月（320）>8 月（268），此外，两个月内残留农药对样品安全影响为不可接受的只在 9 月出现，频次为 3。残留农药对安全影响不可接受的样品如表 10-5 所示。

表 10-5　对果蔬样品安全影响不可接受的残留农药安全指数表

序号	样品编号	采样点	基质	农药	含量（mg/kg）	IFS_c
1	20130903-230100-QHDCIQ-CE-14A	***超市（香坊区店）	芹菜	氧乐果	0.099	2.09
2	20130903-230100-QHDCIQ-EP-14A	***超市（香坊区店）	茄子	氧乐果	0.048	1.0133
3	20130905-230100-QHDCIQ-CE-13A	***超市（松北区店）	芹菜	甲拌磷	0.1135	1.0269

此次检测，发现部分样品检出禁用农药，为了明确残留的禁用农药对样品安全的影

响，分析检出禁药残留的样品安全指数，结果如图 10-5 所示，检出禁用农药 5 种 27 频次，其中农药残留对样品安全的影响不可接受的频次为 3，占 11.11%；农药残留对样品安全的影响可以接受的频次为 9，占 33.33%；农药残留对样品安全没有影响的频次为 15，占 55.56%。两个月内检出禁用农药频次排序为：9 月（15）>8 月（12），此外，两个月内残留禁药对样品安全影响为不可接受的只出现在 9 月，频次为 3。表 10-6 列出了对果蔬样品安全影响不可接受的残留禁用农药安全指数表。

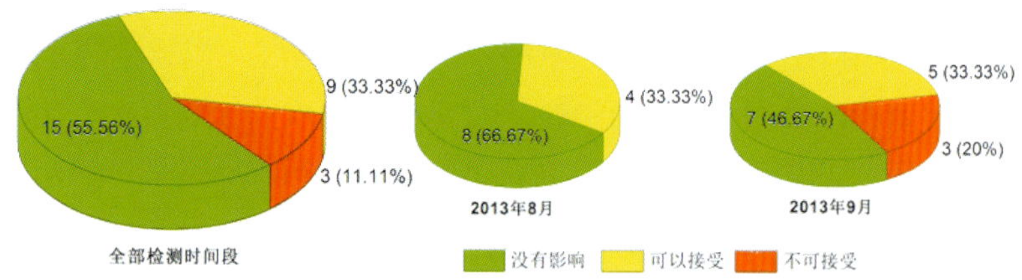

图 10-5　禁用农药残留对果蔬样品安全的影响程度频次分布图

表 10-6　对果蔬样品安全影响不可接受的残留禁用农药安全指数表

序号	样品编号	采样点	基质	农药	含量（mg/kg）	IFS_c
1	20130903-230100-QHDCIQ-EP-14A	***超市（香坊区店）	茄子	氧乐果	0.0480	1.0133
2	20130903-230100-QHDCIQ-CE-14A	***超市（香坊区店）	芹菜	氧乐果	0.0990	2.0900
3	20130905-230100-QHDCIQ-CE-13A	***超市（松北区店）	芹菜	甲拌磷	0.1135	1.0269

此外，本次检测发现部分样品中非禁用农药残留量超过 MRL 中国国家标准和欧盟标准，为了明确超标的非禁药对样品安全的影响，分析非禁药残留超标的样品安全指数。

农药残留量超过中国标准的样品如表 10-7 所示，可以看出两个样品中的毒死蜱分别超标 6.57 和 7.56 倍，但是其对样品安全影响均为可以接受。

表 10-7　果蔬样品中残留超标的非禁用农药安全指数表（MRL 中国国家标准）

序号	样品编号	采样点	基质	农药	含量	中国国家标准	超标倍数	IFS_c	影响程度
1	20130827-230100-QHDCIQ-BO-08A	***超市（南岗区）	菠菜	毒死蜱	0.7565	0.1	6.57	0.4791	可以接受
2	20130904-230100-QHDCIQ-CE-10A	***超市（平房区）	芹菜	毒死蜱	0.4279	0.05	7.56	0.271	可以接受

由图 10-6 可以看出检出超过 MRL 欧盟标准的非禁用农药共 38 频次，其中农药残留对样品安全的影响可以接受的频次为 4，占 11.11%；农药残留对样品安全没有影响的频次为 30，占 83.33%。表 10-8 为对果蔬样品安全指数排名前十的残留超标非禁用农药安全指数表。

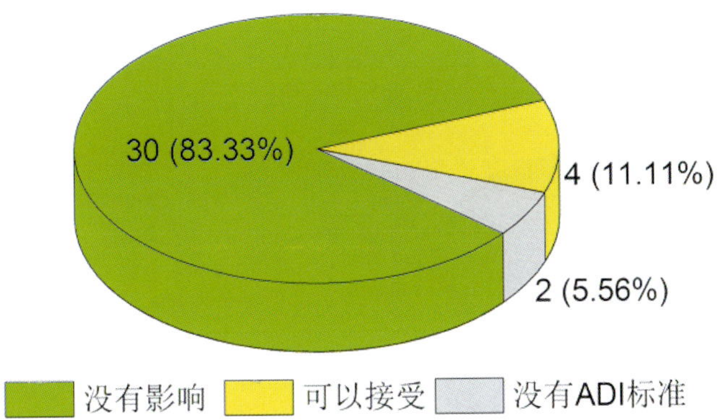

图 10-6 残留超标的非禁用农药对果蔬样品安全的影响程度频次分布图（MRL 欧盟标准）

表 10-8 果蔬样品中安全指数排名前十的残留超标非禁用农药列表（MRL 欧盟标准）

序号	样品编号	采样点	基质	农药	含量	欧盟标准	超标倍数	IFS_c	影响程度
1	20130827-230100-QHDCIQ-BO-08A	***超市（南岗区）	菠菜	毒死蜱	0.7565	0.05	15.13	0.4791	可以接受
2	20130904-230100-QHDCIQ-CE-10A	***超市（平房区）	芹菜	毒死蜱	0.4279	0.05	8.56	0.271	可以接受
3	20130902-230100-QHDCIQ-CE-04A	****超市（道外区）	芹菜	嘧霉胺	4.1483	0.01	414.83	0.1314	可以接受
4	20130827-230100-QHDCIQ-LE-03B	***超市	生菜	哒螨灵	0.1726	0.05	3.45	0.1093	可以接受
5	20130903-230100-QHDCIQ-GP-14A	***超市（香坊区店）	葡萄	多菌灵	0.3025	0.30	1.01	0.0639	没有影响
6	20130905-230100-QHDCIQ-CU-01A	***超市	黄瓜	噁霜灵	0.0937	0.01	9.37	0.0593	没有影响
7	20130905-230100-QHDCIQ-CU-01A	***超市	黄瓜	咪鲜胺	0.0831	0.05	1.66	0.0526	没有影响
8	20130827-230100-QHDCIQ-PH-09A	***超市（南岗区）	桃	咪鲜胺	0.0722	0.05	1.44	0.0457	没有影响
9	20130903-230100-QHDCIQ-BO-14A	***超市（香坊区店）	菠菜	多菌灵	0.1956	0.10	1.96	0.0413	没有影响
10	20130905-230100-QHDCIQ-CE-13A	***超市（松北区店）	芹菜	多菌灵	0.1839	0.10	1.84	0.0388	没有影响

在289例样品中，95例样品未检测出农药残留，194例样品中检测出农药残留，计算每例有农药检出的样品的$\overline{IFS}$值，进而分析样品的安全状态结果，如图10-7所示（未检出农药的样品安全状态视为很好）。可以看出，0.35%的样品安全状态不可接受，2.77%的样品安全状态可以接受，96.19%的样品安全状态很好。两个月内安全状态为不可接受的只出现在9月，频次为1。表10-9列出了安全状态不可接受的果蔬样品。

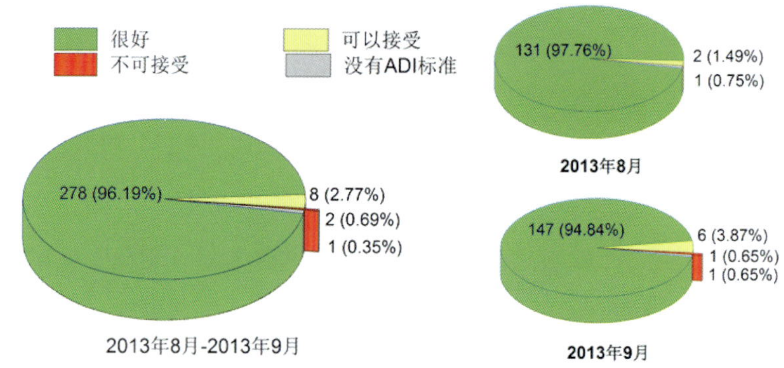

图 10-7　果蔬样品安全状态分布图

表 10-9　安全状态不可接受的果蔬样品。

序号	样品编号	采样点	基质	$\overline{\text{IFS}}$
1	20130903-230100-QHDCIQ-EP-14A	***超市（香坊区店）	茄子	1.0133

10.2.2　单种果蔬中农药残留安全指数分析

本次检测的果蔬共计 23 种，23 种果蔬中共检测出 51 种残留农药，检出频次共计 850 次，其中 45 种农药存在 ADI 标准。计算每种果蔬中农药的 IFS_c 值，结果如图 10-8 所示。

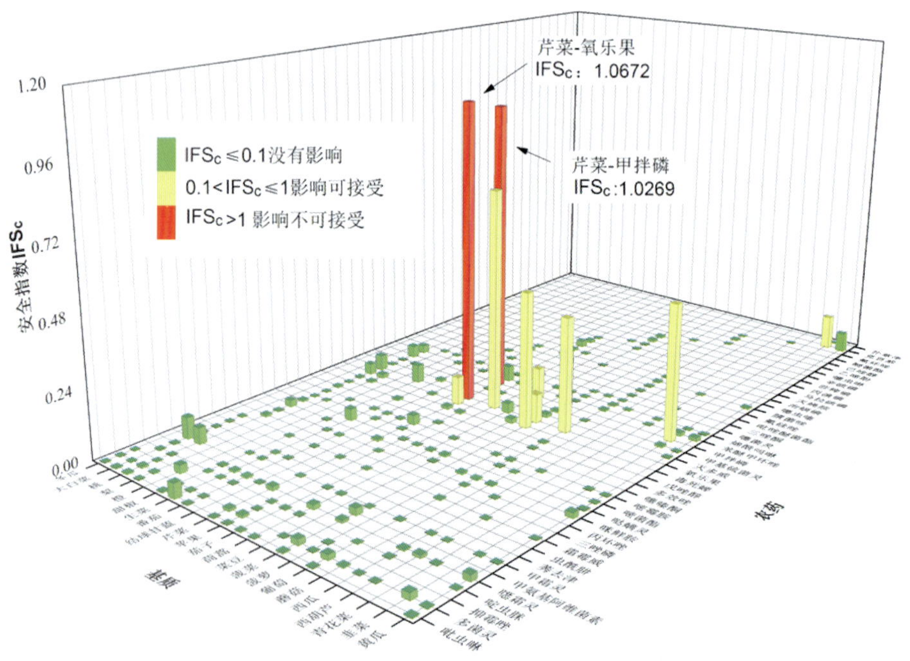

图 10-8　23 种果蔬中 45 种残留农药的安全指数

分析发现 1 种果蔬中 2 种农药的残留对食品安全影响不可接受，如表 10-10 所示。

表 10-10　对单种果蔬安全影响不可接受的残留农药安全指数表

序号	基质	农药	检出频次	检出率	$IFS_c>1$ 的频次	$IFS_c>1$ 的比例	IFS_c
1	芹菜	甲拌磷	1	12.50%	1	12.50%	1.0269
2	芹菜	氧乐果	2	25.00%	1	12.50%	1.0672

本次检测中，23 种果蔬和 51 种残留农药（包括没有 ADI）共涉及 252 个分析样本，农药对果蔬安全的影响程度分布情况如图 10-9 所示。

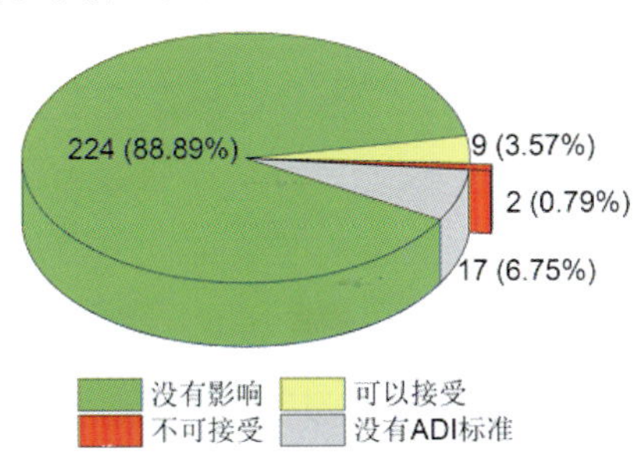

图 10-9　252 个分析样本的影响程度分布图

此外，分别计算 23 种果蔬中所有检出农药 IFS_c 的平均值 $\overline{IFS}$，分析每种果蔬的安全状态，结果如图 10-10 所示，分析发现，2 种果蔬（8.70%）的安全状态可接受，21 种（91.30%）果蔬的安全状态很好。

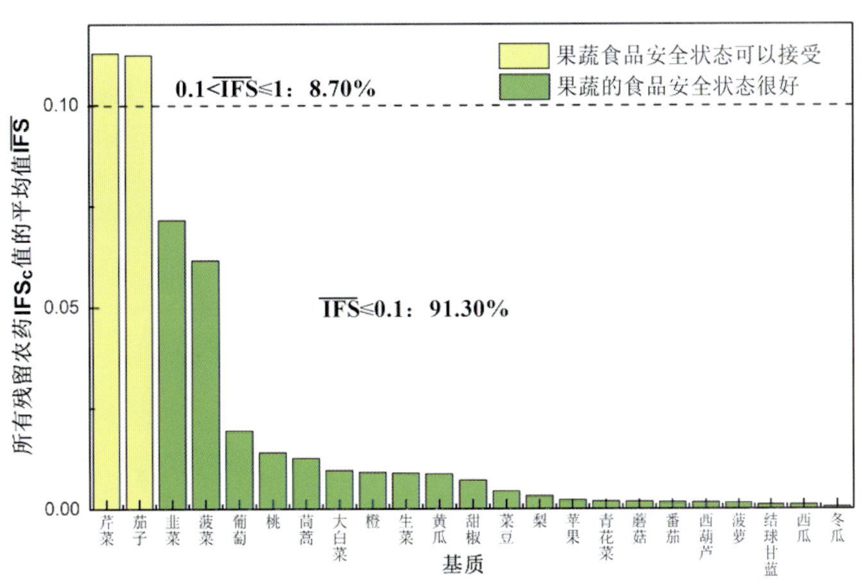

图 10-10　23 种果蔬的 $\overline{IFS}$ 值和安全状态

为了分析不同月份内农药残留对单种果蔬安全的影响，对两个月内单种果蔬中的农药的 IFS_c 值进行分析。每个月内检测的果蔬种数和检出农药种数以及涉及的分析样本数如表 10-11 所示。样本中农药对果蔬安全的影响程度分布情况如图 10-11 所示，两个月内农药残留对果蔬安全影响为不可接受的出现在 9 月，频次为 2。

表 10-11　各月份内果蔬种数、检出农药种数和分析样本数

分析指标	8 月	9 月
果蔬种数	23	23
农药种数	34	41
样本数	166	166

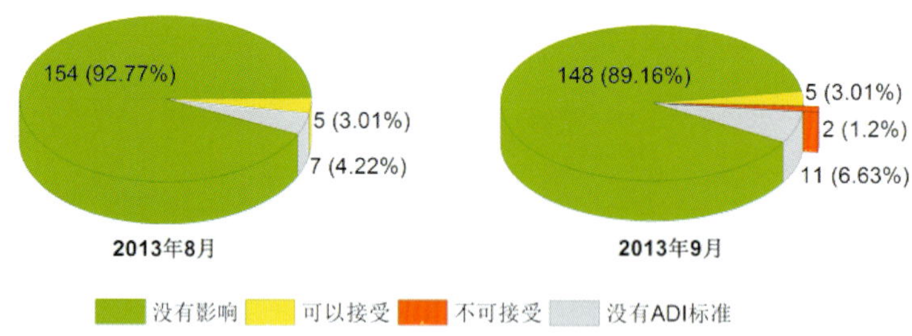

图 10-11　各月份内农药残留对单种果蔬安全的影响程度分布图

两个月内，农药残留对果蔬安全影响不可接受的样本 IFS_c 如表 10-12 所示。

表 10-12　各月份内对单种果蔬安全影响不可接受的残留农药安全指数表

序号	基质	农药	检出频次	检出率	$IFS_c>1$ 的频次	$IFS_c>1$ 的比例	IFS_c
1	芹菜	甲拌磷	1	16.67%	1	16.67%	1.0269
2	芹菜	氧乐果	2	33.33%	1	16.67%	1.0672

计算两个月内每种果蔬的$\overline{IFS}$值，以评价每种果蔬的安全状态，结果如图 10-12 所示，可以看出，两个月所有种类的果蔬安全状态均处于很好和可以接受范围内。

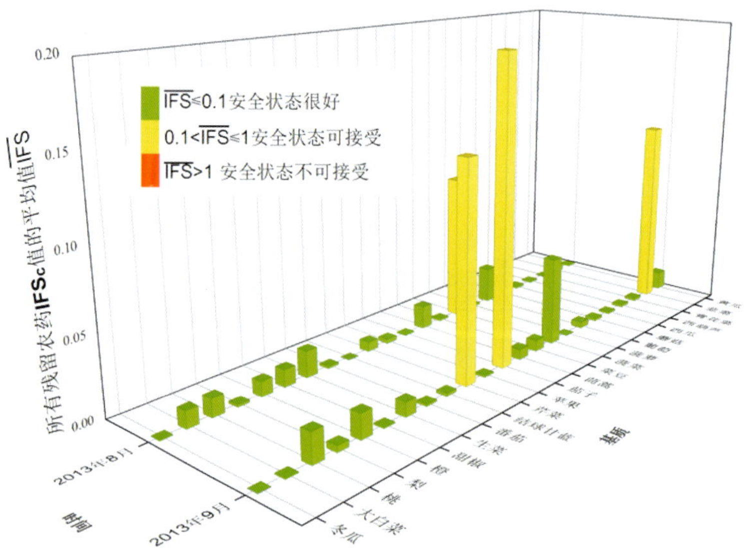

图 10-12　各月份内每种果蔬的$\overline{IFS}$值与安全状态

10.2.3　所有果蔬中农药残留安全指数分析

计算所有果蔬中 45 种残留农药的 IFS_c 值，结果如图 10-13 及表 10-13 所示。

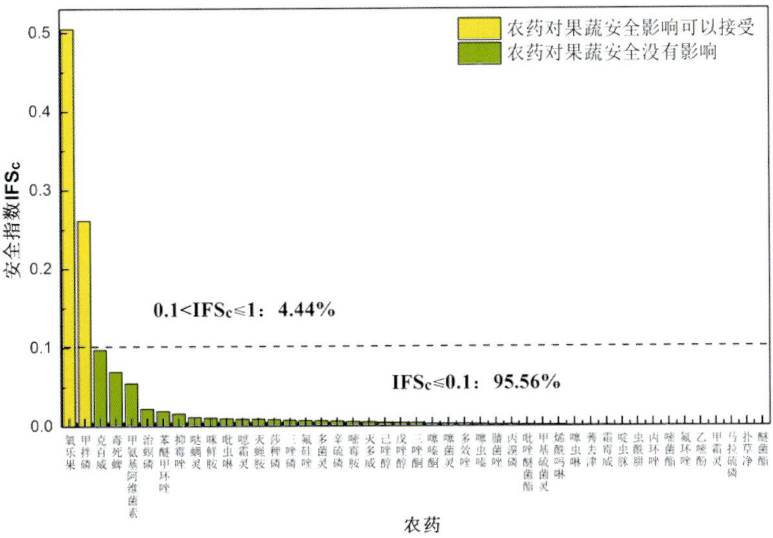

图 10-13　果蔬中 45 种残留农药的安全指数

分析发现，所有农药对果蔬的影响均在没有影响和可接受的范围内，其中 4.44%的农药对果蔬安全的影响可以接受，95.56%的农药对果蔬安全没有影响。

表 10-13　果蔬中 45 种残留农药的安全指数表

序号	农药	检出频次	检出率	IFS_c	影响程度	序号	农药	检出频次	检出率	IFS_c	影响程度
1	氧乐果	11	3.81%	0.5046	可以接受	14	莎稗磷	1	0.35%	0.0082	没有影响
2	甲拌磷	9	3.11%	0.2613	可以接受	15	三唑磷	1	0.35%	0.0076	没有影响
3	克百威	2	0.69%	0.0969	没有影响	16	氟硅唑	6	2.08%	0.007	没有影响
4	毒死蜱	16	5.54%	0.0693	没有影响	17	多菌灵	76	26.30%	0.0065	没有影响
5	甲氨基阿维菌素	5	1.73%	0.0547	没有影响	18	辛硫磷	1	0.35%	0.0062	没有影响
6	治螟磷	1	0.35%	0.0222	没有影响	19	嘧霉胺	30	10.38%	0.0053	没有影响
7	苯醚甲环唑	42	14.53%	0.019	没有影响	20	灭多威	4	1.38%	0.005	没有影响
8	抑霉唑	15	5.19%	0.0158	没有影响	21	己唑醇	2	0.69%	0.0044	没有影响
9	哒螨灵	18	6.23%	0.0112	没有影响	22	戊唑醇	8	2.77%	0.0043	没有影响
10	咪鲜胺	12	4.15%	0.0106	没有影响	23	三唑酮	6	2.08%	0.004	没有影响
11	吡虫啉	39	13.49%	0.0097	没有影响	24	噻嗪酮	3	1.04%	0.0031	没有影响
12	噁霜灵	38	13.15%	0.0091	没有影响	25	噻菌灵	17	5.88%	0.0031	没有影响
13	灭蝇胺	1	0.35%	0.009	没有影响	26	多效唑	8	2.77%	0.0030	没有影响

续表

序号	农药	检出频次	检出率	IFS_c	影响程度	序号	农药	检出频次	检出率	IFS_c	影响程度
27	噻虫嗪	3	1.04%	0.0025	没有影响	37	虫酰肼	1	0.35%	0.0006	没有影响
28	腈菌唑	7	2.42%	0.0022	没有影响	38	丙环唑	6	2.08%	0.0005	没有影响
29	丙溴磷	4	1.38%	0.0021	没有影响	39	嘧菌酯	24	8.30%	0.0005	没有影响
30	吡唑醚菌酯	7	2.42%	0.0018	没有影响	40	氟环唑	1	0.35%	0.0005	没有影响
31	甲基硫菌灵	16	5.54%	0.0016	没有影响	41	乙嘧酚	1	0.35%	0.0004	没有影响
32	烯酰吗啉	43	14.88%	0.0014	没有影响	42	甲霜灵	33	11.42%	0.0004	没有影响
33	噻虫啉	1	0.35%	0.0008	没有影响	43	马拉硫磷	3	1.04%	0.0003	没有影响
34	莠去津	3	1.04%	0.0008	没有影响	44	扑草净	1	0.35%	0.0002	没有影响
35	霜霉威	16	5.54%	0.0008	没有影响	45	醚菌酯	1	0.35%	0	没有影响
36	啶虫脒	24	8.3%	0.0006	没有影响						

对两个月内所有果蔬中残留农药的 IFS_c 进行分析，结果如图 10-14 所示。

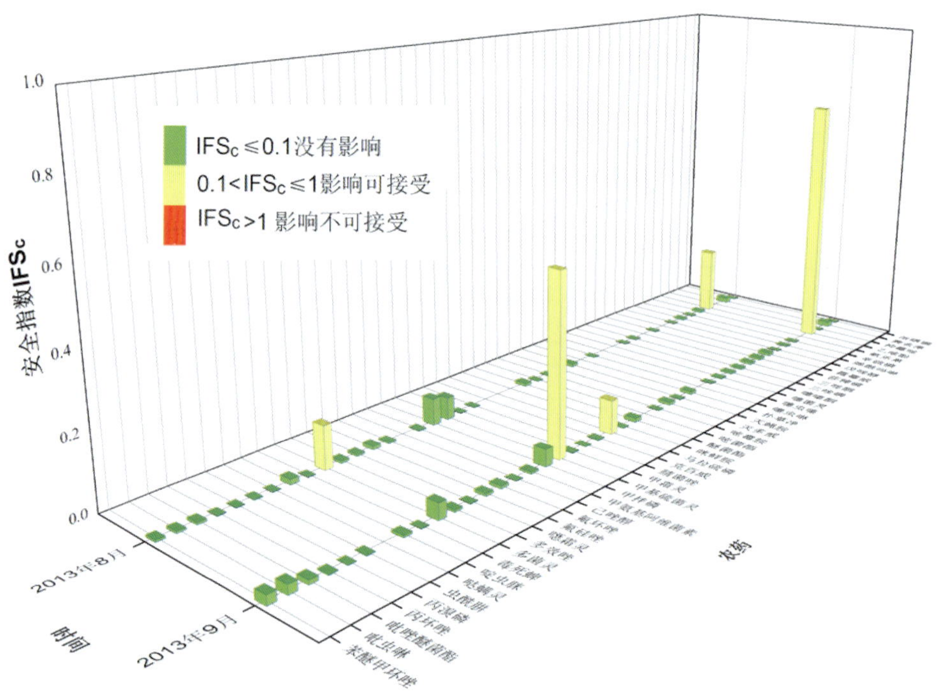

图 10-14　各月份内果蔬中 45 种残留农药的安全指数

两个月内农药对果蔬安全影响程度分布情况如图 10-15 所示。可以看出两个月内没有对果蔬安全影响不可接受的农药残留，8 月和 9 月对果蔬安全没有影响的农药所占比例分别为 94.74%和 95.65%。表 10-14 列出了各月份内果蔬中安全指数排名前十的残留农药列表。

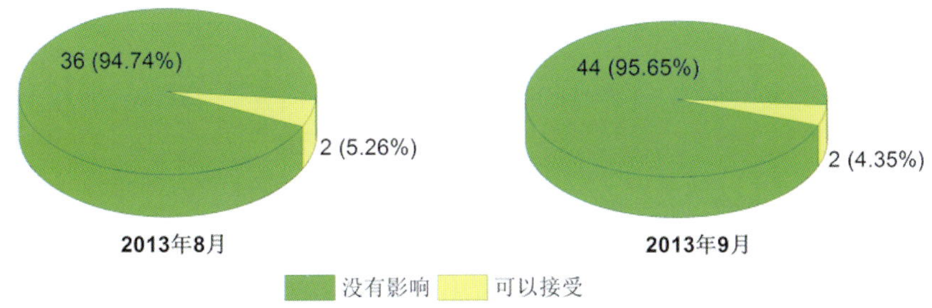

图 10-15 各月份内农药残留对果蔬安全的影响程度分布图

表 10-14 各月份内果蔬中安全指数排名前十的残留农药列表

序号	年月	农药	检出频次	检出率	IFS_c	影响程度
1	2013 年 9 月	氧乐果	6	3.871%	0.7530	可以接受
2	2013 年 9 月	甲拌磷	4	2.5806%	0.5094	可以接受
3	2013 年 8 月	氧乐果	5	3.2258%	0.2065	可以接受
4	2013 年 8 月	毒死蜱	5	3.2258%	0.1216	可以接受
5	2013 年 9 月	克百威	2	1.2903%	0.0969	没有影响
6	2013 年 8 月	甲氨基阿维菌素	1	0.6452%	0.076	没有影响
7	2013 年 8 月	甲拌磷	5	3.2258%	0.0628	没有影响
8	2013 年 9 月	甲氨基阿维菌素	4	2.5806%	0.0494	没有影响
9	2013 年 9 月	毒死蜱	11	7.0968%	0.0455	没有影响
10	2013 年 9 月	苯醚甲环唑	27	17.4194%	0.0262	没有影响

计算各月份内果蔬的$\overline{IFS}$，以分析各月份内果蔬的安全状态，结果如图 10-16 所示，可以看出，两个月的果蔬安全状态很好。

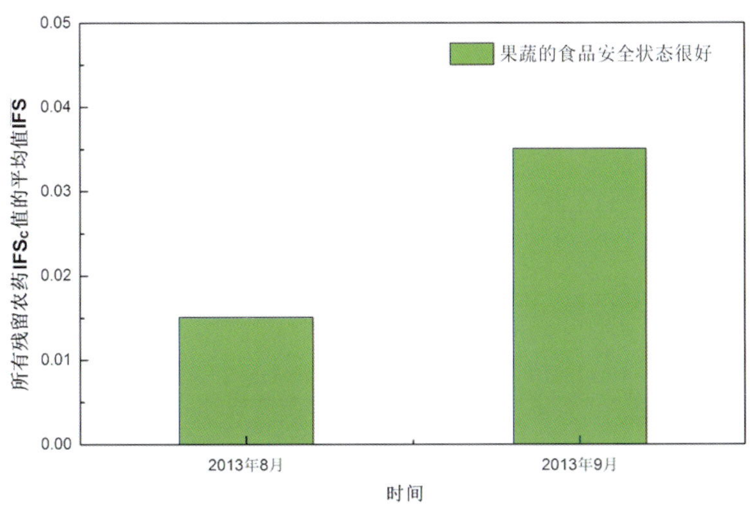

图 10-16 各月份内果蔬的$\overline{IFS}$值与安全状态

10.3 哈尔滨市果蔬农药残留预警风险评估

基于哈尔滨市果蔬中农药残留 LC-Q-TOF/MS 侦测数据，参照中华人民共和国国家标准 GB 2763—2016 和欧盟农药最大残留限量（MRL）标准分析农药残留的超标情况，并计算农药残留风险系数。分析每种果蔬中农药残留的风险程度。

10.3.1 单种果蔬中农药残留风险系数分析

10.3.1.1 单种果蔬中禁用农药残留风险系数分析

检出的 51 种残留农药中有 5 种为禁用农药，在 10 种果蔬中检测出禁药残留，计算单种果蔬中禁药的检出率，根据检出率计算风险系数 *R*，进而分析单种果蔬中每种禁药残留的风险程度，结果如图 10-17 和表 10-15 所示。本次分析涉及样本 19 个，可以看出 19 个样本中禁药残留均处于高度风险。

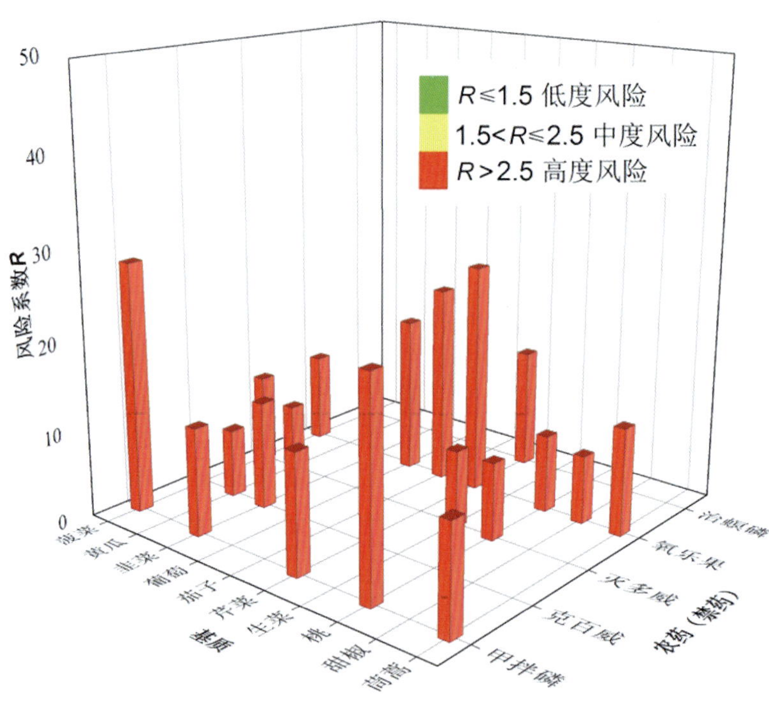

图 10-17　10 种果蔬中 5 种禁用农药残留的风险系数

表 10-15　10 种果蔬中 5 种禁用农药残留的风险系数表

序号	基质	农药	检出频次	检出率	风险系数 *R*	风险程度
1	菠菜	甲拌磷	3	0.27%	28.4	高度风险
2	芹菜	氧乐果	2	0.25%	26.1	高度风险

续表

序号	基质	农药	检出频次	检出率	风险系数 R	风险程度
3	桃	甲拌磷	3	0.23%	24.2	高度风险
4	茄子	氧乐果	3	0.21%	22.5	高度风险
5	葡萄	氧乐果	2	0.17%	17.8	高度风险
6	芹菜	甲拌磷	1	0.13%	13.6	高度风险
7	芹菜	治螟磷	1	0.13%	13.6	高度风险
8	韭菜	甲拌磷	1	0.11%	12.2	高度风险
9	茼蒿	甲拌磷	1	0.11%	12.2	高度风险
10	韭菜	克百威	1	0.11%	12.2	高度风险
11	茼蒿	氧乐果	1	0.11%	12.2	高度风险
12	菠菜	灭多威	1	0.09%	10.2	高度风险
13	菠菜	氧乐果	1	0.09%	10.2	高度风险
14	生菜	灭多威	1	0.08%	8.8	高度风险
15	桃	灭多威	1	0.08%	8.8	高度风险
16	桃	氧乐果	1	0.08%	8.8	高度风险
17	黄瓜	克百威	1	0.07%	7.8	高度风险
18	黄瓜	灭多威	1	0.07%	7.8	高度风险
19	甜椒	氧乐果	1	0.07%	7.8	高度风险

10.3.1.2 基于 MRL 中国国家标准的单种果蔬中非禁用农药残留风险系数分析

参照中华人民共和国国家标准 GB 2763—2016 中农药残留限量计算每种果蔬中每种非禁用农药的超标率，进而计算其风险系数，根据风险系数大小判断残留农药的预警风险程度，果蔬中非禁用农药残留风险程度分布情况如图 10-18 所示。

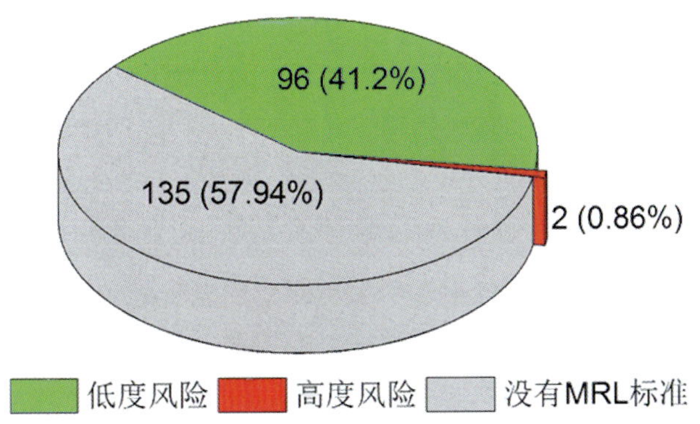

图 10-18 果蔬中非禁用农药残留风险程度分布图（MRL 中国国家标准）

本次分析中，发现在 23 种果蔬中检出 46 种残留非禁用农药，涉及样本 233 个，在 233 个样本中，0.86%处于高度风险，41.2%处于低度风险，此外发现有 135 个样本没有 MRL 中国国家标准值，无法判断其风险程度，有 MRL 中国国家标准值的 98 个样本涉及 20 种果蔬中的 27 种非禁用农药，其风险系数 R 值如图 10-19 所示。表 10-16 为非禁用农药残留处于高度风险的果蔬列表。

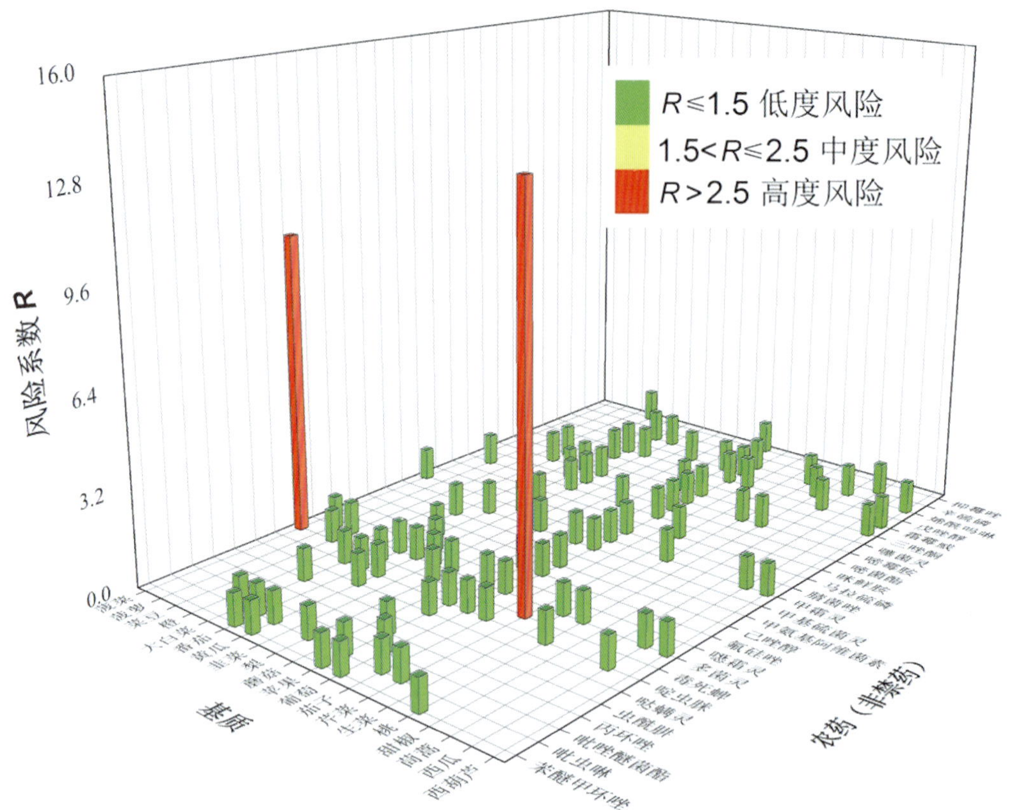

图 10-19　20 种果蔬中 27 种非禁用农药残留的风险系数（MRL 中国国家标准）

表 10-16　单种果蔬中处于高度风险的非禁用农药残留的风险系数表（MRL 中国国家标准）

序号	基质	农药	超标频次	超标率 P	风险系数 R
1	芹菜	毒死蜱	1	0.13%	13.6
2	菠菜	毒死蜱	1	0.09%	10.2

10.3.1.3　基于 MRL 欧盟标准的单种果蔬中非禁用农药残留风险系数分析

参照 MRL 欧盟标准计算每种果蔬中每种非禁用农药的超标率，进而计算其风险系数，根据风险系数大小判断残留农药的预警风险程度，果蔬中非禁用农药残留风险程度分布情况如图 10-20 所示。

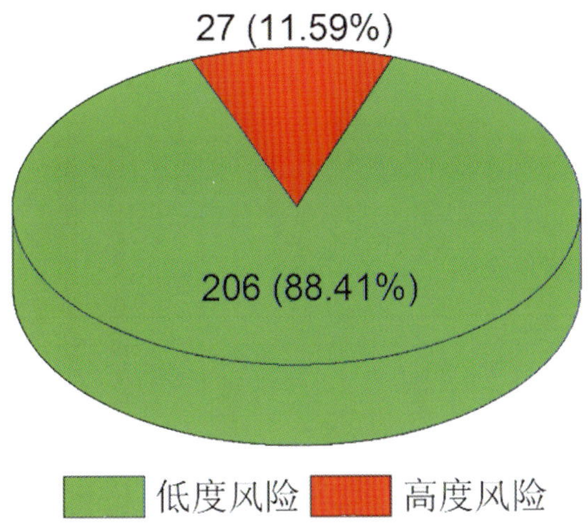

图 10-20 果蔬中非禁用农药残留风险程度分布图（MRL 欧盟标准）

本次分析中，发现在 23 种果蔬中检出 46 种残留非禁用农药，涉及样本 233 个，在 233 个样本中，11.59%处于高度风险，涉及 12 种果蔬中的 15 种农药，88.41%处于低度风险，涉及 23 种果蔬中的 45 种农药。所有果蔬中的每种非禁用农药的风险系数 *R* 值如图 10-21 所示。农药残留处于高度风险的果蔬风险系数如图 10-22 和表 10-17 所示。

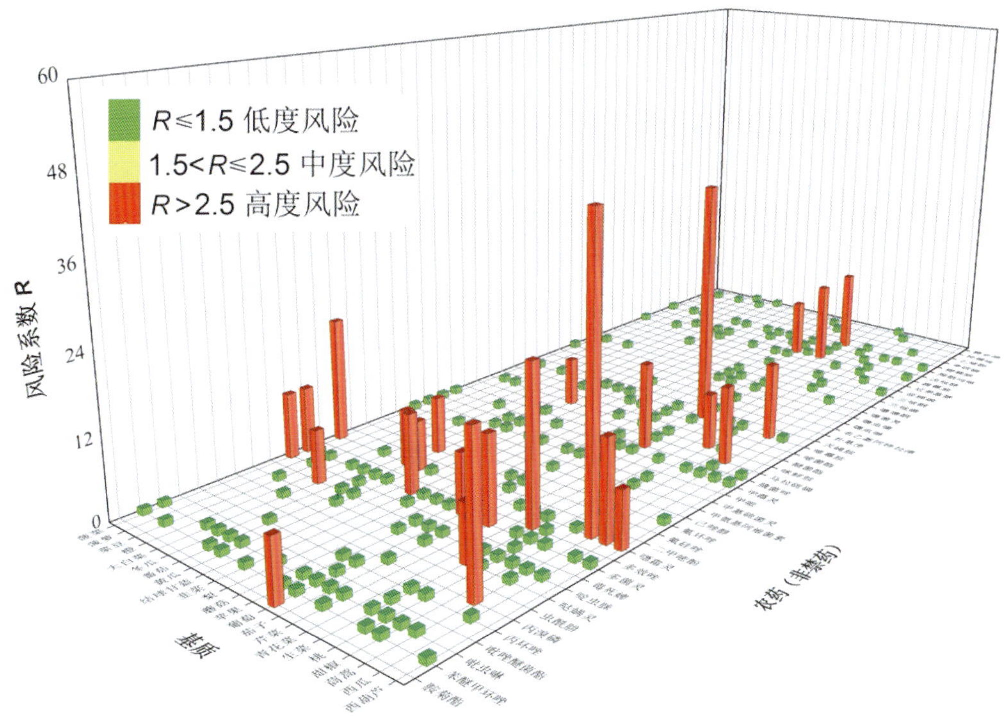

图 10-21 23 种果蔬中 46 种非禁用农药残留的风险系数（MRL 欧盟标准）

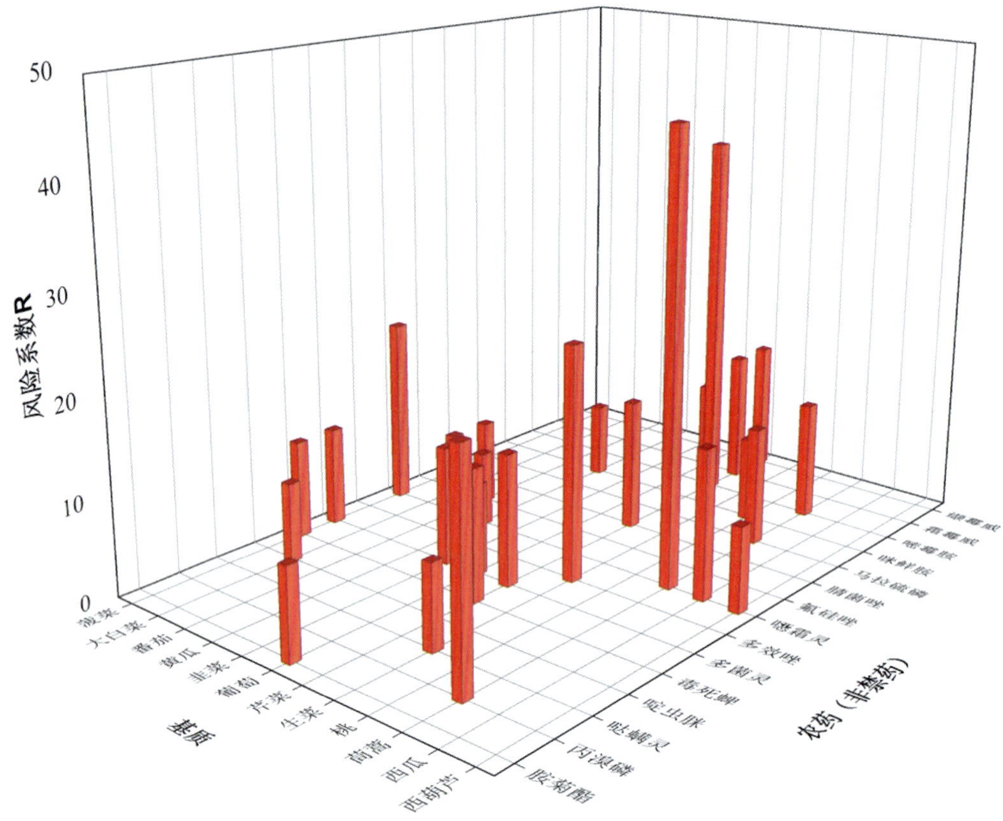

图 10-22　单种果蔬中处于高度风险的非禁用农药残留的风险系数（MRL 欧盟标准）

表 10-17　单种果蔬中处于高度风险的非禁用农药残留的风险系数表（MRL 欧盟标准）

序号	基质	农药	超标频次	超标率 P	风险系数 R
1	茼蒿	噁霜灵	4	0.44%	45.5
2	芹菜	嘧霉胺	3	0.38%	38.6
3	生菜	多效唑	3	0.23%	24.2
4	茼蒿	丙溴磷	2	0.22%	23.3
5	菠菜	噁霜灵	2	0.18%	19.3
6	西瓜	噁霜灵	1	0.14%	15.4
7	芹菜	毒死蜱	1	0.13%	13.6
8	芹菜	多菌灵	1	0.13%	13.6
9	芹菜	腈菌唑	1	0.13%	13.6
10	芹菜	霜霉威	1	0.13%	13.6
11	芹菜	缬霉威	1	0.13%	13.6
12	韭菜	多菌灵	1	0.11%	12.2
13	茼蒿	马拉硫磷	1	0.11%	12.2

续表

序号	基质	农药	超标频次	超标率 P	风险系数 R
14	茼蒿	嘧霉胺	1	0.11%	12.2
15	菠菜	毒死蜱	1	0.09%	10.2
16	菠菜	多菌灵	1	0.09%	10.2
17	葡萄	胺菊酯	1	0.08%	9.4
18	葡萄	多菌灵	1	0.08%	9.4
19	葡萄	霜霉威	1	0.08%	9.4
20	生菜	哒螨灵	1	0.08%	8.8
21	番茄	噁霜灵	2	0.08%	8.8
22	西葫芦	噁霜灵	1	0.08%	8.8
23	番茄	氟硅唑	2	0.08%	8.8
24	桃	咪鲜胺	1	0.08%	8.8
25	大白菜	啶虫脒	1	0.07%	8.2
26	黄瓜	噁霜灵	1	0.07%	7.8
27	黄瓜	咪鲜胺	1	0.07%	7.8

10.3.2　所有果蔬中农药残留风险系数分析

10.3.2.1　所有果蔬中禁用农药残留风险系数分析

在检出的 51 种农药中有 5 种禁用农药，计算每种禁用农药残留的风险系数，结果如表 10-18 所示，在 5 种禁用农药中，2 种农药残留处于高度风险，2 种农药残留处于中度风险，1 种农药残留处于低度风险。

表 10-18　果蔬中 5 种禁用农药残留的风险系数表

序号	农药	检出频次	检出率	风险系数 R	风险程度
1	氧乐果	11	0.04%	4.9	高度风险
2	甲拌磷	9	0.03%	4.2	高度风险
3	灭多威	4	0.01%	2.5	中度风险
4	克百威	2	0.01%	1.8	中度风险
5	治螟磷	1	0.00%	1.4	低度风险

分别对各月内禁用农药风险系数进行分析，结果如图 10-23 和表 10-19 所示。

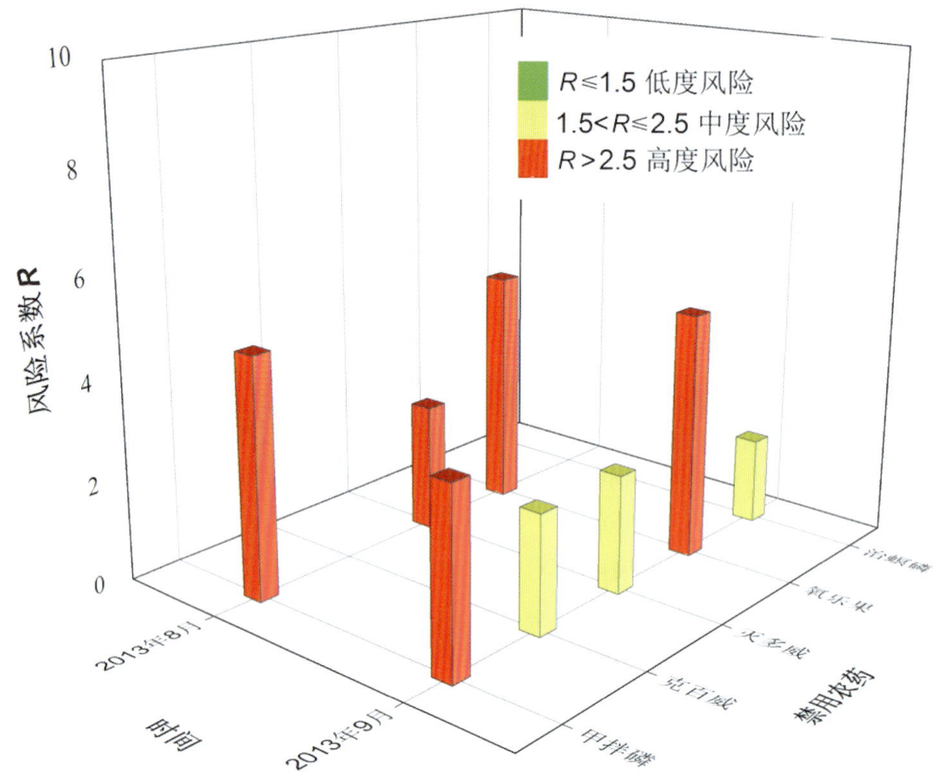

图 10-23　各月份内果蔬中禁用农药残留的风险系数

表 10-19　各月份内果蔬中禁用农药残留的风险系数表

序号	年月	农药	检出频次	检出率	风险系数 R	风险程度
1	2013 年 8 月	氧乐果	5	0.04%	4.8	高度风险
2	2013 年 8 月	甲拌磷	5	0.04%	4.8	高度风险
3	2013 年 8 月	灭多威	2	0.01%	2.6	高度风险
4	2013 年 9 月	氧乐果	6	0.04%	5.0	高度风险
5	2013 年 9 月	甲拌磷	4	0.03%	3.7	高度风险
6	2013 年 9 月	灭多威	2	0.01%	2.4	中度风险
7	2013 年 9 月	治螟磷	1	0.01%	1.7	中度风险
8	2013 年 9 月	克百威	2	0.01%	2.4	中度风险

10.3.2.2　所有果蔬中非禁用农药残留风险系数分析

参照 MRL 欧盟标准计算所有果蔬中每种农药残留的风险系数，结果如图 10-24 和表 10-20 所示。在检出的 46 种非禁用农药中，1 种农药（2.17%）残留处于高度风险，8 种农药（17.39%）残留处于中度风险，37 种农药（80.43%）残留处于低度风险。

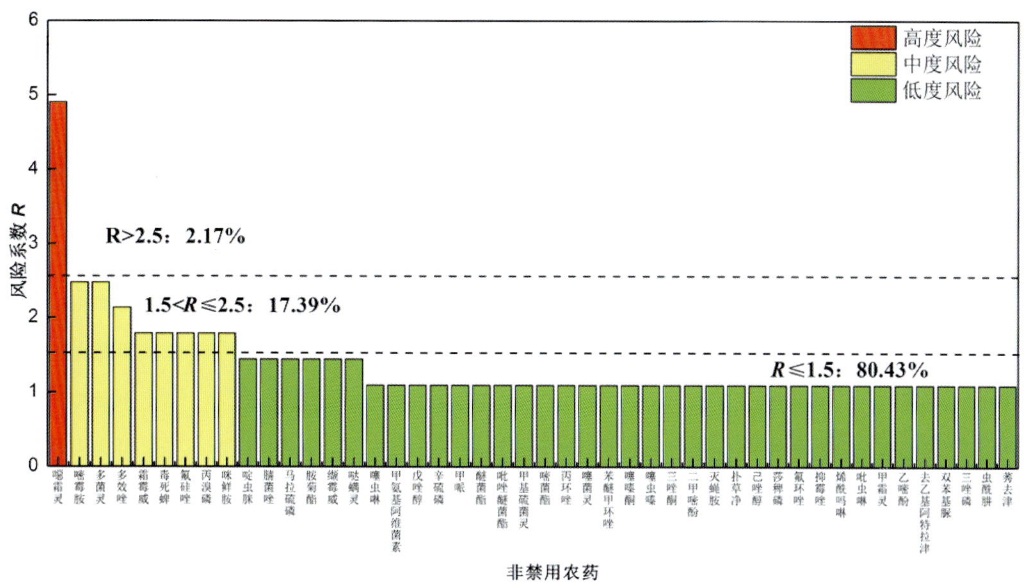

图 10-24　果蔬中 46 种非禁用农药残留的风险系数

表 10-20　果蔬中 46 种非禁用农药残留的风险系数表

序号	农药	超标频次	超标率 P	风险系数 R	风险程度
1	噁霜灵	11	0.04%	4.9	高度风险
2	嘧霉胺	4	0.01%	2.5	中度风险
3	多菌灵	4	0.01%	2.5	中度风险
4	多效唑	3	0.01%	2.1	中度风险
5	霜霉威	2	0.01%	1.8	中度风险
6	毒死蜱	2	0.01%	1.8	中度风险
7	氟硅唑	2	0.01%	1.8	中度风险
8	丙溴磷	2	0.01%	1.8	中度风险
9	咪鲜胺	2	0.01%	1.8	中度风险
10	啶虫脒	1	0	1.4	低度风险
11	腈菌唑	1	0	1.4	低度风险
12	马拉硫磷	1	0	1.4	低度风险
13	胺菊酯	1	0	1.4	低度风险
14	缬霉威	1	0	1.4	低度风险
15	哒螨灵	1	0	1.4	低度风险
16	噻虫啉	0	0	1.1	低度风险
17	甲氨基阿维菌素	0	0	1.1	低度风险
18	戊唑醇	0	0	1.1	低度风险

续表

序号	农药	超标频次	超标率 P	风险系数 R	风险程度
19	辛硫磷	0	0	1.1	低度风险
20	甲哌	0	0	1.1	低度风险
21	醚菌酯	0	0	1.1	低度风险
22	吡唑醚菌酯	0	0	1.1	低度风险
23	甲基硫菌灵	0	0	1.1	低度风险
24	嘧菌酯	0	0	1.1	低度风险
25	丙环唑	0	0	1.1	低度风险
26	噻菌灵	0	0	1.1	低度风险
27	苯醚甲环唑	0	0	1.1	低度风险
28	噻嗪酮	0	0	1.1	低度风险
29	噻虫嗪	0	0	1.1	低度风险
30	三唑酮	0	0	1.1	低度风险
31	二甲嘧酚	0	0	1.1	低度风险
32	灭蝇胺	0	0	1.1	低度风险
33	扑草净	0	0	1.1	低度风险
34	己唑醇	0	0	1.1	低度风险
35	莎稗磷	0	0	1.1	低度风险
36	氟环唑	0	0	1.1	低度风险
37	抑霉唑	0	0	1.1	低度风险
38	烯酰吗啉	0	0	1.1	低度风险
39	吡虫啉	0	0	1.1	低度风险
40	甲霜灵	0	0	1.1	低度风险
41	乙嘧酚	0	0	1.1	低度风险
42	去乙基阿特拉津	0	0	1.1	低度风险
43	双苯基脲	0	0	1.1	低度风险
44	三唑磷	0	0	1.1	低度风险
45	虫酰肼	0	0	1.1	低度风险
46	莠去津	0	0	1.1	低度风险

对每个月内的非禁用农药的风险系数进行分别分析，图 10-25 为每月内非禁药风险程度分布图。两个月份内处于高度风险农药比例排序为：2013 年 9 月（7.32%）＞2013 年 8 月（2.86%）。

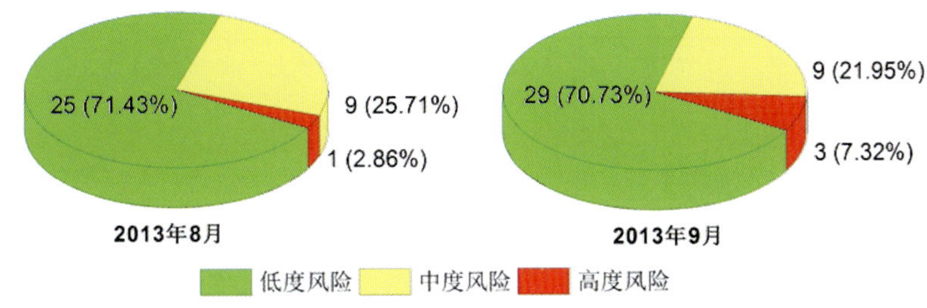

图 10-25　各月份内果蔬中非禁用农药残留的风险程度分布图

两个月份内处于中度风险和高度风险的残留农药风险系数如图 10-26 和表 10-21 所示。

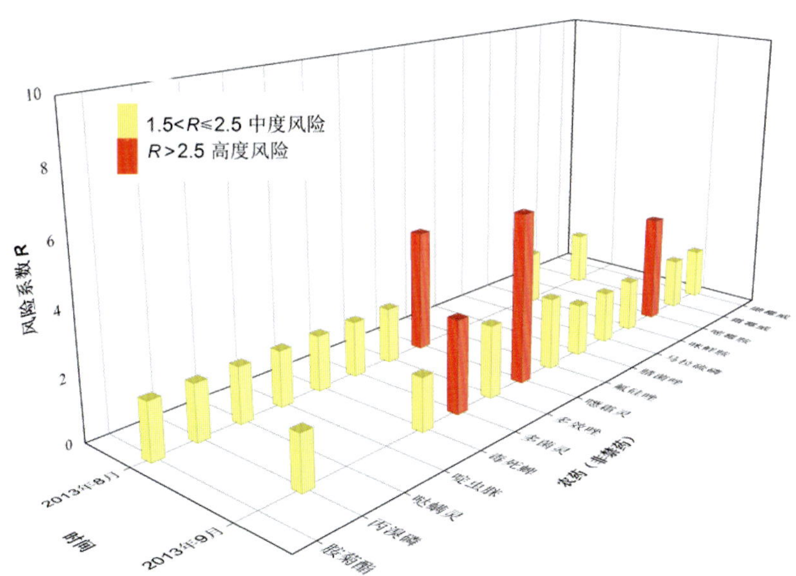

图 10-26　各月份内果蔬中处于中度风险和高度风险的非禁用农药残留的风险系数

表 10-21　各月份内果蔬中处于中度风险和高度风险的非禁用农药残留的风险系数表

序号	年月	农药	超标频次	超标率 *P*	风险系数 *R*	风险程度
1	2013 年 8 月	噁霜灵	4	0.03%	4.1	高度风险
2	2013 年 8 月	多效唑	1	0.01%	1.8	中度风险
3	2013 年 8 月	胺菊酯	1	0.01%	1.8	中度风险
4	2013 年 8 月	丙溴磷	1	0.01%	1.8	中度风险
5	2013 年 8 月	啶虫脒	1	0.01%	1.8	中度风险
6	2013 年 8 月	毒死蜱	1	0.01%	1.8	中度风险
7	2013 年 8 月	咪鲜胺	1	0.01%	1.8	中度风险
8	2013 年 8 月	哒螨灵	1	0.01%	1.8	中度风险
9	2013 年 8 月	多菌灵	1	0.01%	1.8	中度风险

续表

序号	年月	农药	超标频次	超标率 P	风险系数 R	风险程度
10	2013 年 8 月	霜霉威	1	0.01%	1.8	中度风险
11	2013 年 9 月	噁霜灵	7	0.05%	5.6	高度风险
12	2013 年 9 月	嘧霉胺	4	0.03%	3.7	高度风险
13	2013 年 9 月	多菌灵	3	0.02%	3.0	高度风险
14	2013 年 9 月	多效唑	2	0.01%	2.4	中度风险
15	2013 年 9 月	氟硅唑	2	0.01%	2.4	中度风险
16	2013 年 9 月	丙溴磷	1	0.01%	1.7	中度风险
17	2013 年 9 月	腈菌唑	1	0.01%	1.7	中度风险
18	2013 年 9 月	毒死蜱	1	0.01%	1.7	中度风险
19	2013 年 9 月	马拉硫磷	1	0.01%	1.7	中度风险
20	2013 年 9 月	咪鲜胺	1	0.01%	1.7	中度风险
21	2013 年 9 月	缬霉威	1	0.01%	1.7	中度风险
22	2013 年 9 月	霜霉威	1	0.01%	1.7	中度风险

10.4　哈尔滨市果蔬农药残留风险评估结论与建议

农药残留是影响果蔬安全和质量的主要因素，也是我国食品安全领域备受关注的敏感话题和亟待解决的重大问题之一[15,16]。各种水果蔬菜均存在不同程度的农药残留现象，本报告主要针对哈尔滨各类水果蔬菜存在的农药残留问题，基于 2013 年 8 月~2013 年 9 月对哈尔滨市 289 例果蔬样品农药残留得出的 588 个检测结果，分别采用食品安全指数和风险系数两类方法，开展果蔬中农药残留的膳食暴露风险和预警风险评估。

本报告力求通用简单地反映食品安全中的主要问题且为管理部门和大众容易接受，为政府及相关管理机构建立科学的食品安全信息发布和预警体系提供科学的规律与方法，加强对农药残留的预警和食品安全重大事件的预防，控制食品风险。水果蔬菜样品取自超市和农贸市场，符合大众的膳食来源，风险评价时更具有代表性和可信度。

10.4.1　哈尔滨市果蔬中农药残留膳食暴露风险评价结论

1）果蔬中农药残留安全状态评价结论

采用食品安全指数模型，对 2013 年 8 月~2013 年 9 月期间哈尔滨市果蔬食品农药残留膳食暴露风险进行评价，根据 $\mathrm{IFS_c}$ 的计算结果发现，果蔬中农药的 $\overline{\mathrm{IFS}}$ 为 0.0262，说明哈尔滨市果蔬总体处于很好的安全状态，但部分禁用农药、高残留农药在蔬菜、水果中仍有检出，导致膳食暴露风险的存在，成为不安全因素。

2）单种果蔬中农药残留膳食暴露风险不可接受情况评价结论

单种果蔬中农药残留安全指数分析结果显示，农药对单种果蔬安全影响不可接受

（IFS_c>1）的样本数共 2 个，占总样本数的 0.79%，2 个样本分别为芹菜中的甲拌磷和芹菜中的氧乐果，说明芹菜中的甲拌磷和芹菜中的氧乐果会对消费者身体健康造成较大的膳食暴露风险。氧乐果和甲拌磷属于禁用的剧毒农药，且芹菜为较常见的果蔬品种，百姓日常食用量较大，长期食用大量残留氧乐果和甲拌磷的芹菜会对人体造成不可接受的影响，本次检测发现氧乐果和甲拌磷在芹菜样品中多次并大量检出，是未严格实施农业良好管理规范（GAP），抑或是农药滥用，这应该引起相关管理部门的警惕，应加强对芹菜中甲拌磷、氧乐果的严格管控。

3）禁用农药残留膳食暴露风险评价

本次检测发现部分果蔬样品中有禁用农药检出，检出禁用农药 5 种，检出频次为 27，果蔬样品中的禁用农药 IFS_c 计算结果表明，禁用农药残留膳食暴露风险不可接受的频次为 3，占 11.11%，可以接受的频次为 9，占 33.33%，没有影响的频次为 15，占 55.56%。对于果蔬样品中所有农药残留而言，膳食暴露风险不可接受的频次为 3，仅占总体频次的 0.51%，可以看出，禁用农药残留膳食暴露风险不可接受的比例远高于总体水平，这在一定程度上说明禁用农药残留更容易导致严重的膳食暴露风险。此外，膳食暴露风险不可接受的残留禁用农药均为氧乐果和甲拌磷，因此，应该加强对禁用农药的管控力度。为何在国家明令禁止禁用农药喷洒的情况下，还能在多种果蔬中多次检出禁用农药残留并造成不可接受的膳食暴露风险，这应该引起相关部门的高度警惕，应该在禁止禁用农药喷洒的同时，严格管控禁用农药的生产和售卖，从根本上杜绝安全隐患。

10.4.2 哈尔滨市果蔬中农药残留预警风险评价结论

1）单种果蔬中禁用农药残留的预警风险评价结论

本次检测过程中，在 10 种果蔬中检测出 5 种禁用农药，禁用农药种类为：甲拌磷、氧乐果、治螟磷、克百威和灭多威，果蔬种类为：菠菜、芹菜、桃、茄子、葡萄、韭菜、茼蒿、生菜、黄瓜和甜椒，果蔬中禁用农药的风险系数分析结果显示，5 种禁用农药在 10 种果蔬中的残留均处于高度风险，说明在单种果蔬中禁用农药的残留，会导致较高的预警风险。

2）单种果蔬中非禁用农药残留的预警风险评价结论

以 MRL 中国国家标准为标准，计算果蔬中非禁用农药风险系数情况下，233 个样本中，2 个处于高度风险（0.86%），96 个处于低度风险（41.2%），135 个样本没有 MRL 中国国家标准（57.94%）。以 MRL 欧盟为标准，计算果蔬中非禁用农药风险系数情况下，发现有 27 个处于高度风险（11.59%），206 个处于低度风险（88.41%）。利用两种农药 MRL 标准评价的结果差异显著，可以看出 MRL 欧盟标准比中国国家标准更加严格和完善，过于宽松的 MRL 中国国家标准值能否有效保障人体的健康有待研究。

10.4.3 加强哈尔滨市果蔬食品安全建议

我国食品安全风险评价体系仍不够健全，相关制度不够完善，多年来，由于农药用药次数多、用药量大或用药间隔时间短，产品残留量大，农药残留所带来的食品安全问题突出，给人体健康带来了直接或间接的危害，据估计，美国与农药有关的癌症患者数约占全国癌症患者总数的 50%，中国更高。同样，农药对其他生物也会形成直接杀伤和慢性危害，植物中的农药可经过食物链逐级传递并不断蓄积，对人和动物构成潜在威胁，并影响生态系统。

基于本次农药残留检测与风险评价结果，提出以下几点建议：

1）加快完善食品安全标准

我国食品标准中对部分农药每日允许摄入量 ADI 的规定仍缺乏，本次评价基础检测数据中涉及的 51 个品种中，88.2%有规定，仍有 11.8%尚无规定值。

我国食品中农药最大残留限量的规定严重缺乏，欧盟 MRL 标准值齐全，与欧盟相比，我国对不同果蔬中不同农药 MRL 已有规定值的数量仅占欧盟的 46.4%（表 10-22），缺少 53.6%，急需进行完善。

表 10-22　中国与欧盟的 ADI 和 MRL 标准限值的对比分析

分类		中国 ADI	MRL 中国国家标准	MRL 欧盟标准
标准限值（个）	有	45	117	252
	无	6	135	0
总数（个）		51	252	252
无标准限值比例		11.8%	53.6%	0

此外， MRL 中国国家标准限值普遍高于欧盟标准限值，根据对涉及的 252 个品种中我国已有的 117 个限量标准进行统计来看，69 个农药的中国 MRL 高于欧盟 MRL，占 58.9%。过高的 MRL 值难以保障人体健康，建议继续加强对限值基准和标准进行科学的定量研究，将农产品中的危险性减少到尽可能低的水平。

2）加强农药的源头控制和分类监管

在哈尔滨市某些果蔬中仍有禁用农药检出，利用 LC-Q-TOF/MS 检测出 5 种禁用农药，检出频次为 27 次，残留禁用农药均存在较大的膳食暴露风险和预警风险。早已列入黑名单的禁用农药并未真正退出，有些药物由于价格便宜、工艺简单，此类高毒农药一直生产和使用。建议在我国采取严格有效的控制措施，进行禁用农药的源头控制。

对于非禁用农药，在我国作为“田间地头”最典型单位的县级蔬果产地中，农药残留的检测几乎缺失。建议根据农药的毒性，对高毒、剧毒、中毒农药实现分类管理，减少使用高毒和剧毒高残留农药，进行分类监管。

3）加强残留农药的生物修复及降解新技术

市售果蔬中残留农药品种多、频次高、禁用农药多次检出这一现状，说明了我国的田间土壤和水体因农药长期、频繁、不合理的使用而遭到严重污染。为此，建议有关部门出台相关政策，鼓励高校及科研院所积极开展分子生物学、酶学等研究，加强土壤、水体中残留农药的生物修复及降解新技术研究，并加大农药使用监管力度，以控制农药的面源污染问题。

4）加强对禁药和高风险农药的管控并建立风险预警系统分析平台

本评价结果提示，在果蔬尤其是蔬菜用药中，应结合农药的使用周期、生物毒性和降解特性，加强对禁用农药和高风险农药的管控。

在本工作基础上，根据蔬菜残留危害，可进一步针对其成因提出和采取严格管理、大力推广无公害蔬菜种植与生产、健全食品安全控制技术体系、加强蔬菜食品质量检测体系建设和积极推行蔬菜食品质量追溯制度等相应对策。建立和完善食品安全综合评价指数与风险监测预警系统，建议依托科研院所、高校科研实力，建立风险预警系统分析平台，对食品安全进行实时、全面的监控与分析，为哈尔滨市食品安全科学监管与决策提供新的技术支持，可实现各类检验数据的信息化系统管理，并减少食品安全事故的发生。

第 11 章　GC-Q-TOF/MS 侦测哈尔滨市 335 例市售水果蔬菜样品农药残留报告

从哈尔滨市所属 5 个区县，随机采集了 335 例水果蔬菜样品，使用气相色谱-四极杆飞行时间质谱（GC-Q-TOF/MS）对 499 种农药化学污染物进行示范侦测。

11.1　样品种类、数量与来源

11.1.1　样品采集与检测

为了真实反映百姓餐桌上水果蔬菜中农药残留污染状况，本次所有检测样品均由检验人员于 2015 年 7 月期间，从哈尔滨市所属 11 个采样点，包括 11 个超市，以随机购买方式采集，总计 11 批 335 例样品，从中检出农药 89 种，709 频次。采样及监测概况见图 11-1 及表 11-1，样品及采样点明细见表 11-2 及表 11-3（侦测原始数据见附表 1）。

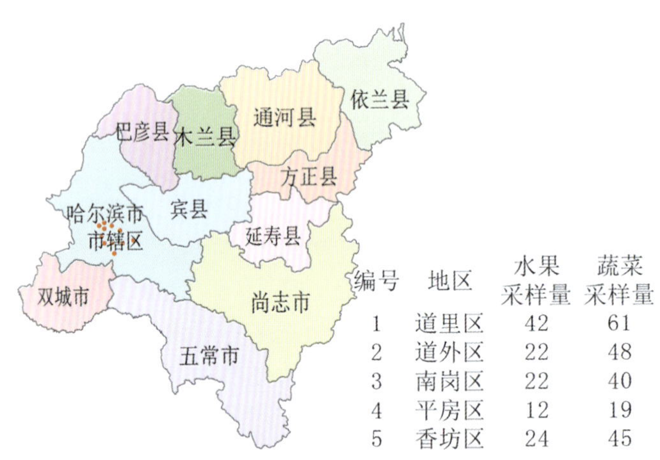

图 11-1　哈尔滨市所属 11 个采样点 335 例样品分布图

表 11-1　农药残留监测总体概况

采样地区	哈尔滨市所属 5 个区县
采样点（超市+农贸市场）	11
样本总数	335
检出农药品种/频次	89/709
各采样点样本农药残留检出率范围	70.6%~94.3%

表 11-2　样品分类及数量

样品分类	样品名称（数量）	数量小计
1. 蔬菜		193
1）鳞茎类蔬菜	韭菜（6）	6
2）芸薹属类蔬菜	菜薹（3），花椰菜（9），结球甘蓝（6），青花菜（5）	23
3）叶菜类蔬菜	菠菜（9），苦苣（5），芹菜（8），生菜（8），茼蒿（7），小白菜（8），油麦菜（9），小油菜（9）	63
4）茄果类蔬菜	番茄（11），茄子（9），甜椒（12），樱桃番茄（6）	38
5）瓜类蔬菜	冬瓜（8），黄瓜（12），苦瓜（3），南瓜（4），丝瓜（3），西葫芦（8）	38
6）豆类蔬菜	菜豆（11）	11
7）根茎类和薯芋类蔬菜	胡萝卜（10），萝卜（4）	14
2. 水果		122
1）柑橘类水果	橙（9），柠檬（9），柚（8）	26
2）仁果类水果	梨（10），苹果（11）	21
3）核果类水果	李子（9），桃（11），枣（1）	21
4）浆果和其他小型水果	猕猴桃（5），葡萄（10）	15
5）热带和亚热带水果	火龙果（8），荔枝（6），芒果（7），香蕉（9）	30
6）瓜果类水果	香瓜（9）	9
3. 食用菌		20
1）蘑菇类	金针菇（7），香菇（4），杏鲍菇（9）	20
合计	1.蔬菜 26 种 2.水果 15 种 3.食用菌 3 种	335

表 11-3　哈尔滨市采样点信息

采样点序号	行政区域	采样点
超市（11）		
1	道里区	***超市（金安国际店）
2	道里区	***超市
3	道里区	***超市（中央商城店）
4	道里区	***超市（哈尔滨总店）
5	道外区	***超市（道外店）
6	道外区	***超市（永平店）
7	南岗区	***超市（西大直街店）

续表

采样点序号	行政区域	采样点
8	南岗区	***超市（中山店）
9	平房区	***超市（平房区店）
10	香坊区	***超市（乐松店）
11	香坊区	***超市（中环店）

11.1.2 检测结果

这次使用的检测方法是庞国芳院士团队最新研发的不需使用标准品对照，而以高分辨精确质量数（0.0001 *m/z*）为基准的 GC-Q-TOF/MS 检测技术，对于 335 例样品，每个样品均侦测了 499 种农药化学污染物的残留现状。通过本次侦测，在 335 例样品中共计检出农药化学污染物 89 种，检出 709 频次。

11.1.2.1 各采样点样品检出情况

统计分析发现 11 个采样点中，被测样品的农药检出率范围为 70.6%~94.3%。其中，***超市（乐松店）的检出率最高，为 94.3%。***超市（道外店）的检出率最低，为 70.6%，见图 11-2。

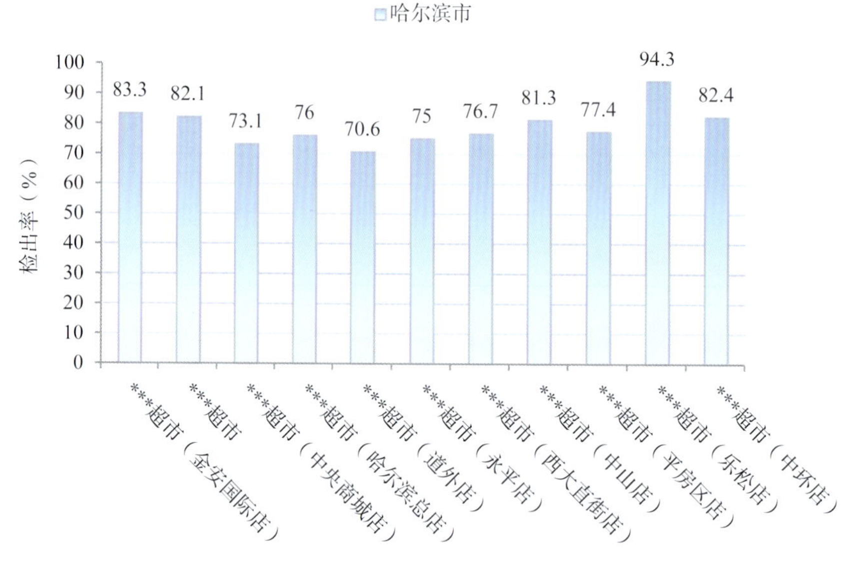

图 11-2　各采样点样品中的农药检出率

11.1.2.2 检出农药的品种总数与频次

统计分析发现，对于 335 例样品中 499 种农药化学污染物的侦测，共检出农药 709 频次，涉及农药 89 种，结果如图 11-3 所示。其中除虫菊酯检出频次最高，共检出 106

次。检出频次排名前 10 的农药如下：①除虫菊酯(106)；②烯虫酯(50)；③威杀灵(49)；④二苯胺（46）；⑤毒死蜱（32）；⑥哒螨灵（28）；⑦氯氰菊酯（22）；⑧嘧霉胺（21）；⑨生物苄呋菊酯（21）；⑩硫丹（19）。

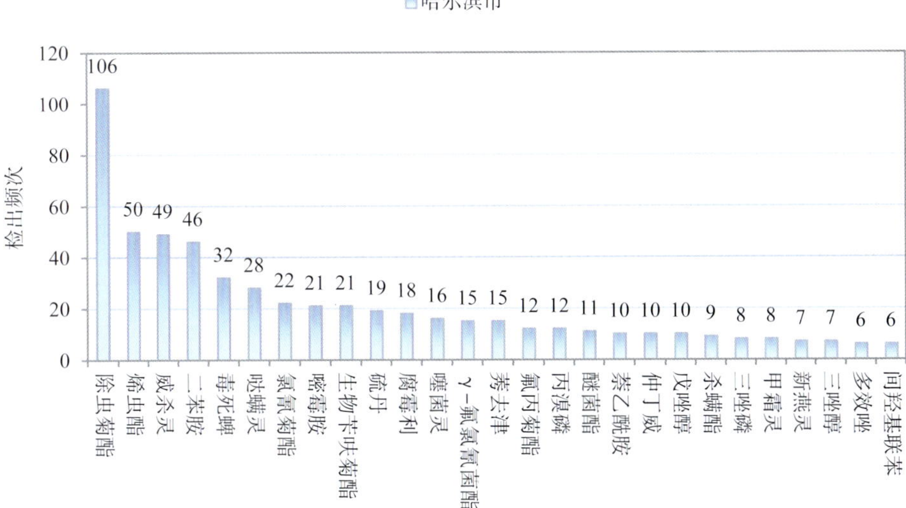

图 11-3 检出农药品种及频次（仅列出 6 频次及以上的数据）

由图 11-4 可见，芹菜、甜椒、黄瓜、茼蒿和油麦菜这 5 种果蔬样品中检出的农药品种数较高，均超过 15 种，其中，芹菜检出农药品种最多，为 29 种。由图 11-5 可见，芹菜、甜椒、茼蒿、菠菜、黄瓜、小油菜和菜豆这 7 种果蔬样品中的农药检出频次较高，均超过 30 次，其中，芹菜检出农药频次最高，为 60 次。

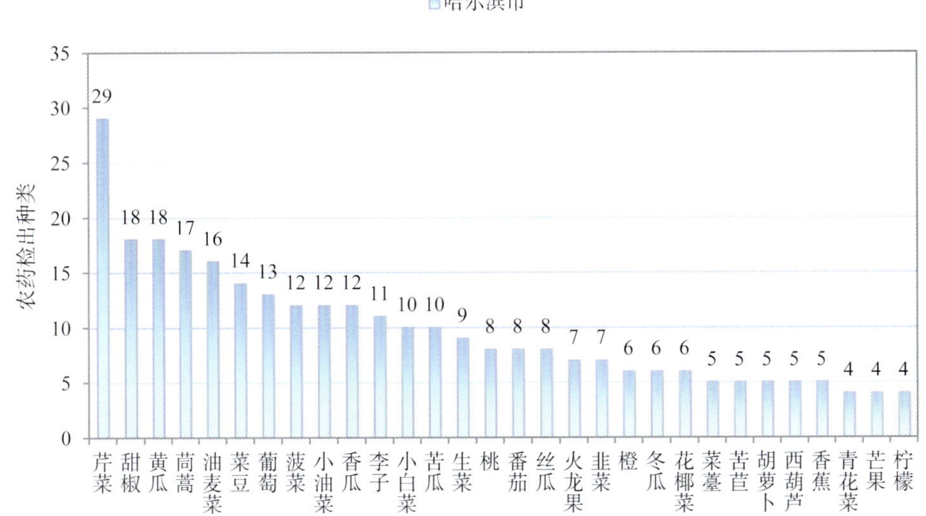

图 11-4 单种水果蔬菜检出农药的种类数（仅列出检出农药 4 种及以上的数据）

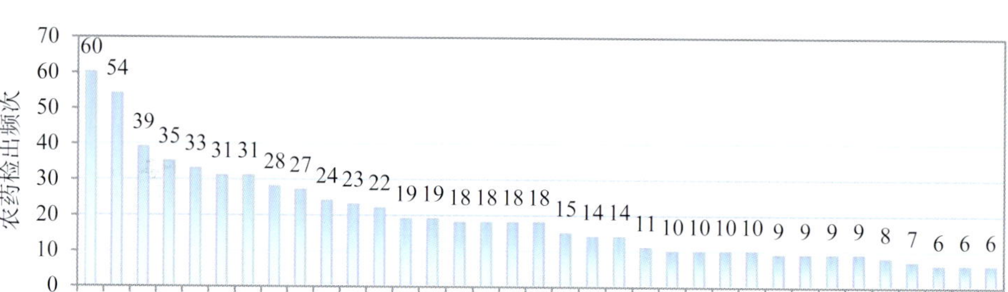

图 11-5　单种水果蔬菜检出农药频次（仅列出检出农药 6 频次及以上的数据）

11.1.2.3　单例样品农药检出种类与占比

对单例样品检出农药种类和频次进行统计发现，未检出农药的样品占总样品数的 20.6%，检出 1 种农药的样品占总样品数的 26.9%，检出 2~5 种农药的样品占总样品数的 46.3%，检出 6~10 种农药的样品占总样品数的 5.4%，检出大于 10 种农药的样品占总样品数的 0.9%。每例样品中平均检出农药为 2.1 种，数据见表 11-4 及图 11-6。

表 11-4　单例样品检出农药品种占比

检出农药品种数	样品数量及占比（%）
未检出	69/20.6
1 种	90/26.9
2~5 种	155/46.3
6~10 种	18/5.4
大于 10 种	3/0.9
单例样品平均检出农药品种	2.1 种

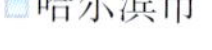

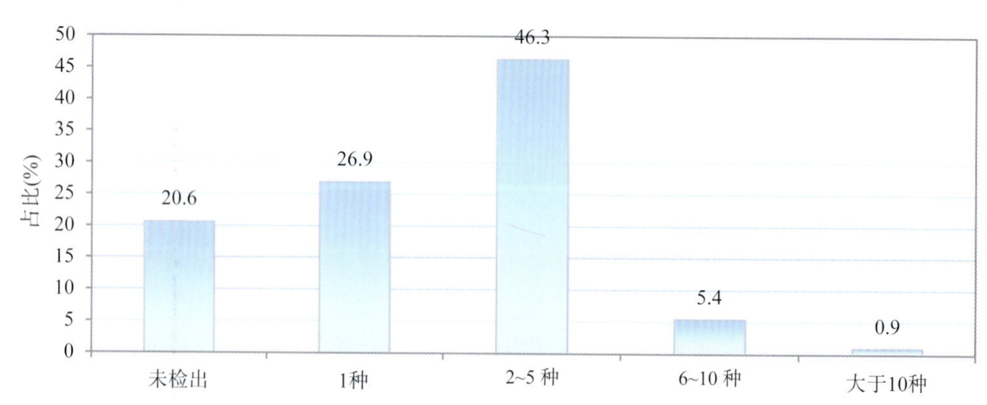

图 11-6　单例样品平均检出农药品种及占比

11.1.2.4　检出农药类别与占比

所有检出农药按功能分类，包括杀虫剂、杀菌剂、除草剂、植物生长调节剂、驱避剂和其他共 6 类。其中杀虫剂与杀菌剂为主要检出的农药类别，分别占总数的 47.2%和 28.1%，见表 11-5 及图 11-7。

表 11-5　检出农药所属类别及占比

农药类别	数量及占比（%）
杀虫剂	42/47.2
杀菌剂	25/28.1
除草剂	18/20.2
植物生长调节剂	2/2.2
驱避剂	1/1.1
其他	1/1.1

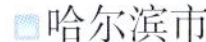

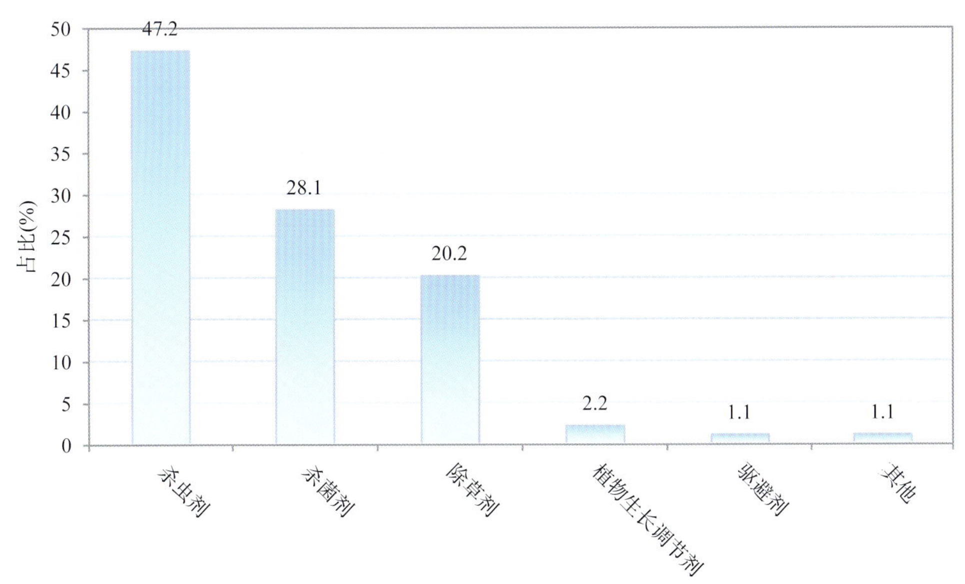

图 11-7　检出农药所属类别和占比

11.1.2.5　检出农药的残留水平

按检出农药残留水平进行统计，残留水平在 1~5 μg/kg（含）的农药占总数的 38.5%，在 5~10 μg/kg（含）的农药占总数的 13.4%，在 10~100 μg/kg（含）的农药占总数的 41.0%，在 100~1000 μg/kg（含）的农药占总数的 6.5%，>1000 μg/kg 的农药占总数的 0.6%。

由此可见，这次检测的 11 批 335 例水果蔬菜样品中农药多数处于较低残留水平。结果见表 11-6 及图 11-8，数据见附表 2。

表 11-6　农药残留水平及占比

残留水平（μg/kg）	检出频次及占比（%）
1~5（含）	273/38.5
5~10（含）	95/13.4
10~100（含）	291/41.0
100~1000（含）	46/6.5
>1000	4/0.6

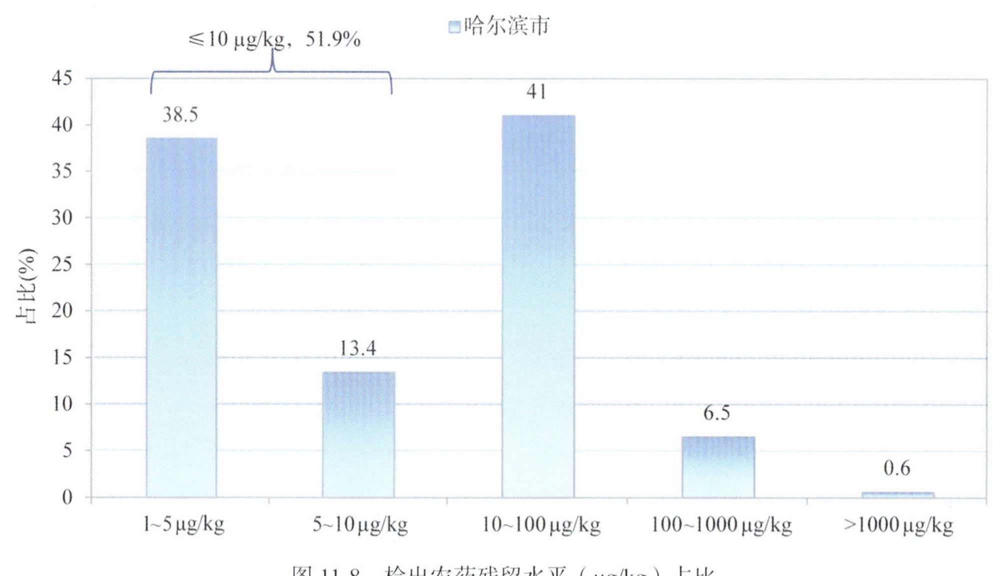

图 11-8　检出农药残留水平（μg/kg）占比

11.1.2.6　检出农药的毒性类别、检出频次和超标频次及占比

对这次检出的 89 种 709 频次的农药，按剧毒、高毒、中毒、低毒和微毒这五个毒性类别进行分类，从中可以看出，哈尔滨市目前普遍使用的农药为中低微毒农药，品种占 88.8%，频次占 96.6%。结果见表 11-7 及图 11-9。

表 11-7　检出农药毒性类别及占比

毒性分类	农药品种/占比（%）	检出频次/占比（%）	超标频次/超标率（%）
剧毒农药	2/2.2	3/0.4	1/33.3
高毒农药	8/9.0	21/3.0	2/9.5
中毒农药	29/32.6	323/45.6	3/0.9
低毒农药	36/40.4	221/31.2	0/0.0
微毒农药	14/15.7	141/19.9	0/0.0

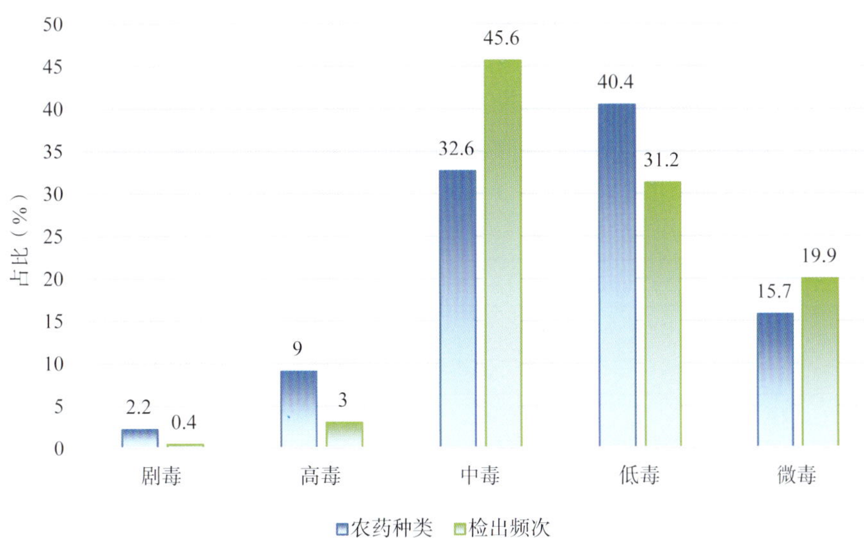

图 11-9　检出农药的毒性分类和占比

11.1.2.7　检出剧毒/高毒类农药的品种和频次

值得特别关注的是，在此次侦测的 335 例样品中有 10 种蔬菜 2 种水果的 23 例样品检出了 10 种 24 频次的剧毒和高毒农药，占样品总量的 6.9%，详见图 11-10、表 11-8 及表 11-9。

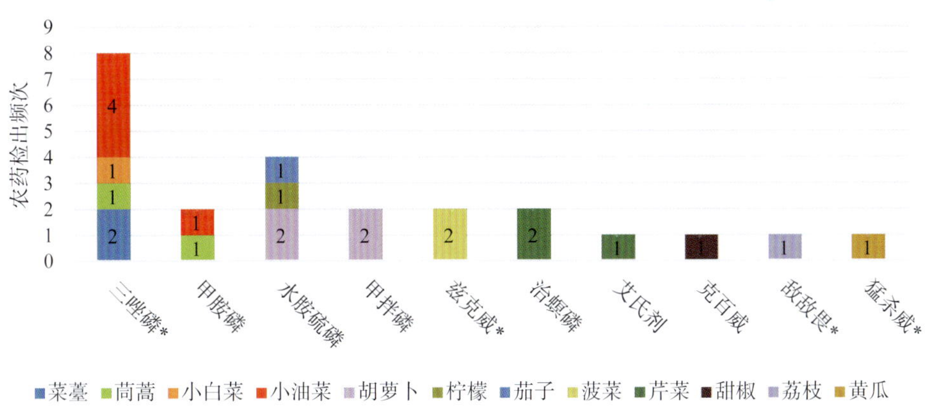

图 11-10　检出剧毒/高毒农药的样品情况

*表示允许在水果和蔬菜上使用的农药

表 11-8　剧毒农药检出情况

序号	农药名称	检出频次	超标频次	超标率
水果中未检出剧毒农药				
	小计	0	0	超标率：0.0%

续表

序号	农药名称	检出频次	超标频次	超标率
从 2 种蔬菜中检出 2 种剧毒农药，共计检出 3 次				
1	甲拌磷*	2	1	50.0%
2	艾氏剂*	1	0	0.0%
	小计	3	1	超标率：33.3%
	合计	3	1	超标率：33.3%

表 11-9　高毒农药检出情况

序号	农药名称	检出频次	超标频次	超标率
从 2 种水果中检出 2 种高毒农药，共计检出 2 次				
1	水胺硫磷	1	0	0.0%
2	敌敌畏	1	0	0.0%
	小计	2	0	超标率：0.0%
从 10 种蔬菜中检出 7 种高毒农药，共计检出 19 次				
1	三唑磷	8	0	0.0%
2	水胺硫磷	3	0	0.0%
3	兹克威	2	0	0.0%
4	治螟磷	2	1	50.0%
5	甲胺磷	2	0	0.0%
6	猛杀威	1	0	0.0%
7	克百威	1	1	100.0%
	小计	19	2	超标率：10.5%
	合计	21	2	超标率：9.5%

在检出的剧毒和高毒农药中，有 6 种是我国早已禁止在果树和蔬菜上使用的，分别是：克百威、水胺硫磷、甲拌磷、甲胺磷、治螟磷和艾氏剂。禁用农药的检出情况见表 11-10。

表 11-10　禁用农药检出情况

序号	农药名称	检出频次	超标频次	超标率
从 4 种水果中检出 2 种禁用农药，共计检出 8 次				
1	硫丹	7	0	0.0%
2	水胺硫磷	1	0	0.0%
	小计	8	0	超标率：0.0%

续表

序号	农药名称	检出频次	超标频次	超标率
从 9 种蔬菜中检出 8 种禁用农药，共计检出 24 次				
1	硫丹	12	0	0.0%
2	水胺硫磷	3	0	0.0%
3	甲胺磷	2	0	0.0%
4	甲拌磷*	2	1	50.0%
5	治螟磷	2	1	50.0%
6	艾氏剂*	1	0	0.0%
7	除草醚	1	0	0.0%
8	克百威	1	1	100.0%
小计		24	3	超标率：12.5%
合计		32	3	超标率：9.4%

注：超标结果参考 MRL 中国国家标准计算

此次抽检的果蔬样品中，有 2 种蔬菜检出了剧毒农药，分别是：胡萝卜中检出甲拌磷 2 次；芹菜中检出艾氏剂 1 次。

样品中检出剧毒和高毒农药残留水平超过 MRL 中国国家标准的频次为 3 次，其中：胡萝卜检出甲拌磷超标 1 次；芹菜检出治螟磷超标 1 次；甜椒检出克百威超标 1 次。本次检出结果表明，高毒、剧毒农药的使用现象依旧存在，详见表 11-11。

表 11-11　各样本中检出剧毒/高毒农药情况

样品名称	农药名称	检出频次	超标频次	检出浓度（μg/kg）
水果 2 种				
荔枝	敌敌畏	1	0	24.0
柠檬	水胺硫磷▲	1	0	23.1
小计		2	0	超标率：0.0%
蔬菜 10 种				
菠菜	兹克威	2	0	1.5，1.6
菜薹	三唑磷	2	0	11.2，11.8
胡萝卜	甲拌磷*▲	2	1	6.1，14.7[a]
胡萝卜	水胺硫磷▲	2	0	1.6，3.1
黄瓜	猛杀威	1	0	21.5
茄子	水胺硫磷▲	1	0	19.6
芹菜	艾氏剂*▲	1	0	2.7
芹菜	治螟磷▲	2	1	1.0，12.1[a]
甜椒	克百威▲	1	1	87.0[a]
小白菜	三唑磷	1	0	30.5
小油菜	三唑磷	4	0	3.0，572.5，361.9，38.9

续表

样品名称	农药名称	检出频次	超标频次	检出浓度（μg/kg）
小油菜	甲胺磷▲	1	0	1.3
茼蒿	甲胺磷▲	1	0	1.1
茼蒿	三唑磷	1	0	1.2
小计		22	3	超标率：13.6%
合计		24	3	超标率：12.5%

11.2 农药残留检出水平与最大残留限量标准对比分析

我国于 2014 年 3 月 20 日正式颁布并于 2014 年 8 月 1 日正式实施食品农药残留限量国家标准《食品中农药最大残留限量》（GB 2763—2014）。该标准包括 371 个农药条目，涉及最大残留限量（MRL）标准 3653 项。将 709 频次检出农药的浓度水平与 3653 项 MRL 国家标准进行核对，其中只有 114 频次的农药找到了对应的 MRL 标准，占 16.1%，还有 595 频次的侦测数据则无相关 MRL 标准供参考，占 83.9%。

将此次侦测结果与国际上现行 MRL 标准对比发现，在 709 频次的检出结果中有 709 频次的结果找到了对应的 MRL 欧盟标准，占 100.0%；其中，537 频次的结果有明确对应的 MRL 中国国家标准，占 75.7%，其余 172 频次按照欧盟一律标准判定，占 24.3%；有 709 频次的结果找到了对应的 MRL 日本标准，占 100.0%；其中，393 频次的结果有明确对应的 MRL 标准，占 55.4%，其余 316 频次按照日本一律标准判定，占 44.6%；有 267 频次的结果找到了对应的 MRL 中国香港标准，占 37.7%；有 174 频次的结果找到了对应的 MRL 美国标准，占 24.5%；有 138 频次的结果找到了对应的 MRL CAC 标准，占 19.5%（见图 11-11 和图 11-12，数据见附表 3 至附表 8）。

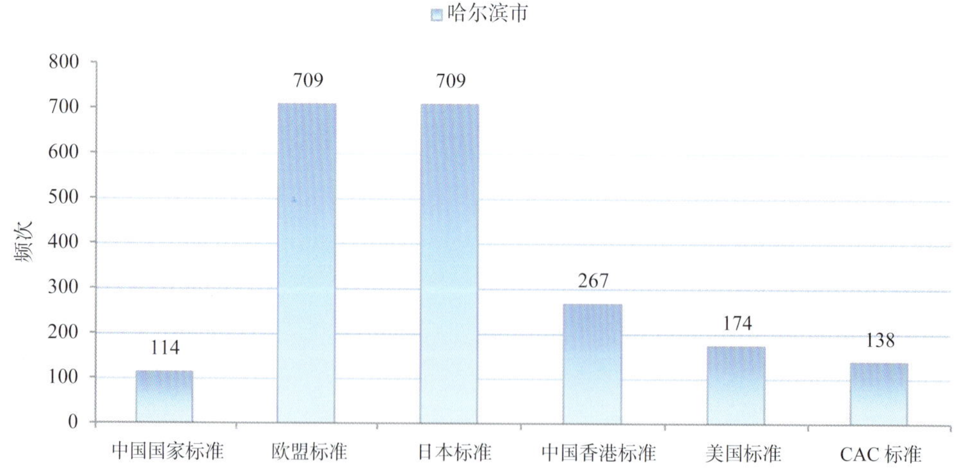

图 11-11 709 频次检出农药可用 MRL 中国国家标准、欧盟标准、日本标准、中国香港标准、美国标准、CAC 标准判定衡量的数量

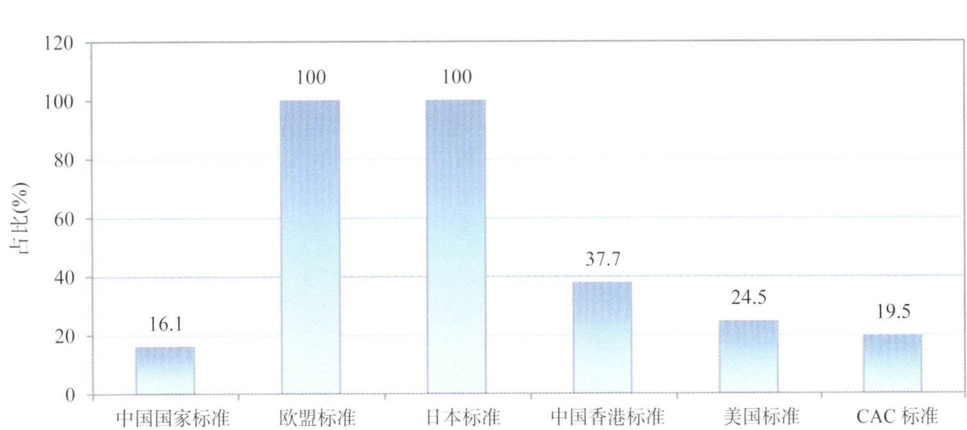

图 11-12　709 频次检出农药可用 MRL 中国国家标准、欧盟标准、日本标准、中国香港标准、美国标准、CAC 标准判定衡量的占比

11.2.1　超标农药样品分析

本次侦测的 335 例样品中，69 例样品未检出任何残留农药，占样品总量的 20.6%，266 例样品检出不同水平、不同种类的残留农药，占样品总量的 79.4%。在此，我们将本次侦测的农残检出情况与 MRL 中国国家标准、欧盟标准、日本标准、中国香港标准、美国标准和 CAC 标准这 6 大国际主流标准进行对比分析，样品农残检出与超标情况见表 11-12、图 11-13 和图 11-14，详细数据见附表 12 至附表 14。

表 11-12　各 MRL 标准下样本农残检出与超标数量及占比

	中国国家标准 数量/占比（%）	欧盟标准 数量/占比（%）	日本标准 数量/占比（%）	中国香港标准 数量/占比（%）	美国标准 数量/占比（%）	CAC 标准 数量/占比（%）
未检出	69/20.6	69/20.6	69/20.6	69/20.6	69/20.6	69/20.6
检出未超标	260/77.6	161/48.1	165/49.3	260/77.6	264/78.8	260/77.6
检出超标	6/1.8	105/31.3	101/30.1	6/1.8	2/0.6	6/1.8

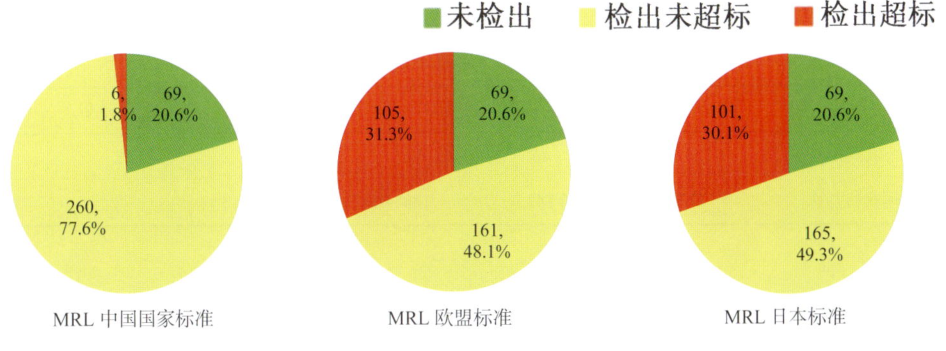

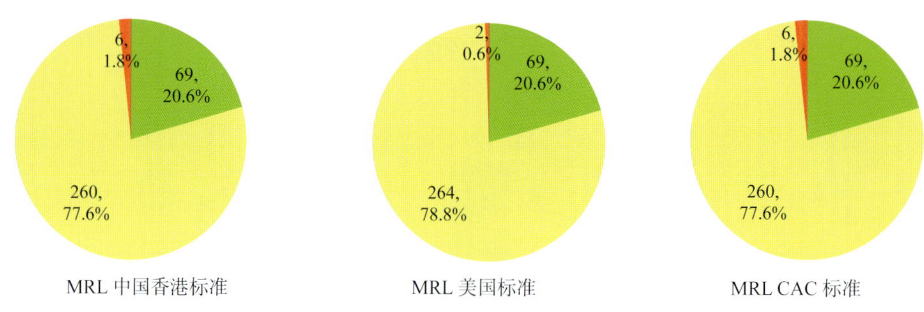

图 11-13　检出和超标样品比例情况

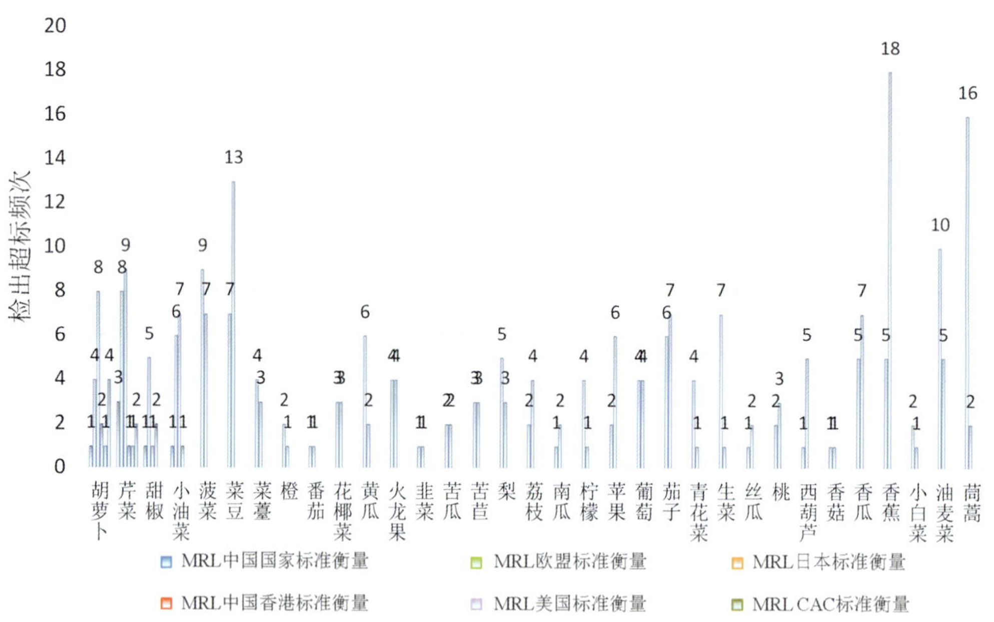

图 11-14　超过 MRL 中国国家标准、欧盟标准、日本标准、中国香港标准、美国标准和 CAC 标准判定结果在水果蔬菜中的分布

11.2.2　超标农药种类分析

按照 MRL 中国国家标准、欧盟标准、日本标准、中国香港标准、美国标准和 CAC 标准这 6 大国际主流标准衡量，本次侦测检出的农药超标品种及频次情况见表 11-13。

表 11-13　各 MRL 标准下超标农药品种及频次

	中国国家标准	欧盟标准	日本标准	中国香港标准	美国标准	CAC 标准
超标农药品种	4	43	40	2	2	1
超标农药频次	6	143	138	6	2	6

11.2.2.1　按 MRL 中国国家标准衡量

按 MRL 中国国家标准衡量，共有 4 种农药超标，检出 6 频次，分别为剧毒农药甲拌磷，高毒农药治螟磷和克百威，中毒农药毒死蜱。

按超标程度比较，芹菜中毒死蜱超标 3.9 倍，甜椒中克百威超标 3.4 倍，胡萝卜中甲拌磷超标 50%，芹菜中治螟磷超标 20%，小油菜中毒死蜱超标 20%。检测结果见图 11-15 和附表 15。

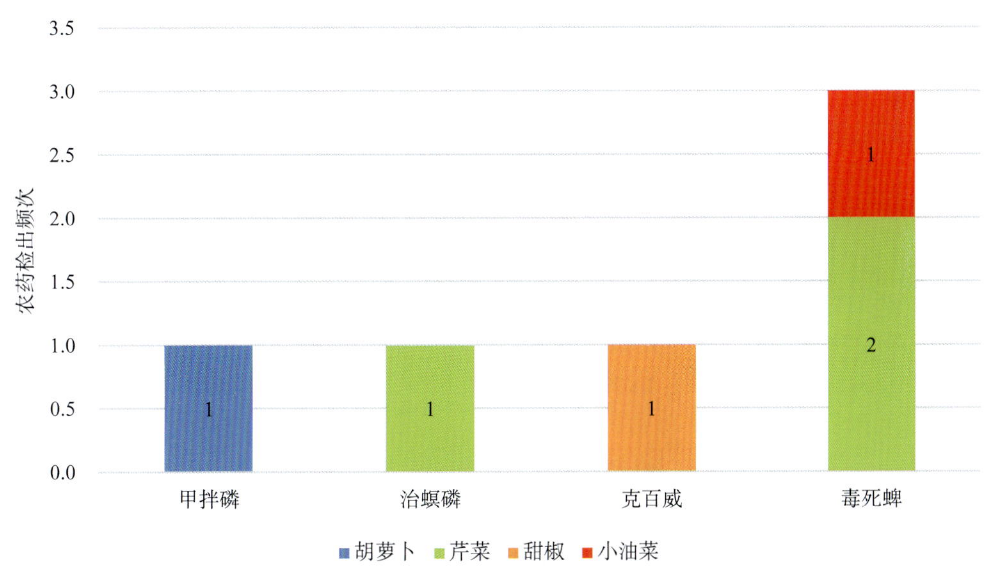

图 11-15　超过 MRL 中国国家标准农药品种及频次

11.2.2.2　按 MRL 欧盟标准衡量

按 MRL 欧盟标准衡量，共有 43 种农药超标，检出 143 频次，分别为剧毒农药甲拌磷，高毒农药猛杀威、三唑磷、水胺硫磷、治螟磷、敌敌畏和克百威，中毒农药甲霜灵、硫丹、喹螨醚、三唑醇、甲氰菊酯、毒死蜱、棉铃威、哒螨灵、仲丁威、多效唑、丙溴磷、γ-氟氯氰菌酯、仲丁灵和唑虫酰胺，低毒农药去乙基阿特拉津、新燕灵、芬螨酯、茚草酮、五氯苯胺、莠去通、避蚊胺、四氢吩胺、特丁净、炔螨特、甲醚菊酯、嘧霉胺、特草灵、间羟基联苯和杀螨酯，微毒农药解草腈、腐霉利、萘乙酰胺、生物苄呋菊酯、五氯硝基苯、醚菌酯和烯虫酯。

按超标程度比较，茼蒿中特丁净超标 108.0 倍，茼蒿中间羟基联苯超标 101.5 倍，丝瓜中莠去通超标 99.1 倍，香瓜中嘧霉胺超标 94.8 倍，小油菜中三唑磷超标 56.2 倍。检测结果见图 11-16 和附表 16。

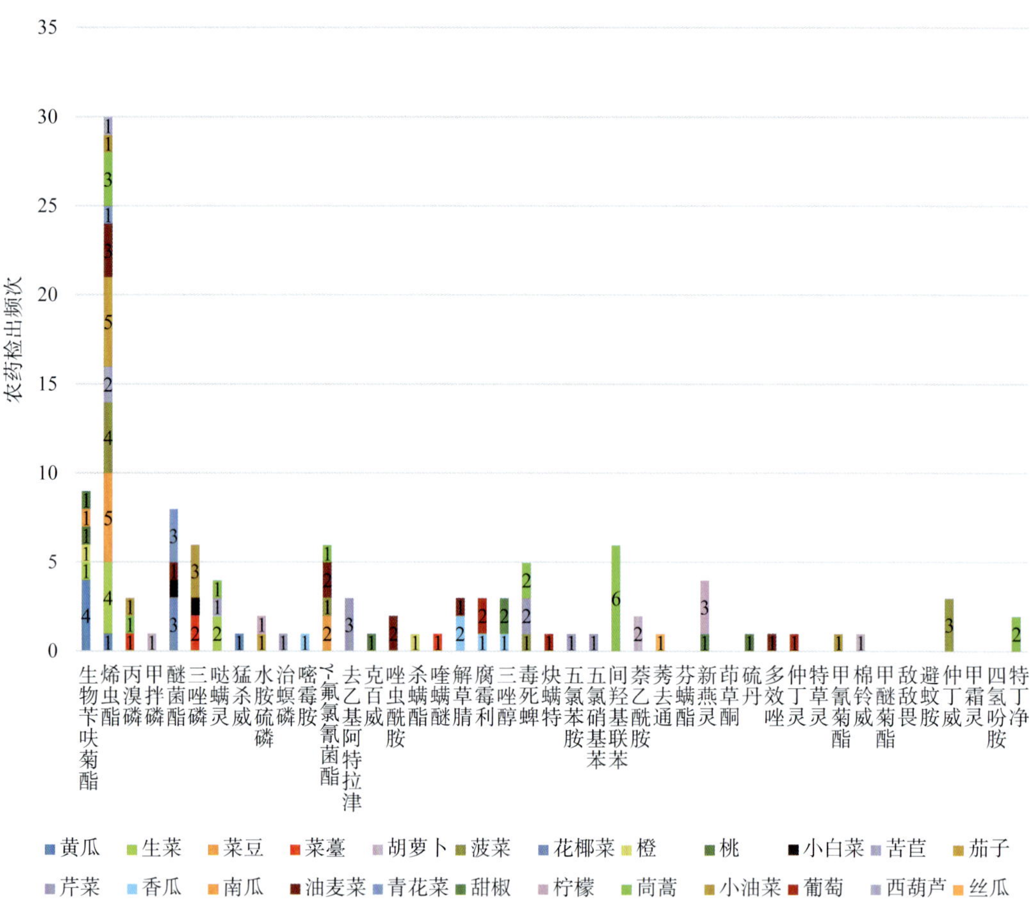

图 11-16　超过 MRL 欧盟标准农药品种及频次

11.2.2.3　按 MRL 日本标准衡量

按 MRL 日本标准衡量，共有 40 种农药超标，检出 138 频次，分别为高毒农药猛杀威、三唑磷、水胺硫磷、治螟磷和敌敌畏，中毒农药麦穗宁、甲霜灵、氯氰菊酯、除虫菊酯、喹螨醚、甲氰菊酯、毒死蜱、棉铃威、哒螨灵、多效唑、γ-氟氯氰菌酯、丙溴磷和仲丁灵，低毒农药去乙基阿特拉津、新燕灵、芬螨酯、茚草酮、五氯苯胺、莠去通、避蚊胺、四氢吩胺、特丁净、甲醚菊酯、嘧霉胺、特草灵、喹禾灵、间羟基联苯、杀螨酯和马拉硫磷，微毒农药解草腈、萘乙酰胺、啶酰菌胺、生物苄呋菊酯、醚菌酯和烯虫酯。

按超标程度比较，苦瓜中甲霜灵超标 188.2 倍，茼蒿中特丁净超标 108.0 倍，茼蒿中间羟基联苯超标 101.5 倍，丝瓜中莠去通超标 99.1 倍，香瓜中嘧霉胺超标 94.8 倍。检测结果见图 11-17 和附表 17。

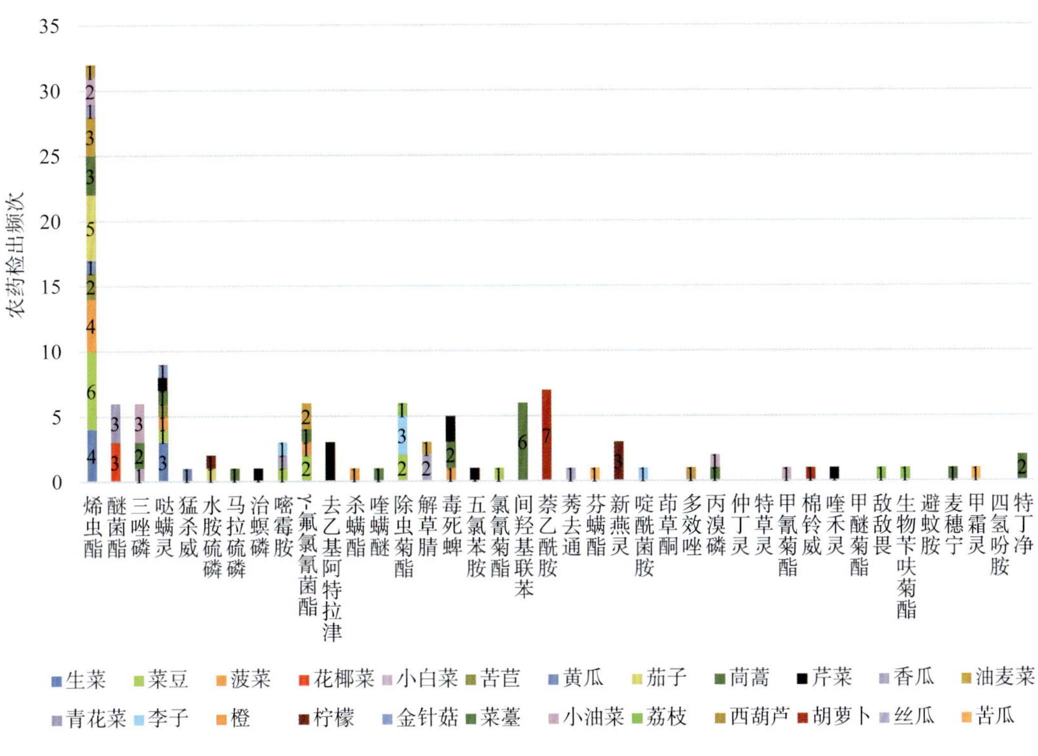

图 11-17　超过 MRL 日本标准农药品种及频次

11.2.2.4　按 MRL 中国香港标准衡量

按 MRL 中国香港标准量，共有 2 种农药超标，检出 6 频次，分别为中毒农药除虫菊酯和毒死蜱。

按超标程度比较，芹菜中毒死蜱超标 3.9 倍，茼蒿中毒死蜱超标 2.7 倍，小油菜中毒死蜱超标 20%，柠檬中除虫菊酯超标 20%。检测结果见图 11-18 和附表 18。

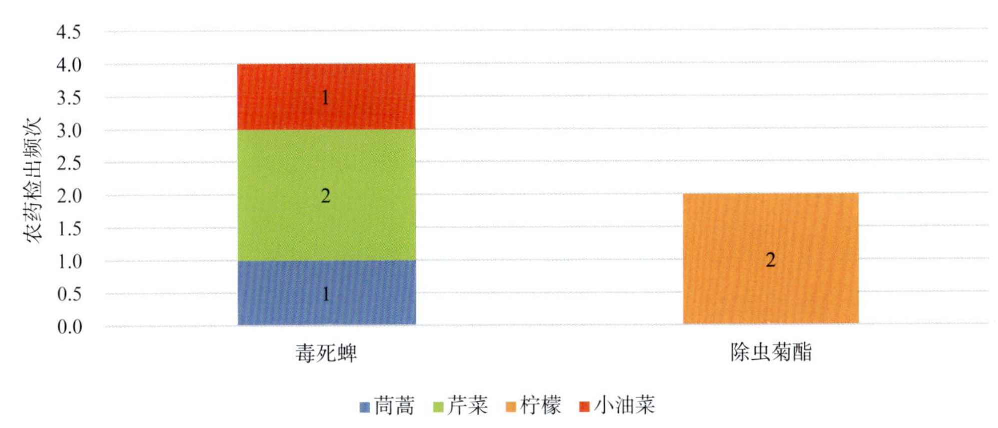

图 11-18　超过 MRL 中国香港标准农药品种及频次

11.2.2.5　按 MRL 美国标准衡量

按 MRL 美国标准衡量，共有 2 种农药超标，检出 2 频次，分别为中毒农药甲霜灵和毒死蜱。

按超标程度比较，苦瓜中甲霜灵超标 90%，葡萄中毒死蜱超标 10%。检测结果见图 11-19 和附表 19。

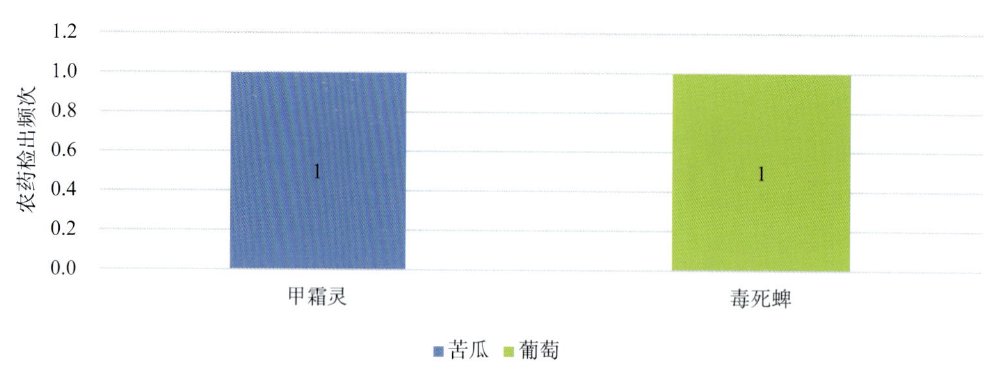

图 11-19　超过 MRL 美国标准农药品种及频次

11.2.2.6　按 MRL CAC 标准衡量

按 MRL CAC 标准衡量，有 1 种农药超标，检出 6 频次，为中毒农药除虫菊酯。

按超标程度比较，番茄中除虫菊酯超标 40%，柠檬中除虫菊酯超标 20%，检测结果见图 11-20 和附表 20。

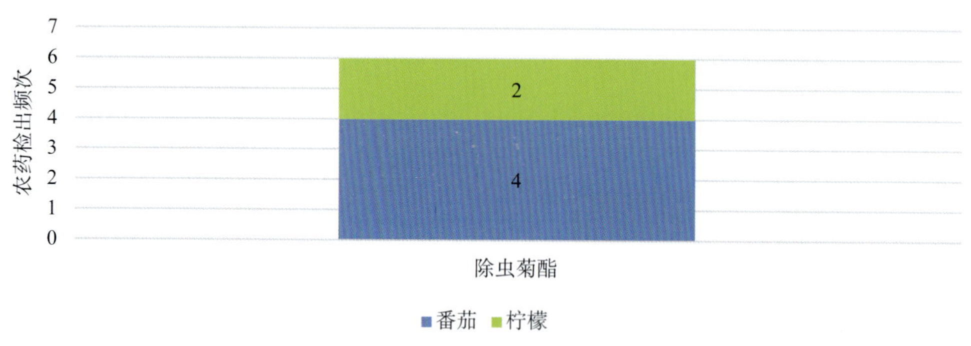

图 11-20　超过 MRL CAC 标准农药品种及频次

11.2.3　11 个采样点超标情况分析

11.2.3.1　按 MRL 中国国家标准衡量

按 MRL 中国国家标准衡量，有 4 个采样点的样品存在不同程度的超标农药检出，其中***超市（金安国际店）的超标率最高，为 8.3%，如表 11-14 和图 11-21 所示。

表 11-14　超过 MRL 中国国家标准水果蔬菜在不同采样点分布

	采样点	样品总数	超标数量	超标率（%）	行政区域
1	***超市（中环店）	34	1	2.9	香坊区
2	***超市（平房区店）	31	2	6.5	平房区
3	***超市（哈尔滨总店）	25	1	4.0	道里区
4	***超市（金安国际店）	24	2	8.3	道里区

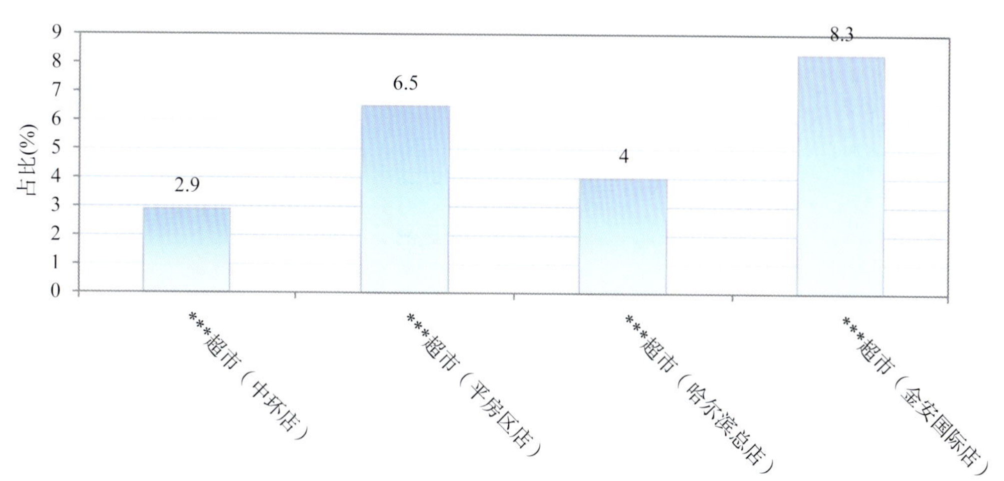

图 11-21　超过 MRL 中国国家标准水果蔬菜在不同采样点分布

11.2.3.2　按 MRL 欧盟标准衡量

按 MRL 欧盟标准衡量，所有采样点的样品存在不同程度的超标农药检出，其中***超市（金安国际店）的超标率最高，为 54.2%，如表 11-15 和图 11-22 所示。

表 11-15　超过 MRL 欧盟标准水果蔬菜在不同采样点分布

	采样点	样品总数	超标数量	超标率（%）	行政区域
1	***超市（永平店）	36	15	41.7	道外区
2	***超市（乐松店）	35	13	37.1	香坊区
3	***超市（道外店）	34	8	23.5	道外区
4	***超市（中环店）	34	10	29.4	香坊区
5	***超市（中山店）	32	11	34.4	南岗区
6	***超市（平房区店）	31	15	48.4	平房区

续表

	采样点	样品总数	超标数量	超标率（%）	行政区域
7	***超市（西大直街店）	30	3	10.0	南岗区
8	***超市	28	6	21.4	道里区
9	***超市（中央商城店）	26	4	15.4	道里区
10	***超市（哈尔滨总店）	25	7	28.0	道里区
11	***超市（金安国际店）	24	13	54.2	道里区

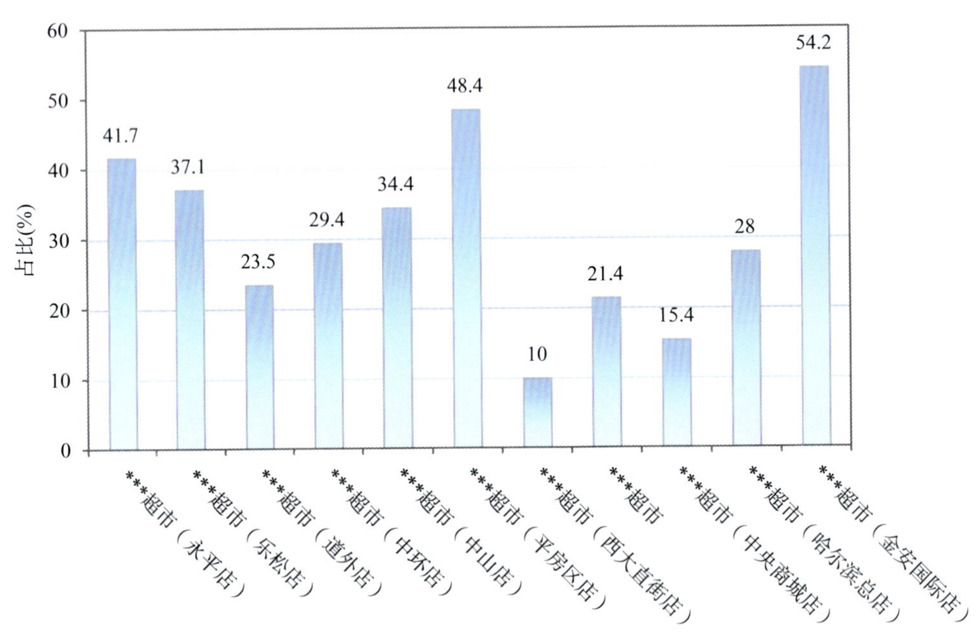

图 11-22 超过 MRL 欧盟标准水果蔬菜在不同采样点分布

11.2.3.3 按 MRL 日本标准衡量

按 MRL 日本标准衡量，所有采样点的样品存在不同程度的超标农药检出，其中***超市（金安国际店）的超标率最高，为 54.2%，如表 11-16 和图 11-23 所示。

表 11-16 超过 MRL 日本标准水果蔬菜在不同采样点分布

	采样点	样品总数	超标数量	超标率（%）	行政区域
1	***超市（永平店）	36	10	27.8	道外区
2	***超市（乐松店）	35	12	34.3	香坊区
3	***超市（道外店）	34	7	20.6	道外区
4	***超市（中环店）	34	12	35.3	香坊区

续表

	采样点	样品总数	超标数量	超标率（%）	行政区域
5	***超市（中山店）	32	13	40.6	南岗区
6	***超市（平房区店）	31	14	45.2	平房区
7	***超市（西大直街店）	30	4	13.3	南岗区
8	***超市	28	6	21.4	道里区
9	***超市（中央商城店）	26	2	7.7	道里区
10	***超市（哈尔滨总店）	25	8	32.0	道里区
11	***超市（金安国际店）	24	13	54.2	道里区

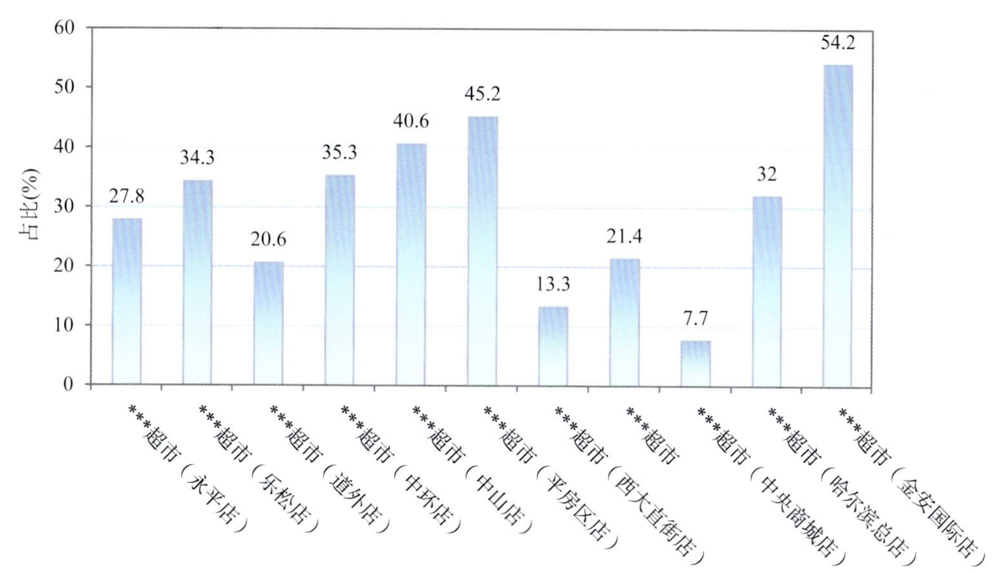

图 11-23　超过 MRL 日本标准水果蔬菜在不同采样点分布

11.2.3.4　按 MRL 中国香港标准衡量

按 MRL 中国香港标准衡量，有 4 个采样点的样品存在不同程度的超标农药检出，其中***超市（平房区店）的超标率最高，为 9.7%，如表 11-17 和图 11-24 所示。

表 11-17　超过 MRL 中国香港标准水果蔬菜在不同采样点分布

	采样点	样品总数	超标数量	超标率（%）	行政区域
1	***超市（永平店）	36	1	2.8	道外区
2	***超市（中环店）	34	1	2.9	香坊区
3	***超市（中山店）	32	1	3.1	南岗区
4	***超市（平房区店）	31	3	9.7	平房区

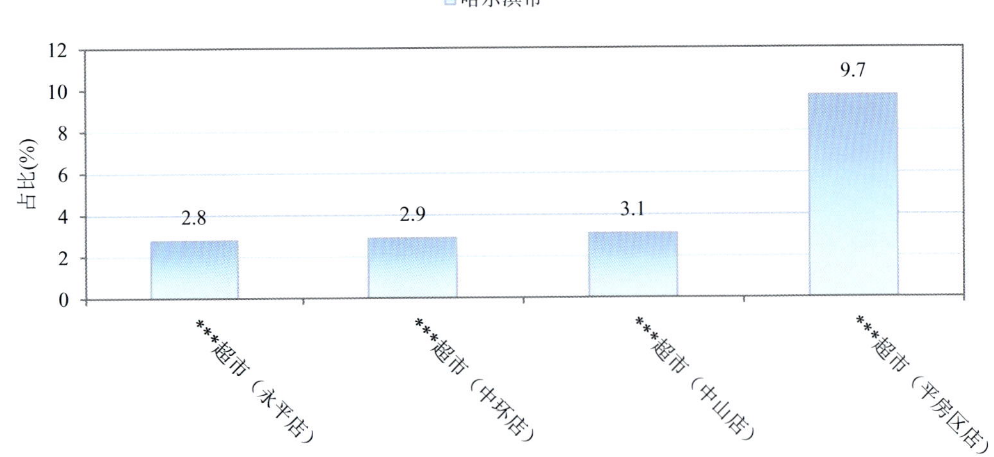

图 11-24　超过 MRL 中国香港标准水果蔬菜在不同采样点分布

11.2.3.5　按 MRL 美国标准衡量

按 MRL 美国标准衡量，有 2 个采样点的样品存在不同程度的超标农药检出，其中***超市（乐松店）的超标率最高，为 2.9%，如表 11-18 和图 11-25 所示。

表 11-18　超过 MRL 美国标准水果蔬菜在不同采样点分布

	采样点	样品总数	超标数量	超标率（%）	行政区域
1	***超市（永平店）	36	1	2.8	道外区
2	***超市（乐松店）	35	1	2.9	香坊区

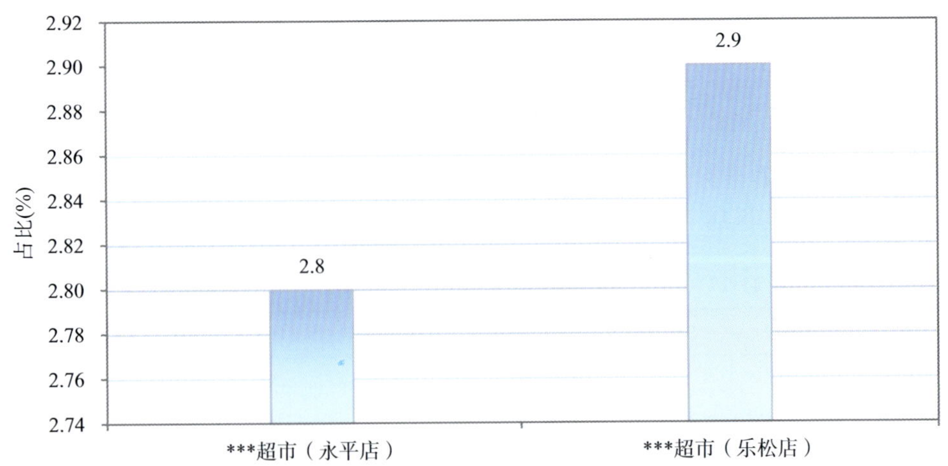

图 11-25　超过 MRL 美国标准水果蔬菜在不同采样点分布

11.2.3.6　按 MRL CAC 标准衡量

按 MRL CAC 标准衡量，有 5 个采样点的样品存在不同程度的超标农药检出，其中***超市（中山店）的超标率最高，为 6.2%，如表 11-19 和图 11-26 所示。

表 11-19　超过 MRL CAC 标准水果蔬菜在不同采样点分布

	采样点	样品总数	超标数量	超标率（%）	行政区域
1	***超市（道外店）	34	1	2.9	道外区
2	***超市（中山店）	32	2	6.2	南岗区
3	***超市（平房区店）	31	1	3.2	平房区
4	***超市	28	1	3.6	道里区
5	***超市（哈尔滨总店）	25	1	4.0	道里区

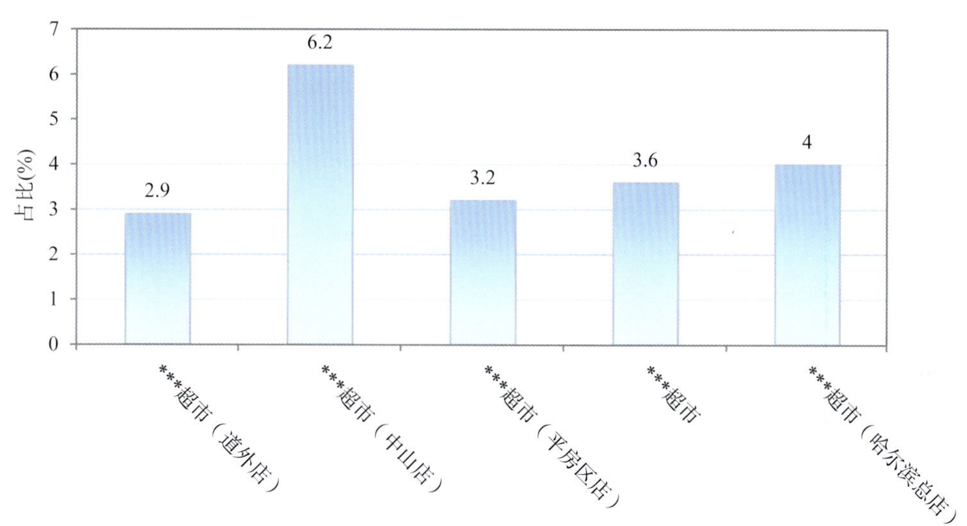

图 11-26　超过 MRL CAC 标准水果蔬菜在不同采样点分布

11.3　水果中农药残留分布

11.3.1　检出农药品种和频次排前 10 的水果

本次残留侦测的水果共 15 种，包括橙、火龙果、梨、李子、荔枝、芒果、猕猴桃、柠檬、苹果、葡萄、桃、香瓜、香蕉、柚和枣。

根据检出农药品种及频次进行排名，将各项排名前 10 位的水果样品检出情况列表说明，详见表 11-20。

表 11-20 检出农药品种和频次排名前 10 的水果

检出农药品种排名前 10（品种）	①葡萄（13），②香瓜（12），③李子（11），④桃（8），⑤火龙果（7），⑥橙（6），⑦香蕉（5），⑧芒果（4），⑨柠檬（4），⑩枣（3）
检出农药频次排名前 10（频次）	①葡萄（28），②李子（23），③桃（22），④香瓜（18），⑤香蕉（18），⑥梨（14），⑦火龙果（11），⑧猕猴桃（10），⑨橙（9），⑩柠檬（9）
检出禁用、高毒及剧毒农药品种排名前 10（品种）	①荔枝（1），②柠檬（1），③葡萄（1），④桃（1），⑤香瓜（1）
检出禁用、高毒及剧毒农药频次排名前 10（频次）	①桃（4），②葡萄（2），③柠檬（1），④荔枝（1），⑤香瓜（1）

11.3.2 超标农药品种和频次排前 10 的水果

鉴于 MRL 欧盟标准和日本标准的制定比较全面且覆盖率较高，我们参照 MRL 中国国家标准、欧盟标准和日本标准衡量水果样品中农残检出情况，将超标农药品种及频次排名前 10 的水果列表说明，详见表 11-21。

表 11-21 超标农药品种和频次排名前 10 的水果

超标农药品种排名前 10（农药品种数）	MRL 中国国家标准	
	MRL 欧盟标准	①香瓜（4），②葡萄（3），③橙（2），④火龙果（2），⑤香蕉（2），⑥桃（2），⑦苹果（2），⑧柠檬（2），⑨荔枝（2），⑩梨（1）
	MRL 日本标准	①荔枝（3），②李子（3），③火龙果（2），④香蕉（2），⑤香瓜（2），⑥苹果（2），⑦柠檬（2），⑧葡萄（1），⑨橙（1）
超标农药频次排名前 10（农药频次数）	MRL 中国国家标准	
	MRL 欧盟标准	①香瓜（5），②香蕉（5），③梨（5），④葡萄（4），⑤柠檬（4），⑥火龙果（4），⑦苹果（2），⑧桃（2），⑨荔枝（2），⑩橙（2）
	MRL 日本标准	①香蕉（5），②李子（5），③柠檬（4），④火龙果（4），⑤香瓜（3），⑥荔枝（3），⑦苹果（2），⑧橙（1），⑨葡萄（1）

通过对各品种水果样本总数及检出率进行综合分析发现，葡萄、香瓜和李子的残留污染最为严重，在此，我们参照 MRL 中国国家标准、欧盟标准和日本标准对这 3 种水果的农残检出情况进行进一步分析。

11.3.3 农药残留检出率较高的水果样品分析

11.3.3.1 葡萄

这次共检测 10 例葡萄样品，9 例样品中检出了农药残留，检出率为 90.0%，检出农药共计 13 种。其中嘧霉胺、腐霉利、戊唑醇、除虫菊酯和硫丹检出频次较高，分别检出了 6、4、3、3 和 2 次。葡萄中农药检出品种和频次见图 11-27，超标农药见图 11-28 和表 11-22。

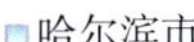

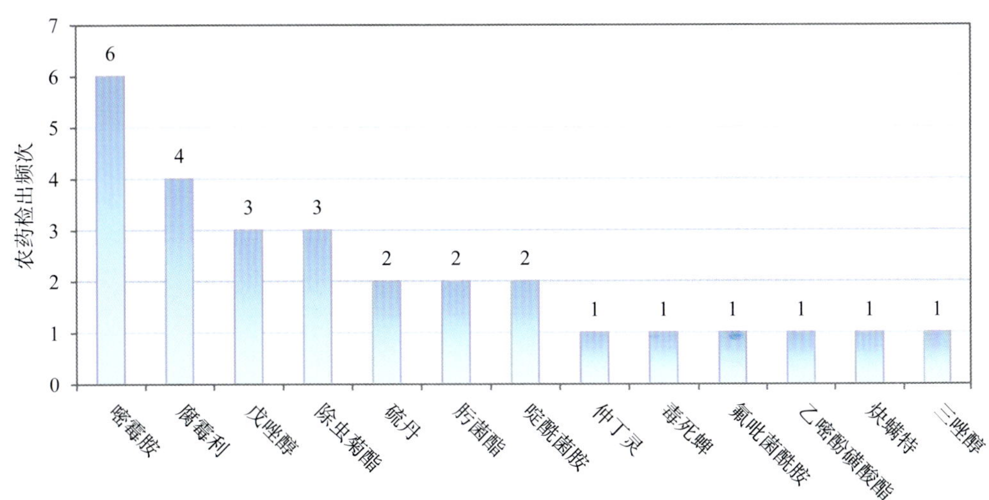

图 11-27　葡萄样品检出农药品种和频次分析

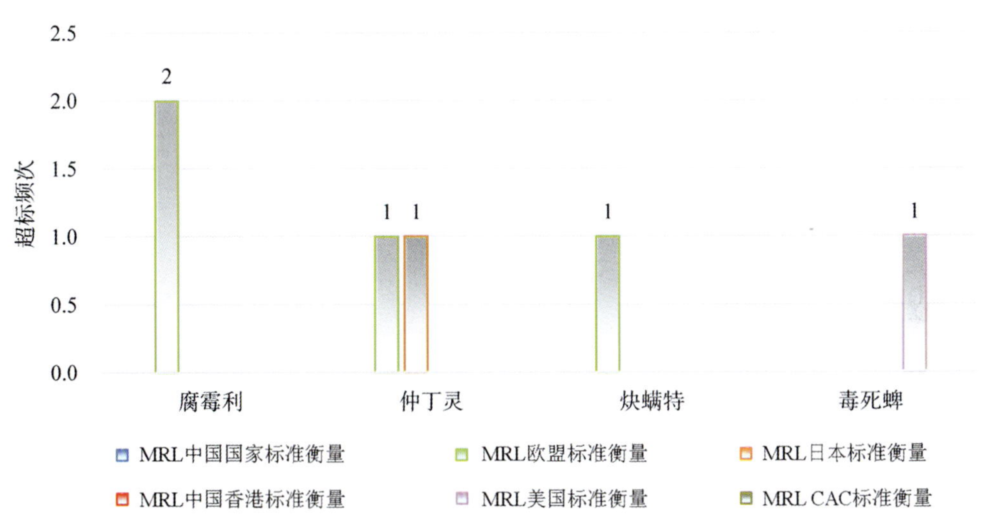

图 11-28　葡萄样品中超标农药分析

表 11-22　葡萄中农药残留超标情况明细表

样品总数	检出农药样品数	样品检出率（%）	检出农药品种总数
10	9	90	13

	超标农药品种	超标农药频次	按照 MRL 中国国家标准、欧盟标准和日本标准衡量超标农药名称及频次
中国国家标准	0	0	
欧盟标准	3	4	腐霉利（2），仲丁灵（1），炔螨特（1）
日本标准	1	1	仲丁灵（1）

11.3.3.2　香瓜

这次共检测 9 例香瓜样品，6 例样品中检出了农药残留，检出率为 66.7%，检出农药共计 12 种。其中除虫菊酯、解草腈、氯菊酯、甲霜灵和腐霉利检出频次较高，分别检出了 3、2、2、2 和 2 次。香瓜中农药检出品种和频次见图 11-29，超标农药见图 11-30 和表 11-23。

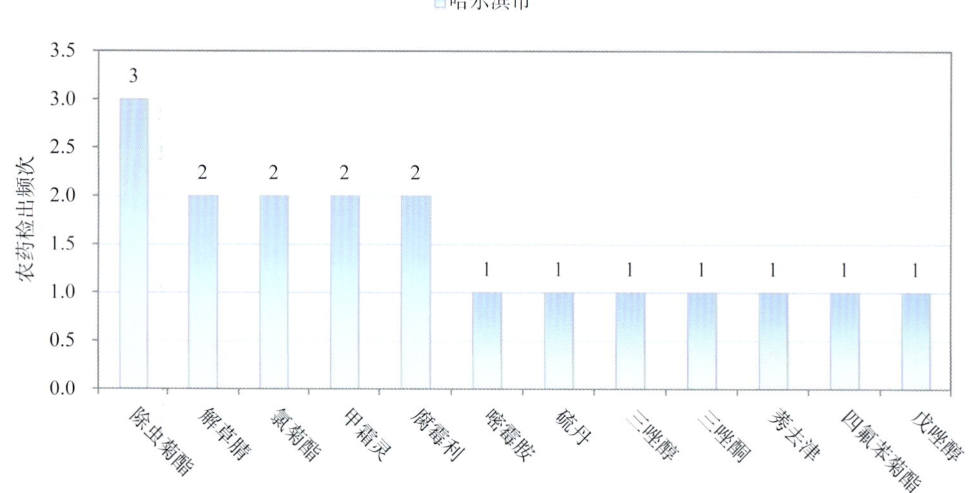

图 11-29　香瓜样品检出农药品种和频次分析

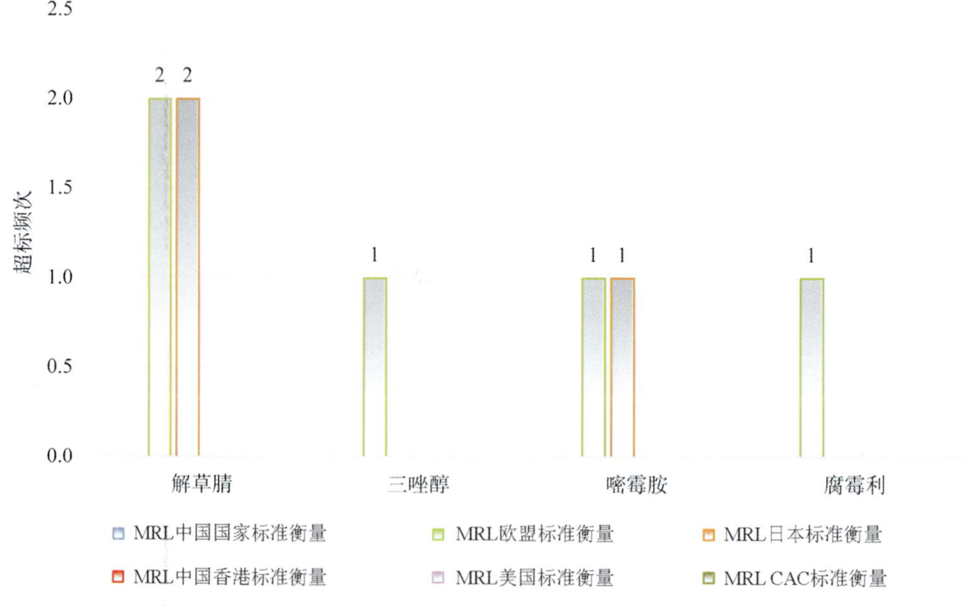

图 11-30　香瓜样品中超标农药分析

表 11-23 香瓜中农药残留超标情况明细表

样品总数		检出农药样品数	样品检出率（%）	检出农药品种总数
9		6	66.7	12
	超标农药品种	超标农药频次	按照 MRL 中国国家标准、欧盟标准和日本标准衡量超标农药名称及频次	
中国国家标准	0	0		
欧盟标准	4	5	解草腈（2），三唑醇（1），嘧霉胺（1），腐霉利（1）	
日本标准	2	3	解草腈（2），嘧霉胺（1）	

11.3.3.3 李子

这次共检测 9 例李子样品，8 例样品中检出了农药残留，检出率为 88.9%，检出农药共计 11 种。其中毒死蜱、嘧霉胺、除虫菊酯、戊唑醇和噻嗪酮检出频次较高，分别检出了 5、4、3、3 和 2 次。李子中农药检出品种和频次见图 11-31，超标农药见图 11-32 和表 11-24。

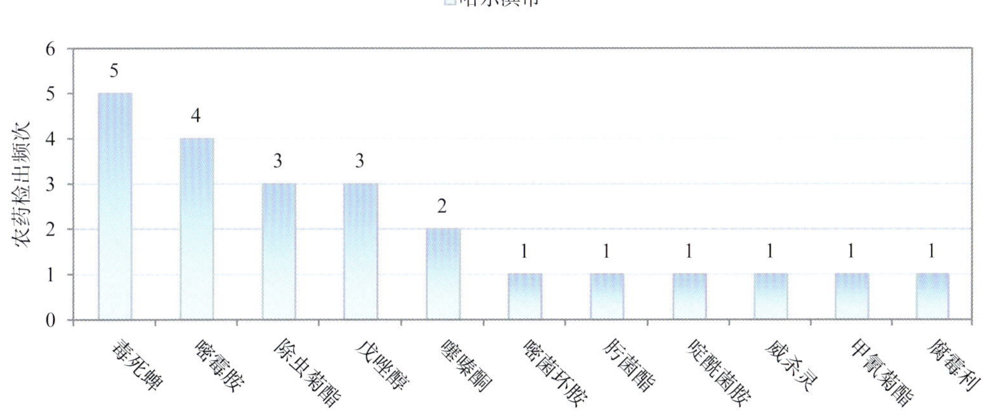

图 11-31 李子样品检出农药品种和频次分析

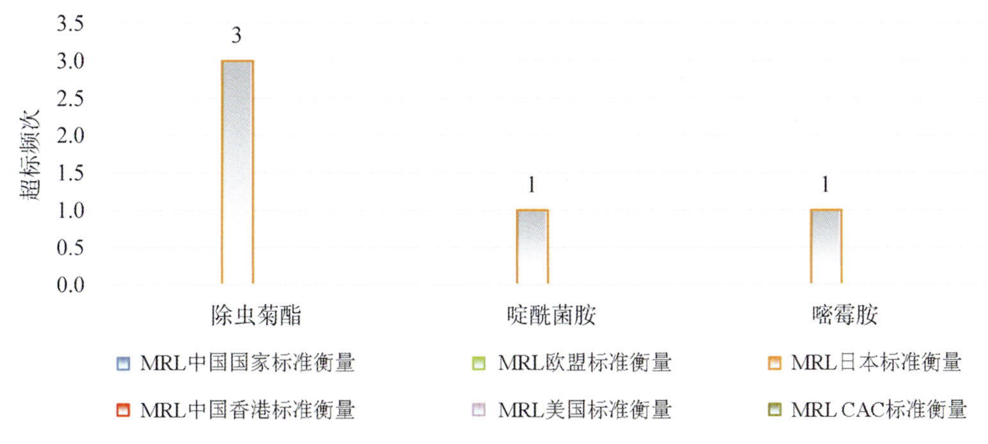

图 11-32 李子样品中超标农药分析

表 11-24　李子中农药残留超标情况明细表

样品总数			检出农药样品数	样品检出率（%）	检出农药品种总数
9			8	88.9	11
	超标农药品种	超标农药频次	按照 MRL 中国国家标准、欧盟标准和日本标准衡量超标农药名称及频次		
中国国家标准	0	0			
欧盟标准	0	0			
日本标准	3	5	除虫菊酯（3），啶酰菌胺（1），嘧霉胺（1）		

11.4　蔬菜中农药残留分布

11.4.1　检出农药品种和频次排前 10 的蔬菜

本次残留侦测的蔬菜共 26 种，包括菠菜、菜豆、菜薹、冬瓜、番茄、胡萝卜、花椰菜、黄瓜、结球甘蓝、韭菜、苦瓜、苦苣、萝卜、南瓜、茄子、芹菜、青花菜、生菜、丝瓜、甜椒、茼蒿、西葫芦、小白菜、樱桃番茄、油麦菜和小油菜。

根据检出农药品种及频次进行排名，将各项排名前 10 位的蔬菜样品检出情况列表说明，详见表 11-25。

表 11-25　检出农药品种和频次排名前 10 的蔬菜

检出农药品种排名前 10 （品种）	①芹菜（29），②甜椒（18），③黄瓜（18），④茼蒿（17），⑤油麦菜（16），⑥菜豆（14），⑦菠菜（12），⑧小油菜（12），⑨小白菜（10），⑩苦瓜（10）
检出农药频次排名前 10（频次）	①芹菜（60），②甜椒（54），③茼蒿（39），④菠菜（35），⑤黄瓜（33），⑥小油菜（31），⑦菜豆（31），⑧油麦菜（27），⑨花椰菜（24），⑩番茄（19）
检出禁用、高毒及剧毒农药品种排名前 10（品种）	①芹菜（3），②胡萝卜（2），③黄瓜（2），④小油菜（2），⑤茼蒿（2），⑥甜椒（2），⑦菠菜（1），⑧苦瓜（1），⑨茄子（1），⑩菜豆（1）
检出禁用、高毒及剧毒农药频次排名前 10（频次）	①甜椒（6），②黄瓜（6），③小油菜（5），④芹菜（4），⑤胡萝卜（4），⑥菠菜（2），⑦菜薹（2），⑧茼蒿（2），⑨菜豆（1），⑩小白菜（1）

11.4.2　超标农药品种和频次排前 10 的蔬菜

鉴于 MRL 欧盟标准和日本标准的制定比较全面且覆盖率较高，我们参照 MRL 中国国家标准、欧盟标准和日本标准衡量蔬菜样品中农残检出情况，将超标农药品种及频次排名前 10 的蔬菜列表说明，详见表 11-26。

表 11-26　超标农药品种和频次排名前 10 的蔬菜

超标农药品种排名前 10（农药品种数）	MRL 中国国家标准	①芹菜（2），②胡萝卜（1），③甜椒（1），④小油菜（1）
	MRL 欧盟标准	①茼蒿（7），②油麦菜（6），③芹菜（5），④菠菜（4），⑤甜椒（4），⑥小油菜（4），⑦生菜（3），⑧黄瓜（3），⑨菜薹（3），⑩胡萝卜（3）
	MRL 日本标准	①茼蒿（9），②芹菜（6），③菜豆（6），④菠菜（4），⑤油麦菜（4），⑥小油菜（4），⑦黄瓜（2），⑧胡萝卜（2），⑨菜薹（2），⑩生菜（2）
超标农药频次排名前 10（农药频次数）	MRL 中国国家标准	①芹菜（3），②胡萝卜（1），③小油菜（1），④甜椒（1）
	MRL 欧盟标准	①茼蒿（16），②油麦菜（10），③菠菜（9），④芹菜（8），⑤生菜（7），⑥菜豆（7），⑦小油菜（6），⑧茄子（6），⑨黄瓜（6），⑩甜椒（5）
	MRL 日本标准	①茼蒿（18），②菜豆（13），③芹菜（9），④胡萝卜（8），⑤油麦菜（7），⑥生菜（7），⑦菠菜（7），⑧小油菜（7），⑨茄子（6），⑩青花菜（4）

通过对各品种蔬菜样本总数及检出率进行综合分析发现，芹菜、甜椒和黄瓜的残留污染最为严重，在此，我们参照 MRL 中国国家标准、欧盟标准和日本标准对这 3 种蔬菜的农残检出情况进行进一步分析。

11.4.3　农药残留检出率较高的蔬菜样品分析

11.4.3.1　芹菜

这次共检测 8 例芹菜样品，全部检出了农药残留，检出率为 100.0%，检出农药共计 29 种。其中威杀灵、二苯胺、毒死蜱、莠去津和仲丁灵检出频次较高，分别检出了 8、6、4、4 和 4 次。芹菜中农药检出品种和频次见图 11-33，超标农药见图 11-34 和表 11-27。

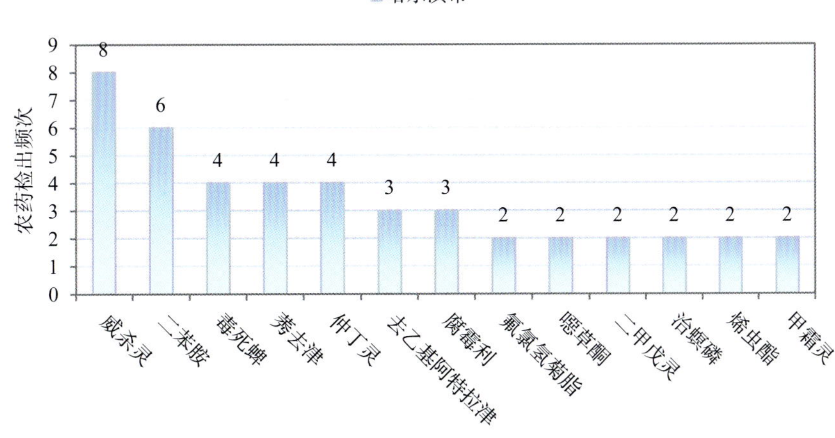

图 11-33　芹菜样品检出农药品种和频次分析（仅列出 2 频次及以上的数据）

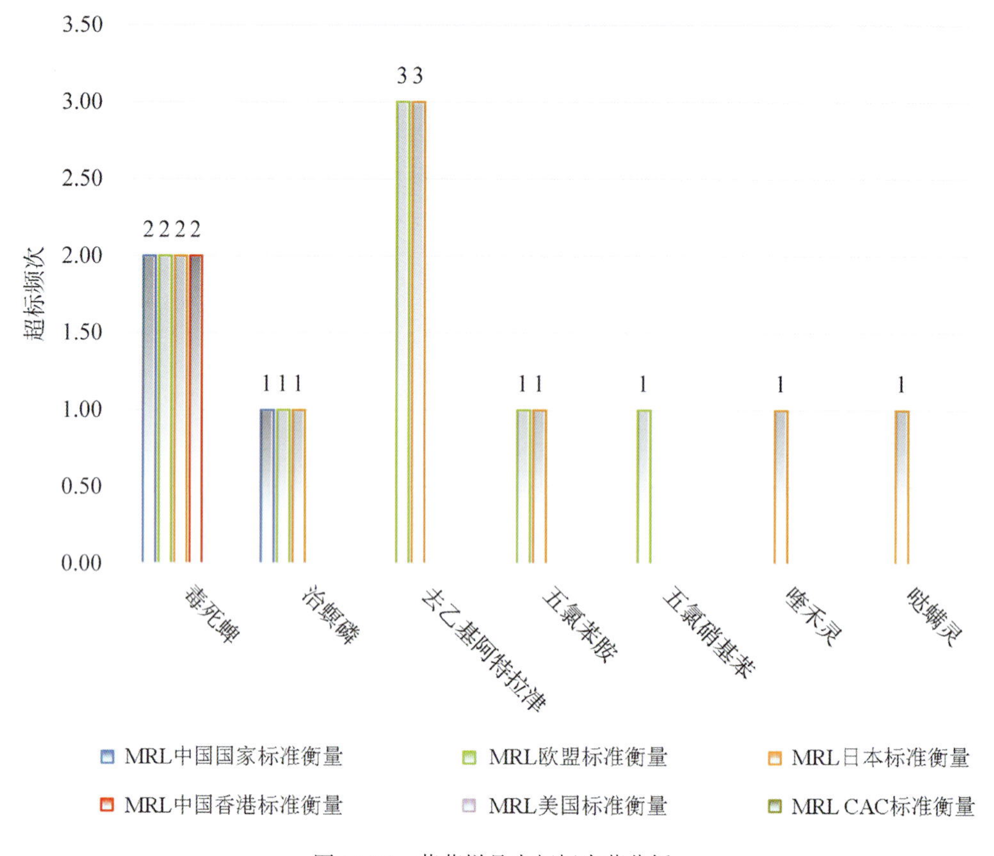

图 11-34　芹菜样品中超标农药分析

表 11-27　芹菜中农药残留超标情况明细表

样品总数			检出农药样品数	样品检出率（%）	检出农药品种总数
8			8	100	29
	超标农药品种	超标农药频次	按照 MRL 中国国家标准、欧盟标准和日本标准衡量超标农药名称及频次		
中国国家标准	2	3	毒死蜱（2），治螟磷（1）		
欧盟标准	5	8	去乙基阿特拉津（3），毒死蜱（2），五氯苯胺（1），治螟磷（1），五氯硝基苯（1）		
日本标准	6	9	去乙基阿特拉津（3），毒死蜱（2），喹禾灵（1），治螟磷（1），五氯苯胺（1），哒螨灵（1）		

11.4.3.2　甜椒

这次共检测 12 例甜椒样品，全部检出了农药残留，检出率为 100.0%，检出农药共计 18 种。其中二苯胺、除虫菊酯、威杀灵、硫丹和三唑醇检出频次较高，分别检出了 12、8、7、5 和 4 次。甜椒中农药检出品种和频次见图 11-35，超标农药见图 11-36 和表 11-28。

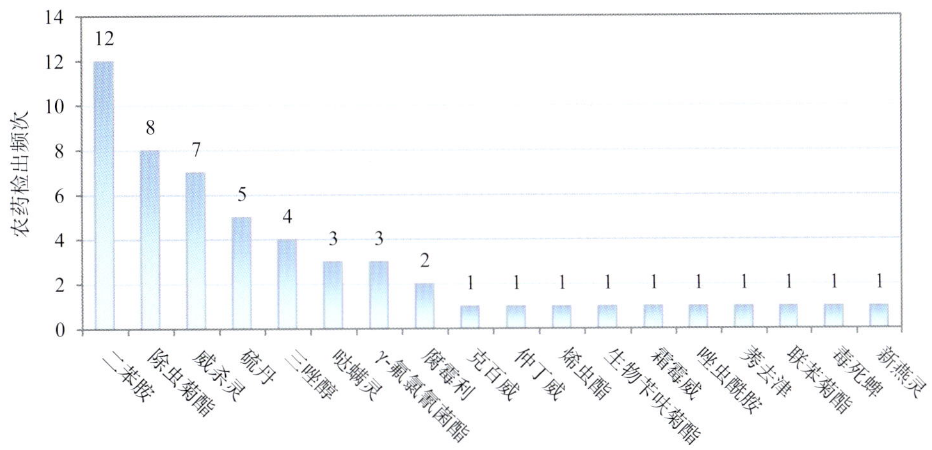

图 11-35 甜椒样品检出农药品种和频次分析

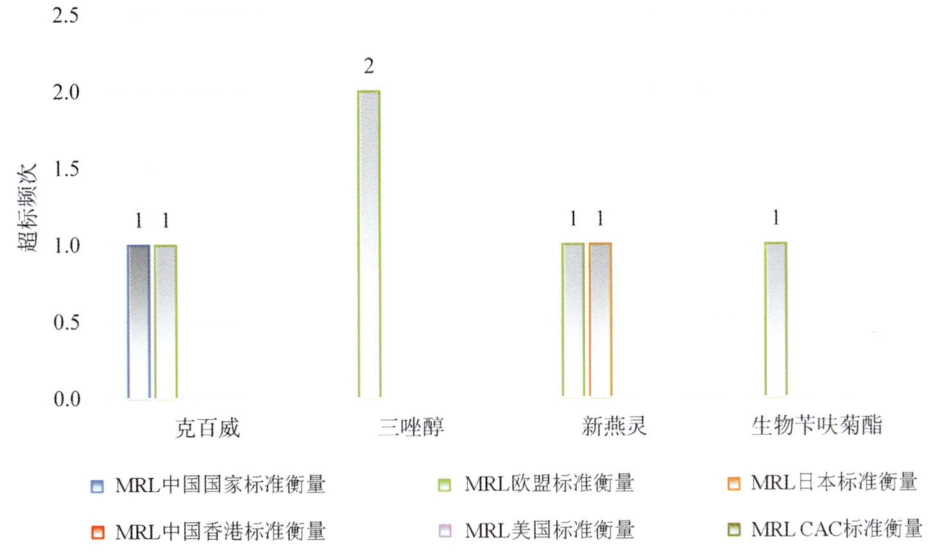

图 11-36 甜椒样品中超标农药分析

表 11-28 甜椒中农药残留超标情况明细表

样品总数	检出农药样品数	样品检出率（%）	检出农药品种总数
12	12	100	18
	超标农药品种	超标农药频次	按照 MRL 中国国家标准、欧盟标准和日本标准衡量超标农药名称及频次
中国国家标准	1	1	克百威（1）
欧盟标准	4	5	三唑醇（2），新燕灵（1），克百威（1），生物苄呋菊酯（1）
日本标准	1	1	新燕灵（1）

11.4.3.3 黄瓜

这次共检测 12 例黄瓜样品，11 例样品中检出了农药残留，检出率为 91.7%，检出农药共计 18 种。其中生物苄呋菊酯、硫丹、除虫菊酯、二苯胺和腐霉利检出频次较高，分别检出了 5、5、4、3 和 2 次。黄瓜中农药检出品种和频次见图 11-37，超标农药见图 11-38 和表 11-29。

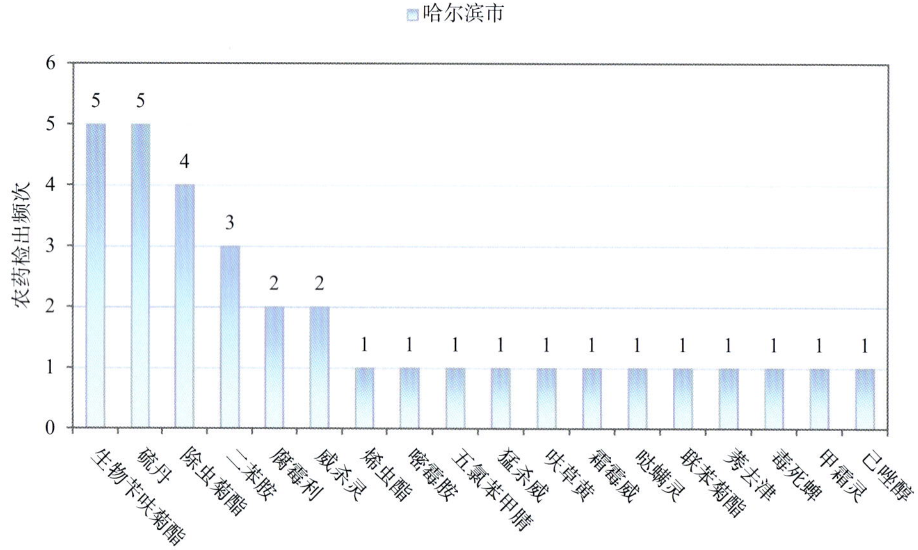

图 11-37　黄瓜样品检出农药品种和频次分析

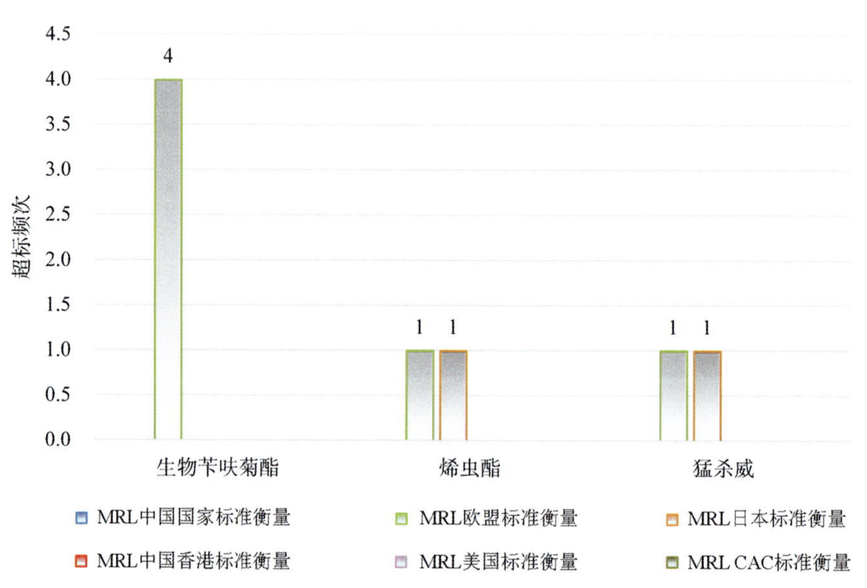

图 11-38　黄瓜样品中超标农药分析

表 11-29 黄瓜中农药残留超标情况明细表

样品总数			检出农药样品数	样品检出率（%）	检出农药品种总数
12			11	91.7	18
	超标农药品种	超标农药频次	按照 MRL 中国国家标准、欧盟标准和日本标准衡量超标农药名称及频次		
中国国家标准	0	0			
欧盟标准	3	6	生物苄呋菊酯（4），烯虫酯（1），猛杀威（1）		
日本标准	2	2	猛杀威（1），烯虫酯（1）		

11.5 初步结论

11.5.1 哈尔滨市市售水果蔬菜按 MRL 中国国家标准和国际主要 MRL 标准衡量的合格率

本次侦测的 335 例样品中，69 例样品未检出任何残留农药，占样品总量的 20.6%，266 例样品检出不同水平、不同种类的残留农药，占样品总量的 79.4%。在这 266 例检出农药残留的样品中：

按照 MRL 中国国家标准衡量，有 260 例样品检出残留农药但含量没有超标，占样品总数的 77.6%，有 6 例样品检出了超标农药，占样品总数的 1.8%。

按照 MRL 欧盟标准衡量，有 161 例样品检出残留农药但含量没有超标，占样品总数的 48.1%，有 105 例样品检出了超标农药，占样品总数的 31.3%。

按照 MRL 日本标准衡量，有 165 例样品检出残留农药但含量没有超标，占样品总数的 49.3%，有 101 例样品检出了超标农药，占样品总数的 30.1%。

按照 MRL 中国香港标准衡量，有 260 例样品检出残留农药但含量没有超标，占样品总数的 77.6%，有 6 例样品检出了超标农药，占样品总数的 1.8%。

按照 MRL 美国标准衡量，有 264 例样品检出残留农药但含量没有超标，占样品总数的 78.8%，有 2 例样品检出了超标农药，占样品总数的 0.6%。

按照 MRL CAC 标准衡量，有 260 例样品检出残留农药但含量没有超标，占样品总数的 77.6%，有 6 例样品检出了超标农药，占样品总数的 1.8%。

11.5.2 哈尔滨市市售水果蔬菜中检出农药以中低微毒农药为主，占市场主体的 88.8%

这次侦测的 335 例样品包括蔬菜 26 种 193 例，水果 15 种 122 例，食用菌 3 种 20 例，共检出了 89 种农药，检出农药的毒性以中低微毒为主，详见表 11-30。

表 11-30　市场主体农药毒性分布

毒性	检出品种	占比	检出频次	占比
剧毒农药	2	2.2%	3	0.4%
高毒农药	8	9.0%	21	3.0%
中毒农药	29	32.6%	323	45.6%
低毒农药	36	40.4%	221	31.2%
微毒农药	14	15.7%	141	19.9%
中低微毒农药，品种占比 88.8%，频次占比 96.6%				

11.5.3　检出剧毒、高毒和禁用农药现象应该警醒

在此次侦测的 335 例样品中有 12 种蔬菜和 5 种水果的 42 例样品检出了 12 种 44 频次的剧毒和高毒或禁用农药，占样品总量的 12.5%。其中剧毒农药甲拌磷和艾氏剂以及高毒农药三唑磷、水胺硫磷和治螟磷检出频次较高。

按 MRL 中国国家标准衡量，剧毒农药甲拌磷，检出 2 次，超标 1 次；高毒农药治螟磷，检出 2 次，超标 1 次；按超标程度比较，甜椒中克百威超标 3.4 倍，胡萝卜中甲拌磷超标 50%，芹菜中治螟磷超标 20%。

剧毒、高毒或禁用农药的检出情况及按照 MRL 中国国家标准衡量的超标情况见表 11-31。

表 11-31　剧毒、高毒或禁用农药的检出及超标明细

序号	农药名称	样品名称	检出频次	超标频次	最大超标倍数	超标率
1.1	艾氏剂*▲	芹菜	1	0		0.0%
2.1	甲拌磷*▲	胡萝卜	2	1	0.47	50.0%
3.1	敌敌畏◊	荔枝	1	0		0.0%
4.1	甲胺磷◊▲	小油菜	1	0		0.0%
4.2	甲胺磷◊▲	茼蒿	1	0		0.0%
5.1	克百威◊▲	甜椒	1	1	3.35	100.0%
6.1	猛杀威◊	黄瓜	1	0		0.0%
7.1	三唑磷◊	小油菜	4	0		0.0%
7.2	三唑磷◊	菜薹	2	0		0.0%
7.3	三唑磷◊	小白菜	1	0		0.0%
7.4	三唑磷◊	茼蒿	1	0		0.0%
8.1	水胺硫磷◊▲	胡萝卜	2	0		0.0%
8.2	水胺硫磷◊▲	柠檬	1	0		0.0%

续表

序号	农药名称	样品名称	检出频次	超标频次	最大超标倍数	超标率
8.3	水胺硫磷◊▲	茄子	1	0		0.0%
9.1	治螟磷◊▲	芹菜	2	1	0.21	50.0%
10.1	兹克威◊	菠菜	2	0		0.0%
11.1	除草醚▲	芹菜	1	0		0.0%
12.1	硫丹▲	黄瓜	5	0		0.0%
12.2	硫丹▲	甜椒	5	0		0.0%
12.3	硫丹▲	桃	4	0		0.0%
12.4	硫丹▲	葡萄	2	0		0.0%
12.5	硫丹▲	菜豆	1	0		0.0%
12.6	硫丹▲	苦瓜	1	0		0.0%
12.7	硫丹▲	香瓜	1	0		0.0%
合计			44	3		6.8%

注：超标倍数参照 MRL 中国国家标准衡量

这些超标的剧毒和高毒农药都是中国政府早有规定禁止在水果蔬菜中使用的，为什么还屡次被检出，应该引起警惕。

11.5.4 残留限量标准与先进国家或地区差距较大

709 频次的检出结果与我国公布的《食品中农药最大残留限量》(GB 2763—2014)对比，有 114 频次能找到对应的 MRL 中国国家标准，占 16.1%；还有 595 频次的侦测数据无相关 MRL 标准供参考，占 83.9%。

与国际上现行 MRL 标准对比发现：

有 709 频次能找到对应的 MRL 欧盟标准，占 100.0%；

有 709 频次能找到对应的 MRL 日本标准，占 100.0%；

有 267 频次能找到对应的 MRL 中国香港标准，占 37.7%；

有 174 频次能找到对应的 MRL 美国标准，占 24.5%；

有 138 频次能找到对应的 MRL CAC 标准，占 19.5%。

由上可见，MRL 中国国家标准与先进国家或地区标准还有很大差距，我们无标准，境外有标准，这就会导致我们在国际贸易中，处于受制于人的被动地位。

11.5.5 水果蔬菜单种样品检出 11~29 种农药残留，拷问农药使用的科学性

通过此次监测发现，葡萄、香瓜和李子是检出农药品种最多的 3 种水果，芹菜、甜椒和黄瓜是检出农药品种最多的 3 种蔬菜，从中检出农药品种及频次详见表 11-32。

表 11-32　单种样品检出农药品种及频次

样品名称	样品总数	检出农药样品数	检出率	检出农药品种数	检出农药（频次）
芹菜	8	8	100.0%	29	威杀灵（8），二苯胺（6），毒死蜱（4），莠去津（4），仲丁灵（4），去乙基阿特拉津（3），腐霉利（3），氟氯氢菊酯（2），噁草酮（2），二甲戊灵（2），治螟磷（2），烯虫酯（2），甲霜灵（2），氟丙菊酯（1），戊唑醇（1），四氯硝基苯（1），除虫菊酯（1），五氯苯甲腈（1），除草醚（1），西玛津（1），异丙草胺（1），五氯苯（1），五氯硝基苯（1），五氯苯胺（1），哒螨灵（1），新燕灵（1），艾氏剂（1），γ-氟氯氰菌酯（1），喹禾灵（1）
甜椒	12	12	100.0%	18	二苯胺（12），除虫菊酯（8），威杀灵（7），硫丹（5），三唑醇（4），哒螨灵（3），γ-氟氯氰菌酯（3），腐霉利（2），克百威（1），仲丁威（1），烯虫酯（1），生物苄呋菊酯（1），霜霉威（1），唑虫酰胺（1），莠去津（1），联苯菊酯（1），毒死蜱（1），新燕灵（1）
黄瓜	12	11	91.7%	18	生物苄呋菊酯（5），硫丹（5），除虫菊酯（4），二苯胺（3），腐霉利（2），威杀灵（2），烯虫酯（1），嘧霉胺（1），五氯苯甲腈（1），猛杀威（1），呋草黄（1），霜霉威（1），哒螨灵（1），联苯菊酯（1），莠去津（1），毒死蜱（1），甲霜灵（1），己唑醇（1）
葡萄	10	9	90.0%	13	嘧霉胺（6），腐霉利（4），戊唑醇（3），除虫菊酯（3），硫丹（2），肟菌酯（2），啶酰菌胺（2），仲丁灵（1），毒死蜱（1），氟吡菌酰胺（1），乙嘧酚磺酸酯（1），炔螨特（1），三唑醇（1）
香瓜	9	6	66.7%	12	除虫菊酯（3），解草腈（2），氯菊酯（2），甲霜灵（2），腐霉利（2），嘧霉胺（1），硫丹（1），三唑醇（1），三唑酮（1），莠去津（1），四氟苯菊酯（1），戊唑醇（1）
李子	9	8	88.9%	11	毒死蜱（5），嘧霉胺（4），除虫菊酯（3），戊唑醇（3），噻嗪酮（2），嘧菌环胺（1），肟菌酯（1），啶酰菌胺（1），威杀灵（1），甲氰菊酯（1），腐霉利（1）

上述 6 种水果蔬菜，检出农药 11~29 种，是多种农药综合防治，还是未严格实施农业良好管理规范（GAP），抑或根本就是乱施药，值得我们思考。

第 12 章　GC-Q-TOF/MS 侦测哈尔滨市市售水果蔬菜农药残留膳食暴露风险及预警风险评估

12.1　农药残留风险评估方法

12.1.1　哈尔滨市农药残留检测数据分析与统计

庞国芳院士科研团队建立的农药残留高通量侦测技术以高分辨精确质量数（0.0001 *m/z* 为基准）为识别标准，采用 GC-Q-TOF/MS 技术对 499 种农药化学污染物进行检测。

科研团队于 2015 年 7 月在哈尔滨市所属 5 个区县的 11 个采样点，随机采集了 335 例水果蔬菜样品，采样点具体位置分布如图 12-1 所示。

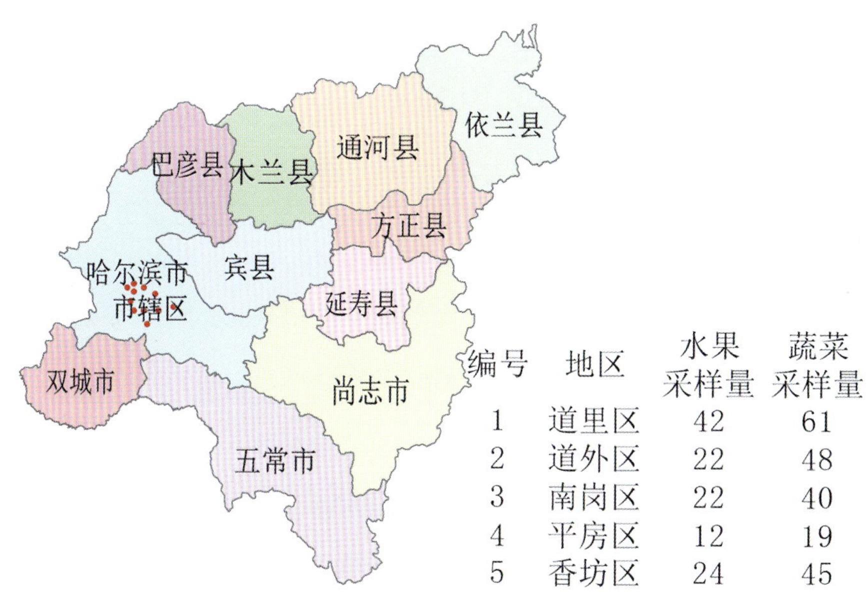

图 12-1　哈尔滨市所属 11 个采样点 335 例样品分布图

利用 GC-Q-TOF/MS 技术对 335 例样品中的农药残留进行侦测，检出残留农药 89 种，709 频次。检出农药残留水平如表 12-1 和图 12-2 所示。检出频次最高的前十种农药如表 12-2 所示。从检测结果中可以看出，在果蔬中农药残留普遍存在，且有些果蔬存在高浓度的农药残留，这些可能存在膳食暴露风险，对人体健康产生危害，因此，为了定量地评价果蔬中农药残留的风险程度，有必要对其进行风险评价。

表 12-1　检出农药的不同残留水平及其所占比例

残留水平（μg/kg）	检出频次	占比（%）
1~5（含）	273	38.5
5~10（含）	95	13.4
10~100（含）	291	41.0
100~1000（含）	46	6.5
＞1000	4	0.6
合计	709	100

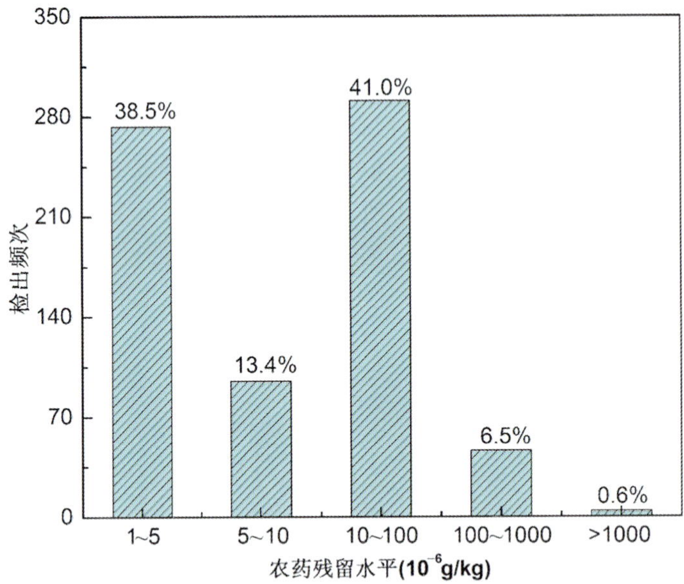

图 12-2　残留农药检出浓度频数分布

表 12-2　检出频次最高的前十种农药

序号	农药	检出频次（次）
1	除虫菊酯	106
2	烯虫酯	50
3	威杀灵	49
4	二苯胺	46
5	毒死蜱	32
6	哒螨灵	28
7	氯氰菊酯	22
8	嘧霉胺	21
9	生物苄呋菊酯	21
10	硫丹	19

12.1.2 农药残留风险评价模型

对哈尔滨市水果蔬菜中农药残留分别开展暴露风险评估和预警风险评估。膳食暴露风险评价利用食品安全指数模型对水果蔬菜中的残留农药对人体可能产生的危害程度进行评价，该模型结合残留监测和膳食暴露评估评价化学污染物的危害；预警风险评价模型运用风险系数（risk index，R），风险系数综合考虑了危害物的超标率、施检频率及其本身敏感性的影响，能直观而全面地反映出危害物在一段时间内的风险程度。

12.1.2.1 食品安全指数模型

为了加强食品安全管理，《中华人民共和国食品安全法》第二章第十七条规定“国家建立食品安全风险评估制度，运用科学方法，根据食品安全风险监测信息、科学数据以及有关信息，对食品、食品添加剂、食品相关产品中生物性、化学性和物理性危害因素进行风险评估”[1]，膳食暴露评估是食品危险度评估的重要组成部分，也是膳食安全性的衡量标准[2]。国际上最早研究膳食暴露风险评估的机构主要是 JMPR（FAO、WHO 农药残留联合会议），该组织自 1995 年就已制定了急性毒性物质的风险评估急性毒性农药残留摄入量的预测。1960 年美国规定食品中不得加入致癌物质进而提出零阈值理论，渐渐零阈值理论发展成在一定概率条件下可接受风险的概念[3]，后衍变为食品中每日允许最大摄入量（ADI），而农药残留法典委员会（CCPR）认为 ADI 不是独立风险评估的唯一标准[4]，1995 年 JMPR 开始研究农药急性膳食暴露风险评估，并对食品国际短期摄入量的计算方法进行了修正，亦对膳食暴露评估准则及评估方法进行了修正[5]，2002 年，在对世界上现行的食品安全评价方法，尤其是国际公认的 CAC 的评价方法、WHO GEMS/Food（全球环境监测系统/食品污染监测和评估规划）及 JECFA（FAO、WHO 食品添加剂联合专家委员会）和 JMPR 对食品安全风险评估工作研究的基础之上，检验检疫食品安全管理的研究人员提出了结合残留监控和膳食暴露评估，以食品安全指数（IFS）计算食品中各种化学污染物对消费者的健康危害程度[6]。IFS 是表示食品安全状态的新方法，可有效地评价某种农药的安全性，进而评价食品中各种农药化学污染物对消费者健康的整体危害程度[7, 8]。从理论上分析，IFS_c 可指出食品中的污染物 c 对消费者健康是否存在危害及危害的程度[9]。其优点在于操作简单且结果容易被接受和理解，不需要大量的数据来对结果进行验证，使用默认的标准假设或者模型即可[10, 11]。

1）IFS_c 的计算

IFS_c 计算公式如下：

$$\mathrm{IFS_c}=\frac{\mathrm{EDI_c}\times f}{\mathrm{SI_c}\times \mathrm{bw}} \tag{12-1}$$

式中，c 为所研究的农药；EDI_c 为农药 c 的实际日摄入量估算值，等于 $\sum(R_i\times F_i\times E_i\times P_i)$（$i$ 为食品种类；R_i 为食品 i 中农药 c 的残留水平，mg/kg；F_i 为食品 i 的估计日消费量，g/（人 · 天）；E_i 为食品 i 的可食用部分因子；P_i 为食品 i 的加工处理因子）；SI_c 为安全摄入量，可采用每日允许摄入量 ADI；bw 为人平均体重，kg；f 为校正因子，如果安全摄入量采用 ADI，则 f 取 1。

$IFS_c \ll 1$，农药 c 对食品安全没有影响；$IFS_c \leq 1$，农药 c 对食品安全的影响可以接受；$IFS_c > 1$，农药 c 对食品安全的影响不可接受。

本次评价中：

$IFS_c \leq 0.1$，农药 c 对果蔬安全没有影响；

$0.1 < IFS_c \leq 1$，农药 c 对果蔬安全的影响可以接受；

$IFS_c > 1$，农药 c 对果蔬安全的影响不可接受。

本次评价中残留水平 R_i 取值为中国检验检疫科学研究院庞国芳院士课题组对哈尔滨市果蔬中的农药残留检测结果，估计日消费量 F_i 取值 0.38 kg/（人·天），E_i=1，P_i=1，f =1，SI_c 采用《食品安全国家标准　食品中农药最大残留限量》（GB 2763—2016）中 ADI 值（具体数值见表 12-3），人平均体重（bw）取值 60 kg。

表 12-3　哈尔滨市果蔬中残留农药 ADI 值

序号	农药	ADI	序号	农药	ADI	序号	农药	ADI
1	艾氏剂	0.0001	23	喹螨醚	0.005	45	五氯硝基苯	0.01
2	丙溴磷	0.03	24	联苯菊酯	0.01	46	戊唑醇	0.03
3	虫螨腈	0.03	25	邻苯基苯酚	0.4	47	西草净	0.025
4	哒螨灵	0.01	26	硫丹	0.006	48	西玛津	0.018
5	敌敌畏	0.004	27	氯菊酯	0.05	49	异丙草胺	0.013
6	啶酰菌胺	0.04	28	氯氰菊酯	0.02	50	异丙威	0.002
7	啶氧菌酯	0.09	29	马拉硫磷	0.3	51	莠去津	0.02
8	毒死蜱	0.01	30	醚菌酯	0.4	52	治螟磷	0.001
9	多效唑	0.1	31	嘧菌环胺	0.03	53	仲丁灵	0.2
10	噁草酮	0.0036	32	嘧霉胺	0.2	54	仲丁威	0.06
11	二苯胺	0.08	33	扑草净	0.04	55	唑虫酰胺	0.006
12	二甲戊灵	0.03	34	炔螨特	0.01	56	除虫菊酯	—
13	氟吡菌酰胺	0.01	35	噻菌灵	0.1	57	氟丙菊酯	—
14	氟硅唑	0.007	36	噻嗪酮	0.009	58	双苯酰草胺	—
15	腐霉利	0.1	37	三唑醇	0.03	59	萘乙酰胺	—
16	己唑醇	0.005	38	三唑磷	0.001	60	五氯苯甲腈	—
17	甲胺磷	0.004	39	三唑酮	0.03	61	威杀灵	—
18	甲拌磷	0.0007	40	生物苄呋菊酯	0.03	62	γ-氟氯氰菌酯	—
19	甲氰菊酯	0.03	41	霜霉威	0.4	63	烯虫酯	—
20	甲霜灵	0.08	42	水胺硫磷	0.003	64	新燕灵	—
21	克百威	0.001	43	四氯硝基苯	0.02	65	解草腈	—
22	喹禾灵	0.0009	44	肟菌酯	0.04	66	避蚊胺	—

续表

序号	农药	ADI	序号	农药	ADI	序号	农药	ADI
67	杀螨酯	—	75	麦穗宁	—	83	乙嘧酚磺酸酯	—
68	四氢吩胺	—	76	兹克威	—	84	除草醚	—
69	间羟基联苯	—	77	萘去通	—	85	特丁净	—
70	特草灵	—	78	茚草酮	—	86	杀螟腈	—
71	去乙基阿特拉津	—	79	棉铃威	—	87	安硫磷	—
72	四氟苯菊酯	—	80	猛杀威	—	88	五氯苯	—
73	芬螨酯	—	81	氟氯氢菊酯	—	89	五氯苯胺	—
74	呋草黄	—	82	甲醚菊酯	—			

注："—" 表示国家标准中无 ADI 值规定；ADI 值单位为 mg/kg bw

2）计算 IFS_c 的平均值$\overline{IFS}$，判断农药对食品安全影响程度

以$\overline{IFS}$评价各种农药对人体健康危害的总程度，评价模型见公式（12-2）。

$$\overline{IFS}=\frac{\sum_{i=1}^{n}IFS_c}{n} \tag{12-2}$$

$\overline{IFS}\ll 1$，所研究消费者人群的食品安全状态很好；$\overline{IFS}\leqslant 1$，所研究消费者人群的食品安全状态可以接受；$\overline{IFS}>1$，所研究消费者人群的食品安全状态不可接受。

本次评价中：

$\overline{IFS}\leqslant 0.1$，所研究消费者人群的果蔬安全状态很好；

$0.1<\overline{IFS}\leqslant 1$，所研究消费者人群的果蔬安全状态可以接受；

$\overline{IFS}>1$，所研究消费者人群的果蔬安全状态不可接受。

12.1.2.2　预警风险评价模型

2003 年，我国检验检疫食品安全管理的研究人员根据 WTO 的有关原则和我国的具体规定，结合危害物本身的敏感性、风险程度及其相应的施检频率，首次提出了食品中危害物风险系数 R 的概念[12]。R 是衡量一个危害物的风险程度大小最直观的参数，即在一定时期内其超标率或阳性检出率的高低,但受其施检测率的高低及其本身的敏感性(受关注程度）影响。该模型综合考察了农药在蔬菜中的超标率、施检频率及其本身敏感性，能直观而全面地反映出农药在一段时间内的风险程度[13]。

1）R 计算方法

危害物的风险系数综合考虑了危害物的超标率或阳性检出率、施检频率和其本身的敏感性影响，并能直观而全面地反映出危害物在一段时间内的风险程度。风险系数 R 的计算公式如式（12-3）：

$$R = aP + \frac{b}{F} + S \tag{12-3}$$

式中，P 为该种危害物的超标率；F 为危害物的施检频率；S 为危害物的敏感因子；a，b 分别为相应的权重系数。

本次评价中 $F=1$；$S=1$；$a=100$；$b=0.1$，对参数 P 进行计算，计算时首先判断是否为禁药，如果为非禁药，P=超标的样品数（检测出的含量高于食品最大残留限量标准值，即 MRL）除以总样品数（包括超标、不超标、未检出）；如果为禁药，则检出即为超标，P=能检出的样品数除以总样品数。判断哈尔滨市果蔬农药残留是否超标的标准限值 MRL 分别以 MRL 中国国家标准[14]和 MRL 欧盟标准作为对照，具体值列于本报告附表一中。

2）判断风险程度

$R \leqslant 1.5$，受检农药处于低度风险；

$1.5 < R \leqslant 2.5$，受检农药处于中度风险；

$R > 2.5$，受检农药处于高度风险。

12.1.2.3　食品膳食暴露风险和预警风险评价应用程序的开发

1）应用程序开发的步骤

为成功开发膳食暴露风险和预警风险评价应用程序，与软件工程师多次沟通讨论，逐步提出并描述清楚计算需求，开发了初步应用程序。在软件应用过程中，根据风险评价拟得到结果的变化，计算需求发生变更，这些变化给软件工程师进行需求分析带来一定的困难，经过各种细节的沟通，需求分析得到明确后，开始进行解决方案的设计，在保证需求的完整性、一致性的前提下，编写代码，最后设计出风险评价专用计算软件。软件开发基本步骤见图 12-3。

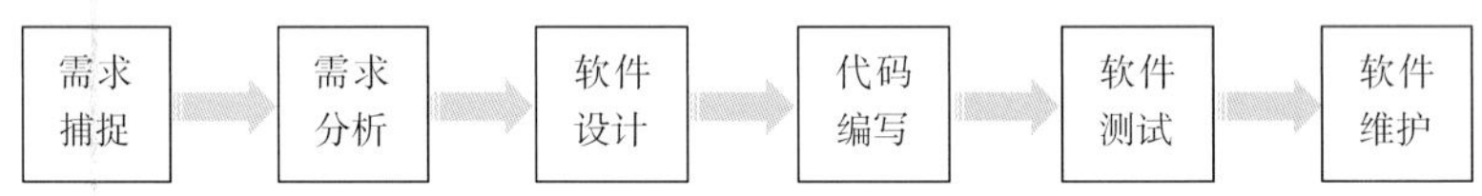

图 12-3　专用程序开发总体步骤

2）膳食暴露风险评价专业程序开发的基本要求

首先直接利用公式（12-1），分别计算 LC-Q-TOF/MS 和 GC-Q-TOF/MS 仪器检出的各果蔬样品中每种农药 IFS_c，将结果列出。为考察超标农药和禁用农药的使用安全性，分别以我国《食品安全国家标准　食品中农药最大残留限量》（GB 2763—2016）和欧盟食品中农药最大残留限量（以下简称 MRL 中国国家标准和 MRL 欧盟标准）为标准，对检出的禁药和超标的非禁药 IFS_c 单独进行评价；按 IFS_c 大小列表，并找出 IFS_c 值排名前 20 的样本重点关注。

对不同果蔬 i 中每一种检出的农药 c 的安全指数进行计算，多个样品时求平均值。若监测数据为该市多个月的数据，则逐月、逐季度分别列出每个月、每个季度内每一种果蔬 i 对应的每一种农药 c 的 IFS_c。

按农药种类，计算整个监测时间段内每种农药的 IFS_c，不区分果蔬。若检测数据为该市多个月的数据，则需分别计算每个月、每个季度内每种农药的 IFS_c。

3）预警风险评价专业程序开发的基本要求

分别以 MRL 中国国家标准和 MRL 欧盟标准，按公式（12-3）逐个计算不同果蔬、不同农药的风险系数，禁药和非禁药分别列表。

为清楚了解各种农药的预警风险，不分时间，不分果蔬，按禁用农药和非禁药分类，分别计算各种检出农药全部检测时段内风险系数。由于有 MRL 中国国家标准的农药种类太少，无法计算超标数，非禁药的风险系数只以 MRL 欧盟标准为标准进行计算。若检测数据为多个月的，则按月计算每个月、每个季度内每种禁用农药残留的风险系数和以 MRL 欧盟标准为标准的非禁药残留的风险系数。

4）风险程度评价专业应用程序的开发方法

采用 Python 计算机程序设计语言，Python 是一个高层次地结合了解释性、编译性、互动性和面向对象的脚本语言。风险评价专用程序主要功能包括：分别读入每例样品 LC-Q-TOF/MS 和 GC-Q-TOF/MS 农药残留检测数据，根据风险评价工作要求，依次对不同农药、不同食品、不同时间、不同采样点的 IFS_c 值和 R 值分别进行数据计算，筛选出禁用农药、超标农药（分别与 MRL 中国国家标准、MRL 欧盟标准限值进行对比）单独重点分析，再分别对各农药、各果蔬种类分类处理，设计出计算和排序程序，编写计算机代码，最后将生成的膳食暴露风险评价和超标风险评价定量计算结果列入设计好的各个表格中，并定性判断风险对目标的影响程度，直接用文字描述风险发生的高低，如“不可接受”“可以接受”“没有影响”“高度风险”“中度风险”“低度风险”。

12.2 哈尔滨市果蔬农药残留膳食暴露风险评估

12.2.1 果蔬样品中农药残留安全指数分析

基于 2015 年 7 月农药残留检测数据，发现在 335 例样品中检出农药 709 频次，计算样品中每种残留农药的安全指数 IFS_c，并分析农药对样品安全的影响程度，结果详见附表，农药残留对样品安全影响程度频次分布情况如图 12-4 所示。

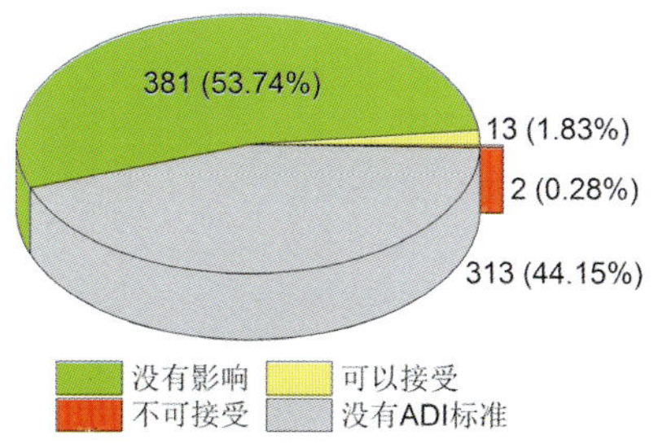

图 12-4 农药残留对果蔬样品安全的影响程度频次分布图

由图 12-4 可以看出，农药残留对样品安全的影响不可接受的频次为 2，占 0.28%；农药残留对样品安全的影响可以接受的频次为 13，占 1.83%；农药残留对样品安全的没有影响的频次为 381，占 53.74%。残留农药对安全影响不可接受的样品如表 12-4 所示。

表 12-4　对果蔬样品安全影响不可接受的残留农药安全指数表

序号	样品编号	采样点	基质	农药	含量（mg/kg）	IFS_c
1	20150715-230100-QHDCIQ-CL-08A	***超市（道外店）	小油菜	三唑磷	0.3619	2.2920
2	20150715-230100-QHDCIQ-CL-05A	***超市（中山店）	小油菜	三唑磷	0.5725	3.6258

此次检测，发现部分样品检出禁用农药，为了明确残留的禁用农药对样品安全的影响，分析检出禁药残留的样品安全指数，结果如图 12-5 所示，检出禁用农药 8 种 32 频次，其中农药残留对样品安全的影响可以接受的频次为 3，占 9.38%；农药残留对样品安全没有影响的频次为 28，占 87.5%。表 12-5 列出果蔬样品中安全指数排名前十的残留禁用农药列表。

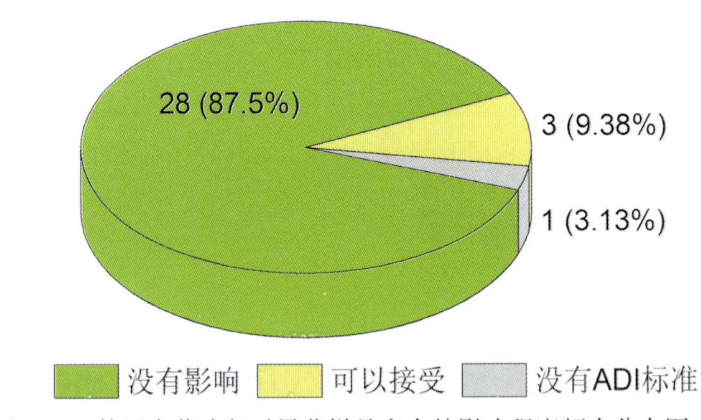

图 12-5　禁用农药残留对果蔬样品安全的影响程度频次分布图

表 12-5　果蔬样品中安全指数排名前十的残留禁用农药列表

序号	样品编号	采样点	基质	农药	含量（mg/kg）	IFS_c	影响程度
1	20150715-230100-QHDCIQ-PP-03A	***超市（哈尔滨总店）	甜椒	克百威	0.0870	0.5510	可以接受
2	20150716-230100-QHDCIQ-CE-11A	***超市（中环店）	芹菜	艾氏剂	0.0027	0.1710	可以接受
3	20150715-230100-QHDCIQ-HU-01A	***超市（金安国际店）	胡萝卜	甲拌磷	0.0147	0.1330	可以接受
4	20150715-230100-QHDCIQ-CE-01A	***超市（金安国际店）	芹菜	治螟磷	0.0121	0.0766	没有影响
5	20150715-230100-QHDCIQ-HU-03A	***超市（哈尔滨总店）	胡萝卜	甲拌磷	0.0061	0.0552	没有影响
6	20150716-230100-QHDCIQ-PH-09A	***超市（平房区店）	桃	硫丹	0.0502	0.0530	没有影响

续表

序号	样品编号	采样点	基质	农药	含量（mg/kg）	IFS_c	影响程度
7	20150715-230100-QHDCIQ-NM-05A	***超市（中山店）	柠檬	水胺硫磷	0.0231	0.0488	没有影响
8	20150716-230100-QHDCIQ-EP-10A	***超市（乐松店）	茄子	水胺硫磷	0.0196	0.0414	没有影响
9	20150715-230100-QHDCIQ-PH-05A	***超市（中山店）	桃	硫丹	0.0278	0.0293	没有影响
10	20150715-230100-QHDCIQ-PP-03A	***超市（哈尔滨总店）	甜椒	硫丹	0.0239	0.0252	没有影响

此外，本次检测发现部分样品中非禁用农药残留量超过 MRL 中国国家标准和欧盟标准，为了明确超标的非禁药对样品安全的影响，分析非禁药残留超标的样品安全指数。

农药残留量超过中国标准的样品如表 12-6 所示，可以看出三个样品中的毒死蜱分别超标 4.88 倍、4.26 倍和 1.18 倍，但是其对样品安全影响分别为可以接受、可以接受和没有影响。

表 12-6 果蔬样品中残留超标的非禁用农药安全指数表（MRL 中国国家标准）

序号	样品编号	采样点	基质	农药	含量（mg/kg）	中国国家标准	超标倍数	IFS_c	影响程度
1	20150716-230100-QHDCIQ-CE-11A	***超市（中环店）	芹菜	毒死蜱	0.2442	0.05	4.88	0.1547	可以接受
2	20150716-230100-QHDCIQ-CE-09A	***超市（平房区店）	芹菜	毒死蜱	0.2130	0.05	4.26	0.1349	可以接受
3	20150716-230100-QHDCIQ-CL-09A	***超市（平房区店）	小油菜	毒死蜱	0.1177	0.1	1.18	0.0745	没有影响

由图 12-6 可以看出检出超过 MRL 欧盟标准的非禁用农药共 137 频次，其中农药残留对样品安全的影响不可接受的频次为 2，占 1.46%；农药残留对样品安全的影响可以接受的频次为 7，占 5.11%；农药残留对样品安全没有影响的频次为 56，占 40.88%。表 12-7 为对果蔬样品安全影响不可接受的残留超标非禁用农药安全指数表。

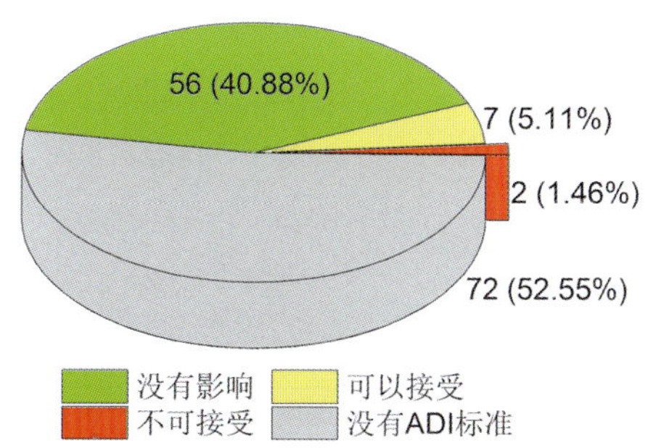

图 12-6 残留超标的非禁用农药对果蔬样品安全的影响程度频次分布图（MRL 欧盟标准）

表 12-7　对果蔬样品安全影响不可接受的残留超标非禁用农药安全指数表（MRL 欧盟标准）

序号	样品编号	采样点	基质	农药	含量（mg/kg）	欧盟标准	超标倍数	IFS_c
1	20150715-230100-QHDCIQ-CL-08A	***超市（道外店）	小油菜	三唑磷	0.3619	0.01	35.19	2.2920
2	20150715-230100-QHDCIQ-CL-05A	***超市（中山店）	小油菜	三唑磷	0.5725	0.01	56.25	3.6258

在 335 例样品中，69 例样品未检测出农药残留，266 例样品中检测出农药残留，计算每例有农药检出的样品的$\overline{IFS}$值，进而分析样品的安全状态结果如图 12-7 所示（未检出农药的样品安全状态视为很好）。可以看出，1.19%的样品安全状态可以接受，58.21%的样品安全状态很好。表 12-8 列出了$\overline{IFS}$值排名前十的果蔬样品。

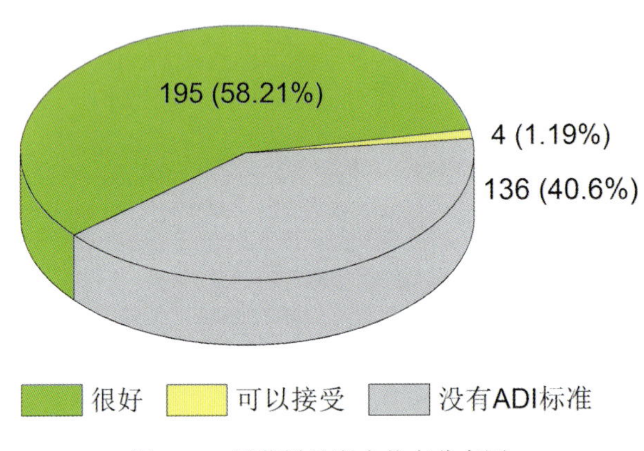

图 12-7　果蔬样品安全状态分布图

表 12-8　$\overline{IFS}$值排名前十的果蔬样品列表

序号	样品编号	采样点	基质	$\overline{IFS}$	安全状态
1	20150715-230100-QHDCIQ-CL-05A	***超市（中山店）	小油菜	0.9072	可以接受
2	20150715-230100-QHDCIQ-CL-08A	***超市（道外店）	小油菜	0.5789	可以接受
3	20150715-230100-QHDCIQ-HU-01A	***超市（金安国际店）	胡萝卜	0.1330	可以接受
4	20150715-230100-QHDCIQ-TH-07A	***超市（永平店）	茼蒿	0.1251	可以接受
5	20150715-230100-QHDCIQ-PP-03A	***超市（哈尔滨总店）	甜椒	0.0736	很好
6	20150715-230100-QHDCIQ-CT-07A	***超市（永平店）	菜薹	0.0709	很好
7	20150716-230100-QHDCIQ-PB-91A	***超市（平房区店）	小白菜	0.0665	很好
8	20150715-230100-QHDCIQ-CL-02A	***超市（中央商城店）	小油菜	0.0630	很好
9	20150716-230100-QHDCIQ-KG-10A	***超市（乐松店）	苦瓜	0.0574	很好
10	20150715-230100-QHDCIQ-HU-03A	***超市（哈尔滨总店）	胡萝卜	0.0552	很好

12.2.2　单种果蔬中农药残留安全指数分析

本次检测的果蔬共计 44 种，44 种果蔬中均有农药残留，共检测出 89 种残留农药，其中 55 种农药存在 ADI 标准。计算每种果蔬中农药的 IFS_c 值，结果如图 12-8 所示。

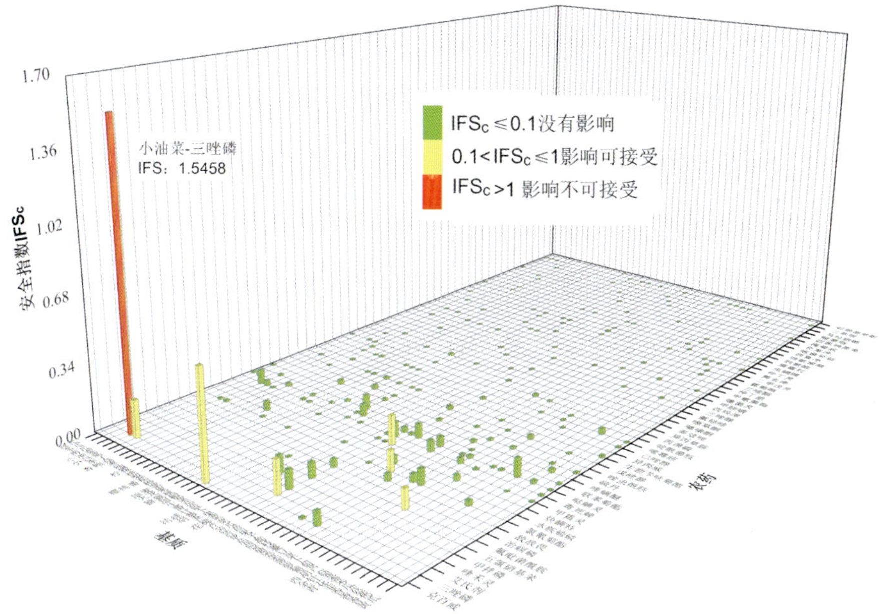

图 12-8　44 种果蔬中 55 种残留农药的安全指数

分析发现 1 种果蔬中 1 种农药的残留对食品安全影响不可接受，如表 12-9 所示。

表 12-9　对单种果蔬安全影响不可接受的残留农药安全指数表

序号	基质	农药	检出频次	检出率	IFS>1 的频次	IFS>1 的比例	IFS_c
1	小油菜	三唑磷	4	44.44%	2	22.22%	1.5458

本次检测中，44 种果蔬和 89 种残留农药（包括没有 ADI）共涉及 332 个分析样本，农药对果蔬安全的影响程度分布情况如图 12-9 所示。

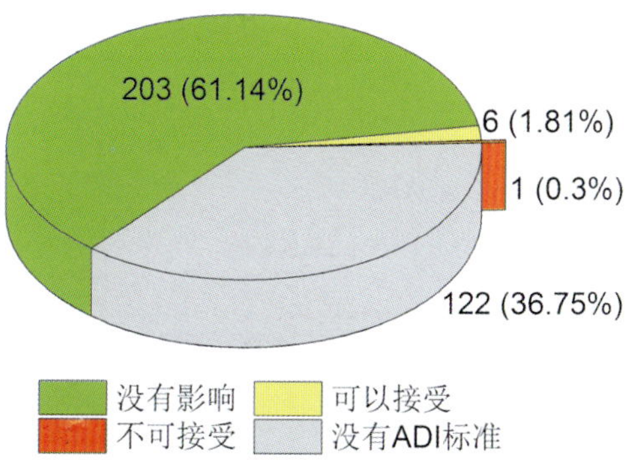

图 12-9　332 个分析样本的影响程度分布图

此外，分别计算 44 种果蔬中所有检出农药 IFS_c 的平均值$\overline{IFS}$，分析每种果蔬的安全状态，结果如图 12-10 所示，分析发现，1 种果蔬(2.27%)的安全状态可接受，43 种(97.73%)果蔬的安全状态很好。

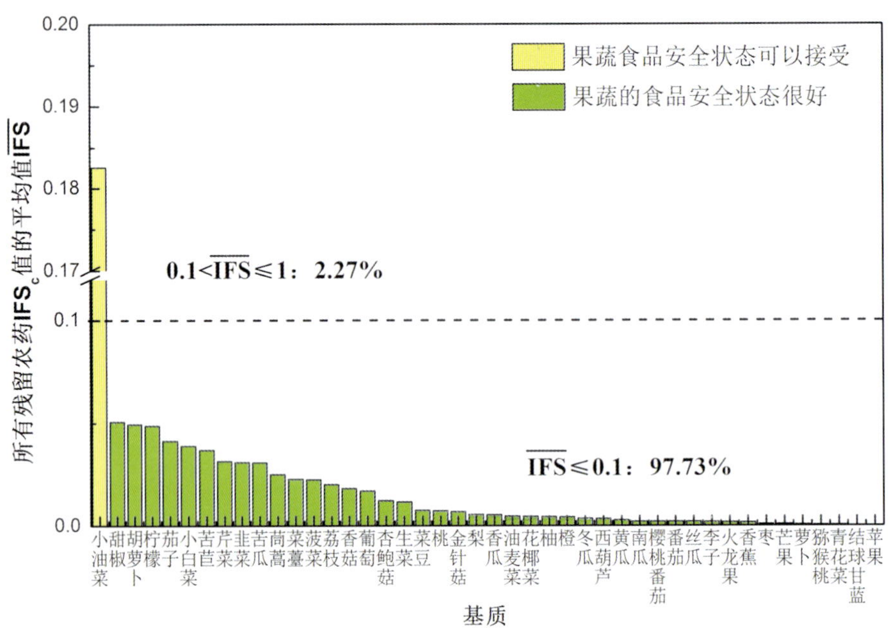

图 12-10　44 种果蔬的$\overline{IFS}$值和安全状态

12.2.3　所有果蔬中农药残留安全指数分析

计算所有果蔬中 55 种残留农药的 IFS_c 值，结果如图 12-11 及表 12-10 所示。

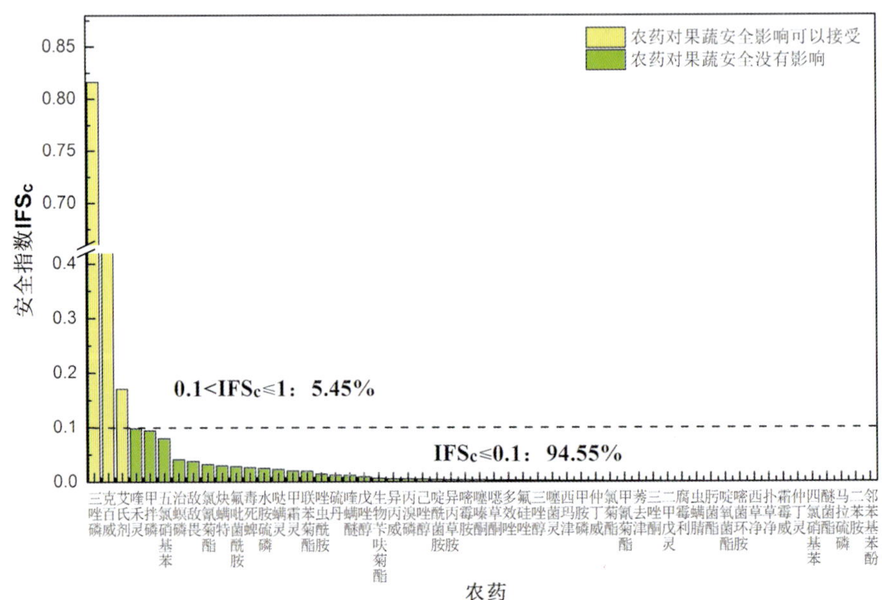

图 12-11　果蔬中 55 种残留农药的安全指数

分析发现，所有农药对果蔬的影响均在没有影响和可以接受的范围内，其中 5.45%的农药对果蔬安全的影响可以接受，94.55%的农药对果蔬安全没有影响。

表 12-10　果蔬中 55 种残留农药的安全指数表

序号	农药	检出频次	检出率	IFS_c	影响程度	序号	农药	检出频次	检出率	IFS_c	影响程度
1	三唑磷	8	2.39%	0.8162	可以接受	29	噁草酮	2	0.60%	0.0028	没有影响
2	克百威	1	0.30%	0.5510	可以接受	30	多效唑	6	1.79%	0.0028	没有影响
3	艾氏剂	1	0.30%	0.1710	可以接受	31	氟硅唑	1	0.30%	0.0027	没有影响
4	喹禾灵	1	0.30%	0.0978	没有影响	32	三唑醇	7	2.09%	0.0026	没有影响
5	甲拌磷	2	0.60%	0.0941	没有影响	33	噻菌灵	16	4.78%	0.0023	没有影响
6	五氯硝基苯	1	0.30%	0.0797	没有影响	34	西玛津	1	0.30%	0.0020	没有影响
7	治螟磷	2	0.60%	0.0415	没有影响	35	甲胺磷	2	0.60%	0.0019	没有影响
8	敌敌畏	1	0.30%	0.0380	没有影响	36	仲丁威	10	2.99%	0.0018	没有影响
9	氯氰菊酯	22	6.57%	0.0322	没有影响	37	氯菊酯	3	0.90%	0.0016	没有影响
10	炔螨特	1	0.3%	0.0299	没有影响	38	甲氰菊酯	4	1.19%	0.0016	没有影响
11	氟吡菌酰胺	4	1.19%	0.0285	没有影响	39	莠去津	15	4.48%	0.0014	没有影响
12	毒死蜱	32	9.55%	0.0265	没有影响	40	三唑酮	5	1.49%	0.0013	没有影响
13	水胺硫磷	4	1.19%	0.0250	没有影响	41	二甲戊灵	5	1.49%	0.0010	没有影响
14	哒螨灵	28	8.36%	0.0230	没有影响	42	腐霉利	18	5.37%	0.0009	没有影响
15	甲霜灵	8	2.39%	0.0201	没有影响	43	虫螨腈	1	0.30%	0.0008	没有影响
16	联苯菊酯	5	1.49%	0.0195	没有影响	44	肟菌酯	3	0.90%	0.0007	没有影响
17	唑虫酰胺	4	1.19%	0.0143	没有影响	45	啶氧菌酯	1	0.30%	0.0006	没有影响
18	硫丹	19	5.67%	0.0123	没有影响	46	嘧菌环胺	2	0.60%	0.0006	没有影响
19	喹螨醚	3	0.90%	0.0119	没有影响	47	西草净	2	0.60%	0.0006	没有影响
20	戊唑醇	10	2.99%	0.0093	没有影响	48	扑草净	1	0.30%	0.0005	没有影响
21	生物苄呋菊酯	21	6.27%	0.0063	没有影响	49	霜霉威	4	1.19%	0.0005	没有影响
22	异丙威	1	0.30%	0.0054	没有影响	50	仲丁灵	5	1.49%	0.0004	没有影响
23	丙溴磷	12	3.58%	0.0052	没有影响	51	四氯硝基苯	1	0.30%	0.0004	没有影响
24	己唑醇	3	0.90%	0.0048	没有影响	52	醚菌酯	11	3.28%	0.0003	没有影响
25	啶酰菌胺	3	0.90%	0.0037	没有影响	53	马拉硫磷	1	0.30%	0.0002	没有影响
26	异丙草胺	1	0.30%	0.0036	没有影响	54	二苯胺	46	13.73%	0.0001	没有影响
27	嘧霉胺	21	6.27%	0.0033	没有影响	55	邻苯基苯酚	1	0.30%	0	没有影响
28	噻嗪酮	3	0.90%	0.0033	没有影响						

12.3　哈尔滨市果蔬农药残留预警风险评估

基于哈尔滨市果蔬中农药残留 GC-Q-TOF/MS 侦测数据，参照中华人民共和国国家标准 GB 2763—2016 和欧盟农药最大残留限量（MRL）标准分析农药残留的超标情况，并计算农药残留风险系数。分析每种果蔬中农药残留的风险程度。

12.3.1　单种果蔬中农药残留风险系数分析

12.3.1.1　单种果蔬中禁用农药残留风险系数分析

检出的 89 种残留农药中有 8 种为禁用农药，在 13 种果蔬中检测出禁药残留，计算单种果蔬中禁药的检出率，根据检出率计算风险系数 R，进而分析单种果蔬中每种禁药残留的风险程度，结果如图 12-12 和表 12-11 所示。本次分析涉及样本 17 个，可以看出 17 个样本中禁药残留均处于高度风险。

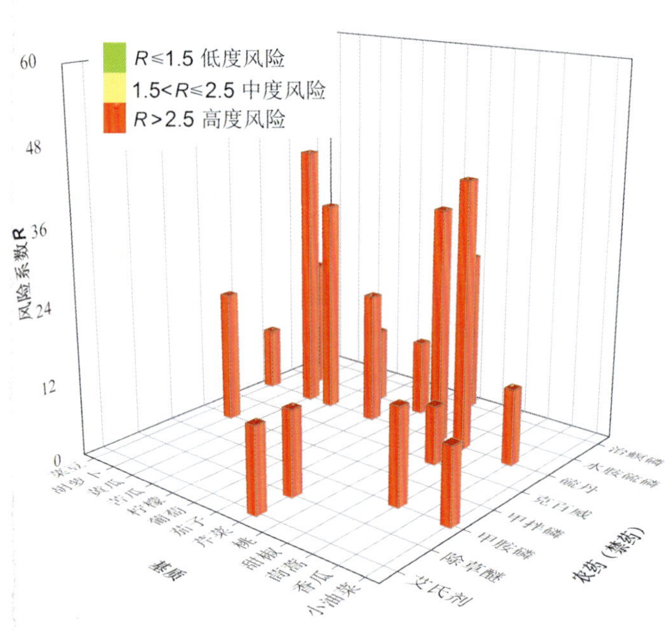

图 12-12　13 种果蔬中 8 种禁用农药残留的风险系数

表 12-11　13 种果蔬中 8 种禁用农药残留的风险系数表

序号	基质	农药	检出频次	检出率	风险系数 R	风险程度
1	黄瓜	硫丹	5	0.42%	42.8	高度风险
2	甜椒	硫丹	5	0.42%	42.8	高度风险
3	桃	硫丹	4	0.36%	37.5	高度风险
4	苦瓜	硫丹	1	0.33%	34.4	高度风险

续表

序号	基质	农药	检出频次	检出率	风险系数 *R*	风险程度
5	芹菜	治螟磷	2	0.25%	26.1	高度风险
6	胡萝卜	甲拌磷	2	0.20%	21.1	高度风险
7	葡萄	硫丹	2	0.20%	21.1	高度风险
8	胡萝卜	水胺硫磷	2	0.20%	21.1	高度风险
9	茼蒿	甲胺磷	1	0.14%	15.4	高度风险
10	芹菜	艾氏剂	1	0.13%	13.6	高度风险
11	芹菜	除草醚	1	0.13%	13.6	高度风险
12	小油菜	甲胺磷	1	0.11%	12.2	高度风险
13	香瓜	硫丹	1	0.11%	12.2	高度风险
14	柠檬	水胺硫磷	1	0.11%	12.2	高度风险
15	茄子	水胺硫磷	1	0.11%	12.2	高度风险
16	菜豆	硫丹	1	0.09%	10.2	高度风险
17	甜椒	克百威	1	0.08%	9.4	高度风险

12.3.1.2　基于 MRL 中国国家标准的单种果蔬中非禁用农药残留风险系数分析

参照中华人民共和国国家标准 GB 2763—2016 中农药残留限量计算每种果蔬中每种非禁用农药的超标率，进而计算其风险系数，根据风险系数大小判断残留农药的预警风险程度，果蔬中非禁用农药残留风险程度分布情况如图 12-13 所示。

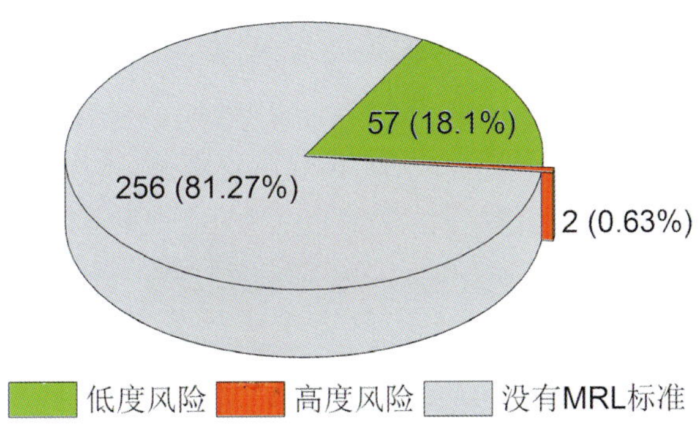

图 12-13　果蔬中非禁用农药残留风险程度分布图（MRL 中国国家标准）

本次分析中，发现在 44 种果蔬中检出 81 种残留非禁用农药，涉及样本 315 个，在 315 个样本中，0.63%处于高度风险，18.1%处于低度风险，此外发现有 256 个样本没有 MRL 中国国家标准值，无法判断其风险程度，有 MRL 中国国家标准值的 59 个样本涉及 24 种果蔬中的 21 种非禁用农药，其风险系数 *R* 值如图 12-14 所示。表 12-12 为非禁用农药残留处于高度风险的果蔬列表。

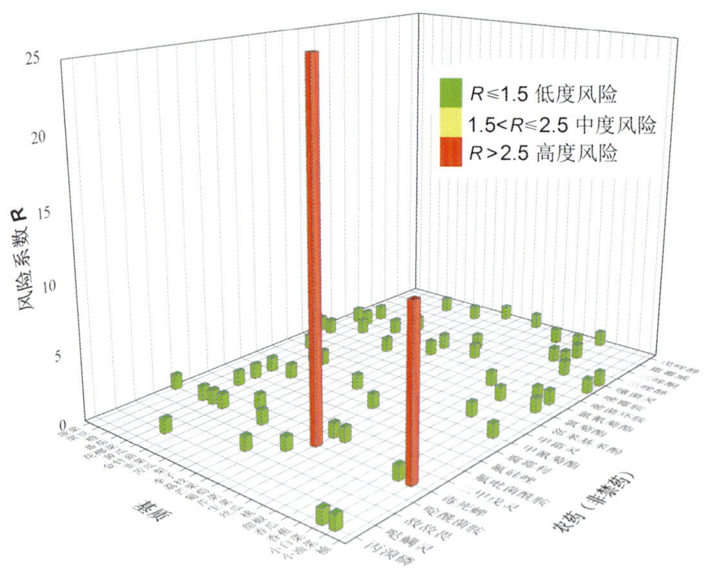

图 12-14　24 种果蔬中 21 种非禁用农药残留的风险系数（MRL 中国国家标准）

表 12-12　单种果蔬中处于高度风险的非禁用农药残留的风险系数表（MRL 中国国家标准）

序号	基质	农药	超标频次	超标率 P	风险系数 R
1	芹菜	毒死蜱	2	0.25%	26.1
2	小油菜	毒死蜱	1	0.11%	12.2

12.3.1.3　基于 MRL 欧盟标准的单种果蔬中非禁用农药残留风险系数分析

参照 MRL 欧盟标准计算每种果蔬中每种非禁用农药的超标率，进而计算其风险系数，根据风险系数大小判断残留农药的预警风险程度，果蔬中非禁用农药残留风险程度分布情况如图 12-15 所示。

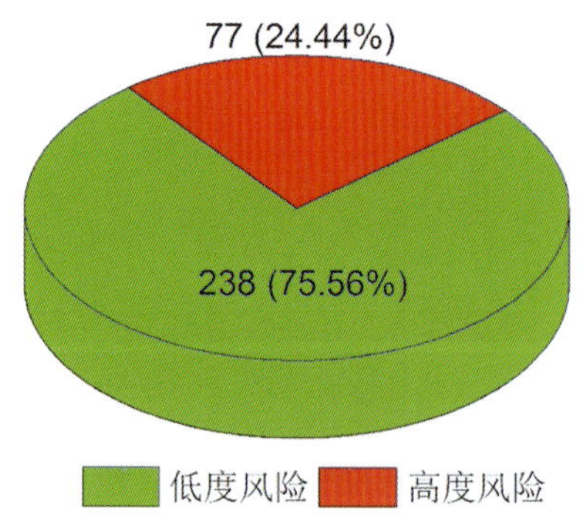

图 12-15　果蔬中非禁用农药残留风险程度分布图（MRL 欧盟标准）

本次分析中，发现在 44 种果蔬中检出 81 种残留非禁用农药，涉及样本 315 个，在 315 个样本中，24.44%处于高度风险，涉及 33 种果蔬 38 种农药，75.56%处于低度风险，涉及 43 种果蔬中的 64 种农药。所有果蔬中的每种非禁用农药的风险系数 R 值如图 12-16 所示。农药残留处于高度风险的果蔬风险系数如图 12-17 和表 12-13 所示。

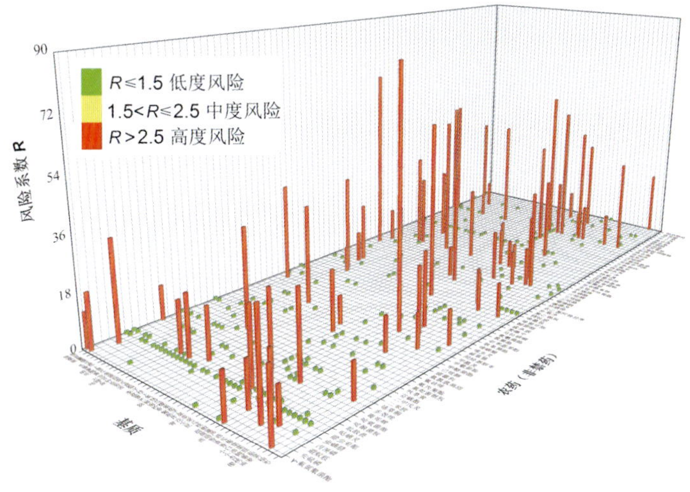

图 12-16　44 种果蔬中 81 种非禁用农药残留的风险系数（MRL 欧盟标准）

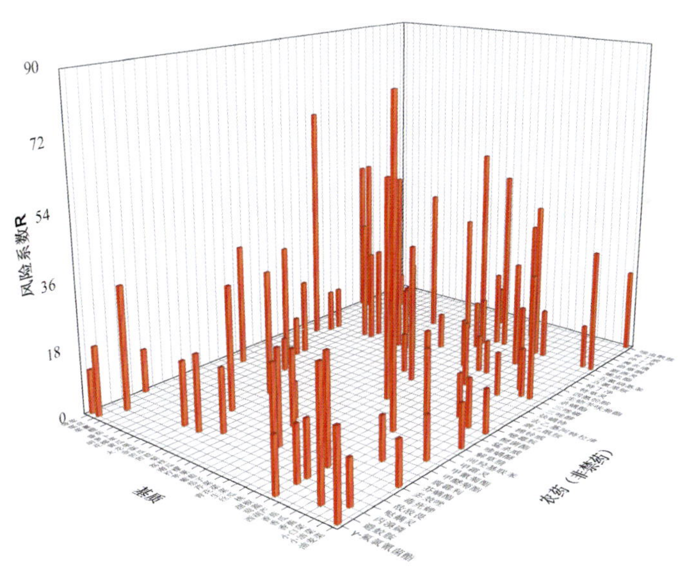

图 12-17　单种果蔬中处于高度风险的非禁用农药残留的风险系数（MRL 欧盟标准）

表 12-13　单种果蔬中处于高度风险的非禁用农药残留的风险系数表（MRL 欧盟标准）

序号	基质	农药	超标频次	超标率 P	风险系数 R
1	茼蒿	间羟基联苯	6	0.86%	86.8
2	菜薹	三唑磷	2	0.67%	67.8
3	青花菜	醚菌酯	3	0.60%	61.1
4	茄子	烯虫酯	5	0.56%	56.7
5	梨	生物苄呋菊酯	5	0.50%	51.1

续表

序号	基质	农药	超标频次	超标率 *P*	风险系数 *R*
6	生菜	烯虫酯	4	0.50%	51.1
7	菜豆	烯虫酯	5	0.45%	46.6
8	菠菜	烯虫酯	4	0.44%	45.5
9	茼蒿	烯虫酯	3	0.43%	44.0
10	苦苣	烯虫酯	2	0.40%	41.1
11	芹菜	去乙基阿特拉津	3	0.38%	38.6
12	香蕉	避蚊胺	3	0.33%	34.4
13	菜薹	丙溴磷	1	0.33%	34.4
14	苦瓜	芬螨酯	1	0.33%	34.4
15	苦瓜	甲霜灵	1	0.33%	34.4
16	菜薹	喹螨醚	1	0.33%	34.4
17	花椰菜	醚菌酯	3	0.33%	34.4
18	小油菜	三唑磷	3	0.33%	34.4
19	黄瓜	生物苄呋菊酯	4	0.33%	34.4
20	油麦菜	烯虫酯	3	0.33%	34.4
21	柠檬	新燕灵	3	0.33%	34.4
22	丝瓜	莠去通	1	0.33%	34.4
23	菠菜	仲丁威	3	0.33%	34.4
24	茼蒿	毒死蜱	2	0.29%	29.7
25	茼蒿	特丁净	2	0.29%	29.7
26	生菜	哒螨灵	2	0.25%	26.1
27	芹菜	毒死蜱	2	0.25%	26.1
28	香菇	喹螨醚	1	0.25%	26.1
29	火龙果	生物苄呋菊酯	2	0.25%	26.1
30	南瓜	生物苄呋菊酯	1	0.25%	26.1
31	火龙果	四氢吩胺	2	0.25%	26.1
32	油麦菜	γ-氟氯氰菌酯	2	0.22%	23.3
33	香瓜	解草腈	2	0.22%	23.3
34	香蕉	杀螨酯	2	0.22%	23.3
35	油麦菜	唑虫酰胺	2	0.22%	23.3
36	苦苣	哒螨灵	1	0.20%	21.1
37	葡萄	腐霉利	2	0.20%	21.1
38	胡萝卜	萘乙酰胺	2	0.20%	21.1
39	青花菜	烯虫酯	1	0.20%	21.1
40	菜豆	γ-氟氯氰菌酯	2	0.18%	19.3
41	韭菜	哒螨灵	1	0.17%	17.8

续表

序号	基质	农药	超标频次	超标率 P	风险系数 R
42	荔枝	敌敌畏	1	0.17%	17.8
43	甜椒	三唑醇	2	0.17%	17.8
44	荔枝	生物苄呋菊酯	1	0.17%	17.8
45	茼蒿	γ-氟氯氰菌酯	1	0.14%	15.4
46	茼蒿	丙溴磷	1	0.14%	15.4
47	茼蒿	哒螨灵	1	0.14%	15.4
48	小白菜	醚菌酯	1	0.13%	13.6
49	小白菜	三唑磷	1	0.13%	13.6
50	生菜	生物苄呋菊酯	1	0.13%	13.6
51	芹菜	五氯苯胺	1	0.13%	13.6
52	芹菜	五氯硝基苯	1	0.13%	13.6
53	西葫芦	烯虫酯	1	0.13%	13.6
54	菠菜	γ-氟氯氰菌酯	1	0.11%	12.2
55	小油菜	丙溴磷	1	0.11%	12.2
56	菠菜	毒死蜱	1	0.11%	12.2
57	油麦菜	多效唑	1	0.11%	12.2
58	香瓜	腐霉利	1	0.11%	12.2
59	小油菜	甲氰菊酯	1	0.11%	12.2
60	油麦菜	解草腈	1	0.11%	12.2
61	油麦菜	醚菌酯	1	0.11%	12.2
62	香瓜	嘧霉胺	1	0.11%	12.2
63	香瓜	三唑醇	1	0.11%	12.2
64	橙	杀螨酯	1	0.11%	12.2
65	橙	生物苄呋菊酯	1	0.11%	12.2
66	小油菜	烯虫酯	1	0.11%	12.2
67	胡萝卜	棉铃威	1	0.10%	11.1
68	葡萄	炔螨特	1	0.10%	11.1
69	葡萄	仲丁灵	1	0.10%	11.1
70	苹果	甲醚菊酯	1	0.09%	10.2
71	桃	生物苄呋菊酯	1	0.09%	10.2
72	苹果	特草灵	1	0.09%	10.2
73	番茄	茚草酮	1	0.09%	10.2
74	黄瓜	猛杀威	1	0.08%	9.4
75	甜椒	生物苄呋菊酯	1	0.08%	9.4
76	黄瓜	烯虫酯	1	0.08%	9.4
77	甜椒	新燕灵	1	0.08%	9.4

12.3.2 所有果蔬中农药残留风险系数分析

12.3.2.1 所有果蔬中禁用农药残留风险系数分析

在检出的 89 种农药中有 8 种禁用农药，计算每种禁用农药残留的风险系数，结果如表 12-14 所示，在 8 种禁用农药中，1 种农药残留处于高度风险，4 种农药残留处于中度风险，3 种农药残留处于低度风险。

表 12-14　果蔬中 8 种禁用农药残留的风险系数表

序号	农药	检出频次	检出率	风险系数 R	风险程度
1	硫丹	19	0.06%	6.8	高度风险
2	水胺硫磷	4	0.01%	2.3	中度风险
3	甲胺磷	2	0.01%	1.7	中度风险
4	甲拌磷	2	0.01%	1.7	中度风险
5	治螟磷	2	0.01%	1.7	中度风险
6	艾氏剂	1	0	1.4	低度风险
7	除草醚	1	0	1.4	低度风险
8	克百威	1	0	1.4	低度风险

12.3.2.2 所有果蔬中非禁用农药残留风险系数分析

参照 MRL 欧盟标准计算所有果蔬中每种农药残留的风险系数，结果如图 12-18 和表 12-15 所示。在检出的 81 种非禁用农药中，8 种农药（9.88%）残留处于高度风险，14 种农药（17.28%）残留处于中度风险，59 种农药（72.84%）残留处于低度风险。

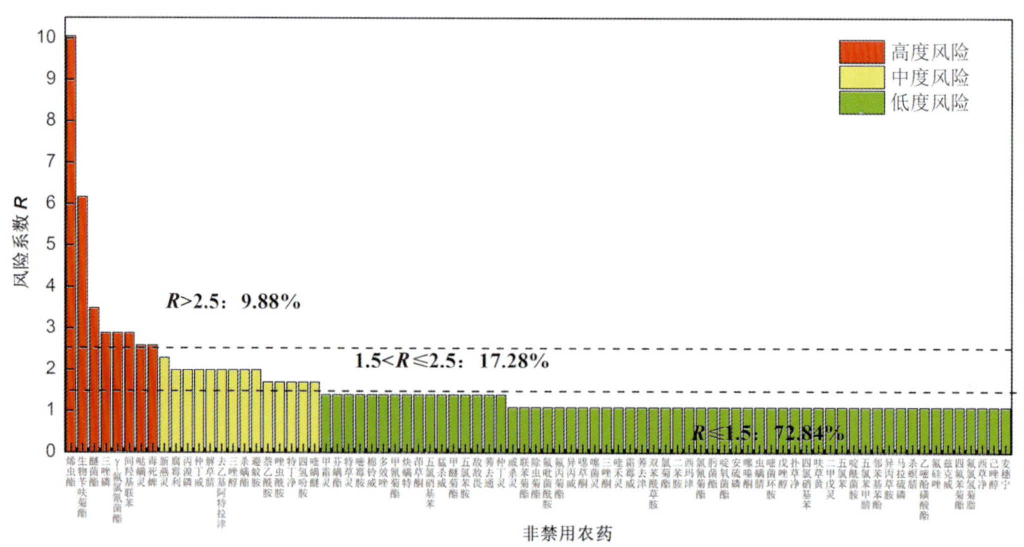

图 12-18　果蔬中 81 种非禁用农药残留的风险系数

表 12-15　果蔬中 81 种非禁用农药残留的风险系数表

序号	农药	超标频次	超标率 P	风险系数 R	风险程度
1	烯虫酯	30	0.09%	10.1	高度风险
2	生物苄呋菊酯	17	0.05%	6.2	高度风险
3	醚菌酯	8	0.02%	3.5	高度风险
4	三唑磷	6	0.02%	2.9	高度风险
5	γ-氟氯氰菌酯	6	0.02%	2.9	高度风险
6	间羟基联苯	6	0.02%	2.9	高度风险
7	哒螨灵	5	0.01%	2.6	高度风险
8	毒死蜱	5	0.01%	2.6	高度风险
9	新燕灵	4	0.01%	2.3	中度风险
10	腐霉利	3	0.01%	2.0	中度风险
11	丙溴磷	3	0.01%	2.0	中度风险
12	仲丁威	3	0.01%	2.0	中度风险
13	解草腈	3	0.01%	2.0	中度风险
14	去乙基阿特拉津	3	0.01%	2.0	中度风险
15	三唑醇	3	0.01%	2.0	中度风险
16	杀螨酯	3	0.01%	2.0	中度风险
17	避蚊胺	3	0.01%	2.0	中度风险
18	萘乙酰胺	2	0.01%	1.7	中度风险
19	唑虫酰胺	2	0.01%	1.7	中度风险
20	特丁净	2	0.01%	1.7	中度风险
21	四氢吩胺	2	0.01%	1.7	中度风险
22	喹螨醚	2	0.01%	1.7	中度风险
23	甲霜灵	1	0	1.4	低度风险
24	芬螨酯	1	0	1.4	低度风险
25	特草灵	1	0	1.4	低度风险
26	嘧霉胺	1	0	1.4	低度风险
27	棉铃威	1	0	1.4	低度风险
28	多效唑	1	0	1.4	低度风险
29	甲氰菊酯	1	0	1.4	低度风险
30	炔螨特	1	0	1.4	低度风险
31	茚草酮	1	0	1.4	低度风险
32	五氯硝基苯	1	0	1.4	低度风险
33	猛杀威	1	0	1.4	低度风险
34	甲醚菊酯	1	0	1.4	低度风险

续表

序号	农药	超标频次	超标率 P	风险系数 R	风险程度
35	五氯苯胺	1	0	1.4	低度风险
36	敌敌畏	1	0	1.4	低度风险
37	莠去通	1	0	1.4	低度风险
38	仲丁灵	1	0	1.4	低度风险
39	威杀灵	0	0	1.1	低度风险
40	联苯菊酯	0	0	1.1	低度风险
41	除虫菊酯	0	0	1.1	低度风险
42	氟吡菌酰胺	0	0	1.1	低度风险
43	氟丙菊酯	0	0	1.1	低度风险
44	异丙威	0	0	1.1	低度风险
45	噁草酮	0	0	1.1	低度风险
46	噻菌灵	0	0	1.1	低度风险
47	三唑酮	0	0	1.1	低度风险
48	喹禾灵	0	0	1.1	低度风险
49	霜霉威	0	0	1.1	低度风险
50	莠去津	0	0	1.1	低度风险
51	双苯酰草胺	0	0	1.1	低度风险
52	氯菊酯	0	0	1.1	低度风险
53	二苯胺	0	0	1.1	低度风险
54	西玛津	0	0	1.1	低度风险
55	氯氰菊酯	0	0	1.1	低度风险
56	肟菌酯	0	0	1.1	低度风险
57	啶氧菌酯	0	0	1.1	低度风险
58	安硫磷	0	0	1.1	低度风险
59	噻嗪酮	0	0	1.1	低度风险
60	虫螨腈	0	0	1.1	低度风险
61	嘧菌环胺	0	0	1.1	低度风险
62	戊唑醇	0	0	1.1	低度风险
63	扑草净	0	0	1.1	低度风险
64	四氯硝基苯	0	0	1.1	低度风险
65	呋草黄	0	0	1.1	低度风险
66	二甲戊灵	0	0	1.1	低度风险
67	五氯苯	0	0	1.1	低度风险
68	啶酰菌胺	0	0	1.1	低度风险

续表

序号	农药	超标频次	超标率 P	风险系数 R	风险程度
69	五氯苯甲腈	0	0	1.1	低度风险
70	邻苯基苯酚	0	0	1.1	低度风险
71	异丙草胺	0	0	1.1	低度风险
72	马拉硫磷	0	0	1.1	低度风险
73	杀螟腈	0	0	1.1	低度风险
74	乙嘧酚磺酸酯	0	0	1.1	低度风险
75	氟硅唑	0	0	1.1	低度风险
76	兹克威	0	0	1.1	低度风险
77	四氟苯菊酯	0	0	1.1	低度风险
78	氟氯氢菊酯	0	0	1.1	低度风险
79	西草净	0	0	1.1	低度风险
80	己唑醇	0	0	1.1	低度风险
81	麦穗宁	0	0	1.1	低度风险

12.4 哈尔滨市果蔬农药残留风险评估结论与建议

农药残留是影响果蔬安全和质量的主要因素，也是我国食品安全领域备受关注的敏感话题和亟待解决的重大问题之一[15,16]。各种水果蔬菜均存在不同程度的农药残留现象，本报告主要针对哈尔滨市各类水果蔬菜存在的农药残留问题，基于 2015 年 7 月对哈尔滨市 335 例果蔬样品农药残留得出的 709 个检测结果，分别采用食品安全指数和风险系数两类方法，开展果蔬中农药残留的膳食暴露风险和预警风险评估。

本报告力求通用简单地反映食品安全中的主要问题且为管理部门和大众容易接受，为政府及相关管理机构建立科学的食品安全信息发布和预警体系提供科学的规律与方法，加强对农药残留的预警和食品安全重大事件的预防，控制食品风险。水果蔬菜样品取自超市和农贸市场，符合大众的膳食来源，风险评价时更具有代表性和可信度。

12.4.1 哈尔滨市果蔬中农药残留膳食暴露风险评价结论

1）果蔬中农药残留安全状态评价结论

采用食品安全指数模型，对 2015 年 7 月哈尔滨市果蔬食品农药残留膳食暴露风险进行评价，根据 IFS_c 的计算结果发现，果蔬中农药的$\overline{IFS}$为 0.0401，说明哈尔滨市果蔬总体处于很好的安全状态，但部分禁用农药、高残留农药在蔬菜、水果中仍有检出，导致膳食暴露风险的存在，成为不安全因素。

2）单种果蔬中农药残留膳食暴露风险不可接受情况评价结论

单种果蔬中农药残留安全指数分析结果显示，农药对单种果蔬安全影响不可接受

（$IFS_c>1$）的样本数共 1 个，占总样本数的 0.3%，样本为小油菜中的三唑磷，说明小油菜中的三唑磷会对消费者身体健康造成较大的膳食暴露风险。三唑磷属于低毒农药，且小油菜为较常见的果蔬品种，百姓日常食用量较大，长期食用大量残留三唑磷的小油菜会对人体造成不可接受的影响，本次检测发现三唑磷在小油菜样品中多次并大量检出，是未严格实施农业良好管理规范（GAP），抑或是农药滥用，这应该引起相关管理部门的警惕，应加强对小油菜中三唑磷的严格管控。

3）禁用农药残留膳食暴露风险评价

本次检测发现部分果蔬样品中有禁用农药检出，检出禁用农药 8 种为克百威、水胺硫磷、治螟磷、甲拌磷、甲胺磷、硫丹、艾氏剂和除草醚，检出频次为 32，果蔬样品中的禁用农药 IFS_c 计算结果表明，禁用农药残留的膳食暴露风险均在可以接受和没有风险的范围内，可以接受的频次为 3，占 9.38%，没有风险的频次为 28，占 87.5%。虽然残留禁用农药没有造成不可接受的膳食暴露风险，但为何在国家明令禁止禁用农药喷洒的情况下，还能在多种果蔬中多次检出禁用农药残留，这应该引起相关部门的高度警惕，应该在禁止禁用农药喷洒的同时，严格管控禁用农药的生产和售卖，从根本上杜绝安全隐患。

12.4.2 哈尔滨市果蔬中农药残留预警风险评价结论

1）单种果蔬中禁用农药残留的预警风险评价结论

本次检测过程中，在 13 种果蔬中检测出 8 种禁用农药，禁用农药种类为：硫丹、治螟磷、甲拌磷、水胺硫磷、甲胺磷、艾氏剂、除草醚和克百威，果蔬种类为：黄瓜、甜椒、桃、苦瓜、芹菜、胡萝卜、葡萄、茼蒿、小油菜、香瓜、柠檬、茄子和菜豆，果蔬中禁用农药的风险系数分析结果显示，8 种禁用农药在 13 种果蔬中的残留均处于高度风险，说明在单种果蔬中禁用农药的残留，会导致较高的预警风险。

2）单种果蔬中非禁用农药残留的预警风险评价结论

以 MRL 中国国家标准为标准，计算果蔬中非禁用农药风险系数情况下，315 个样本中，2 个处于高度风险（0.63%），57 个处于低度风险（18.1%），256 个样本没有 MRL 中国国家标准（81.27%）。以 MRL 欧盟标准为标准，计算果蔬中非禁用农药风险系数情况下，发现有 77 个处于高度风险（24.44%），238 个处于低度风险（75.56%）。利用两种农药 MRL 标准评价的结果差异显著，可以看出 MRL 欧盟标准比中国国家标准更加严格和完善，过于宽松的 MRL 中国国家标准值能否有效保障人体的健康有待研究。

12.4.3 加强哈尔滨市果蔬食品安全建议

我国食品安全风险评价体系仍不够健全，相关制度不够完善，多年来，由于农药用药次数多、用药量大或用药间隔时间短，产品残留量大，农药残留所带来的食品安全问题突出，给人体健康带来了直接或间接的危害，据估计，美国与农药有关的癌症患者数约占全国癌症患者总数的 50%，中国更高。同样，农药对其他生物也会形成直接杀伤和慢性危害，植物中的农药可经过食物链逐级传递并不断蓄积，对人和动物构成潜在威胁，并影响生态系统。

基于本次农药残留检测与风险评价结果，提出以下几点建议：

1）加快完善食品安全标准

我国食品标准中对部分农药每日允许摄入量 ADI 的规定仍缺乏，本次评价基础检测数据中涉及的 89 个品种中，61.8%有规定，仍有 38.2%尚无规定值。

我国食品中农药最大残留限量的规定严重缺乏，欧盟 MRL 标准值齐全，与欧盟相比，我国对不同果蔬中不同农药 MRL 已有规定值的数量仅占欧盟的 21.1%（表 12-16），缺少 78.9%，急需进行完善。

表 12-16 中国与欧盟的 ADI 和 MRL 标准限值的对比分析

分类		中国 ADI	MRL 中国国家标准	MRL 欧盟标准
标准限值（个）	有	55	70	332
	无	34	262	0
总数（个）		89	332	332
无标准限值比例		38.2%	78.9%	0

此外，MRL 中国国家标准限值普遍高于欧盟标准限值，根据对涉及的 332 个品种中我国已有的 70 个限量标准进行统计来看，37 个农药的中国 MRL 高于欧盟 MRL，占 52.9%。过高的 MRL 值难以保障人体健康，建议继续加强对限值基准和标准进行科学的定量研究，将农产品中的危险性减少到尽可能低的水平。

2）加强农药的源头控制和分类监管

在哈尔滨市某些果蔬中仍有禁用农药检出，利用 GC-Q-TOF/MS 检测出 8 种禁用农药，检出频次为 32 次，残留禁用农药均存在较大的膳食暴露风险和预警风险。早已列入黑名单的禁用农药并未真正退出，有些药物由于价格便宜、工艺简单，此类高毒农药一直生产和使用。建议在我国采取严格有效的控制措施，进行禁用农药的源头控制。

对于非禁用农药，在我国作为“田间地头”最典型单位的县级蔬果产地中，农药残留的检测几乎缺失。建议根据农药的毒性，对高毒、剧毒、中毒农药实现分类管理，减少使用高毒和剧毒高残留农药，进行分类监管。

3）加强残留农药的生物修复及降解新技术

市售果蔬中残留农药品种多、频次高、禁用农药多次检出这一现状，说明了我国的田间土壤和水体因农药长期、频繁、不合理的使用而遭到严重污染。为此，建议有关部门出台相关政策，鼓励高校及科研院所积极开展分子生物学、酶学等研究，加强土壤、水体中残留农药的生物修复及降解新技术研究，并加大农药使用监管力度，以控制农药的面源污染问题。

4）加强对禁药和高风险农药的管控并建立风险预警系统分析平台

本评价结果提示，在果蔬尤其是蔬菜用药中，应结合农药的使用周期、生物毒性和降解特性，加强对禁用农药和高风险农药的管控。

在本工作基础上，根据蔬菜残留危害，可进一步针对其成因提出和采取严格管理、大力推广无公害蔬菜种植与生产、健全食品安全控制技术体系、加强蔬菜食品质量检测体系建设和积极推行蔬菜食品质量追溯制度等相应对策。建立和完善食品安全综合评价指数与风险监测预警系统，建议依托科研院所、高校科研实力，建立风险预警系统分析平台，对食品安全进行实时、全面的监控与分析，为哈尔滨市食品安全科学监管与决策提供新的技术支持，可实现各类检验数据的信息化系统管理，并减少食品安全事故的发生。

参 考 文 献

[1] 全国人民代表大会常务委员会. 中华人民共和国食品安全法[Z]. 2015-04-24.

[2] 钱永忠, 李耘. 农产品质量安全风险评估: 原理、方法和应用[M]. 北京: 中国标准出版社, 2007.

[3] 高仁君, 陈隆智, 郑明奇, 等. 农药对人体健康影响的风险评估[J]. 农药学学报, 2004, 6(3): 8-14.

[4] 高仁君, 王蔚, 陈隆智, 等. JMPR 农药残留急性膳食摄入量计算方法[J]. 中国农学通报, 2006, 22(4): 101-104.

[5] FAO/WHO. Recommendation for the revision of the guidelines for predicting dietary intake of pesticide residues, Report of a FAO/WHO Consultation, 2-6 May 1995, York, United Kingdom.

[6] 李聪, 张艺兵, 李朝伟, 等. 暴露评估在食品安全状态评价中的应用[J]. 检验检疫学刊, 2002, 12(1): 11-12.

[7] Liu Y, Li S, Ni Z, et al. Pesticides in persimmons, jujubes and soil from China: Residue levels, risk assessment and relationship between fruits and soils[J]. Science of the Total Environment, 2016, 542(Pt A): 620-628.

[8] Claeys W L, Schmit J F O, Bragard C, et al. Exposure of several Belgian consumer groups to pesticide residues through fresh fruit and vegetable consumption[J]. Food Control, 2011, 22(3): 508-516.

[9] Quijano L, Yusà V, Font G, et al. Chronic cumulative risk assessment of the exposure to organophosphorus, carbamate and pyrethroid and pyrethrin pesticides through fruit and vegetables consumption in the region of Valencia (Spain)[J]. Food & Chemical Toxicology, 2016, 89: 39-46.

[10] Fang L, Zhang S, Chen Z, et al. Risk assessment of pesticide residues in dietary intake of celery in China[J]. Regulatory Toxicology & Pharmacology, 2015, 73(2): 578-586.

[11] Nuapia Y, Chimuka L, Cukrowska E. Assessment of organochlorine pesticide residues in raw food samples from open markets in two African cities[J]. Chemosphere, 2016, 164: 480-487.

[12] 秦燕, 李辉, 李聪. 危害物的风险系数及其在食品检测中的应用[J]. 检验检疫学刊, 2003, 13(5): 13-14.

[13] 金征宇. 食品安全导论[M]. 北京: 化学工业出版社, 2005.

[14] 中华人民共和国国家卫生和计划生育委员会, 中华人民共和国农业部, 中华人民共和国国家食品药品监督管理总局. GB 2763—2016 食品安全国家标准 食品中农药最大残留限量[S]. 2016.

[15] Chen C, Qian Y Z, Chen Q, et al. Evaluation of pesticide residues in fruits and vegetables from Xiamen, China[J]. Food Control, 2011, 22: 1114-1120.

[16] Lehmann E, Turrero N, Kolia M, et al. Dietary risk assessment of pesticides from vegetables and drinking water in gardening areas in Burkina Faso[J]. Science of the Total Environment, 2017, 601-602 : 1208-1216.